# 建筑工程制图与识图

## （第五版）

主编　莫章金　毛家华

高等教育出版社·北京

内容提要

本书是"十二五"职业教育国家规划教材修订版,是在《建筑工程制图与识图》(第四版,即简明版)的基础上,进一步结合高素质技术技能人才培养的教育教学改革实践经验而修订的,为适应课程改革的需要,增加计算机绘图相关内容。

本书共 12 章,另加附图 1 套。主要内容有:投影基本知识,平面立体,曲线、曲面与曲面立体,轴测图,制图基本知识,组合体的投影图,图样画法,建筑施工图,结构施工图,建筑给水排水施工图,AutoCAD 绘图基础,天正建筑软件绘图等。本书有配套的《建筑工程制图与识图习题集》(第五版)同步出版发行,可供选用。

另外,本书有配套的教学资源(含电子课件、视频动画与习题答案),供教学和学生自学用。视频类资源可直接扫描书中二维码观看,授课教师如需电子课件和习题答案,可发送邮件至 gztj@pub.hep.cn 索取。本书配套的数字课程已在智慧职教平台(www.icve.com.cn)上线,学习者可登录平台,搜索"建筑工程制图与识图(莫章金)"进行学习。详见"智慧职教"服务指南。

本书可作为高等职业教育中土建施工类和建设工程管理类专业的教学用书,也可供有关工程技术人员和本科院校有关专业的师生使用和参考。

**图书在版编目(C I P)数据**

建筑工程制图与识图 / 莫章金,毛家华主编. -- 5版. -- 北京 : 高等教育出版社,2021.11
ISBN 978-7-04-057308-4

Ⅰ. ①建… Ⅱ. ①莫… ②毛… Ⅲ. ①建筑制图-识图-高等职业教育-教材 Ⅳ. ①TU204.21

中国版本图书馆CIP数据核字(2021)第229172号

JIANZHU GONGCHENG ZHITU YU SHITU

| 策划编辑 | 刘东良 | 责任编辑 | 刘东良 | 封面设计 | 于 博 | 版式设计 | 徐艳妮 |
| 插图绘制 | 邓 超 | 责任校对 | 马鑫蕊 | 责任印制 | 高 峰 | | |

| 出版发行 | 高等教育出版社 | 网 址 | http://www.hep.edu.cn |
| 社 址 | 北京市西城区德外大街 4 号 | | http://www.hep.com.cn |
| 邮政编码 | 100120 | 网上订购 | http://www.hepmall.com.cn |
| 印 刷 | 北京市密东印刷有限公司 | | http://www.hepmall.com |
| 开 本 | 850mm×1168mm 1/16 | | http://www.hepmall.cn |
| 印 张 | 23.25 | 版 次 | 2001 年 7 月第 1 版 |
| 字 数 | 580 千字 | | 2021 年 11 月第 5 版 |
| 购书热线 | 010-58581118 | 印 次 | 2021 年 11 月第 1 次印刷 |
| 咨询电话 | 400-810-0598 | 定 价 | 49.80 元 |

本书如有缺页、倒页、脱页等质量问题,请到所购图书销售部门联系调换
版权所有 侵权必究
物料号 57308-00

"智慧职教"是由高等教育出版社建设和运营的职业教育数字教学资源共建共享平台和在线课程教学服务平台,包括职业教育数字化学习中心平台(www.icve.com.cn)、职教云平台(zjy2.icve.com.cn)和云课堂智慧职教 App。用户在以下任一平台注册账号,均可登录并使用各个平台。

● 职业教育数字化学习中心平台(www.icve.com.cn):为学习者提供本教材配套课程及资源的浏览服务。

登录中心平台,在首页搜索框中搜索"建筑工程制图与识图",找到对应作者(莫章金)主持的课程,加入课程参加学习,即可浏览课程资源。

● 职教云平台(zjy2.icve.com.cn):帮助任课教师对本教材配套课程进行引用、修改,再发布为个性化课程(SPOC)。

1. 登录职教云,在首页单击"申请教材配套课程服务"按钮,在弹出的申请页面填写相关真实信息,申请开通教材配套课程的调用权限。

2. 开通权限后,单击"新增课程"按钮,根据提示设置要构建的个性化课程的基本信息。

3. 进入个性化课程编辑页面,在"课程设计"中"导入"教材配套课程,并根据教学需要进行修改,再发布为个性化课程。

● 云课堂智慧职教 App:帮助任课教师和学生基于新构建的个性化课程开展线上线下混合式、智能化教与学。

1. 在安卓或苹果应用市场,搜索"云课堂智慧职教"App,下载安装。

2. 登录 App,任课教师指导学生加入个性化课程,并利用 App 提供的各类功能,开展课前、课中、课后的教学互动,构建智慧课堂。

"智慧职教"使用帮助及常见问题解答请访问 help.icve.com.cn。

本书的编写力求体现高等职业教育技术技能人才培养的办学理念，教材内容的取舍以应用为目的，以必需、够用为度，精简理论，强化技能训练。本次修订进一步精简画法几何中不常用的内容，增强计算机绘图的学习训练，便于学校教师组织学生学习完传统的制图内容后，接着学习计算机绘图，而不用换教材。学生学完本课程后就能使用计算机为后续的课程设计、毕业设计和走上工作岗位打下良好的基础。

本书采用现行的制图国家标准《房屋建筑制图统一标准》（GB/T 50001—2017）、《总图制图标准》（GB/T 50103—2010）、《建筑制图标准》（GB/T 50104—2010）、《建筑结构制图标准》（GB/T 50105—2010）、《建筑给水排水制图标准》（GB/T 50106—2010）以及有关的技术制图标准和规范编写。

本书计算机绘图部分采用 AutoCAD 2020 版本，用该版本的 CAD 绘制的工程图可保存为 AutoCAD2000-2018 版本的图形文件，以便于使用上述版本的用户打开 AutoCAD 2020 版绘制的图形文件。

本书专业计算机绘图部分采用 T20 天正建筑 V7.0 版本，该版本支持 32 位 AutoCAD 2010-2016 及 64 位 AutoCAD 2010-2021 版本，使用方便。

为更好体现产教融合和校企合作的办学要求，本书特邀请有实践经验的企业技术人员参加讨论和修订。

为了增强直观性教学，本书多数投影制图基础例图和部分专业图的例图，配置了立体图。全书采用双色印刷，突出显示重要的名词、术语、概念、标记及作图步骤和技巧，各图的对应关系等，并有配套使用的教学资源（含电子课件、动画视频与习题答案等），为教学和学生自学提供方便，需要者可与高等教育出版社联系。

修订后，本书主要由五部分内容组成，即：

第一部分（1-4章），投影基础，即画法几何内容，从投影概念到轴测图。

第二部分（5-7章），制图基础，从绘图工具到工程形体平、立、剖面图的画法。

第三部分（8-10章），专业图，包括建筑、结构、给水排水等施工图。

第四部分（11-12章），计算机绘图，从基本命令操作到综合绘制建筑平、立、剖面图和三维图。

第五部分（附录），工程实例附图，内容包括一套民用建筑建筑施工图、结构施工图和给排水施工图。

另外，与本书配套的习题集《建筑工程制图与识图习题集》（第五版），另册出版，与本书配套使用。

　　本书由莫章金、毛家华主编。参加编写的人员及分工是：重庆大学肖庆年编写第 1 章；莫章金编写前言、绪论，第 3、4、11 章，全书统稿，并负责制作全书的电子课件、动画视频等；郑海兰编写第 5、7 章；毛家华编写第 6、8、9 章及附录（建施图、结施图）；成都建工工业设备有限公司徐雷雷修订编写第 2、10、12 章及附录中的水施图。

　　本书自 2001 年 7 月第一版出版以来，受到了全国广大师生读者的欢迎和厚爱，借此机会，我们向使用本书的师生读者表示衷心的感谢。

　　由于编者水平有限，书中可能有不妥和错误，恳请读者和同行批评指正。联系 Email：mozhangjin@cqu.edu.cn

编　者

2021 年 8 月

# 第一版前言

　　本书是教育部高职高专规划教材，是根据教育部《建筑工程制图课程教学基本要求》，并结合高职高专教学改革的实践经验，为适应高职高专教育的需要而编写的。

　　全书共 12 章，另加附图两套。主要内容有：投影基本知识、平面立体、曲面立体、轴测图、制图基本知识、组合体的投影图、建筑形体表达方法、民用建筑建筑施工图、民用建筑结构施工图、单层工业厂房施工图、建筑给水排水施工图、计算机绘图——AutoCAD 基础等。

　　本书的主要特点是：

　　1. 教材体系力求体现高职高专教育培养高等技术应用性人才的办学宗旨，教材内容的取舍贯彻以应用为目的，以必需、够用为度的原则，精简画法几何内容，适当增强专业图和计算机绘图内容，优化教材结构，突出针对性和实用性。

　　2. 教材编写力求严谨、规范，本书采用国家最新颁布的《技术制图》标准和现行的建筑制图有关标准。内容精练、叙述准确、通俗易懂。

　　3. 本教材密切结合工程实际，全部专业例图来自实际工程，并附两套典型实例施工图（即民用建筑施工图和单层工业厂房施工图），便于理论联系实际教学，有利于提高学生识读成套施工图的能力。

　　4. 在绘图技能方面，循序渐进地介绍仪器、徒手、计算机三种绘图方法，使学生最终能较熟练地绘制出本专业的工程图样。

　　5. 计算机绘图部分介绍最新版本的绘图软件 AutoCAD 2000，反映现代绘图技术的新内容、新知识。

　　本书由毛家华、莫章金主编。参加编写的人员及分工如下：重庆大学肖庆年编写第 1 章，重庆石油高等专科学校伍培编写第 2、3 章，重庆大学莫章金编写绪论及第 4、12 章，郑海兰编写第 5、7 章，毛家华编写第 6、8、9 章，长春工程学院邵文明编写第 10 章，重庆大学黄声武编写第 11 章。本书的附图由重庆大学李月琴用计算机绘制，第 6、8、9 章的插图由伍培绘制，其余各章插图由各章编写人员绘制。全书由莫章金统稿并整理插图及附图。

　　全书由同济大学何铭新教授主审。

　　由于编者水平有限，缺点和错误在所难免，敬请读者和同行批评指出，便于以后修正。

编　者

2000 年 12 月

# 目录

# 绪论

## 一、本课程的地位、性质及任务

在现代工程建设中，无论是建造房屋还是修建道路、桥梁、水利设施、电站等，都离不开工程图样。根据投影原理、标准或有关规定，表示工程对象建造内容并有必要的技术说明的图，称为工程图样。工程图样是表达设计意图、交流技术思想和指导工程施工的重要工具，被喻为工程界的"技术语言"。作为建筑工程方面的技术人员，必须具备绘制和阅读本专业的工程图样的能力，才能更好地从事工程技术工作。

建筑工程制图是土木工程相关专业的一门主干技术基础课。它研究绘制和阅读工程图样的理论和方法，培养学生的制图能力和识图能力。同时，又是学生学习后继课程和完成课程设计与毕业设计不可缺少的基础。

本课程的主要任务是：

① 学习投影（主要是正投影法）的基本理论及其运用。

② 学习、贯彻制图国家标准及其他有关规定。

③ 培养绘制和阅读房屋建筑工程图样的基本能力。

④ 培养空间想象能力和绘图技能。

⑤ 培养计算机绘图的基本能力。

## 二、本课程的主要内容

本课程分投影作图（即画法几何）、制图基础、工程施工图、计算机绘图和附录五部分。其中画法几何部分包括投影的基本知识、平面立体、曲面立体和轴测图；制图基础部分包括制图基本知识、组合体的投影图和建筑形体的表达方法；工程施工图包括民用建筑建筑施工图、民用建筑结构施工图和建筑给水排水施工图。计算机绘图部分主要介绍通用 AutoCAD 绘图软件和天正建筑专业绘图软件的基本绘图命令，图形编辑，图层、线型与颜色的设置，文字与尺寸标注，图块及图案填充等以及综合应用绘制建筑平、立、剖面图与建筑三维图。

### 三、学习方法和要求

① 学习画法几何部分时，要充分理解基本概念，掌握基本理论，养成空间思维的习惯。要善于针对具体问题具体分析,掌握基本理论的灵活运用。多看、多想、多画，自觉培养空间想象能力。

② 学习制图基础部分时，要自觉培养正确使用绘图工具的习惯，严格遵守国家颁布的建筑制图标准和技术制图标准，会查阅国家有关的制图标准，培养自学能力和图形表达能力。

③ 学习工程施工图时，要结合教材例子和工程实例，掌握工程图的图示方法和图示内容，灵活运用前两部分的知识逐步掌握绘制与阅读工程图的基本方法和基本技能。

④ 学习计算机绘图——AutoCAD 和天正建筑部分时，在学习了基本理论、了解基本命令和基本方法的前提下，要尽可能多地上机操作实践，才能熟能生巧，运用自如，最终达到能用计算机绘制出本专业符合国家制图标准的工程图样的目的。

# 第 1 章

## 投影基本知识

---

## 1.1 投影概念

### 1.1.1 投影的形成

当光线照射在物体上时会在墙面或地面上产生影子，而且随着光线照射角度或距离的改变，影子的位置和大小也会改变，从这些自然现象中，人们经过长期的探索总结出了物体的投影规律。

我们知道，物体的影子仅仅是物体边缘的轮廓，不能反映物体所有轮廓线。假设光线能够透过物体，将物体上所有轮廓线都反映在落影平面上，这些轮廓线的"影"组成的图形称为投影图（简称投影）。如图 1-1 所示，在投影理论中，把光线称为投射线，把光源 S 称为投射中心，把落影平面 H 称为投影面，把产生的"影子"称为投影图，把物体抽象称之为形体（只考虑物体在空间的形状、大小、位置而不考虑其他），把空间的点、线、面称为几何元素。

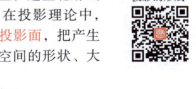
动画扫一扫
投影的形成

产生投影必须具备下面三个条件：投射线、投影面和形体（或几何元素），三者缺一不可，称为投影三要素。

### 1.1.2 投影的分类

根据投射中心与投影面的位置不同，投影分为两大类：中心投影和平行投影，如图 1-2 所示。

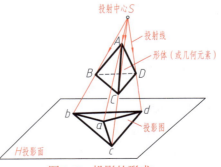

图 1-1　投影的形成

动画扫一扫
投影的分类

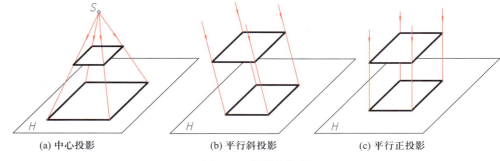

(a) 中心投影    (b) 平行斜投影    (c) 平行正投影

图 1-2    投影的分类

### 1. 中心投影

当投射中心距离投影面为有限远时，所有的投射线都交汇于投射中心 $S$，这种投影方法称为中心投影法，由此得到的投影图称为中心投影图，简称中心投影。

### 2. 平行投影

当投射中心距离投影面为无限远时，所有的投射线成为平行线，这种投影方法称为平行投影法，由此得到的投影图称为平行投影图，简称平行投影。

在平行投影中依据投射线与投影面夹角的不同，可以分为两种：平行斜投影和平行正投影。

（1）平行斜投影

投射线倾斜于投影面所得到的平行投影称为平行斜投影，简称斜投影。

（2）平行正投影

投射线垂直于投影面所得到的平行投影称为平行正投影，简称正投影。

## 1.1.3    常用的投影图

在工程实践中常用的投影图有图 1-3 所示几种。

动画扫一扫
常用的投影图

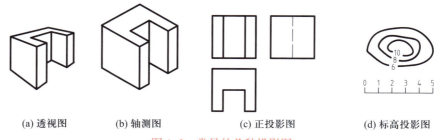

(a) 透视图    (b) 轴测图    (c) 正投影图    (d) 标高投影图

图 1-3    常见的几种投影图

### 1. 透视投影图

透视投影图（透视图）是用中心投影法绘制的单面投影图，一般称为效果图。该图有很强的立体感，但作图方法复杂，度量性差。一般用作工程图的辅助图样。

### 2. 轴测投影图

轴测投影图（轴测图）为单面平行投影图。该图同样具有较强的立体感，作图方法较复杂，度量性差，只能作为工程图的辅助图样。

**3. 正投影图**

正投影图通常采用多面正投影。首先在空间建立一个投影体系，然后画出形体在各个投影面上的正投影图，称为多面正投影图。正投影图为平面图样，直观性差，没有立体感，但作图方法简单，能很好地反映形体的形状和大小，度量性好，是工程图的主要图示方法。

**4. 标高投影图**

标高投影图是一种带有高程数字标记的水平正投影图，为单面投影图。主要用于表达地面的形状，绘制地形图。

由于正投影图是工程图的主要图示方法，所以在学习投影理论时以学习正投影为主。在以后的叙述中如不特别指明，所述投影均为正投影。

## 1.2　正投影特性

### 1.2.1　点、直线、平面的正投影特性

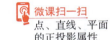

微课扫一扫
点、直线、平面的正投影属性

点、直线、平面是最基本的几何元素，学习投影方法应该从了解点、直线、平面的正投影特性开始。点、直线、平面的正投影图有如下特性。

**1. 类似性**

点的正投影仍然是点，直线的正投影一般仍然是直线，平面的正投影仍然保留其空间几何形状，这种性质称为正投影的类似性。

如图 1-4 所示，在 a 图中通过空间点 $A$ 向投影面 $H$（$H$ 表示该投影面为水平面）引一条铅垂线。该铅垂线（即正投影中的投射线）与投影面 $H$ 相交于一点 $a$，$a$ 就是空间点 $A$ 在 $H$ 面上的正投影，显然点的正投影仍然是一个点。在 b 图中空间直线段 $AB$ 与投影面 $H$ 倾斜，$AB$ 在 $H$ 面上的正投影是 $ab$，$ab$ 仍然是直线，但投影长度小于直线原长。在 c 图中空间四边形平面 $ABCD$ 与投影面 $H$ 倾斜，平面在 $H$ 面上的正投影为 $abcd$，显然平面的正投影仍然为四边形平面，但投影图形的面积小于空间平面的面积。

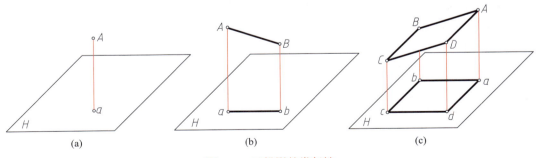

图 1-4　正投影的类似性

**2. 全等性**

空间直线、平面平行于投影面时，其正投影分别反映实长和实形，这种性质称为正投影的全等性。

从图 1-5a、b 中可看出：直线 $AB$ 平行于 $H$ 面，其正投影 $ab=AB$，直线投影反映实长；平面 $ABCD$ 平行于 $H$ 面，其正投影 $abcd=ABCD$，即平面的投影形状、大小不变，反映平面的实形。

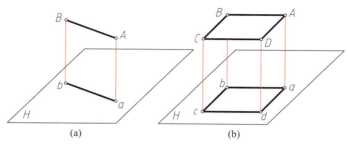

图 1-5    正投影的全等性

### 3. 积聚性

空间直线、平面垂直于投影面时，在该投影面上的正投影分别成为一个点和一条直线，这种性质称为正投影的积聚性，如图 1-6 所示。

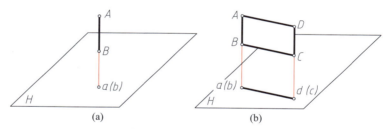

图 1-6    正投影的积聚性

### 4. 重合性

两个或两个以上的点、线、面具有同一投影时，称为重影 [看不见的投影用带括号的字母表示，如 $a$（$b$, $c$）]，这种投影性质称为正投影的重合性，如图 1-7 所示。

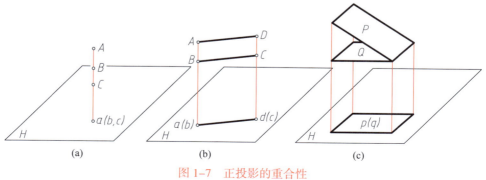

图 1-7    正投影的重合性

### 1.2.2　三面正投影图

空间形体是具有长度、宽度、高度的三维形体，用一个正投影图显然不能确定其空间形状。一般来说，需要建立一个由互相垂直的三个投影面组成的投影面体系，并作出形体在该投影面体系中的三个正投影图才能充分表达出这个形体原有的空间形状。

微课扫一扫
三面正投影图的
形成与投影规律

#### 1. 三面正投影图的形成

首先建立一个三投影面体系。如图1-8所示，给出三个互相垂直的投影面 $H$、$V$、$W$。其中 $H$ 面为水平面，称为水平投影面；$V$ 面为正立面，称为正立投影面；$W$ 面为侧立面，称为侧立投影面。$H$、$V$、$W$ 三个投影面两两相交，其交线称为投影轴，分别是 $OX$、$OY$、$OZ$ 投影轴。三条投影轴相交于一点 $O$，$O$ 点称为原点。

把一个形体放置在三投影面体系中，如图1-8a所示，放置形体时尽量让形体的各个表面或部分表面与投影面平行或垂直。然后用三组平行投射线分别从三个方向进行投射，作出形体在三个投影面上的三个正投影图，这三个正投影图称为三面正投影图。其中，投射方向由上到下得到的在 $H$ 面上的正投影图称为水平投影图（简称 $H$ 投影）；投射方向由前到后得到的在 $V$ 面上的正投影图称为正面投影图（简称 $V$ 投影）；投射方向由左到右得到的在 $W$ 面上的正投影图称为侧面投影图（简称 $W$ 投影）。

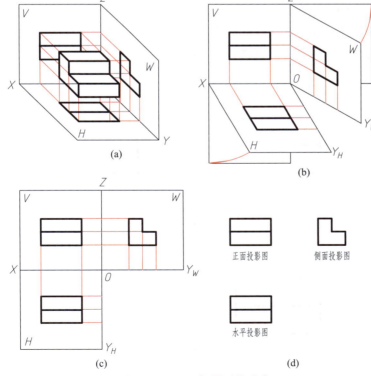

正面投影图　　侧面投影图

水平投影图

(a)　　(b)　　(c)　　(d)

图 1-8　三面正投影图的形成

#### 2. 三个投影面的展开

为了作图方便，将互相垂直的三个投影面展开在一个平面上。展开的方法是：让 $V$ 面不动，$H$ 面绕 $OX$ 轴向下转动 $90°$，$W$ 面绕 $OZ$ 轴向右转动 $90°$，如图 1–8b、c 所示。这时 $OY$ 轴分成了两条，位于 $H$ 面上的 $Y$ 轴称为 $OY_H$，位于 $W$ 面上的 $Y$ 轴称为 $OY_W$。实际作图时，投影面的边框线和投影轴不必画出，如图 1–8d 所示。为了方便对应，本章暂时保留投影轴，如图 1–9 所示。

#### 3. 三面正投影图的投影规律

（1）三面正投影图中的方位关系

形体在空间有左右、前后、上下六个方位，在三面正投影图中，每个投影图只能反映六个方位中的四个方位。水平投影图可以反映左右、前后关系，不能反映上下关系；正面投影图可以反映左右、上下关系，不能反映前后关系；侧面投影图只能反映前后、上下关系，不能反映左右关系，如图 1–9 所示。

（2）三面正投影图的"三等"关系

对同一个形体而言，三面正投影图中各个投影图之间互相是有联系的。在图 1–8、图 1–9 中，正面投影图和水平投影图左右对正、长度相等，侧面投影图和正面投影图上下对齐、高度相等，水平投影图与侧面投影图前后对应、宽度相等。这一投影规律称为"三等"关系，即"长对正，高平齐，宽相等"。

（3）三面正投影图画法

绘制三面正投影图，首先要把空间形体在三个投影面中的位置弄清楚，仔细分析形体表面的正投影特性，按照"三等"关系和正确的投射方向，依次画出三个正投影图。在图 1–9 中，投影图之间用细实线相连表示投影关系，为了反映出水平投影图和侧面投影图宽度相等的关系，分别采用了45° 斜线法、45° 分角线法和圆弧法三种画法，作图时可选用其中的任何一种方法来画图。

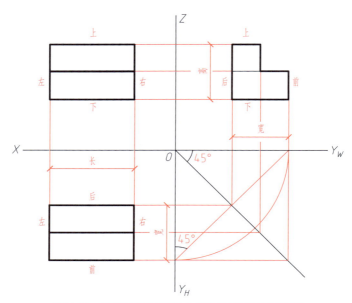

图 1–9　三面正投影图的方位与长宽高对应关系

**例 1.1** 画出形体的三面正投影图（图 1-10）。

**解：** 按照图 1-10a 中所指明的 $V$ 投影的投射方向，可以知道，形体的正面平行于 $V$ 面，形体的顶面平行于 $H$ 面，形体的侧面平行于 $W$ 面。通过对形体表面的正投影特性的分析，按照"三等"关系作出其三面正投影图。在投影图中可见轮廓线画成粗实线，不可见轮廓线画成中粗虚线，投影轴和投影连线用细实线画出。作图如图 1-10b 所示。

动画扫一扫
三面正投影图
的画法

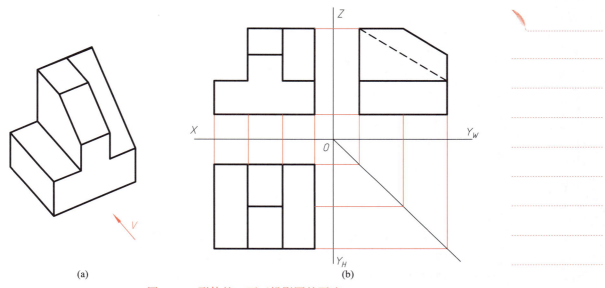

(a)

(b)

图 1-10　形体的三面正投影图的画法

## 1.3　点的投影

### 1.3.1　点的投影

微课扫一扫
点的投影

**1. 点的单面投影**

图 1-11 是点的一个单面投影体系，图中 $H$ 面为一水平投影面。过空间点 $A$ 向 $H$ 面引一条垂线，该垂线与 $H$ 面产生交点 $a$，$a$ 点称为空间点 $A$ 在 $H$ 面上的正投影。如果已知 $A$ 点的空间位置，则其正投影 $a$ 唯一可求；反过来，已知 $A$ 点的正投影 $a$，却不能唯一确定 $A$ 点在空间的位置。

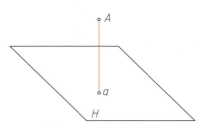

图 1-11　点的单面投影

### 2. 点的二面投影

首先建立一个**两面投影体系**。如图 1-12a 所示，$V$ 面与 $H$ 面互相垂直，两面相交于 $OX$ 轴。过 $A$ 点向 $H$ 面、$V$ 面投射分别得交点 $a$、$a'$。$a$ 称为 $A$ 点在 $H$ 面上的正投影，即水平投影；$a'$ 称为 $A$ 点在 $V$ 面上的正投影，即正面投影。让 $V$ 面不动，把 $H$ 面向下转动 90°，把 $V$ 面、$H$ 面两面投影体系展开，可得展开后点的二面投影图，如图 1-12b 所示。在图 1-12b 中投影面的边框已被取消。**在投影图中，点用小圆圈表示**。

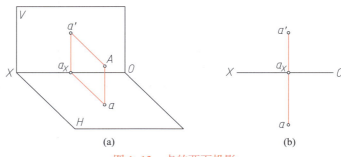

图 1-12　点的两面投影

显然，有了点的二面投影 $a$、$a'$，点在空间的位置可以唯一确定下来。

在图 1-12a 中，$Aa$、$Aa'$ 分别是向 $H$、$V$ 面所引的投射线，$Aa$ 和 $Aa'$ 可形成一个平面，此平面与 $OX$ 轴交于 $a_X$。可以证明，平面 $Aaa_Xa'$ 与 $H$ 面、$V$ 面互相垂直，由此可得出 $a'a_X \perp OX$，$aa_X \perp OX$，$a'a_X \perp aa_X$。显然 $V$、$H$ 面展开在一个平面上时，$a$、$a'$、$a_X$ 三点位于同一条铅垂线上，换句话说就是 $aa' \perp OX$。还可以证明平面 $Aaa_Xa'$ 为一矩形，则有 $Aa = a'a_X$，$Aa' = aa_X$。

综上所述可得出**点的二面投影的投影规律**：

① 投影连线垂直于投影轴，即 $aa' \perp OX$；

② 空间点到 $V$ 面的距离等于水平投影到 $OX$ 轴的距离，即 $Aa' = aa_X$；

③ 空间点到 $H$ 面的距离等于正面投影到 $OX$ 轴的距离，即 $Aa = a'a_X$。

动画扫一扫
点的三面投影
及投影规律

## 1.3.2　点的三面投影及投影规律

### 1. 点的三面投影

如图 1-13 所示，在三面投影体系中，作出 $A$ 点的三面正投影 $a$、$a'$、$a''$，$a$ 为水平投影，$a'$ 为正面投影，$a''$ 为侧面投影。将三个投影面展开在一个平面上，即得到点的三面投影图（图 1-13b），投影图中投影面边框线不需画出，45° 斜线是作图辅助线，用来保证 $H$ 投影和 $W$ 投影的对应关系。

显然空间点 $A$ 和三面投影 $a$、$a'$、$a''$ 有一一对应关系。

### 2. 点的三面投影的投影规律

由点的二面投影的投影规律可推论出**点的三面投影的投影规律**：

① 投影连线垂直于投影轴，即 $aa' \perp OX$，$a'a'' \perp OZ$。

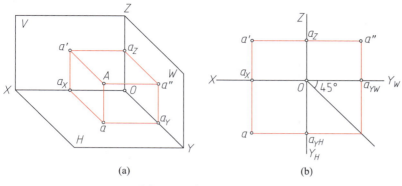

(a)　　　　　　　　　　　　(b)

图 1-13　点的三面投影

② 空间点到投影面的距离，可由点的投影到相应投影轴的距离来确定，即 $Aa' = aa_X = a''a_Z$，$Aa = a'a_X = a''a_{YW}$，$Aa'' = a'a_Z = aa_{YH}$。

**例 1.2**　已知 $A$、$B$、$C$、$D$ 四点分别位于投影面和投影轴上，如图 1-14a 所示，求作各点的三面投影图。

**解：**如图 1-14 所示，点 $A$ 在 $H$ 面上，其水平投影 $a$ 与点 $A$ 重合，正面投影 $a'$ 和侧面投影 $a''$ 分别在 $OX$ 轴和 $OY$ 轴上；点 $B$ 在 $V$ 面上，其正面投影 $b'$ 与点 $B$ 重合，水平投影 $b$ 和侧面投影 $b''$ 分别在 $OX$ 轴和 $OZ$ 轴上；点 $C$ 在 $W$ 面上，其侧面投影 $c''$ 与点 $C$ 重合，正面投影 $c'$ 和水平投影 $c$ 分别位于 $OZ$ 轴和 $OY$ 轴上；点 $D$ 在 $OX$ 轴上，其正面投影 $d'$ 与水平投影 $d$ 与点 $D$ 重合在 $OX$ 轴上，侧面投影 $d''$ 在原点 $O$ 上。作图如图 1-14b 所示。

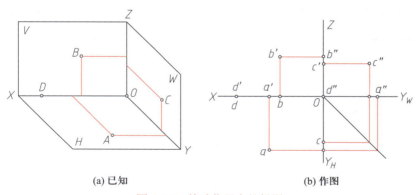

(a) 已知　　　　　　　　　　(b) 作图

图 1-14　特殊位置点的投影

**例 1.3**　已知 $A$、$B$ 两点的两面投影（图 1-15a），求作其第三面投影。

**解：**如图 1-15 所示，根据点的已知两面投影可由点的投影规律作出第三面投影。过 $a'$ 向 $OZ$ 轴画水平线，过 $a$ 画水平线与 45° 分角线相交，并向上引铅垂线，两线相交于 $a''$。通过 $b'$ 向 $OX$ 轴画铅垂线，过 $b''$ 向下画铅垂线与 45° 分角线相交，再向左引水平线，两线相交于 $b$。

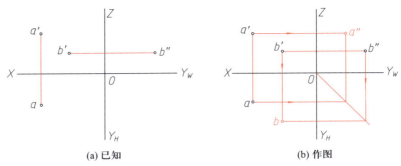

(a) 已知                                    (b) 作图

图 1-15  求点的第三面投影

动画扫一扫
两点的相对
位置

### 1.3.3  两点的相对位置

#### 1. 点的坐标

点的空间位置可由坐标来确定。点 $A$ 的坐标可表示为 $A$（$x$、$y$、$z$），点的 $x$ 坐标反映点到 $W$ 面的距离 $x=Aa''$，点的 $y$ 坐标反映点到 $V$ 面的距离 $y=Aa'$，点的 $z$ 坐标反映点到 $H$ 面的距离 $z=Aa$。

#### 2. 两点的相对位置

空间两点的相对位置可用点的坐标值的大小来判断。两点的同面投影 $x$ 坐标值大者在左边，$x$ 坐标值小者在右边；$y$ 坐标值大者在前边，$y$ 坐标值小者在后边；$z$ 坐标值大者在上边，$z$ 坐标值小者在下边。

#### 3. 重影点及投影的可见性

如果空间两点的某两个坐标相同，两点就位于某一投影面的同一条投射线上，两点在该投影面上的投影重合为一点，这两点就称为该投影面的重影点。重影点中不可见点应加括号表示。

如图 1-16 所示，$A$、$B$ 两点的水平投影重合为一点，$A$、$B$ 两点是 $H$ 面的重影点，$C$、

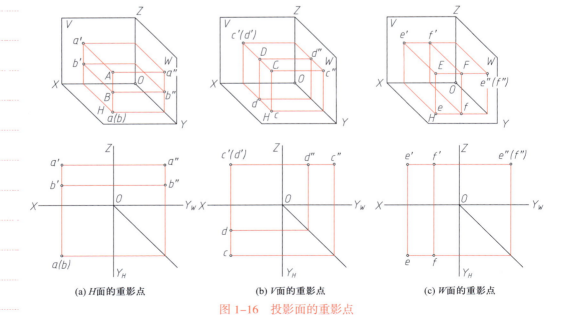

(a) $H$ 面的重影点          (b) $V$ 面的重影点          (c) $W$ 面的重影点

图 1-16  投影面的重影点

$D$ 两点的正面投影重合为一点，$C$、$D$ 两点是 $V$ 面的重影点，$E$、$F$ 两点的侧面投影重合为一点，$E$、$F$ 两点是 $W$ 面的重影点。在图 1–16a 中，$A$ 位于 $B$ 的正上方沿投射方向向下看时，$A$ 点在上边为可见点，$B$ 点在下边为不可见点，投影图中 $A$ 点的水平投影 $a$ 写在前面，$B$ 点的水平投影 $b$ 写在后面，$b$ 要加括号表示。

例 1.4　如图 1–17a 所示，已知 $A$、$B$ 两点的三面投影图，判断两点的相对位置，并画出两点的直观图。

解：从图 1–17a 中可看出，点 $A$ 的 $x$ 坐标值大于点 $B$，点 $A$ 的 $y$ 坐标值大于点 $B$，点 $A$ 的 $z$ 坐标值小于点 $B$，所以 $A$、$B$ 两点的相对位置是点 $A$ 在点 $B$ 的左、前、下方。图 1–17b 为两点的直观图，直观图能形象地反映出 $A$、$B$ 两点的相对位置。

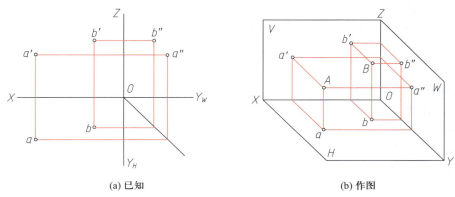

(a) 已知　　　　　　　　　　(b) 作图

图 1–17　两点相对位置

## 1.4　直线的投影

### 1.4.1　直线的投影

#### 1. 直线投影的形成

① 直线投影的形成　一条直线的空间位置可由直线上两点的空间位置来确定。一条直线的投影，可由直线上两点的投影来确定。对一条直线段而言，一般用线段的两个端点的投影来确定直线的投影。如图 1–18 所示，直线 $AB$ 的三面投影分别用 $ab$、$a'b'$、$a''b''$ 来表示。

微课扫一扫
直线的投影

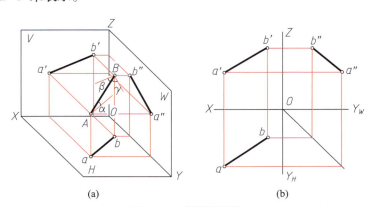

(a)　　　　　　　　　　(b)

图 1–18　直线的投影

② 直线对投影面的倾角　如图 1-18a 所示，一条直线对投影面 H、V、W 面的夹角称为直线对投影面的倾角。直线对 H 面的倾角为 α 角，α 角的大小等于直线 AB 与水平投影 ab 的夹角；直线对 V 面的倾角为 β 角，β 角的大小等于直线 AB 与正面投影 a' b' 的夹角；直线对 W 面的倾角为 γ 角，γ 角的大小等于直线 AB 与侧面投影 a" b" 的夹角。

**2. 各种位置直线的投影**

直线对投影面的相对位置有一般位置和特殊位置两种类型。一般位置直线简称一般线；特殊位置直线有两种，即投影面垂直线和投影面平行线。

① 一般位置直线　如图 1-18 所示，一般位置直线 AB 与三个投影面都倾斜，直线的三面投影 ab、a' b'、a" b" 相对于各投影轴而言，均为斜线，直线的投影长度均小于直线实长，且没有积聚性，直线的投影不反映直线对投影面倾角的真实大小。

② 投影面垂直线　投影面垂直线在空间与一个投影面垂直，与另两个投影面平行。直线垂直于 H 面称为铅垂线，直线垂直于 V 面称为正垂线，直线垂直于 W 面称为侧垂线。

投影面垂直线的一个投影积聚成点，另两个投影垂直于相应的投影轴且反映实长。投影面垂直线的投影及投影特性如表 1-1 所示。

③ 投影面平行线　投影面平行线在空间与一个投影面平行，与另两个投影面倾斜。直线平行于 H 面而倾斜于 V 面和 W 面称为水平线，直线平行于 V 面而倾斜于 H 面和 W 面称为正平线，直线平行于 W 面而倾斜于 H 面和 V 面称为侧平线。

表 1-1　投影面垂直线

| 名称 | 铅垂线（⊥H, //V, //W） | 正垂线（⊥V, //H, //W） | 侧垂线（⊥W, //H, //V） |
|---|---|---|---|
| 直观图 | 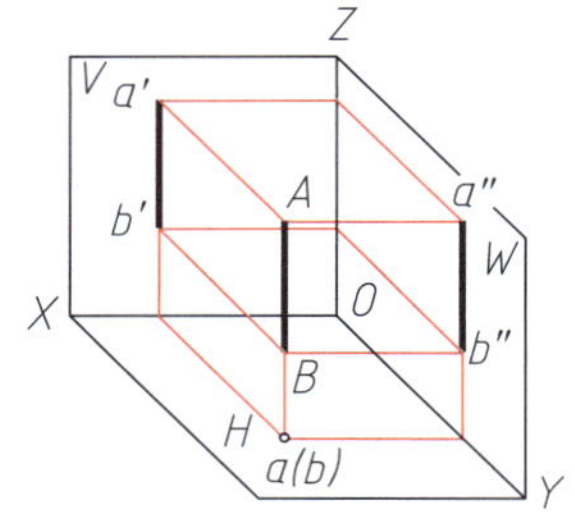 | 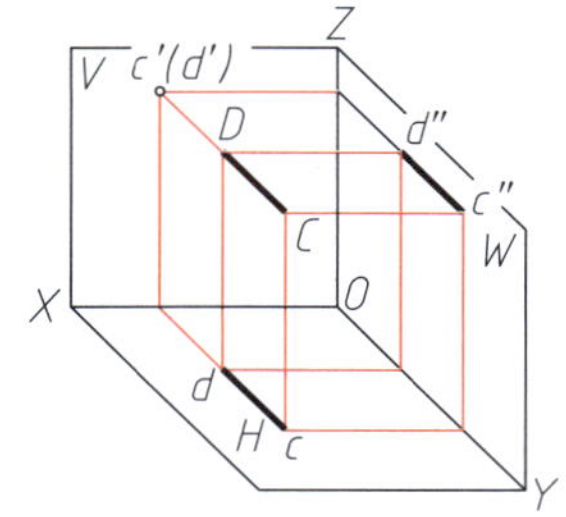 | 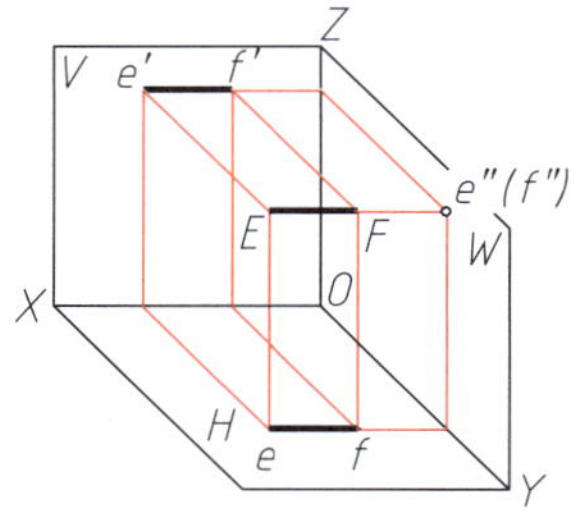 |
| 投影图 | 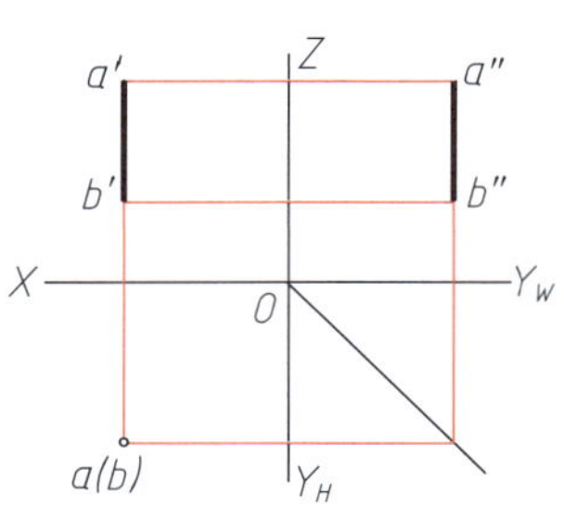 | 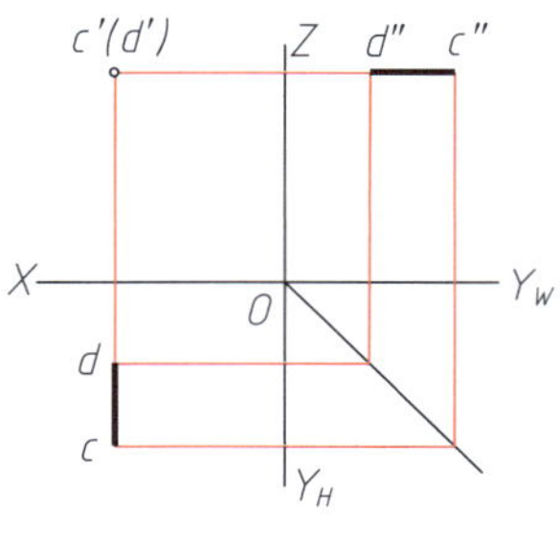 | 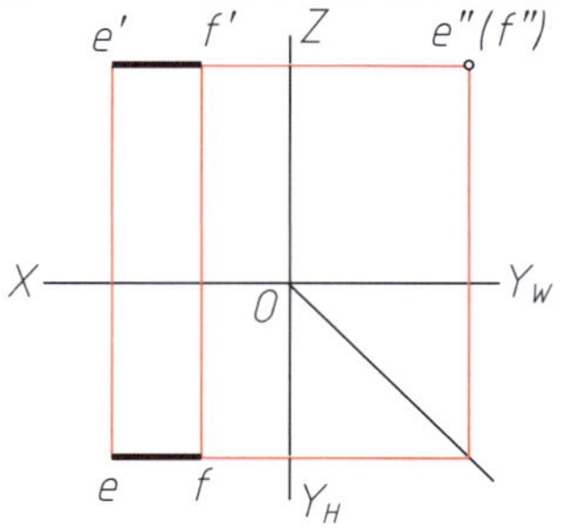 |
| 投影特性 | AB 的水平投影积聚成一点，其正面投影 a'b' 反映实长，且垂直于 OX 轴，其侧面投影 a"b" 反映实长，且垂直于 OY_W 轴 | CD 的正面投影积聚成一点，其水平投影 cd 反映实长，且垂直于 OX 轴，其侧面投影 c"d" 反映实长，且垂直于 OZ 轴 | EF 的侧面投影积聚成一点，其正面投影 e'f' 反映实长，且垂直于 OZ 轴，其水平投影 ef 反映实长，且垂直于 OY_H 轴 |

投影面平行线的一个投影反映直线实长且反映两个倾角的真实大小，另两个投影平行于相应的投影轴。投影面平行线的投影及投影特性如表 1–2 所示。

表 1–2　投影面平行线

| 名称 | 水平线（//H, ∠V, ∠W） | 正平线（//V, ∠H, ∠W） | 侧平线（//W, ∠V, ∠H） |
|---|---|---|---|
| 直观图 | | | |
| 投影图 | | | |
| 投影特性 | AB 的水平投影反映实长，且反映倾角 β、γ 的真实大小，另两个投影 a'b'、a"b" 不反映实长，但分别平行于 OX 轴和 OY_W 轴 | CD 的正面投影反映实长，且反映倾角 α、γ 的真实大小，另两个投影 cd、c"d" 不反映实长，但分别平行于 OX 轴和 OZ 轴 | EF 的侧面投影反映实长，且反映倾角 α、β 的真实大小，另两个投影 ef、e'f' 不反映实长，但分别平行于 OY_H 轴和 OZ 轴 |

### 3. 直线的投影作图举例

**例 1.5**　如图 1–19a 所示，已知铅垂线 AB 的一个端点 A 的两面投影 a、a'，直线实长为 AB（长度如图），并知 B 点在 A 点的正上方，求作 AB 的三面投影图。

**解：** 因为 AB 是铅垂线，所以 AB 的水平投影积聚成一个点，在 H 面上积聚投影的位置与 a 重合，其正面投影和侧面投影分别垂直于 OX 轴和 OY_W 轴，且反映实长，又知道 A、B 两点的相对位置，因此直线 AB 的三面投影唯一可求。作图如图 1–19b

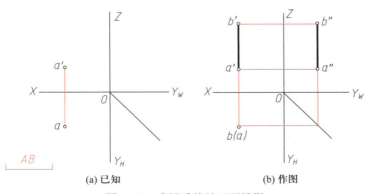

(a) 已知　　　　　(b) 作图

图 1–19　求铅垂线的三面投影

所示，在 $V$ 面上由 $a'$ 往正上方引直线并量取 $a'b'=AB$，定出 $b'$，再根据点的投影规律求出 $a''$、$b''$，最后连接 $a'$ 与 $b'$、$a''$ 与 $b''$。

作图时，直线的投影用粗实线画出，辅助作图线用细实线画出。

**例 1.6**    如图 1-20a 所示，已知正平线 $AB$ 的端点 $A$ 的投影 $a$、$a'$、$a''$，直线实长为 $AB$（长度如图），$AB$ 与 $H$ 面的倾角 $\alpha=30°$，$B$ 点在 $A$ 点的右上方。求作 $AB$ 的三面投影图。

**解：**直线 $AB$ 是正平线，其正面投影 $a'b'$ 反映直线实长且反映倾角 $\alpha$ 的真实大小，$\alpha$ 为 30°，水平投影 $ab$ 和侧面投影 $a''b''$ 分别平行于 $OX$ 轴和 $OZ$ 轴，已知 $A$、$B$ 两点的相对位置，据此可求出 $AB$ 的三面投影图。如图 1-20b 所示，在 $V$ 面上，过 $a'$ 向右上方画 30° 斜线，并在斜线上量取 $a'b'=AB$，定出 $b'$ 和 $a'b'$，然后根据点的投影规律和正平线的投影特性定出 $b$、$b''$，连接 $a'$ 与 $b'$、$a''$ 与 $b''$，完成作图。

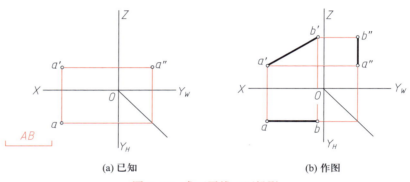

(a) 已知                (b) 作图

图 1-20    求正平线三面投影

动画扫一扫
直线上的点

### 1.4.2    直线上的点

#### 1. 直线上点的投影规律

如图 1-21 所示，点 $C$ 在直线 $AB$ 上，点 $C$ 的三面投影在直线 $AB$ 的各同面投影上并符合点的投影规律。若点 $C$ 的三面投影均在直线 $AB$ 的同面投影上，并符合点的投影规律，则点 $C$ 在直线 $AB$ 上。这一投影特性称为<u>直线上点的投影规律</u>。

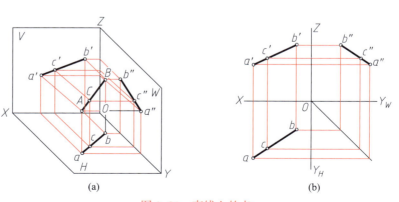

(a)                (b)

图 1-21    直线上的点

**2. 定比性**

如图1-21所示,若点C在直线AB上,则有$AC:CB=ac:cb=a'c':c'b'=a''c'':c''b''$,直线投影的这一性质称为定比性。

利用直线上点的投影规律和定比性可求出直线上点的投影或判断点是否在直线上。

**3. 直线上点的投影作图举例**

**例1.7** 如图1-22所示,在直线AB上求一点C,使$AC:CB=2:3$。

**解**:在H面上过点a引一条射线,并在其上截取5等份,连接5与b,过2作5b的平行线,交ab于c,过c向上引铅垂线,交a'b'于c',c、c'即为所求。作图如1-22b所示。

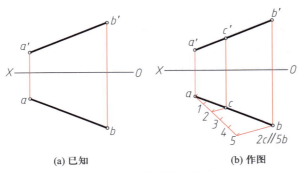

(a) 已知　　　　(b) 作图

图1-22　求直线上的点

**例1.8** 如图1-23所示,判断点K是否在侧平线AB上。

**解**:方法一　用定比性作图判断,在图1-23b中,由作图知$ak:kb \neq a'k':k'b'$,因此,点K不在直线AB上。

方法二　用直线上点的投影规律来判断,在图1-23c中,补出W投影$a''b''$、$k''$,因为$k''$不在$a''b''$上,所以,点K不在直线AB上。

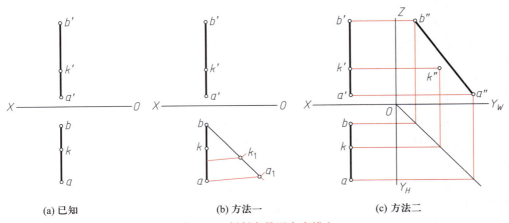

(a) 已知　　　　(b) 方法一　　　　(c) 方法二

图1-23　判断点是否在直线上

动画扫一扫
两直线的相对位置

### 1.4.3  两直线的相对位置

在空间中，两条直线的相对位置有以下三种情况：两直线平行、两直线相交、两直线交叉。两直线平行和两直线相交时称为共面直线，两直线交叉时称为异面直线。

#### 1. 两直线平行

（1）投影特性

如果两直线在空间平行，则各同面投影除了积聚和重影外，仍然平行。如果 $AB /\!/ CD$，则有 $ab /\!/ cd$、$a'b' /\!/ c'd'$、$a''b'' /\!/ c''d''$。

（2）两直线平行的判断

① 若两直线的三组同面投影都平行，则两直线在空间为平行关系；

② 若两直线为一般线，只要有两组同面投影互相平行，即可判定两直线在空间是平行关系；

③ 若两直线是某一投影面的平行线，同时，两直线在该投影面上的投影仍为平行关系，则两直线在空间是平行关系。

图 1–24 反映了两直线平行的空间关系和投影关系。

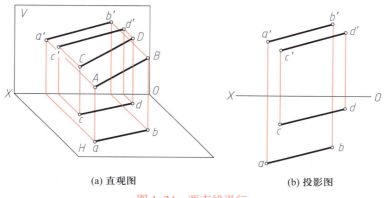

(a) 直观图　　　　　　　　(b) 投影图

图 1–24　两直线平行

#### 2. 两直线相交

（1）投影特性

两直线在空间相交，则各同面投影除了积聚和重影外必相交，且交点符合点的投影规律。如果 $AB$ 与 $CD$ 相交，交点为 $K$，则有 $ab$ 与 $cd$ 相交于 $k$，$a'b'$ 与 $c'd'$ 相交于 $k'$，且 $kk' \perp OX$。

（2）两直线相交的判断

① 若两直线的各同面投影都相交，且交点符合点的投影规律，则两直线相交；

② 对一般线而言，只要有两组同面投影相交，且交点符合点的投影规律，则两直线相交；

③ 两直线中有某一投影面的平行线时，必须验证两直线在该投影面上的投影是否满足相交的条件，才能判定两直线是否相交，或者在二面投影中用定比性作图来判断交点是否符合点的投影规律，判定两直线是否相交。

图 1-25 反映了两直线相交的空间关系和投影关系。

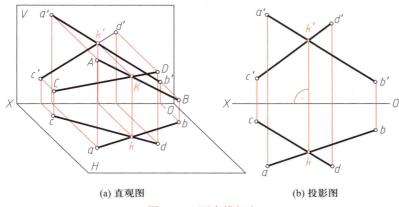

(a) 直观图　　　　　　　　　　(b) 投影图

图 1-25　两直线相交

### 3. 两直线交叉

（1）投影特性

两直线在空间既不平行，也不相交，叫作交叉。其投影特性是，同面投影可能有平行的，但不会全都平行；可能有相交的，但交点不符合点的投影规律。

（2）交叉直线上重影点可见性的判别

交叉直线同面投影的交点是该投影面上重影点的投影，根据投影图中的投影关系可以判别出重影点的可见性。如图 1-26 所示，I、II 两点是 H 面的重影点，从 V 面投影图中可看出 I 点在上为可见点，II 点在下为不可见点，III、IV 两点为 V 面的重影点；从 H 面投影图中可看出 III 点在前为可见点，IV 点在后为不可见点。

图 1-26 反映了两直线交叉的空间关系和投影关系。

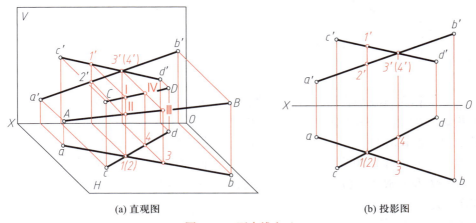

(a) 直观图　　　　　　　　　　(b) 投影图

图 1-26　两直线交叉

### 4. 两直线的相对位置作图举例

**例 1.9**　如图 1-27 所示，判别两直线是否平行。

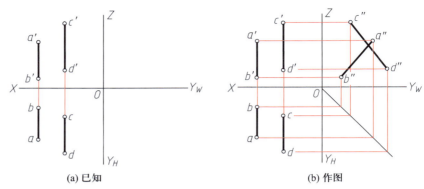

(a) 已知                        (b) 作图

图 1-27    判定两直线是否平行

**解**：方法一    因为 $AB$、$CD$ 是侧平线，可以补出 $AB$、$CD$ 的 $W$ 投影来判定两直线是否平行。如图 1-27b 所示，作图后知，$a''b''$、$c''d''$ 相交，所以 $AB$、$CD$ 在空间不平行，为交叉直线。

方法二    由于 $AB$、$CD$ 两侧平线端点的顺序 $V$ 投影同向，而 $H$ 面投影反向，故可直接判断两直线不平行。

**例 1.10**    如图 1-28 所示，直线 $AB$ 与 $CD$ 相交，求作 $c'd'$。

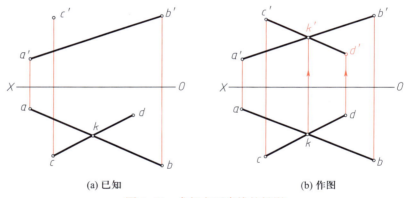

(a) 已知                        (b) 作图

图 1-28    求相交两直线的投影

**解**：由相交直线的投影特性，可求出交点 $K$ 的 $V$ 投影 $k'$，利用交点可求出 $CD$ 的 $V$ 投影。如图 1-28b 所示，过 $k$ 向上引铅垂线，与 $a'b'$ 相交于 $k'$，连接 $c'$ 与 $k'$ 并延长 $c'k'$，过 $d$ 向上引铅垂线，与 $c'k'$ 的延长线相交于 $d'$，$c'd'$ 即为所求。

**例 1.11**    如图 1-29 所示，已知 $AB$、$CD$ 的两面投影，判断两直线是否相交。

**解**：$AB$ 是一般线，$CD$ 是侧平线，从已知两面投影无法直接判定两直线是否相交，需作图判定。

方法一    用定比性作图，如图 1-29b 所示，作图知，因 $kk_1$ 不平行于 $dd_1$，故 $ck:kd \neq c'k':k'd'$，说明交点不符合点的投影规律，两直线不相交，为交叉直线。

方法二    补画 $W$ 投影，如图 1-29c 所示，作图知，因投影图中的交点不符合点的投影规律，故两直线不相交，为交叉直线。

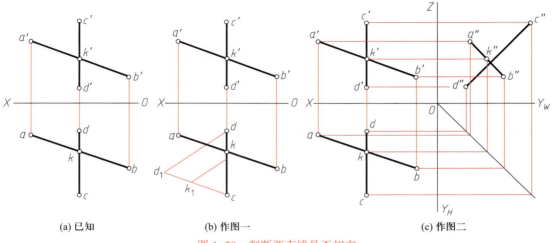

(a) 已知　　　　　　(b) 作图一　　　　　　(c) 作图二

图 1–29　判断两直线是否相交

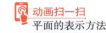

# 1.5　平面的投影

## 1.5.1　平面的表示方法

平面可以用几何元素来表示，也可以用迹线来表示。

### 1. 用几何元素表示平面

在图 1–30 中：图 a 用不在同一直线上的三个点表示一个平面，图 b 用一条直线和直线外一点表示一个平面，图 c 用两条相交直线表示一个平面，图 d 用两条平行直线表示一个平面，图 e 用平面图形（如三角形）表示一个平面。作图时，可按需选用。

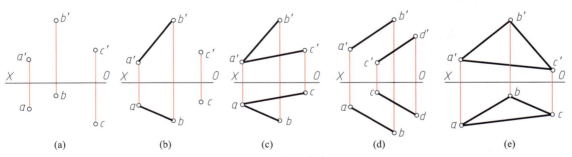

(a)　　　　　　(b)　　　　　　(c)　　　　　　(d)　　　　　　(e)

图 1–30　用几何元素表示平面

### 2. 用迹线表示平面

如图 1–31 所示，空间平面 $P$ 与 $H$、$V$、$W$ 三个投影面相交，交线分别是 $P_H$、$P_V$、$P_W$，$P_H$ 称为平面 $P$ 的水平迹线，$P_V$ 称为平面 $P$ 的正面迹线，$P_W$ 称为平面 $P$ 的侧面迹线。平面 $P$ 可用其三条迹线来表示。

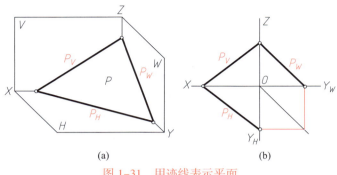

图 1-31    用迹线表示平面

微课扫一扫
各种位置平面
的投影

### 1.5.2    各种位置平面的投影

平面对投影面的相对位置可分为一般位置平面、投影面平行面和投影面垂直面三种。下面分别讨论各种位置平面的投影及其投影特性。

#### 1. 一般位置平面

一般位置平面与三个投影面都倾斜，三面投影都不反映平面的实形，投影没有积聚性，投影也不反映平面对投影面倾角的真实大小，三面投影均为类似形。一般位置平面简称一般面。一般位置平面的空间关系和投影特点如图 1-32 所示。

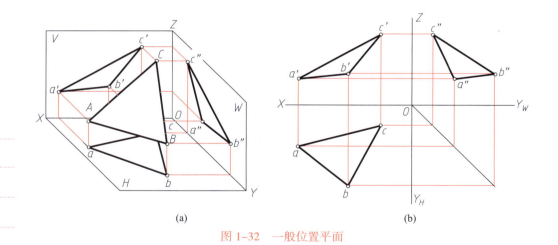

图 1-32    一般位置平面

#### 2. 投影面平行面

投影面平行面与一个投影面平行，与另两个投影面垂直。平面平行于 $H$ 面称为水平面，平面平行于 $V$ 面称为正平面，平面平行于 $W$ 面称为侧平面。投影面平行面在所平行的投影面上的投影反映平面的实形，另两个投影积聚成直线，并平行于相应的投影轴。投影面平行面的投影及投影特性如表 1-3 所示。

表 1-3　投影面平行面

| 名称 | 水平面（//H, ⊥V, ⊥W） | 正平面（//V, ⊥H, ⊥W） | 侧平面（//W, ⊥V, ⊥H） |
|---|---|---|---|
| 直观图 | | | |
| 投影图 | | | |
| 投影特性 | 水平面 $P$ 的水平投影反映实形，另两个投影 $p'$、$p''$ 积聚成直线，且分别平行于 $OX$ 轴和 $OY_W$ 轴 | 正平面 $Q$ 的正面投影反映实形，另两个投影 $q$、$q''$ 积聚成直线，且分别平行于 $OX$ 轴和 $OZ$ 轴 | 侧平面 $R$ 的侧面投影反映实形，另两个投影 $r$、$r'$ 积聚成直线，且分别平行于 $OY_H$ 轴和 $OZ$ 轴 |

### 3. 投影面垂直面

投影面垂直面与一个投影面垂直，与另两个投影面倾斜。平面垂直于 $H$ 面，且与 $V$ 面、$W$ 面倾斜，称为铅垂面；平面垂直于 $V$ 面，且与 $H$ 面、$W$ 面倾斜，称为正垂面；平面垂直于 $W$ 面，且与 $H$ 面、$V$ 面倾斜，称为侧垂面。投影面垂直面在所垂直的投影面上的投影积聚成一条直线，并反映平面对另两个投影面倾角的大小，另两个投影为平面的类似形。投影面垂直面的投影及投影特性如表 1-4 所示。

表 1-4　投影面垂直面

| 名称 | 铅垂面（⊥H, ∠V, ∠W） | 正垂面（⊥V, ∠H, ∠W） | 侧垂面（⊥W, ∠V, ∠H） |
|---|---|---|---|
| 直观图 | | | |

续表

| 名称 | 铅垂面（$\perp H, \angle V, \angle W$） | 正垂面（$\perp V, \angle H, \angle W$） | 侧垂面（$\perp W, \angle V, \angle H$） |
|---|---|---|---|
| 投影图 | 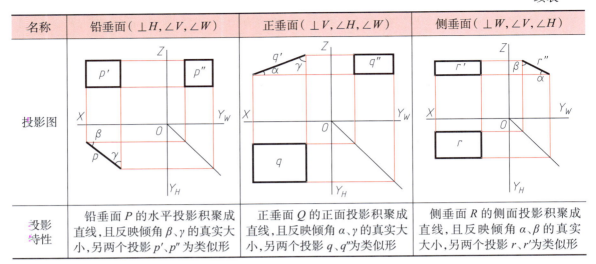 | | |
| 投影特性 | 铅垂面 $P$ 的水平投影积聚成直线，且反映倾角 $\beta$、$\gamma$ 的真实大小，另两个投影 $p'$、$p''$ 为类似形 | 正垂面 $Q$ 的正面投影积聚成直线，且反映倾角 $\alpha$、$\gamma$ 的真实大小，另两个投影 $q$、$q''$ 为类似形 | 侧垂面 $R$ 的侧面投影积聚成直线，且反映倾角 $\alpha$、$\beta$ 的真实大小，另两个投影 $r$、$r'$ 为类似形 |

动画扫一扫
平面上的点和直线

### 1.5.3  平面上的点和直线

#### 1. 平面上一般位置的点和直线

若点在平面上的一条直线上，则点在平面上。如图 1-33 所示，点 $K$ 在直线 $MN$ 上，$MN$ 在平面 $SAB$ 上，则点 $K$ 在平面 $SAB$ 上。在平面上取点时，要先在平面上取一条直线作为辅助线，然后在辅助线上定点，这样才能保证所取的点在该平面上。

直线通过平面上两点，或者直线通过平面上的一个点，且与平面内另一条直线平行，则直线在平面上。如图 1-33 所示，直线 $GH$ 通过平面上两点 $M$、$N$，直线 $GH$ 在平面 $SAB$ 上；直线 $EF$ 过平面 $SAB$ 上一点 $D$，且 $EF$ 平行于 $AB$，直线 $EF$ 在平面 $SAB$ 上。在平面上取直线，应先在平面上取点，并保证直线通过平面上的两个点，或过平面上的一个点且与另一条平面上的直线平行。

#### 2. 平面上的特殊位置直线

一般位置平面上的特殊位置直线有：平面上的水平线、平面上的正平线、平面上的侧平线和平面上的最大斜度线。作投影图时，常用平面上的特殊位置直线作为辅助线来帮助解题。

平面上的一条直线与 $H$ 面平行，与另两投影面倾斜，称为平面上的水平线。平面上的一条直线与 $V$ 面平行，与另两个投影面倾斜，称为平面上的正平线。

在图 1-34 中，过 $c'$ 作 $c'$ $2'$ // $OX$，交 $a'$ $b'$ 于 $2'$，过 $2'$ 向下画铅垂线，与 $ab$ 相交于 $2$，连接 $c$ 与 $2$；过 $a$ 作 $a1$ // $OX$，交 $bc$ 于 $1$，过 $1$ 向上画铅垂线，交 $b'$ $c'$ 于 $1'$，连接 $a'$ 与 $1'$。直线 $CII$、$AI$ 分别是平面 $ABC$ 上的水平线和正平线。

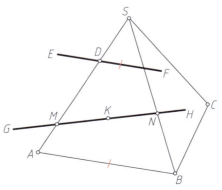

图 1-33  平面上的点和直线

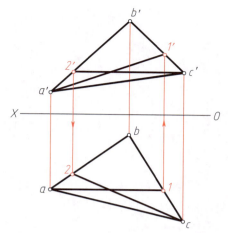

图 1-34　平面内的水平线和正平线

**例 1.12**　补全带缺口的三角形的另两个投影图（图 1-35）。

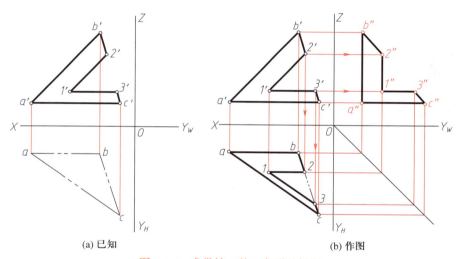

(a) 已知 　　　　　　　　(b) 作图

图 1-35　求带缺口的三角形的投影

**解**：由已知的 $V$ 投影和 $H$ 投影可先补出平面的 $W$ 投影。利用在平面上取点、取线的方法可在平面上得出缺口的投影。作图步骤如下：

①由 $a$、$b$、$c$ 和 $a'$、$b'$、$c'$，补出 $a''$、$b''$、$c''$；

②过 $2'$、$3'$ 分别向下引铅垂线，与 $bc$ 相交于 $2$、$3$；过 $2$、$3$ 分别作 $21 /\!/ ba$，$31 /\!/ ca$，$21$ 与 $31$ 相交于 $1$ 点。

③过 $2'$、$3'$ 分别引水平线，与 $b''c''$ 相交于 $2''$、$3''$；过 $2''$、$3''$ 分别作 $2''1'' /\!/ b''a''$，$3''1'' /\!/ c''a''$，$2''1''$ 与 $3''1''$ 相交于 $1''$，作图结果如图 1-35b 所示。

# 第 2 章

## 平面立体

### 2.1　概述

各种复杂的建筑形体都可以分解成若干个简单的基本形体，如图 2-1 所示。在图中，一个房屋模型被分解为两个四棱柱、两个三棱柱和一个三棱锥。因此，理解并掌握基本形体的投影规律，有助于认识和理解建筑物的投影规律。

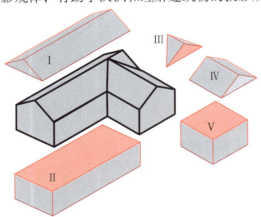

图 2-1　建筑形体的分解

微课扫一扫
基本形体的分
类及特征

基本形体都是简单的几何体，分为平面立体和曲面立体两大类。本章介绍平面立体的投影特征。平面立体包括棱柱、棱锥和棱台等，它们都是由平面围成的，这是平面立体最本质的特征，所以把由平面围成的立体称为平面立体。

平面立体的投影就是围成立体的平面、直线、点的投影，这是研究平面立体投影特征的基本出发点。

## 2.2 平面立体的投影

### 2.2.1 棱柱

动画扫一扫
棱柱

#### 1. 棱柱的投影

棱柱包括三棱柱、四棱柱、多棱柱等，最简单的四棱柱就是长方体。

图 2-2a 所示长方体的顶面和底面为水平面，前后两个棱面为正平面，左右两个棱面为侧平面。

图 2-2b 是这个长方体的三面投影及其对应关系。H 投影是一个矩形，为长方体顶面和底面的重合投影，顶面可见，底面不可见，反映了它们的实形。矩形的边线是顶面和底面上各边的投影，反映实长，也是四个棱面具有积聚性的投影。矩形的四个顶点是顶面和底面四个顶点分别互相重合的投影，也是四条垂直于 H 面的侧棱具有积聚性的投影。同理，该长方体的 V 投影和 W 投影，也分别是一个矩形。

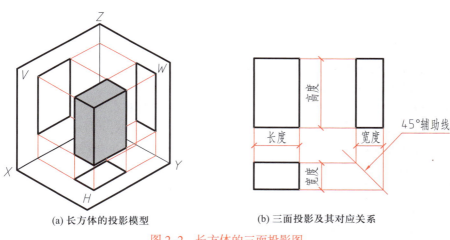

(a) 长方体的投影模型          (b) 三面投影及其对应关系

图 2-2　长方体的三面投影图

需要说明的是，自本节起，教材中将不再画出投影轴。这是因为在立体的投影图中，投影轴的位置只反映空间的立体与投影面之间的距离，与立体的投影形状和大小无关，而两相邻投影之间的距离，不影响立体的投影形状和大小。省略不画投影轴后，在立体的三个投影之间仍应保持对应关系，这个对应关系在图 2-2b 中可以看得十分清楚：形体在 V 面和 H 面上反映的长度相同，左右对齐，即"长对正"；形体在 V 面和 W 面上反映的高度相同，上下对齐，即"高平齐"；形体在 H 面和 W 面上反映的宽度相同，前后对应，即"宽相等"。省略投影轴后，就利用这个对应关系来画立体的投影图。为了保证宽相等和前后对应，也可以使用上一章所介绍的 45° 辅助线。

在三面投影体系中，形体长度是指形体最左和最右两点间平行于 X 轴方向的距离，宽度是指形体最前和最后两点平行于 Y 轴方向的距离，高度是指形体最高和最低两点平行于 Z 轴方向的距离。

通过投影的上述对应关系可以绘制立体的投影图，利用这个对应关系也可以寻找长方体上点或线的投影。

图 2-3 是一个竖立的三棱柱三面投影：顶面和底面是水平面，三个侧面中一个是正平面，两个是铅垂面，三条棱线是铅垂线。

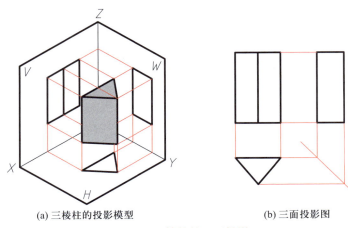

(a) 三棱柱的投影模型                    (b) 三面投影图

图 2-3    三棱柱的三面投影

在 H 投影中，三棱柱投影为三角形，此三角形所确定的面是棱柱顶面和底面。投影顶面可见，底面不可见。围成三角形的三条边分别表示三棱柱的三个侧棱面的积聚投影，侧棱分别积聚成三角形的三个顶点。

在 V 投影中的是两个矩形线框，分别是三棱柱左前和右前两个侧棱面的投影，外框矩形是三棱柱后棱面的投影。三条处于铅垂位置的直线分别是三棱柱的三条侧棱。上下两条直线则是顶面和底面的积聚投影，同时也是上下底边的投影。

三棱柱的 W 投影是一个矩形，它是三棱柱左前和右前侧棱面的投影，左前侧棱面可见，右前侧棱面不可见；因为左前、右前侧棱面不是 W 面的平行面，所以它们的 W 投影并不反映侧棱面的实形。处于正平面位置的后棱面的 W 投影，则积聚成一条铅垂线。同时，上下两条直线也是三棱柱顶面和底面的积聚投影。

根据上述分析，可进一步思考，图 2-3 中的三棱柱的三面投影，哪些能够反映三棱柱表面和棱线的实形或实长？

### 2. 棱柱面上点的投影

求作棱柱面上点的投影，应先由点的已知投影位置及可见性，分析判断该点所属的表面，通常利用该面的积聚投影，直接补出点的另一投影，并判别可见性。

**例 2.1**    如图 2-4a 所示，已知长方体顶面内的 A 点和底面内的 B 点的 H 投影 a( b )，求 A、B 两点的 V 投影和 W 投影。

**解**：作法一    由 a、(b) 分别向 V 面作投影连线，与长方体顶面和底面的 V 投影相交得到 a'、b'，然后利用 45° 辅助线求出 a″、b″，如图 2-4b 所示。

作法二    根据"长对正"，在长方体顶面和底面的有积聚性的 V 投影上作出 a'、b'；然后根据"宽相等"，直接利用 H 投影中显示的 a ( b ) 位于后棱面之前的宽度距离 y，分别在长方体 W 投影的顶面和底面作出 a″、b″，如图 2-4c 所示。

读者可进一步思考，如果例 2.1 的已知条件没有给出长方体的 W 投影，还能不能作出 a'、b' 和 a″、b″？

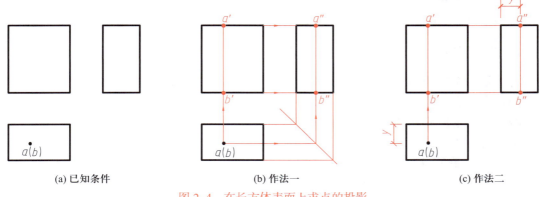

(a) 已知条件　　　　　　　　(b) 作法一　　　　　　　　(c) 作法二

图 2-4　在长方体表面上求点的投影

**例 2.2**　　在图 2-5a 中，已知三棱柱的三面投影和三棱柱侧棱面上直线 AB 和 BC 在 V 面上的投影 a′ b′、b′ c′，求 AB、BC 在其他两个面上的投影，要求清楚表达所求直线投影的可见性。

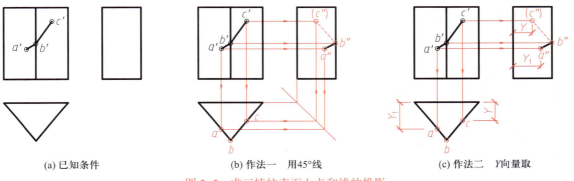

(a) 已知条件　　　　　　(b) 作法一　用45°线　　　　　(c) 作法二　Y向量取

图 2-5　求三棱柱表面上点和线的投影

**解：**首先观察 AB、BC 直线两个端点在其他两个投影面的投影位置。点 A 在左前棱面上，点 B 在前棱上，点 C 在右前棱面上，它们在 V 投影中均可见。在 H 投影中，左前棱面积聚成一直线，过 a′直接向 H 面引投影连线，与左前棱面的积聚投影相交，就得到点 a。同理，也可得到点 c。前棱线在 H 面上积聚成一点，点 b 也就在这个点上。在得到 H 投影面上的点 a、b、c 后，就可以通过以下两种方法求得 a″、b″、c″。

作法一　通过 45° 辅助线，由 A、C 在 H、V 两个投影面上的有关投影分别向 W 投影面引投影连线，相交得到点 a″、c″，点 b″可由 b′向 W 面引投影连线，直接与前棱线的 W 投影相交得到。

作法二　量取 a、c 距棱锥后棱面的宽度距离 $Y_1$ 和 $Y$，直接在由 V 投影 a′、c′向 W 面引出的投影连线上按宽相等和前后对应量得点 a″、c″。点 B 在 W 面上的投影仍由方法一所述方法得到。

得到 A、B、C 的三面投影后，就可得到相应直线的三面投影。但如何判别这些直线的可见性呢？只要一条直线有一个端点在投影面上处于不可见位置，那么这条直线在该投影面上的投影就不可见。在作图时将其画为虚线。点 $C$ 在 $W$ 投影面上的投影不可见，所以 $BC$ 在 $W$ 面上的投影不可见，就把线段 $b'' c''$ 画为虚线。

动画扫一扫
棱锥

### 2.2.2　棱锥

把一个边线均为直线的平面多边形作为形体底面，把不属于该多边形平面的空间任意一点与多边形各顶点用直线连接起来，由此形成的平面立体就是棱锥。所以，棱锥表面上所有相邻的两个平面的交线都交于一点。求棱锥的投影就是求棱锥表面上所有的棱线和底边的投影。

#### 1. 棱锥的投影

求棱锥体的投影就是求棱锥体表面上所有的棱线和底边的投影。

图 2-6 是一个正三棱锥的三面投影图。这个三棱锥的底面是一个水平的等边三角形，在 $H$ 面上的投影反映它的实形；棱面是三个全等的等腰三角形，与 $H$ 面成相等的倾角。相邻棱面的交线是棱线，三条棱线等长，且也与 $H$ 面成相等的倾角。棱线交于一点，此点称为棱锥顶点。棱锥顶点与底面中心的连线，叫棱锥轴线，所有正棱锥的轴线都与底面垂直。投影时将底面放置于水平和整个正三棱锥处于左右对称的位置，则底面为水平面，后棱面是侧垂面，左前棱面和右前棱面为一般位置平面；前棱线是侧平线，其余两条为一般位置线；后底边是侧垂线，其余两条底边是水平线。

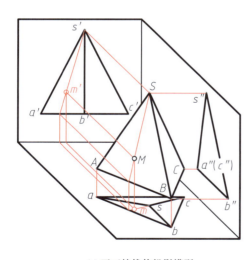

(a) 正三棱锥的投影模型

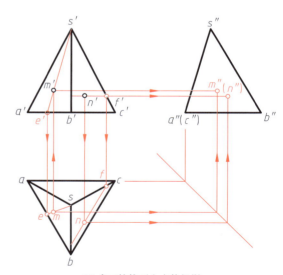

(b) 求三棱锥面上点的投影

图 2-6　正三棱锥的三面投影

由于正三棱锥的 $H$ 投影反映其底面的实形，顶点 $S$ 的 $H$ 投影 $s$ 应在底面的投影（等边三角形 $abc$）的中心，$s$ 与各顶点 $a$、$b$、$c$ 的连线，是各棱线的 $H$ 投影 $sa$、$sb$ 和 $sc$，它们均等长。正棱锥的底面与某投影面平行时，它在该投影面上的投影都具有这样的投影特性。所以，求这类棱锥的三面投影时，应该尽量使其底面与某一投影面平行，且首先作出它在该投影面上的投影。读者还可根据以上投影分析自行判断各棱面和棱线在三面投影中哪些可见、哪些不可见。

### 2. 棱锥表面上点的投影

求作棱锥体表面上点的投影，应先由点的已知投影位置及可见性，分析判断该点所属的表面；若该面有积聚投影，则可利用积聚投影直接补出点的另一投影；若该面无积聚投影，则过点在该面内作一条辅助线，再于此线上定点，并判别可见性。

**例 2.3** 如图 2-6b 所示，已知点的 $V$ 投影 $m'$、$n'$，求作 $m$、$n$ 和 $m''$、$n''$。

**解**：先看点 $M$，$M$ 位于 △ $SAB$ 上，此棱面为一般面，无积聚投影可供利用，需采用作辅助线的方法。

在 $V$ 面投影中，连接 $s'$ 与 $m'$，$s'm'$ 与底边交于 $e'$，由 $e'$ 向 $H$ 面引投影连线，得到 $e$，然后得到 $SE$ 在 $H$ 面上的投影 $se$。$M$ 点在 $SE$ 上，所以由 $m'$ 向 $H$ 面引投影连线，与 $se$ 相交得到 $m$。已知了 $m$ 和 $m'$，就可以根据点的投影规律，得到 $m''$。这种求解方法称为辅助线法。

再来看 $N$ 点，$N$ 也位于一般面上，也可用同样的方法来求出它的 $H$ 投影。但这一次，不利用顶点作辅助线，而是过 $n'$ 在棱面上作一条与底边 $b'c'$ 平行的直线 $n'f'$，$f'$ 是该直线与棱边 $s'c'$ 的交点。过 $f'$ 向 $H$ 面引投影连线，与 $sc$ 相交得到 $f$，过 $f$ 作 $bc$ 的平行线，再由 $n'$ 向 $H$ 面引投影连线，与这条平行线 $H$ 投影相交得到 $n$。最后根据点的投影规律，由 $n'$ 和 $n$ 得到 $n''$。

求出点的投影位置后，还要判别其可见性。如何判别点投影的可见性呢？这得由点所在平面的可见性决定。平面的投影可见，则点可见，否则就不可见。$N$ 点位于 △ $SBC$ 上，该棱面在 $H$ 面上的投影可见，所以 $n$ 可见；但该棱面在 $W$ 面上的投影不可见，因为 $W$ 投影的投射方向是由左向右，△ $SBC$ 被 △ $SAB$ 遮挡，所以点 $n''$ 不可见，加括号表示。凡是不可见的点的投影，都如此标注。

## 2.3 平面切割平面立体

有些构件的形状就是由基本形体截去一部分而形成的。切割形体的一个或多个平面称为**截平面**；截平面与立体表面的交线称为**截交线**；截交线围成的平面图形称为**截断面**，如图 2-7 所示。

对于用一个截平面截断平面立体而言，**平面立体的截交线是一封闭的平面多边形，多边形的各边是截平面与立体相应棱面的交线，多边形的顶点是截平面与立体相应棱线的交点**。一个截平面截到平面立体的 $n$ 个面，就会产生 $n$ 条截交线。

**动画扫一扫**
截平面、截交线、截断面概念及作图实例

求解平面立体截交线的投影时，应先分析被截割立体的原形，截平面的数量，截平面截到平面立体的棱面数量以及截平面相对于投影面的位置等。

当截平面为投影面的平行面或垂直面时，相应的截断面也必然具有投影面的平行面或垂直面的投影特性。利用这些特性就可方便地分析和作出截断面（截交线）的投影。

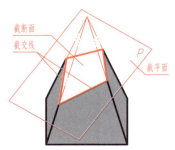

图 2-7 平面截割平面立体

无论是作截交线还是截断面的投影，作图的基本思路就是：先作出平面立体各棱线与截平面的交点，然后将同一平面上的交点对应相连，并判别其可见性，即得到截交线或截断面的投影。作出截交线或截断面的投影后，还应补齐存在的棱线和两截断面的交线。所有棱线和交线可见画粗实线，不可见画虚线。粗实线与虚线重合时，则应画成粗实线。

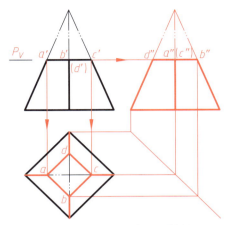

图 2-8    四棱锥被水平面截割

**例 2.4**    在图 2-8 中，正四棱锥被水平面截去锥顶，完成其 $H$、$W$ 投影。

**解：**正四棱锥被水平面截去锥顶即成为四棱台。四棱锥被截平面截割到四个棱面，所产生的四条截交线围成的截断面是四边形，四边形的四个顶点就是四条棱线与截平面的交点。截断面的 $H$ 投影反映实形，$V$、$W$ 投影分别积聚为水平直线。已知 $V$ 投影，从 $a'$ 和 $c'$ 向下引投影连线，分别与相应的棱线在 $H$ 面上的投影相交，得到 $a$ 点和 $c$ 点，通过 $a$ 点和 $c$ 点分别作四棱锥底边四边形的平行线即得截断面四边形（截交线）的 $H$ 投影。然后再由 $c'$ 向右引投影连线，与各棱的 $W$ 投影相交，得到截断面（截交线）的 $W$ 投影。接下来根据截交线的位置来判别截交线的可见性，并补齐存在的棱线的投影，整理加深，即完成投影作图。

**例 2.5**    如图 2-9a 所示，已知正三棱锥 $SABC$ 被正垂面所截的 $V$ 投影和三棱锥在 $H$、$W$ 面上的投影轮廓，求三棱锥被切割后的 $H$、$W$ 投影。

**解：**截平面截到了三棱锥的三个棱面，因而有三条截交线，断面为三角形。三角形的三个顶点就是三条棱线与截平面的交点，这些点同截平面一起积聚投影在 $V$ 面上，所以这三个交点可以直接在 $V$ 投影上找到，即图 2-9b 中的 $1'$、$2'$、$3'$。从 $1'$、$3'$ 分别

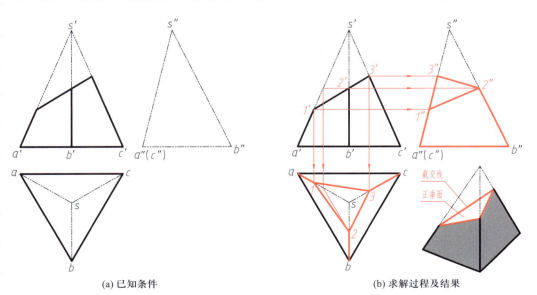

(a) 已知条件                    (b) 求解过程及结果

图 2-9    三棱锥被正垂面切割后的投影

向 $H$ 面引投影连线，与有关棱线的投影相交，就得到1、3点。2点可利用棱面上的水平线求得，连接各个顶点，对连线判别其可见性，加以处理就得到断面和棱锥截断体的 $H$ 投影。同理可求得 $W$ 投影，如图 2-9b 所示。

**例 2.6** 如图 2-10a 所示，已知带缺口三棱柱的 $V$ 投影和 $H$ 投影轮廓，要求补全这个三棱柱的 $H$ 和 $W$ 投影。

**解：** 从已知条件可以看出，三棱柱的缺口是三个截平面 $P$、$Q$、$R$ 切割的结果，如图 2-10c 所示。其中，$P$ 为正垂面，$Q$ 为水平面，$R$ 为侧平面，在 $V$ 投影中可以看到它们的积聚投影，因为三棱柱的棱面垂直于 $H$ 面，属于三棱柱棱面上的截交线必然与三棱柱棱面的 $H$ 投影积聚在一起。$R$ 面是侧平面，在 $H$ 投影中积聚为一条直线，即（$r$），因为它被上部形体遮挡，所以在 $H$ 投影中不可见，应画为虚线（图 2-10b）。这就可以较易补全 $H$ 投影。只要得到 $H$、$V$ 两面投影，其 $W$ 投影就迎刃而解了。作图过程分步介绍如下：

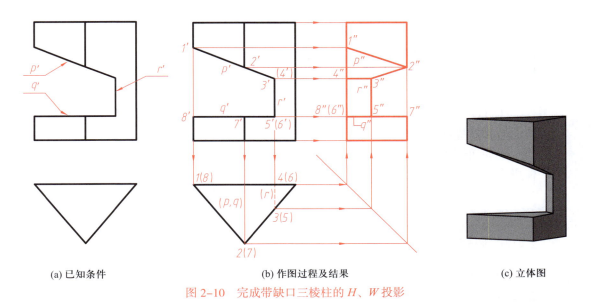

(a) 已知条件　　　　　　(b) 作图过程及结果　　　　　　(c) 立体图

图 2-10　完成带缺口三棱柱的 $H$、$W$ 投影

① 根据三面投影的对应关系，不考虑缺口，绘出三棱柱在 $W$ 面上的轮廓线矩形。

② 在 $V$ 投影中，将各截平面切割棱柱时在棱线和柱面上形成的交点编上号。

③ 交点向 $H$ 面引投影连线，确定各交点的 $H$ 投影，并将3、4交点连接成虚线，补全 $H$ 投影。

④ 根据各交点的 $H$、$V$ 投影求出各交点的 $W$ 投影。

⑤ 连接有关交点，判断截交线的可见性，补全 $W$ 投影，并整理加深，如图 2-10b 所示。

最后来观察三个断面的投影结果：截面 $P$ 的 $W$ 投影为 $1''\,2''\,3''\,4''\,1''$ 线框，不反映实形，$H$ 投影与 $Q$ 面重合，也不反映实形；截面 $Q$ 为水平面，在 $W$ 投影积聚成一条水平线 $5''\,6''\,7''\,8''$，$H$ 投影反映 $Q$ 面的实形。截面 $R$ 的 $W$ 投影 $3''\,4''\,5''\,6''$ 线框反映了实形，$H$ 投影积聚为直线（虚线），不可见。

## 2.4　两平面立体相交

两立体相交，称为两立体相贯。如图 2-11 所示为四棱柱与三棱锥相贯。两立体的表面的交线，称为相贯线。相贯线有两个特性：一是共有性，即相贯线是两立体表面的共有线，同时也是两立体表面的分界线；相贯线上的点是两立体表面的共有点。二是封闭性，因为立体表面是有限的，所以两平面立体的相贯线一般是封闭的空间折线或平面多边形，只有当两立体表面共面时，相贯线才不封闭。相贯线的折点是一个平面立体上的棱线与另一平面立体的棱面或棱线的交点，即贯穿点。因此，求相贯线的投影，可转化为求线面交点的投影，然后连线即得相贯线的投影。相贯体是一个整体，棱线穿入立体内的线段，不必画出，即参与相贯的棱线只画到贯穿点为止。若需画出，可画成细双点画线。

连接相贯线的原则是：必须是一立体的同一表面同时在另一立体也是同一表面上的两点才能相连。

相贯线可见性的判别：只有当相贯线位于两立体都可见的棱面上时，该段相贯线才可见；相贯线所在的两棱面中，只要有一棱面不可见，则该段相贯线就不可见。

求两平面立体相贯线的方法通常有三种：

① 直接作图法　适用于两立体相贯时，有一立体的棱面有积聚投影的情况。

② 辅助直线法　适用于已知相贯点某面投影，求其他投影面上投影的情况。

③ 辅助平面法　适用于相贯两立体均无积聚投影或其他情况。

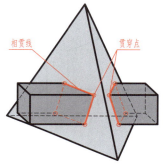

图 2-11　四棱柱与三棱锥相贯示意图

### 2.4.1　积聚投影法

动画扫一扫
积聚投影法

两立体相贯，当有一立体的棱面有积聚投影时，其相贯线和贯穿点的投影就重合在这个积聚投影上，利用积聚投影和贯穿点的共有性，即可求出贯穿点的投影，然后连接起来就能得到相贯线的投影。

例 2.7　如图 2-12a 所示，由两个四棱柱形成相贯体，已知它们的两面投影轮廓，求作相贯线，并补全相贯体的 $V$ 投影。

解：要求相贯线就得先求出贯穿点，然后把贯穿点连接起来就能得到相贯线。如图 2-12 所示，竖放四棱柱棱面的 $H$ 投影积聚成菱形，其棱面上的相贯线与贯穿点（如 $A$、$B$）的 $H$ 投影就重合在棱面的积聚投影上，同时贯穿点 $A$、$B$ 也是横放四棱柱前上棱线 $L$ 上的点，因此横放四棱柱前上棱线 $L$ 的 $H$ 投影与竖放四棱柱棱面的积聚投影的交点 $a$、$b$ 就是贯穿点 $A$、$B$ 的 $H$ 投影，利用 $a$、$b$ 可求出 $a'$、$b'$。同理，可求得其他贯穿点的投影。最后判别可见性，连接得到相贯线的投影。

注意：一棱线上两贯穿点之间穿入体内的线段不画出。如本例 $A$、$B$ 点之间 $V$、$H$ 投影不画线。

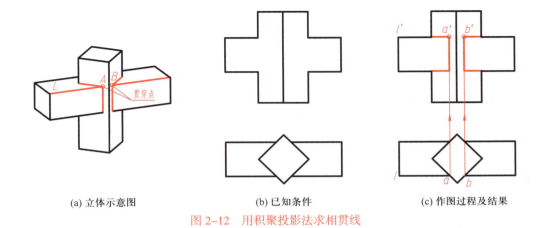

(a) 立体示意图　　　　(b) 已知条件　　　　(c) 作图过程及结果

图 2-12　用积聚投影法求相贯线

此题所给的启示是：求两立体的相贯线实际上可转化为求一立体的棱线与另一立体棱面的贯穿点。当立体表面或棱线有积聚投影时，可用积聚投影直接求出贯穿点。

### 2.4.2　辅助直线法

有时，虽然立体表面或棱线有积聚投影，但由于位置特殊，不能完全利用积聚性直接求出相贯点的各面投影，此时就得在立体表面作辅助线来求得相贯点。

**例 2.8**　如图 2-13a 所示，已知烟囱与斜屋面的 H 投影和 V 投影轮廓，不用 W 投影，完成它们的 V 投影。

**解**：分析已知条件可知，烟囱（四棱柱）位于前屋面，它与屋面相交必有贯穿点和交线，如图 2-13c 所示。这些贯穿点和交线在 H 投影中与烟囱（四棱柱）的积聚投影重合，因此，在 H 投影中过侧棱与斜屋面的贯穿点 II 的 H 投影 2 在斜屋面上作一辅助线，它与檐口线和屋脊线 H 投影分别在 a、b 两点相交。然后从 a、b 向 V 面引投影连线，分别与檐口线和屋脊线 V 投影相交得到 a'、b'。连接 a'、b' 与烟囱相应的侧棱相交得 2'。

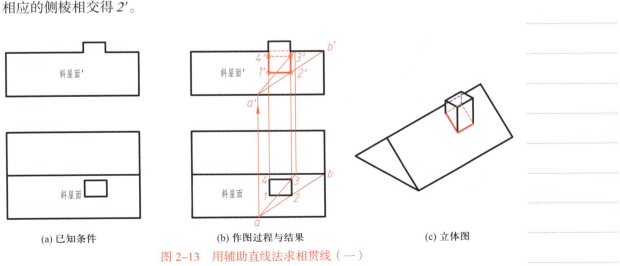

(a) 已知条件　　　　(b) 作图过程与结果　　　　(c) 立体图

图 2-13　用辅助直线法求相贯线（一）

由于烟囱和屋顶两立体均处于特殊位置，在 $H$ 投影上，线段 $12$ 与檐口线 $H$ 投影平行，则在 $V$ 投影上，$1'\,2'$ 也与檐口线的 $V$ 投影平行，由 $2'$ 向烟囱的另一侧棱引檐口线的平行线，可得烟囱前面与屋面的交线的 $V$ 投影 $1'\,2'$，可见画实线。

同理，过 $a$ 点、$3$ 点作辅助线交于屋脊线可求得到 $3'$，由 $3'$ 向左引檐口线的平行线，可得烟囱后面与屋面的交线的 $V$ 投影 $3'\,4'$，不可见，画虚线。被烟囱遮住的一段屋脊线也不见画虚线。烟囱左右棱面 $V$ 投影积聚，应画到贯穿点 $1'$、$2'$ 为止。作图结果如图 2-13b 所示。

**例 2.9**　如图 2-14a 所示，已知四棱柱与三棱锥的三面投影轮廓，完成它们相贯后的 $H$、$V$ 面投影。

**解：**由图 2-14a 可知，四棱柱的 $W$ 投影有积聚性，因此相贯线在 $W$ 面投影与四棱柱的 $W$ 面投影重合，可以直接在 $W$ 面上给贯穿点编号。但贯穿点在 $H$、$V$ 面的投影则难以直接得到。可以在锥面上，将顶点与相贯点连接起来，并延长至底面，成为辅助线，如图 2-14b 所示。利用这条辅助线，就可以求出相贯点在 $H$、$V$ 面上的投影。作图过程如图 2-14c 所示。

① 在 $W$ 投影中，连接 $s''\,3''$，将其延长到与底棱 $a''\,c''$ 交于 $m''$。

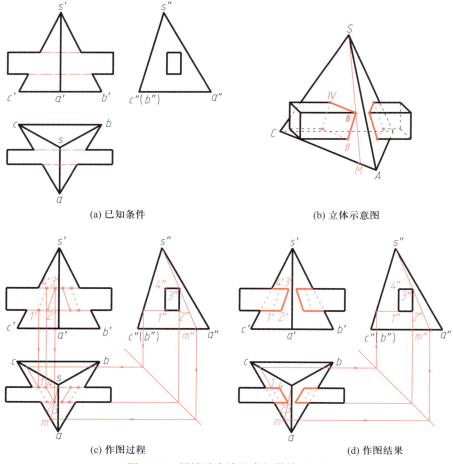

(a) 已知条件　　　　　　　　(b) 立体示意图

(c) 作图过程　　　　　　　　(d) 作图结果

图 2-14　用辅助直线法求相贯线（二）

② 按投影关系，求出 sm，sm 与四棱柱前上棱线的 H 投影交于 3 点。

③ 由点 3 向 V 面引投影连线与四棱柱前上棱线的 V 投影交于点 3′。

④ 同理，可求得其他相贯点 I、II、IV 的 H、V 投影，可通过作棱锥底边平行线求得。

⑤ 把各贯穿点连接起来并判别其可见性，可得出左侧一组相贯线的 H、V 投影。

⑥ 同理，可作出右侧与左侧相对称的另一组相贯线的 H、V 投影。

⑦ 最后，补齐棱线的投影并判别其可见性，整理加深，作图结果如图 2-14d 所示。

动画扫一扫
辅助平面法

### 2.4.3　辅助平面法

当两立体无积聚性投影或投影图中无法直接确定相贯点的投影时，包含一立体的棱线或棱面作辅助平面切割相贯的另一个立体，辅助平面的截交线或棱线的交点就是相贯点。为了作图方便，辅助面应为投影面平行面或垂直面。辅助平面法的作图原理如图 2-15b 所示。

**例 2.10**　接上例，用辅助平面法完成四棱柱与三棱锥相贯后的 H、V 面投影。

**解**：在图 2-15 中，沿四棱柱上下两个棱面，各作一水平辅助面 $P_1$、$P_2$。辅助面与三棱锥的截交线在 H、V 两面上的投影都是直线；它们与三棱锥截交线的 H 投影，是两个不同大小的三角形。在 H 投影中，这两个不同大小的三角形的边，分别与四棱柱顶面与底面的两条棱线的 H 投影相交，得到 8 个贯穿点的 H 投影，左边的为 1、2、3、4 点。由 1、2、3、4 点向 V 面引投影连线，与四棱柱对应的棱线 V 投影相交，就得到左边四个贯穿点的 V 投影 1′、2′、3′、4′点，同理可作出右边四个贯穿点的 V 投影。然后连接贯穿点，得相贯线的投影。最后补齐棱线，并判别可见性，完成相贯体的 V、H 投影。

要特别注意：相贯线连接和可见性判别的原则，见本节前面的叙述。

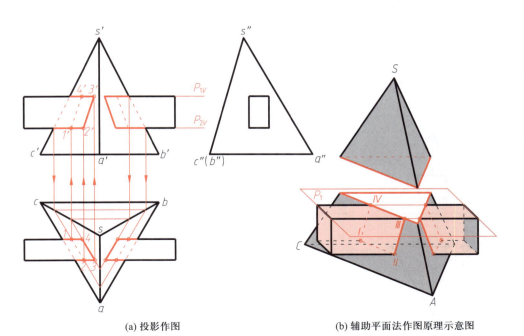

(a) 投影作图　　　　　(b) 辅助平面法作图原理示意图

图 2-15　用辅助平面法求相贯线（一）

在理解辅助平面法的作图原理后，接着看下面一个特例。

例 **2.11**　如图 2-16a 所示，一个三棱锥中间被挖出一个矩形孔，已知其 V 投影及三棱锥在 H 和 W 面的投影轮廓，求作这个带矩形孔的三棱锥的 H 和 W 投影。

解：此例三棱锥的矩形孔可看成是三棱锥与四棱柱相贯后，抽出四棱柱而形成四棱柱孔，如图 2-16b 所示，其孔口交线相当于三棱锥与四棱柱相贯后的相贯线，作图可用辅助平面法，也可用辅助线法，只是可见性与两体相贯有所区别，应注意孔内棱线的表示。现用辅助平面法作图，作图步骤如下（图 2-16c）：

（1）通过孔洞顶面作水平面 $P_1$，$P_1$ 与三棱锥相交的截交线在 H 投影面上的投影是一个三角形，从孔洞顶面两条棱线贯穿三棱锥前后棱面所得 4 个贯穿点的 V 投影向 H 面引投影连线，在 H 投影面上与辅助截交线三角形的边相交就得到这 4 个贯穿点的 H 投影；再作出三棱锥前棱线与矩形孔顶面的一个交点的 H 投影。同时按投影关系作出这 5 个点的 W 投影。

（2）用相同方法，过孔洞底面作水平辅助面 $P_2$，可得到孔洞底面两条棱线贯穿三棱锥前后面所得 4 个贯穿点的 H 投影；再作出三棱锥的前棱线与矩形孔底面的一个交点的 H 投影。同时按投影关系作出这 4 个贯穿点的 W 投影。

（3）分别在 H、W 投影中依次连接前后孔口的各个交点，画出孔内棱线，并判定可见性。孔口可见用实线表示，孔内棱线不可见用虚线表示。

（4）最后补齐三棱锥棱线的 H、W 投影，整理、加深，作图结果如图 2-16d 所示。

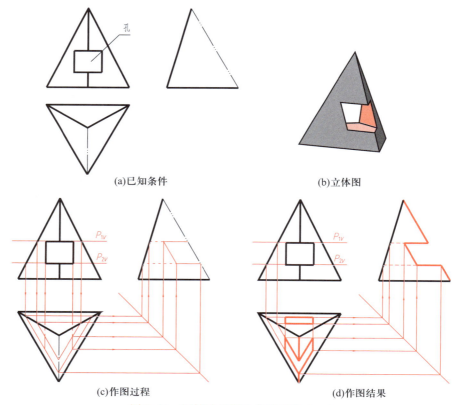

(a)已知条件　　　　　　　(b)立体图

(c)作图过程　　　　　　　(d)作图结果

图 2-16　用辅助平面法求相贯线（二）

# 第 3 章

## 曲线、曲面及曲面立体

## 3.1　曲线

在建筑工程中，常会遇到由各种曲线、曲面和曲面立体组成的建筑物，如图 3-1 所示。本章主要介绍建筑中常见曲线、曲面及曲面立体的形成、投影特点及作图方法。

### 3.1.1　曲线的形成与分类

#### 1. 曲线的形成

曲线可以看成是点的运动轨迹（图 3-2a），也可以是两曲面或平面与曲面相交而形成（图 3-2b）。

#### 2. 曲线的分类

曲线可分为平面曲线和空间曲线两大类。

动画扫一扫
曲线的形成与分类

图 3-1　实例

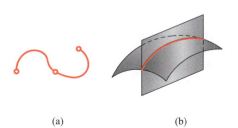

(a)　　　　　　　(b)

图 3-2　曲线的形成

① 平面曲线  凡曲线上所有点都属于同一平面的曲线，称为平面曲线。如圆、椭圆、抛物线、双曲线等。

② 空间曲线  凡曲线上有四个点不在同一平面上的曲线，称为空间曲线。如圆柱螺旋线等。

### 3.1.2  曲线的投影特性

空间曲线的投影仍然是曲线，不反映实形。

平面曲线的投影取决于曲线所在平面的位置：当曲线所在平面平行于投影面时，它在该投影面上的投影反映实形；当曲线所在平面倾斜于投影面时，它在该投影面上的投影仍然是曲线，但不反映实形；当曲线所在的平面垂直于投影面时，它在该投影面上的投影就是一条直线。如图 3-3 所示。

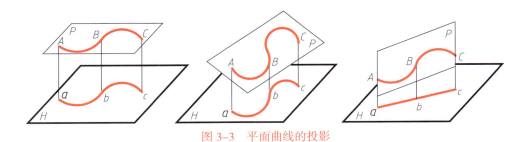

图 3-3  平面曲线的投影

当曲线的投影为曲线时，求出曲线上一系列点的投影，并将各点的同面投影依次光滑地连接起来，即得该曲线的投影。

### 3.1.3  圆的投影

圆是一种特殊的平面曲线。它具有平面曲线的投影特性，即圆的投影有下列三种特征：

① 在与圆平面相平行的投影面上的投影为圆，反映实形。

② 在与圆平面相垂直的投影面上的投影为直线，长度等于圆的直径。

③ 在与圆平面相倾斜的投影面上的投影为椭圆，长轴是平行于这个投影面的直径的投影，且反映实长；短轴是对这个投影面成最大斜度的直径的投影。

图 3-4 是水平圆和正垂圆的投影。水平圆的 $H$ 投影反映实形（圆），$V$、$W$ 投影均为水平直线，长度等于圆的直径。正垂圆的 $V$ 投影是一斜直线，长度等于圆的直径，$H$ 投影是一椭圆，其长轴是正垂圆上垂直于 $V$ 面的直径；短轴是正垂圆上正平线直径的 $H$ 投影，可由它的 $V$ 投影的端点向下引投影连线求出。正垂圆的 $W$ 投影也是一椭圆，其长短轴请读者自行分析。

### 3.1.4  圆柱螺旋线

动画扫一扫
圆柱螺旋线

#### 1. 圆柱螺旋线的形成

一动点 $M$ 沿着圆柱面的一直线作等速移动，同时该直线绕圆柱面的轴线作等角速度旋转运动，则属于圆柱面的该点的轨迹曲线，称为圆柱螺旋线，如图 3-5

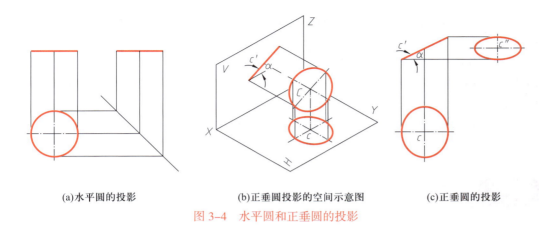

(a)水平圆的投影　　　　　　(b)正垂圆投影的空间示意图　　　　　(c)正垂圆的投影

图 3-4　水平圆和正垂圆的投影

所示。如果螺旋线是从左向右经过圆柱面的前面而上升的，称为右螺旋线；如果螺旋线是从右向左经过圆柱面的前面而上升的，称为左螺旋线。图 3-5 所示的螺旋线就是一条右螺旋线。

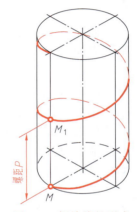

图 3-5　螺旋线的形成

当直线旋转一周，回到原来位置时，动点移到位置 $M_1$，点 $M$ 在该直线上移动了的距离 $MM_1$，称为螺旋线的 螺距，以 $P$ 表示。只要给出圆柱的直径和螺旋线的螺距，以及动点移动的方向，就能确定该圆柱螺旋线的形状。

**2. 圆柱螺旋线的投影画法**

如图 3-6a 所示，设圆柱轴线垂直于 $H$ 面，圆柱的直径为 $D$，圆柱的高度等于螺距 $P$。

① 根据圆柱的直径 $D$ 和螺距 $P$，作出圆柱的两面投影，如图 3-6a 所示。

② 将圆柱面的 $H$ 投影——圆周分为若干等份（图中为十二等份），将螺距也分为同样等份，分别按顺序标出各等分点 $0$、$1$、$2$、$\cdots$、$12$，如图 3-6b 所示。

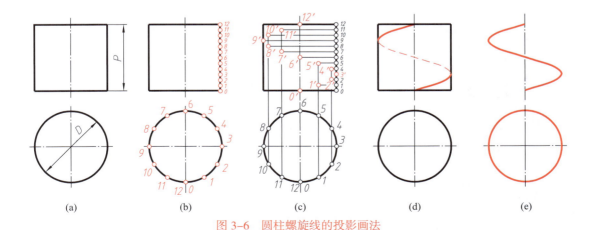

(a)　　　　　(b)　　　　　(c)　　　　　(d)　　　　　(e)

图 3-6　圆柱螺旋线的投影画法

③ 从 *H* 投影的圆周上各等分点向 *V* 面引投影连线，与螺距相应的等分点所引出的水平线相交，就得到螺旋线上各点的 *V* 投影 0′、1′、2′、…、12′，如图 3-6c 所示。

④ 将这些点光滑连接即得螺旋线的 *V* 投影，它是一条正弦曲线。位于前半圆柱面的螺旋线可见，连成粗实线，位于后半圆柱面的螺旋线不可见，连成虚线，如图 3-6d 所示。如果去掉圆柱，则整条螺旋线可见，如图 3-6e 所示。

⑤ 圆柱螺旋线的 *H* 投影与圆柱面的 *H* 投影重合为圆。

工程中常见的圆柱螺旋线有螺纹曲线、螺旋楼梯曲线等。

## 3.2　曲面的形成与分类

微课扫一扫
曲面的形成
与分类

### 3.2.1　曲面的形成

曲面按形成是否有规律而分为有规则的曲面（如柱面、球面）和不规则的曲面（如地形表面）。本书介绍有规则的曲面（简称曲面）。

曲面是由直线或曲线在一定约束条件下运动而形成的。这条运动的直线或曲线称为曲面的**母**线。约束母线运动的点、线、面称为**导点、导线、导面**。

母线为直线按一定约束条件运动而形成的曲面称为**直纹曲面**，如圆柱面、圆锥面及圆台面。如图 3-7a 所示，圆柱面的母线是直线，运动的约束条件是直母线绕与它平行的轴线 *OO₁* 旋转，故圆柱面可看成是由直母线绕与其平行的轴线旋转而形成的；图 3-7b 所示的圆锥面是由直母线绕与它相交的轴线 *OS* 旋转而形成的。

母线为曲线运动而形成的曲面称为**曲纹曲面**。图 3-7c 所示的球面是由圆母线绕通过圆心 *O* 的轴线旋转而形成的。

母线移动到曲面上的任一位置时，即称为曲面的**素线**。如图 3-7a 的圆柱面，当母线移动到 *CD* 位置时，直线 *CD* 就是圆柱面的一条素线。

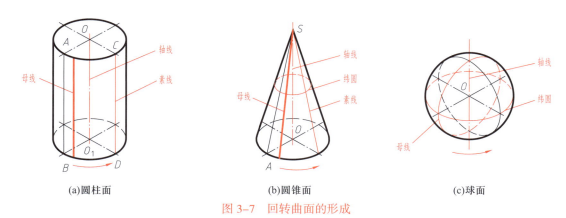

(a)圆柱面　　　　　　　(b)圆锥面　　　　　　　(c)球面

图 3-7　回转曲面的形成

母线上任一点的旋转轨迹是一个圆，称为曲面的**纬圆**，纬圆所在的平面垂直于旋转轴。

曲面投影的轮廓线是指投影图中确定曲面范围的外形线。

### 3.2.2 曲面的分类

① 根据母线运动有无旋转轴，可把曲面分为：

回转面——这类曲面由母线绕一轴线旋转而形成；由回转面形成的曲面立体，称为回转体。

非回转面——这类曲面由母线根据其他约束条件运动而形成。

② 根据母线的形状可把曲面分为直纹曲面和曲纹曲面。

③ 根据曲面能否展开成平面，可把曲面分为可展曲面和不可展曲面。直纹曲面中的柱面、锥面是可展曲面，其他曲面是不可展曲面。

### 3.2.3 非回转直纹曲面

#### 1. 可展直纹曲面

这类曲面上两相邻素线是相交或平行的共面直线，可以展开。常见的如锥面和柱面，它们分别由直母线沿着一条曲导线移动，并始终通过一定点或平行于一直导线而形成。

如图 3-8a 所示，直母线 $M$ 沿着一曲导线 $L$ 移动，并始终通过定点 $S$，所形成的曲面称为锥面，$S$ 称为锥顶。曲导线 $L$ 可以是平面曲线，也可以是空间曲线；可以是闭合的，也可以不闭合。锥面相邻两素线是相交直线。锥面常见于水利和桥梁工程中的一些护坡。

在图 3-8b 中，直母线 $M$ 沿着曲导线 $L$ 移动，并始终平行于一直导线 $K$ 时，所形成的曲面称为柱面。柱面上两相邻素线是平行直线。现代建筑为突出自己的个性，常把建筑物立面或屋面设计成不同形式的柱面。

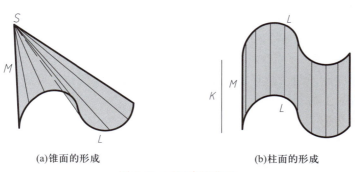

(a)锥面的形成          (b)柱面的形成

图 3-8　可展直纹曲面

#### 2. 不可展直纹曲面

这类曲面又称扭面，只能近似地展开，其特点是曲面上相邻两素线是交叉的异面直线。常见的有双曲抛物线面、锥状面和柱状面。它们分别由直母线沿着两条直或曲的导线移动，并始终平行于一个导平面而形成。

如图 3-9a 所示，如果直母线 $M$ 沿着一条直导线 $L_1$ 和一条曲导线 $L_2$ 移动，并始终平行于一个导平面（$W$ 面）而形成的曲面称为锥状面。

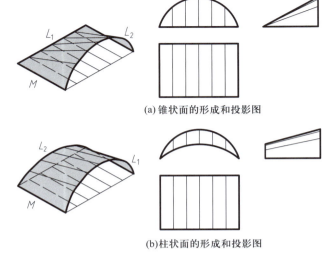

(a) 锥状面的形成和投影图

(b) 柱状面的形成和投影图

图 3-9　不可展直纹曲面

如图 3-9b 所示，柱状面是由直母线 $M$ 沿着两条曲导线 $L_1$、$L_2$ 移动，并始终平行于一个导平面（$W$ 面）而形成的。锥状面和柱状面常见于一些站台雨篷或仓库屋面。

## 3.3　回转体及其表面上的点

常见的曲面立体是由回转面或回转面与平面所围成的回转体。如圆柱、圆锥、球和环等。回转面是由直线或曲线绕轴线旋转形成的曲面。

### 3.3.1　圆柱

圆柱由圆柱面、两个圆平面所围成。圆柱面可看作是一直母线绕与它平行的轴线旋转形成（图 3-7a）。

#### 1. 圆柱的投影

如图 3-10 所示，圆柱的轴线垂直于 $H$ 面。圆柱的 $H$ 投影是一个圆，这个圆既是圆柱的顶面和底面重合的投影，反映了顶面和底面的实形，又是圆柱面的积聚性的投影。

圆柱的 $V$ 投影为矩形。矩形的上下边分别为顶面和底面的积聚投影，长度等于圆柱的直径。矩形的左、右铅垂边是圆柱面上最左素线 $AA_1$ 和最右素线 $CC_1$ 的 $V$ 投影，称为圆柱面 $V$ 投影的轮廓线。最左素线和最右素线是前半圆柱面和后半圆柱面的分界线，前半圆柱面的 $V$ 投影为可见，后半圆柱面的 $V$ 投影不可见，两者的 $V$ 投影重合在一起，都是这个矩形。圆柱面上的最前素线 $BB_1$ 和最后素线 $DD_1$ 的 $V$ 投影与轴线重合，但这两条素线不是 $V$ 投影的轮廓线，所以 $V$ 投影不画出。

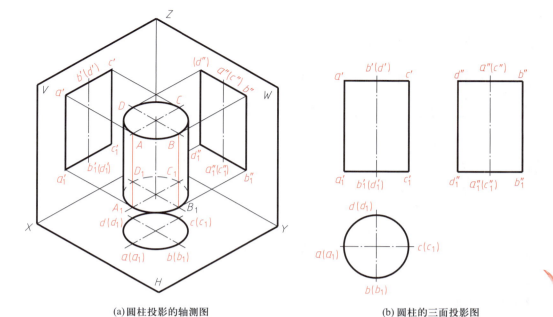

(a) 圆柱投影的轴测图             (b) 圆柱的三面投影图

图 3-10   圆柱的投影

同理，圆柱的 $W$ 投影也是与 $V$ 投影大小相同的矩形。矩形的上下边分别为顶面和底面的积聚投影。矩形的两铅垂边是圆柱面上最前素线 $BB_1$ 和最后素线 $DD_1$ 的 $W$ 投影，称为圆柱面 $W$ 投影的轮廓线。最前素线和最后素线是左半圆柱面和右半圆柱面的分界线，左半圆柱面的 $W$ 投影为可见，右半圆柱面的 $W$ 投影不可见，两者的 $W$ 投影重合为矩形。圆柱面上的最左素线和最右素线的 $W$ 投影与轴线重合，不画出。

画圆柱的投影图时，先用细点画线画出中心线和轴线，其次画圆，最后画矩形。

**2. 圆柱面上点的投影**

作圆柱面上点的投影，可利用圆柱面的积聚投影来解决。

如图 3-11a 所示，已知圆柱面上 $A$ 点的 $V$ 投影 $a'$ 和 $B$ 点的 $W$ 投影（$b''$），求它们在其他两个投影面上的投影。

作图过程如下（图 3-11b）：

① 由已知条件 $a'$ 的位置可知，$A$ 点在前半和左半圆柱面上，由 $a'$ 向 $H$ 面作投影连线，与前半圆柱面的积聚投影（圆）相交得 $a$；然后分别过 $a$、$a'$ 向 $W$ 面作投影连线相交得 $a''$（可见）。

② 从已知条件（$b''$）可知 $B$ 点在右半和后半圆柱面上，由（$b''$）向 $H$ 面作投影连线（利用 45° 辅助线），在 $H$ 面上与右半圆柱面的积聚投影交得 $b$，然后由（$b''$）和 $b$ 就可作出（$b'$）（不可见）。

当面上的点的投影属于这个面的积聚投影时，可不用判别可见性，如图 3-11b 中的 $a$、$b$。

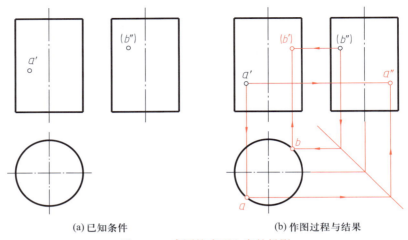

(a) 已知条件                              (b) 作图过程与结果

图 3-11    求圆柱表面上点的投影

动画扫一扫
圆锥

### 3.3.2    圆锥

圆锥由圆锥面与底圆平面所围成。圆锥面可看作是一条直母线绕与它相交的轴线旋转形成（图 3-7b）。

#### 1. 圆锥的投影

如图 3-12 所示，当圆锥轴线垂直于 $H$ 面时，圆锥的 $H$ 投影为圆，该圆既是底面的投影，反映了底面的实形，同时也是圆锥面的投影（与底面投影重合成同一个圆）。因为圆锥面在底面之上，所以圆锥面的投影可见，底面的投影不可见。锥顶 $S$ 的 $H$ 投影即为这个圆的圆心，用两条中心线的交点来表示。

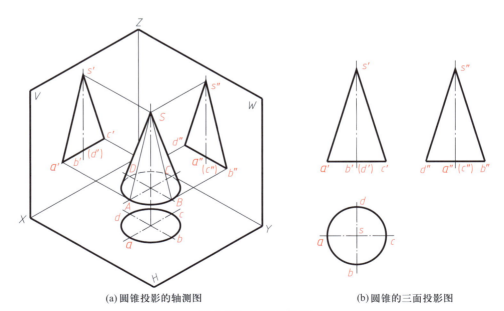

(a) 圆锥投影的轴测图                              (b) 圆锥的三面投影图

图 3-12    圆锥的投影

　　圆锥的 $V$ 投影是一个等腰三角形。底边是底面的积聚投影，长度等于底圆直径；两边是圆锥面上的最左素线 $SA$ 和最右素线 $SC$ 的 $V$ 投影，成为圆锥面 $V$ 投影的轮廓线。最左和最右素线将圆锥面分为前半圆锥面和后半圆锥面，前半和后半圆锥面的 $V$ 投影重合，前半圆锥面的 $V$ 投影可见，后半圆锥面的 $V$ 投影不可见。

　　同样，圆锥的 $W$ 投影也是一个等腰三角形。底边是底面的积聚投影，长度反映底圆直径的实长，两边是圆锥面的最前素线 $SB$ 和最后素线 $SD$ 的 $W$ 投影，成为圆锥面的 $W$ 投影的轮廓线，最前和最后素线将圆锥面分为左半圆锥面和右半圆锥面，左半和右半圆锥面的 $W$ 投影重合，左半圆锥面的 $W$ 投影可见，右半圆锥面的 $W$ 投影不可见。

　　圆锥面上的最前、最后素线的 $V$ 投影和最左、最右素线的 $W$ 投影分别与轴线重合，不画出。最前、最后、最左、最右素线的 $H$ 投影分别与圆的中心线重合，也不画出。

　　画圆锥的投影图时，先用细点画线画出中心线和轴线，其次画圆，最后画三角形。

### 2. 圆锥面上点的投影

　　圆锥面的三面投影都没有积聚性，求作圆锥面上点的投影，可用素线法或纬圆法。

　　如图 3–13a 所示，已知圆锥及其表面上 $K$ 点的 $V$ 投影 $k'$，求 $K$ 点的 $H$、$W$ 投影。

### （1）素线法

　　由于圆锥面上的点必在圆锥面上的一条素线（过锥顶的直线）上，因此只要作出过该点的素线的投影，即可求出该点的投影。作图如图 3–13b 所示。

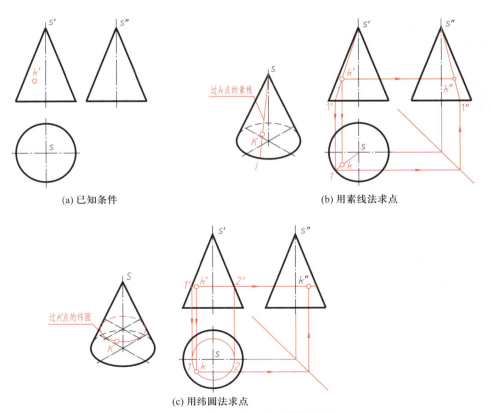

(a) 已知条件　　　　　　　　　　(b) 用素线法求点

(c) 用纬圆法求点

图 3–13　求圆锥表面点的其他投影

① 过 k′作素线 S I 的 V 投影 s′ 1′。

② 由 s′ 1′求出 s1，由于 k′可见，故点 1 在前半底圆的水平投影上；再由 s1 作出 s″1″。

③ 由 k′分别向 H 面和 W 面作投影连线，分别与 s1 和 s″1″相交得 k 和 k″。根据 k′可判断 k 和 k″均可见。

（2）纬圆法

圆锥面上任一点绕轴线旋转都形成垂直于该轴线的圆（纬圆），由此可知，圆锥面上的点必在圆锥面的一个圆周上。当圆锥轴线垂直于 H 面时，圆锥面的圆均为水平圆。只要作出过该点的圆的投影，即可求出该点的投影。作图如图 3-13c 所示。

① 过 k′作纬圆的 V 投影（为一水平线 1′ 2′）。

② 作出纬圆的 H 投影，直径等于 1′ 2′。

③ 因 k′可见，所以 k 必在前半纬圆的水平投影上；于是由 k′作出 k，再由 k′、k 作出 k″。

若要求圆锥面上曲线的投影，可以适当地选择曲线上的一些点，利用纬圆法或素线法，求出这些点的投影，然后光滑连接成曲线的投影。

动画扫一扫
球

### 3.3.3    球

球由球面所围成。球面可看作是圆绕其直径旋转而成（图 3-7c）。

#### 1. 球的投影

如图 3-14 所示，球的三面投影都是与球直径相等的圆。但三个投影面的圆分别是球面上不同的转向轮廓线（圆）的投影。H 投影的圆 A 是球面上最大的水平圆 A（上下半球的分界圆）的投影；V 投影的圆 B′是球面上最大的正平圆 B（前后半球的分界圆）的投影；W 投影的圆 C″是球面上最大的侧平圆 C（左右半球的分界圆）的投影；上述三个最大圆的另外两个投影分别与相应的中心线重合，均不画出。

对 H 投影而言，上下半球投影重合，上半球面可见，下半球面不可见。同理，

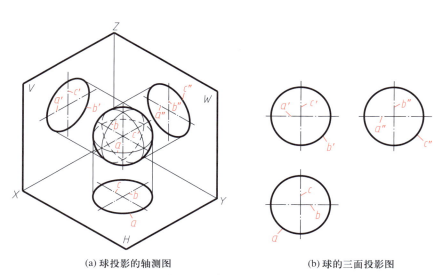

(a) 球投影的轴测图                    (b) 球的三面投影图

图 3-14    球的三面投影

可分析球的另外两个投影的可见性。请读者自行分析。

### 2. 球面上点的投影

球面的各投影都无积聚性，且球面上不存在直线，求球面上的点的投影可利用球面上的纬圆。球的轴线可以是任一条过圆心的直线，但为了作图方便，通常用投影面垂直线作为轴线，使纬圆平行于该投影面，而对另外两个投影面垂直。

如图 3-15a 所示，已知球的投影及球面上 $A$、$B$ 点的 $V$ 投影 $a'$（$b'$），求作 $A$、$B$ 点的其他两面投影。

分析已知条件可知，$A$ 点在左前上半球面上，$B$ 点在左后上半球面上，$A$、$B$ 两点 $V$ 投影重合，它们可以在同一水平圆上，利用水平圆可以求出它们的 $H$、$W$ 投影，如图 3-15b 所示，作法如下：

① 在 $V$ 面上，过 $a'$（$b'$）作水平直线与圆周交于 $1'$、$2'$，此 $1'2'$ 直线就是包含 $A$、$B$ 点的水平圆的 $V$ 投影；再作出水平圆的 $H$ 投影（圆），其直径等于 $1'2'$。

② 由于 $A$、$B$ 点在水平圆上，所以由 $V$ 投影 $a'$（$b'$）作投影连线与水平圆的 $H$ 投影相交求得 $a$ 和 $b$。

③ 根据点的投影特性，由 $a'$（$b'$）和 $a$、$b$，作出 $a''$、$b''$。同时可判别 $a$、$b$、$a''$、$b''$ 均可见。

本例也可通过作正平圆和侧平圆求得 $A$、$B$ 点的 $H$、$W$ 投影，作法如图 3-15c 和图 3-15d 所示。

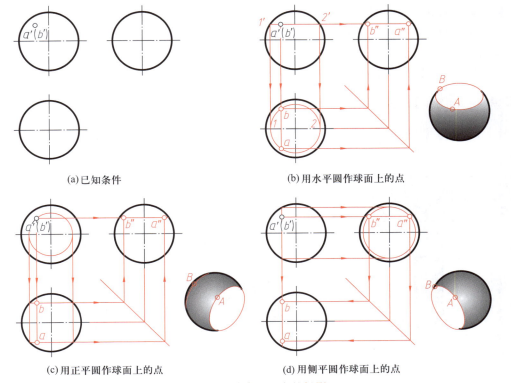

(a) 已知条件　　　　　　　　(b) 用水平圆作球面上的点

(c) 用正平圆作球面上的点　　　　　　(d) 用侧平圆作球面上的点

图 3-15　球表面上点的投影

综上所述，回转体及其表面上的点的投影可以总结出以下几点：

① 回转体在其轴线所垂直的投影面上的投影为圆。

② 圆柱面上的点，可直接利用圆柱面的积聚投影作图；圆锥面上的点，可用素线法或纬圆法作图；球面上的点，用纬圆法作图。利用素线法或纬圆法的关键是先作出过该点的素线或纬圆的投影。

## 3.4    曲面立体的截交线

当平面切割曲面立体时，包括开口、挖槽、穿孔，就会在体表面上产生截交线，相交的两截平面也要产生交线。曲面立体的截交线通常是平面曲线，在特殊情况下是直线。

曲面立体的截交线是截平面与曲面立体表面的共有线，截交线上的点是截平面与曲面立体表面的共有点，截交线围成的平面图形就是断面。当截平面垂直于投影面时，截交线在该投影面上的投影积聚成直线。根据这个已知投影，可以求作截交线的其他投影。

截交线上有一些能够确定截交线的大致形状和范围的特殊点，如回转面转向轮廓线上的点，截交线在对称线上的点，以及最左、最右、最前、最后、最高和最低点等。其他点是一般点。求作曲面立体截交线的投影时，通常应先求出截交线上特殊点的投影，然后在特殊点较稀疏处按需要求出一些一般点，最后将特殊点和一般点依次连接并判别可见性，即得截交线的投影。

求作回转体截交线的投影时要利用回转面积聚投影，若回转面无积聚投影可利用，则可用素线法或纬圆法作图。

本节介绍特殊位置平面切割常见回转体所产生的截交线。

动画扫一扫
圆柱的截交线

### 3.4.1    圆柱的截交线

截平面与圆柱的截交线有三种情况，如表 3-1 所示（假设截平面 $P$ 是透明的）。

表 3-1    圆柱的截交线

| 截平面位置 | 截平面平行于圆柱的轴线 | 截平面垂直于圆柱的轴线 | 截平面倾斜于圆柱的轴线 |
| --- | --- | --- | --- |
| 截交线形状 | 截交线是矩形 | 截交线是圆 | 截交线是椭圆 |
| 轴测图 | | | |

续表

| 截平面位置 | 截平面平行于圆柱的轴线 | 截平面垂直于圆柱的轴线 | 截平面倾斜于圆柱的轴线 |
|---|---|---|---|
| 截交线形状 | 截交线是矩形 | 截交线是圆 | 截交线是椭圆 |
| 投影图 | | | |

**例3.1** 如图 3-16a 所示,已知圆柱被正垂面所切断,求作圆柱及其截交线的 W 投影。

**解:** 由于截平面 P 与圆柱轴线倾斜,故截交线为椭圆(图 3-16b)。因为截平面 P 为正垂面,圆柱轴线为铅垂线,所以截交线的 V 投影为斜直线,H 投影与圆柱面的积聚投影重合为圆,W 投影一般为椭圆,可利用圆柱面上作点的方法作出椭圆上各点的 W 投影,然后光滑连接即可。

① 按投影关系作出圆柱及特殊点 A、B、C、D 的 W 投影 a″、b″、c″、d″。特殊点 A、B、C、D 也就是椭圆长、短轴的端点,它们分别是最前、最右、最后、最左素线上的点,因此,可由 a′、b′、(d′)、c′ 直接作出 a″、b″、c″、d″,如图 3-16c 所示。

② 作一般点。为了能较准确地连出截交线的投影,还应在特殊点之间适当位置选取一些一般点,如本例中的 E、F 点。在截交线的 V 投影上选取重影点 e′、(f′),由 e′、(f′) 作出 e、f,再分别由 e′、(f′) 和 e、f 作出 e″、f″。同理可求出其他一般点。

③ 依次光滑连接各点并判别可见性(全部可见)即得截交线的 W 投影。注意最前、最后素线的 W 投影分别画到 e″、f″ 为止。整理加深,完成作图,如图 3-16d 所示。

顺便指出:当截平面(正垂面)P 与圆柱轴线(⊥H 面)的夹角为 45° 时,则

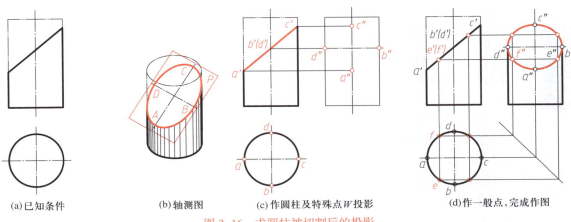

(a)已知条件          (b)轴测图          (c)作圆柱及特殊点 W 投影          (d)作一般点,完成作图

图 3-16 求圆柱被切割后的投影

圆柱截交线椭圆的 *W* 投影为圆。

**例 3.2**    已知条件如图 3-17a 所示，补全这个圆柱被切割后的 *H* 投影和 *W* 投影。

**解**：本例是表 3-1 中所列三种情况的综合，即圆柱可以看作被 *P*、*Q*、*R* 三个平面切割出一个缺口（图 3-17b）。*P* 面为侧平面，由它产生的截交线为圆弧；*Q* 面为水平面，由它产生的截交线为两平行直线，*P* 面是与轴线夹角为 45° 的正垂面，由它产生的截交线为椭圆的一部分；*P* 与 *Q* 面以及 *Q* 与 *R* 面的交线均为正垂直线。作缺口的投影，也就是作上述平面和交线的投影。

投影作图如图 3-17c 所示。

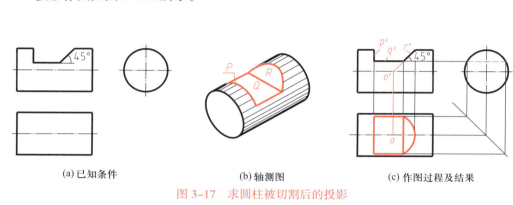

(a) 已知条件                    (b) 轴测图                    (c) 作图过程及结果

图 3-17    求圆柱被切割后的投影

① 截交线的 *W* 投影均积聚在圆周上，*Q* 面的 *W* 投影积聚为直线，且不可见，因此 *W* 投影只需补画一条虚线。

② *P* 面的 *H* 投影积聚为直线，其截交线圆弧以及 *P*、*Q* 面的交线的 *H* 投影均重合在该直线上，长度与 *W* 投影的虚线对应。

③ 由 *Q* 面的 *V* 投影和 *W* 投影，作出截交线直线的 *H* 投影。

④ 由于 *R* 面与圆柱轴线倾斜为 45°，其椭圆截交线的 *H* 投影为圆弧，圆弧的半径等于圆柱半径，圆心 *O* 在轴线上，延长 *r*′ 交轴线得 *o*′，由 *o*′ 向 *H* 面引投影连线得到 *o*，即可画出这个圆弧（画到与截交线直线相交为止）。

⑤ 作 *Q* 与 *R* 面的交线的 *H* 投影。整理加深，作图结果如图 3-17c 所示。

### 3.4.2　圆锥的截交线

动画扫一扫
圆锥的截交线

当平面切割圆锥时，截交线的形状随截平面与圆锥的相对位置不同而异，如表 3-2 所示（假设截平面 *P* 是透明的）。

**例 3.3**    已知条件如图 3-18a 所示，要求补全截断圆锥的 *H* 投影和 *W* 投影。

**解**：分析图 3-18a 并结合表 3-2，可知圆锥被正垂面所截断，截断面平行于圆锥左素线，所以圆锥面的截交线为抛物线，如图 3-18b 所示。截交线的 *V* 投影积聚成直线，在截交线上取一系列的点，由这些点的 *V* 投影就可作出它们的 *H*、*W* 投影，从而连接成截交线的 *H*、*W* 投影，并补全截断圆锥 *W* 投影的轮廓线。

① 作截交线上的特殊点和一般点（图 3-18c）。在截交线的 *V* 投影上，取点 *a*′、*b*′、*c*′、*d*′、*e*′ 即为截交线上点 *A*、*B*、*C*、*D*、*E* 的 *V* 投影。其中点 *A*、*C*、*E*

表 3-2　圆锥的截交线

| 截平面位置 | 截平面通过锥顶 | 截平面垂直于圆锥的轴线 | 截平面倾斜于圆锥的轴线并与所有素线相交 | 截平面平行于一条素线 | 截平面平行于两条素线即截平面平行于圆锥轴线 |
|---|---|---|---|---|---|
| 截交线形状 | 三角形 | 圆 | 椭圆 | 抛物线和直线组成的封闭的平面图形 | 双曲线和直线组成的封闭的平面图形 |
| 轴测图 | 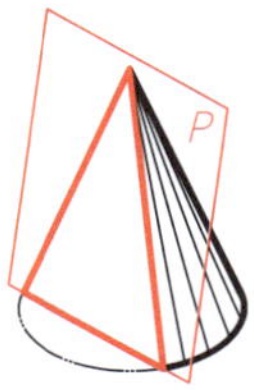 | 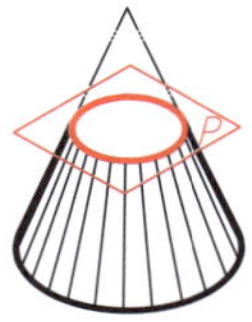 | 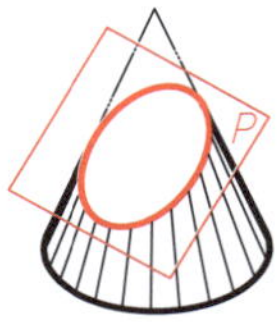 | 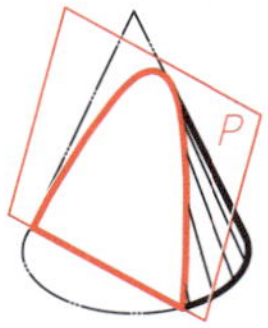 | 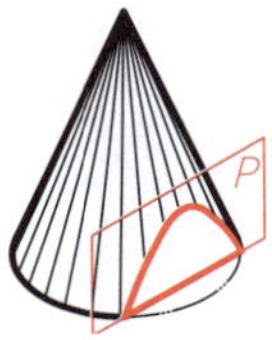 |
| 投影图 | 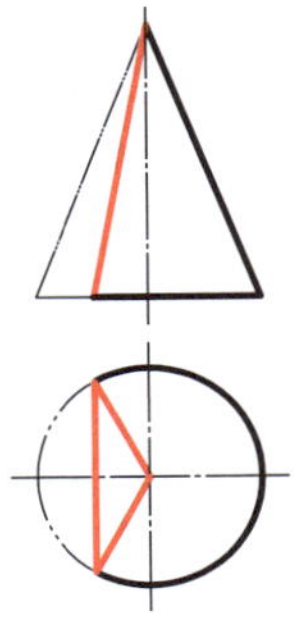 | 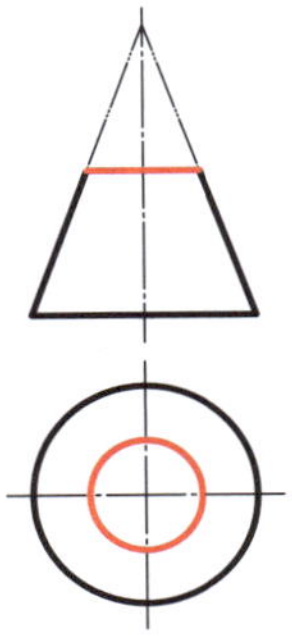 | 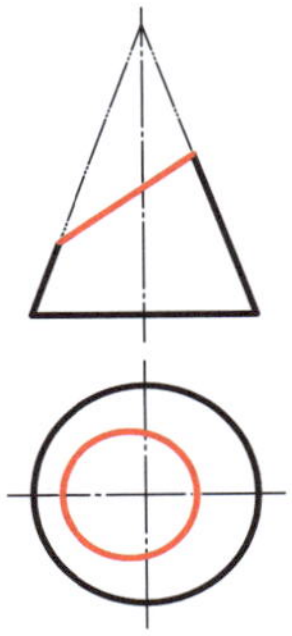 | 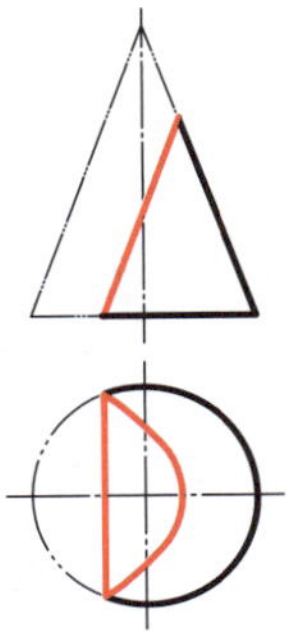 | 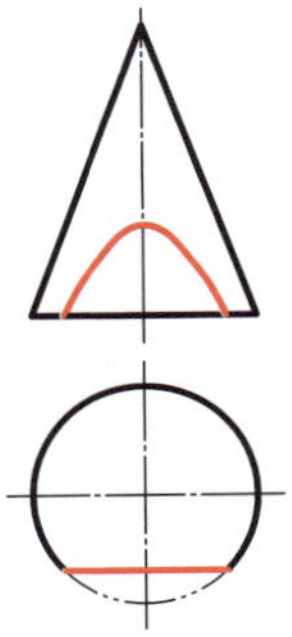 |

是特殊点，*B*、*D* 是一般点。点 *A* 在底圆上，点 *E* 在最右素线上，由 *a'*、*e'* 可直接出 *a*、*a"* 和 *e*、*e"*。点 *C* 在最前素线上，由 *c'* 可直接求出 *c"*，再由 *c"* 作出 *c*（*c* 也可用纬圆法求出）。

　　一般点 *B*、*D* 用纬圆法或素线法作出它们的 *H*、*W* 投影（图中是用纬圆法作出的）。

　　② 依次连接各点的 *H*、*W* 投影（由于截交线为抛物线，前后对称，图中各点只标注前半部分），即得截交线的 *H* 投影和 *W* 投影。圆锥截去左上部后，截交线的 *H* 投影和 *W* 投影都是可见的，都画实线。并补全截断圆锥 *W* 投影的轮廓线，从底面画到 *c"* 为止。作图结果如图 3-18d 所示。

　　**例 3.4**　已知条件如图 3-19a 所示，要求补全圆锥穿孔后的 *H*、*W* 投影。孔的两个正垂面扩大后通过锥顶。

　　**解**：由已知条件可知，圆锥上的孔是由两个过锥顶的正垂面和两个垂直于轴线的水平面切割而成，故前后孔口的交线分别是两段延长后过锥顶的直线和两段水平圆弧，且前后、左右对称。空间形状如图 3-19b 所示。交线的 *V*、*W* 投影均为直线，水平圆弧的 *H* 投影反映实形。由正垂面和水平面相交所产生的孔内四条棱线，其 *H*、*W* 投影均为虚线。

　　作图方法及作图结果如图 3-19c 所示。

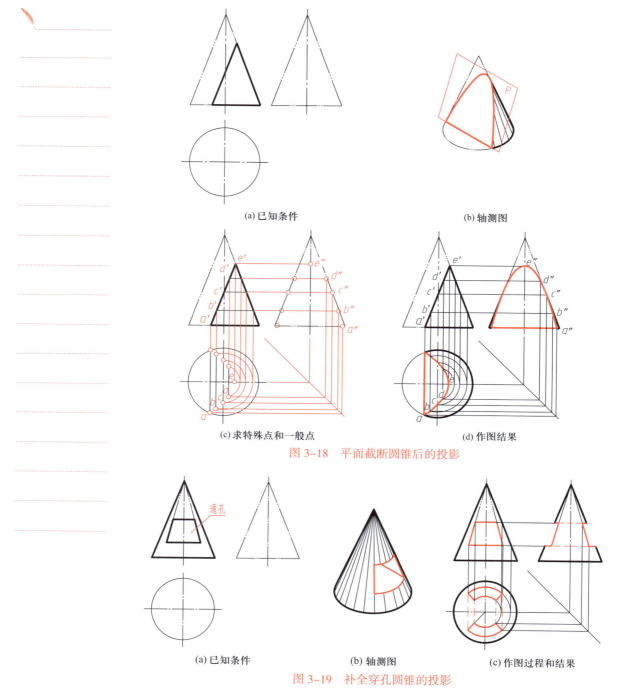

(a) 已知条件　　　　　　　　　　　(b) 轴测图

(c) 求特殊点和一般点　　　　　　(d) 作图结果

图 3-18　平面截断圆锥后的投影

(a) 已知条件　　　　　(b) 轴测图　　　　　(c) 作图过程和结果

图 3-19　补全穿孔圆锥的投影

### 3.4.3　球的截交线

平面切割球时，不论截平面的位置如何，截交线总是圆。当截平面平行于投影面时，截交线圆在该投影面上的投影反映实形；当截平面垂直于投影面时，截交线圆在该投影面上的投影积聚成为一条长度等于截交线圆直径的直线；当截平面倾斜于投影面时，截交线圆在该投影面上的投影为椭圆。

**例 3.5** 如图 3-20a 所示，要求作出截断球体的 H 投影和 W 投影。

**解**：由已知条件可知，球体被水平面和正垂面两个截平面切割，截交线是水平圆弧和正垂（面）圆弧（图 3-20b）。水平圆弧的 V、W 投影均为水平直线，H 投影反映实形；正垂（面）圆弧 V 投影是一条倾斜直线，H、W 投影均为椭圆弧。作图过程如图 3-20c 所示。

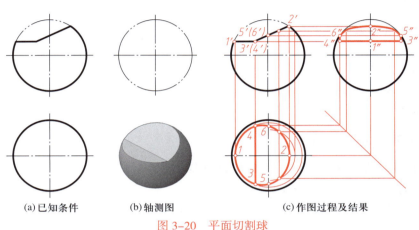

(a) 已知条件　　　(b) 轴测图　　　(c) 作图过程及结果

图 3-20　平面切割球

（1）求截交线圆弧上的特殊点

先求截交线圆上（同时也是球面上）的最左、最右点 I、II 的 H、W 投影。由其 V 投影 1′、2′ 分别向 H、W 面引投影连线与球的轴线相交，在对应位置上标出 1、2 和 1″、2″。

接着求截交线上最前、最后点 III、IV，即两截交线圆弧的交点。在 H 投影中，过点 1 作水平纬圆，由 V 投影 3′（4′）向 H 面作投影连线与水平纬圆相交，得点 3、4，再由点 3、4 和 3′（4′）作出 3″、4″。

再求正垂面与球体表面最大侧平圆的交点 V、VI 的 V、W 投影。由 V 投影 5′（6′）向 W 面引投影连线，在 W 面轮廓线圆相交，求得 W 投影 5″、6″；再由 5″、6″ 求出 H 投影 5、6（5、6 也可用纬圆法求得）。

（2）作截交线圆弧上的一般点

由于正垂（面）圆弧的 H、W 投影均为椭圆弧，因此需要在特殊点 V、II、VI 之间作一般点，球面上一般点的求解利用纬圆法。本例采用的是水平纬圆，求得一般点的 H 投影，再由 H 投影求得一般点的 W 投影（图中未标注）。

（3）连接交线、补齐轮廓线并判别可见性

用光滑的曲线依次将点进行连接，得到截交线的 H、W 投影。其中 3—1—4 为圆弧，3—5—2—6—4 和 3″—5″—2″—6″—4″ 为椭圆弧。两截平面的交线的投影 3—4 和 3″—4″ 为直线。由于在 V 投影中可以看出，球被截去左上方的一块后，截交线圆弧的 H 投影和 W 投影都可见，所以都连成实线。球的 H 投影轮廓线为整圆，W 投影轮廓线应为 5″、6″ 点以下的圆弧，均可见。

## 3.5 平面立体与曲面立体相交

平面立体与曲面立体相交，也称为相贯，其相贯线是由若干段平面曲线或由若干段平面曲线与直线组合而成。如图 3-21a 所示。其中，每段平面曲线或直线是平面立体某平面与曲面立体表面的截交线，每段相贯线的交点，是平面立体棱线与曲面立体表面的贯穿点。所以，我们常把求平面立体与曲面立体相贯线问题，转化为求平面立体的平面与曲面立体的截交线和求平面立体棱线与曲面立体的贯穿点。

相贯线只有位于两立体投影都可见的表面上时，相贯线的投影才可见，否则就不可见。

两相贯体是一个整体，在作图分析时可将其视为两个立体，在求出相贯线后，整理作图结果时应注意，立体上凡参与相贯的轮廓线都只画到贯穿点为止。穿入立体内的部分与立体融为一体，视为不存在，因此不画出。

动画扫一扫
平面立体与圆柱相交

### 3.5.1 平面立体与圆柱相交

平面立体与圆柱相交的情形，在建筑中多表现为矩形梁与圆柱相贯，如图 3-21a 所示。此时，梁与柱的相贯线是由直线 $AB$、$CD$ 和圆弧曲线 $BC$ 所组成。由于梁、柱按特殊位置放置，在投影面上有积聚投影，故相贯线的 $H$ 和 $W$ 投影可直接画出，在作图时，主要是求解相贯线的 $V$ 面投影。

**例 3.6** 如图 3-21 所示，已知板下矩形梁（四棱柱）与圆柱相贯的 $H$ 和 $W$ 两面投影，求作 $V$ 投影。

**解**：由于矩形梁与圆柱是贯穿的，且前后左右对称，可知要求解的相贯线是左右对称的两组。

① 根据已知的 $H$ 和 $W$ 投影作出板、梁与圆柱在 $V$ 面上的投影轮廓。并利用圆柱与矩形梁在 $H$、$W$ 面上的积聚投影，标注出相贯线上特殊点 $A$、$B$、$C$、$D$ 的 $H$、$W$ 投影，如图 3-21b 所示。

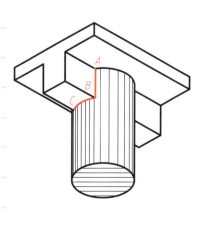

(a) 立体示意图

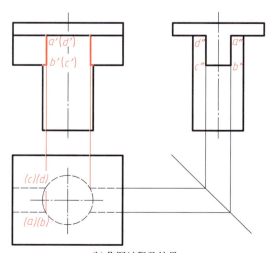

(b) 作图过程及结果

图 3-21 求矩形梁与圆柱的相贯线

② 在 $H$ 面上，由（$a$）（$b$）向 $V$ 面引投影连线，与矩形梁对应棱线的 $V$ 投影相交得到 $a'$、$b'$。线段 $a'$ $b'$ 即是相贯线上的直线 $AB$ 的 $V$ 面投影。直线 $CD$ 的 $V$ 面投影与其重合。

③ 圆弧曲线 $BC$ 的 $V$、$W$ 投影都是一段水平直线。虽然在 $V$ 投影中 $b'$（$c'$）重合为一点，但结合它的 $H$、$W$ 投影来看，在 $V$ 投影中矩形梁底边与圆柱左轮廓线的交点至 $b'$（$c'$）的那段线，就是曲线 $BC$ 的 $V$ 投影。

④ 利用对称性，作出右边一组相贯线的 $V$ 投影。

### 3.5.2　平面立体与圆锥相交

由于平面立体与圆锥的相贯线是两体表面的共有线，相贯线上的点是两体表面的共有点，因此要利用平面立体表面的积聚投影和圆锥面上的纬圆或素线来求作相贯线上的点。

**例 3.7**　如图 3-22a 所示，已知四棱柱与正圆锥相贯，完成相贯体的 $V$ 投影。

**解：**分析已知条件可知，相贯体前后左右对称，其相贯线也是前后左右对称。由于四棱柱的四个棱面与圆锥轴线平行，所以相贯线是由四条双曲线所组成。这四条双曲线的交点，也就是四棱柱四条棱线与正圆锥面的贯穿点（图 3-22b）。由于四棱柱的四个棱面的 $H$ 投影有积聚性，所以相贯线的 $H$ 投影都积聚其上，只需完成 $V$ 投影。由于相贯线上的点在圆锥面上，因此可用素线法或纬圆法依次求出相贯线的特殊点、一般点，最后光滑连接，并判断可见性，即完成所求的投影。

由于对称，求 $V$ 投影时可先作左前部分，再利用对称性，作出右前部分，后面部分与前面重影，作图过程如下：

（1）求贯穿点、顶点、一般点（图 3-22c）

由于前后左右对称，四棱柱四条棱线的贯穿点也就是四条棱线与圆锥最左、最右、最前、最后素线的交点，并处于同一高度，$V$ 投影可直接求出 $a'$、$e'$，它们也分别是各双曲线的交点和双曲线的最低点。

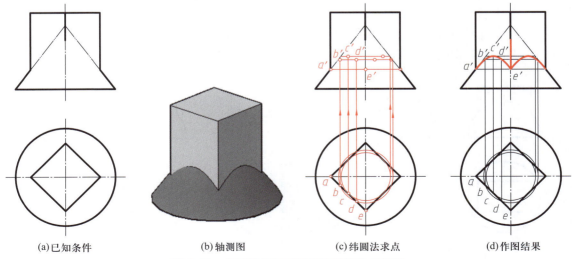

(a)已知条件　　(b)轴测图　　(c)纬圆法求点　　(d)作图结果

图 3-22　求四棱柱与正圆锥相贯线的 $V$ 投影

由于对称，双曲线的顶点 $C$ 的 $H$ 投影应为棱面积聚投影的中点 $c$，所以在 $H$ 投影中，过中点 $c$ 作纬圆，并作该纬圆的 $V$ 投影（水平线）即可求出顶点（最高点）的 $V$ 投影 $c'$。再利用纬圆法求出一般点的 $V$ 投影 $b'$ 和 $d'$。

利用对称性，作出右前部分的点的 $V$ 投影。

（2）连点成线，整理加深

得到上述点的 $V$ 投影后，判断其可见性，并依次将其光滑连接，即得相贯线（双曲线）的投影，整理加深得到图 3–22d 所示的结果。

注意：四棱柱前、后棱线 $V$ 投影重合，画到贯穿点为止。四棱柱左右棱线和圆锥左右素线 $V$ 投影也画到贯穿点为止。

此例的顶点、一般点也可用素线法求作，还可画出 $W$ 投影，读者可自行思考作图。

动画扫一扫
平面立体与球相交

### 3.5.3 平面立体与球相交

平面立体与球相交的情况常见于建筑工程中的一些节点或装饰构造。如四棱柱与球的相贯，球心位于四棱柱的对称轴线上，相贯线是球被柱表面切割后所产生的截交线圆的一部分，如图 3–23b 所示。

**例 3.8** 如图 3–23a 所示，已知相贯的四棱柱与半球的投影轮廓，完成它们相贯后的 $V$、$W$ 投影。

**解：** 分析已知条件可知，相贯体前后左右对称，其相贯线是四棱柱各棱面与半球的截交线圆弧，也是前后左右对称，又由于四棱柱处于与 $H$ 面垂直的特殊位置，这些截交线圆弧在 $H$ 面上的投影积聚在四棱柱各棱面的积聚投影上。所以，相贯线的 $H$ 投影不必求作，只需补全相贯体的 $V$、$W$ 投影。

作图过程如图 3–23c 所示。首先，用包含四棱柱前棱面的正平面切割半球，其截交线应是一个与 $V$ 面平行的半圆，可在 $H$ 或 $W$ 面上取得这个半圆的半径，然后在 $V$ 面上画出这个半圆的投影。半圆的 $V$ 投影与前棱面两条棱线 $V$ 投影的交点，就是棱线与球表面贯穿点的 $V$ 投影。两贯穿点 $V$ 投影之间的圆弧，就是前棱面上相贯线的 $V$ 投影。

左棱面是侧平面，左棱面上的相贯线应是侧平圆弧，圆弧半径可利用侧平面在 $V$ 面上的积聚投影求得，即可作出左棱面上相贯线的 $W$ 投影。

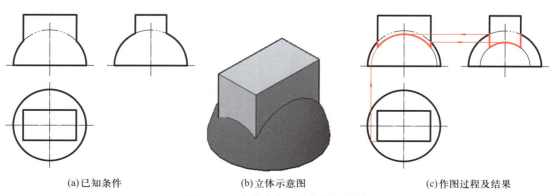

(a)已知条件　　　　　(b)立体示意图　　　　　(c)作图过程及结果

图 3–23　求半球与四棱柱的相贯线

再根据对称性和积聚性完成其余投影，并判断可见性，加深得到图 3-23c。

注意：球体轮廓线圆被四棱柱穿断部分已不存在，不应画出粗实线或虚线，必要时，可用双点画线即假想轮廓线表示。

图 3-23 中的四棱柱贯穿半球后，如果将四棱柱抽出，则在球体上形成四棱柱孔，如图 3-24 所示。孔口相贯线的投影作图与图 3-23 相同。孔内棱线的 $V$、$W$ 投影不可见，画成虚线。

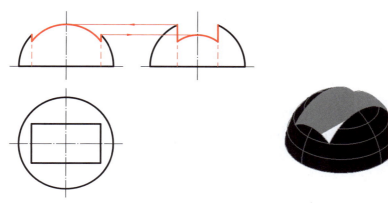

图 3-24　半球体上的四棱柱孔

## 3.6　两曲面立体相交

两曲面立体的交线（相贯线）一般是封闭的空间曲线，在特殊情况下是平面曲线。相贯线上的点是两体表面的共有点。求作两曲面立体相贯线的投影，一般是先求出两曲面立体表面上若干共有点的投影，然后再连成相贯线的投影，同时判别可见性。相贯线只有同时位于两立体投影都可见的表面上时，其投影才可见。求相贯线上的点的方法通常用积聚投影法和辅助平面法。

### 3.6.1　用积聚投影法作相贯线

相交两曲面立体中，如果有一个曲面立体表面（如圆柱面）的投影具有积聚性，则相贯线的同面投影也必重合在积聚投影上，此时可根据相贯线的这个已知投影，求出两曲面立体表面上一系列共有点的投影，从而作出相贯线的其余投影。

**例 3.9**　已知两圆柱相贯，如图 3-25a 所示，求它们的相贯线的投影。

**解：**由图 3-25 可知两圆柱的轴线垂直相交，相贯线是封闭的空间曲线，且前后对称，左右对称。小圆柱面的 $H$ 投影积聚为圆周，相贯线的 $H$ 投影就重合在这个圆周上；大圆柱面的 $W$ 投影也积聚为圆周，相贯线的 $W$ 投影就重影在小圆柱穿进的一段圆弧上，故只有相贯线的 $V$ 投影待求作。由于前后对称，前后相贯线 $V$ 投影重合，因此，只需作前半相贯线即可。

作图过程如图 3-25c 所示。

动画扫一扫
用积聚投影法
作相贯线

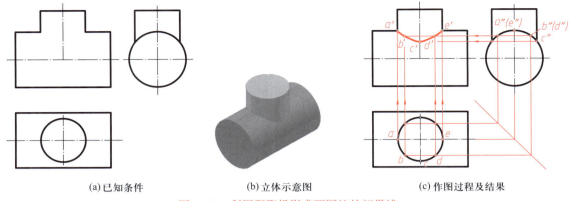

(a)已知条件　　　　　　　　(b)立体示意图　　　　　　　　(c)作图过程及结果

图3-25　利用积聚投影求两圆柱的相贯线

① 求特殊点　在相贯线的 $H$ 投影上定出最左、最前、最右点的 $H$ 投影 $a$、$c$、$e$。这些点的 $W$ 投影重合在大圆柱面的 $W$ 投影上，可相应定出 $a''$（$e''$）、$c''$，由 $a$、$c$、$e$ 和 $a''$（$e''$）、$c''$ 作出 $a'$、$c'$、$e'$。可以看出，最左、最右点（即小圆柱最左、最右素线与大圆柱最高素线的交点）同时也是相贯线上的最高点，最前点（即小圆柱最前素线与大圆柱面的交点）也是相贯线上的最低点。

② 求一般点　在相贯线的 $H$ 投影上任取点 $b$、$d$，则 $b''$、（$d''$）必在大圆柱的 $W$ 面积聚投影上，由 $b$、$d$ 和 $b''$、（$d''$）作出 $b'$、$d'$。

③ 连点并判别可见性　在 $V$ 投影上，依次连接 $a'$–$b'$–$c'$–$d'$–$e'$，即为所求。由于两圆柱前表面 $V$ 投影均可见，所以前半相贯线的 $V$ 投影可见，画成实线，后半相贯线 $V$ 投影与前半重合。

在图3-25中，若两圆柱变为圆管，则这个相贯体就变成三通管接头，如图3-26所示。两圆管内表面的相贯线 $V$ 投影不可见，画成虚线，作图方法与外表面相贯线相同。

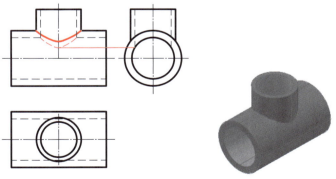

图3-26　三通管的相贯线

在图3-25中，若小圆柱上下均与大圆柱相贯，则相贯线为上下两条对称的空间曲线，如图3-27所示。

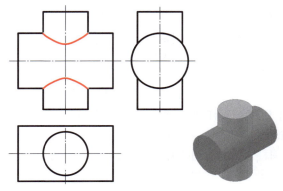

图 3-27 两圆柱相贯

若将图 3-27 中的小圆柱抽出，则在大圆柱体上形成一个垂直于大圆柱轴线的圆柱孔，孔口的相贯线不变，如图 3-28 所示。

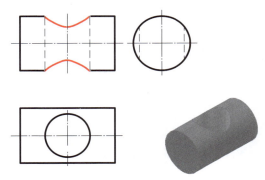

图 3-28 圆柱与圆孔相贯

## 3.6.2 用辅助平面法作相贯线

动画扫一扫
用辅助平面法作相贯线

假想用一辅助平面截断相贯的两曲面立体，则可同时得到两曲面立体的截交线，这两曲面立体的截交线的交点，就是辅助平面和两曲面立体表面三个面的共有点，即相贯线上的点。若用若干辅助平面截断两曲面立体，就可得到相贯线上的若干点，把这些点连接起来，就能求得相贯线。

为使作图简便，辅助平面通常用投影面的平行面，且应选择适当的切割位置，使其与两曲面立体切割后产生的截交线的投影简单易画。如图 3-29 所示，圆锥与圆柱相贯（两轴线垂直相交），选择的辅助平面应与圆柱的轴线平行且与圆锥的轴线垂直，使其截交线为直线和圆，两截交线的交点即为相贯线上的点。当然，如果辅助平面平行圆柱轴线且过锥顶，则截交线为直线，作图也比较简单。如果所作的辅助平面与圆锥轴线平行（重

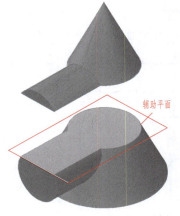

辅助平面

图 3-29 辅助平面的选用示例

合除外），则圆锥的截交线为双曲线，作图不方便且不准确，故不宜采用。

例 3.10    如图 3-30a 所示，求作正圆柱与正圆锥的相贯线的投影。

解：图 3-30a 中圆柱与圆锥的轴线垂直相交且平行于 V 面，圆柱的素线全部与圆锥相交，因此，相贯线为一封闭的空间曲线，且前后对称。因为圆柱的 W 投影积聚为圆，因此相贯线的 W 投影就重合在这个圆上，需要求作的是 V、W 投影。本例用辅助平面法来求作相贯线，作图原理如图 3-29 所示。

投影作图过程如图 3-30b、c、d 所示。

① 求特殊点    圆柱最高和最低的两条素线与圆锥表面的贯穿点 Ⅰ 、Ⅱ 的 V 投影 1′、2′ 均可直接找出，再由 1′、2′ 按投影对应关系作出 1 和 2。

圆柱最前和最后两条素线与圆锥表面的贯穿点 Ⅲ 、Ⅳ 的 W 投影 3″、4″ 可直接找到，过这两点作一水平辅助面 P₁ 切割圆柱和圆锥，P₁ 与圆柱面的截交线为最前和最后素

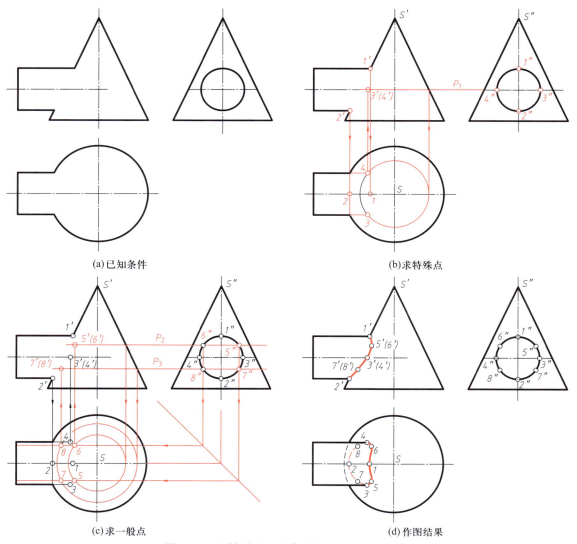

(a) 已知条件          (b) 求特殊点

(c) 求一般点          (d) 作图结果

图 3-30    用辅助平面法求圆柱与圆锥的相贯线

线，与圆锥的截交线为水平圆（在圆锥 $V$ 投影中可量取该圆半径），该圆与最前最后素线 $H$ 投影的交点，即为 $III$、$IV$ 两点的 $H$ 投影 $3$、$4$。过 $3$、$4$ 向上作垂线，与 $P_1$ 相交得到 $3'$（$4'$），其中（$4'$）为不可见。

② 求一般点　用同样的方法作水平辅助面 $P_2$。$P_2$ 与圆柱面的截交线为两平行直线，与圆锥的截交线为水平圆，截交线直线与截交线圆的 $H$ 投影的交点，即为一般点 $V$、$VI$ 的 $H$ 投影 $5$、$6$。过 $5$、$6$ 向上作垂线，与 $P_2$ 相交得到 $5'$（$6'$）。同样，作水平辅助面 $P_3$，可求得 $7$、$8$ 和 $7'$（$8'$）。

③ 连接　按照各点 $W$ 投影所显示的顺序将各点的 $H$、$V$ 投影光滑连接起来，判别其可见性，即得到相贯线的 $H$、$V$ 投影。由于前后对称，前后相贯线 $V$ 投影重合。圆柱面下半部分的相贯线 $H$ 投影不可见，故 $3$-$7$-$2$-$8$-$4$ 应画成虚线。

④ 补齐轮廓线　圆柱面最前和最后素线 $H$ 投影应画到 $3$ 点和 $4$ 点为止。圆锥底圆在圆柱下边的一段圆弧 $H$ 投影不可见，应画成虚线。作图结果如图 3-30d 所示。

### 3.6.3　两曲面立体相贯的特殊情况

一般情况下，两曲面立体的相贯线是空间曲线，但在特殊情况下也可以是平面曲线或直线。

#### 1. 两回转体共轴线相贯

如图 3-31 所示，两回转体共轴线相贯时，其相贯线是垂直于该轴线的圆。当轴线垂直于投影面时，相贯线圆在该投影面上的投影为圆；当轴线平行于投影面时，相贯线圆在该投影面上的投影积聚为直线；当轴线倾斜于投影面时，相贯线圆在该投影面上的投影为椭圆。

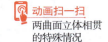

动画扫一扫
两曲面立体相贯的特殊情况

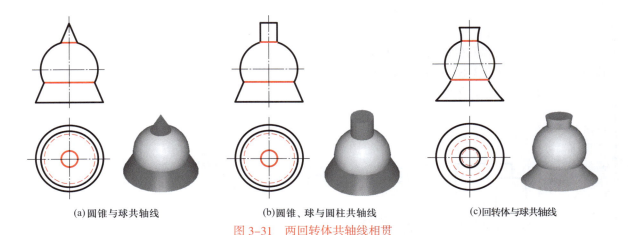

(a)圆锥与球共轴线　　　　(b)圆锥、球与圆柱共轴线　　　　(c)回转体与球共轴线

图 3-31　两回转体共轴线相贯

#### 2. 两回转体（面）公切于同一球面相贯

如图 3-32 所示，两回转体轴线相交且表面公切于同一球面时，相贯线是两个相交的椭圆。两轴线垂直相交（正交）时，两相交椭圆大小相等。两轴线倾斜相交（斜交）时，两相交椭圆大小不等。当两轴线平行于投影面时，两相交椭圆在该投影面上的投影积聚为两条相交的直线，在其他投影面上的投影为圆或椭圆。

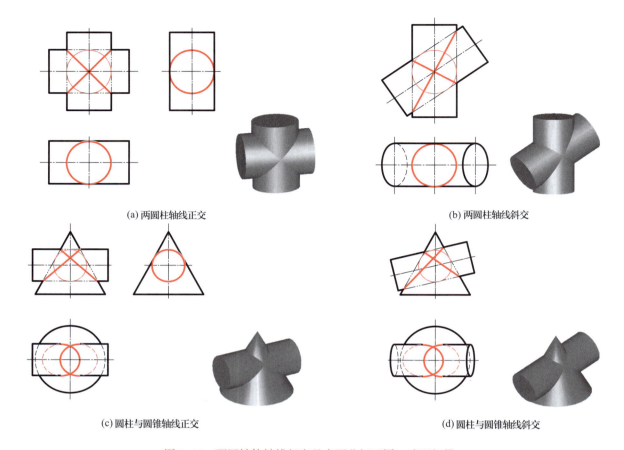

(a) 两圆柱轴线正交　　　　　　　　　　　　(b) 两圆柱轴线斜交

(c) 圆柱与圆锥轴线正交　　　　　　　　　　(d) 圆柱与圆锥轴线斜交

图 3–32　两回转体轴线相交且表面公切于同一球面相贯

### 3. 两圆柱轴线平行或两圆锥共锥顶相贯

如图 3–33 所示，两圆柱轴线平行相贯或两圆锥共锥顶相贯，圆柱面、圆锥面上的相贯线是直线。

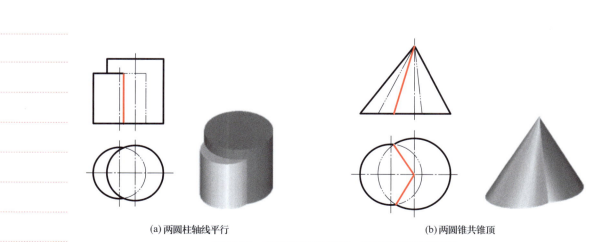

(a) 两圆柱轴线平行　　　　　　　　　　　　(b) 两圆锥共锥顶

图 3–33　两圆柱轴线平行、两圆锥共锥顶相贯

# 第4章

## 轴测图

### 4.1 轴测图的基本知识

图 4-1 所示为一物体的轴测图和三面正投影图。多面正投影图能够准确而完整地表达物体的形状，而且度量性好，作图方便，所以是工程上应用最广泛的图样。它的缺点是缺乏立体感。而轴测图能同时反映物体正面、顶面和侧面的形状，因此富有立体感，形象直观。但度量性差，大多数平面都不反映实形，而且被遮住的部位不容易表达清晰、完整。因此在工程图样中，轴测图一般作为辅助图样，用于需要表达物体直观形象的场合。

微课扫一扫
轴测图的基本知识

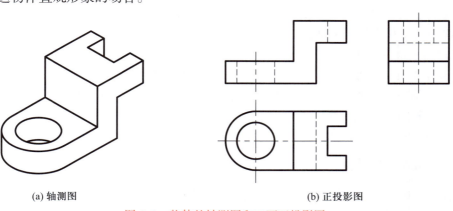

(a) 轴测图      (b) 正投影图

图 4-1　物体的轴测图和三面正投影图

#### 4.1.1 轴测图的形成

图 4-2 表明了物体的轴测图的形成方法。为了分析方便，取三条反映长宽高三

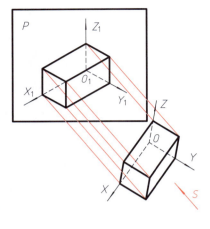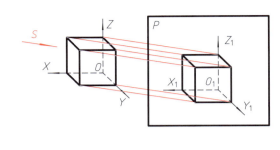

(a) 正轴测图的形成　　　　　　　　　　　　　　　　(b) 斜轴测图的形成

图 4-2　轴测图的形成

个方向的坐标轴 $OX$、$OY$、$OZ$ 与物体上三条相互垂直的棱线重合。用平行投影法将物体连同确定该物体的坐标系一起沿不平行于任一坐标面的方向 $S$ 投射到一个投影面 $P$ 上，所得到的具有立体感的图形，称为轴测投影图，简称轴测图，俗称立体图。投影面 $P$ 称为轴测投影面。坐标轴 $OX$、$OY$、$OZ$ 的轴测投影 $O_1X_1$、$O_1Y_1$、$O_1Z_1$ 称为轴测轴。两轴测轴之间的夹角 $X_1O_1Y_1$、$Y_1O_1Z_1$、$X_1O_1Z_1$ 称为轴间角。

　　轴测轴上的单位长度与相应坐标轴上的单位长度的比值称为轴向伸缩系数。

$OX$ 轴向伸缩系数 $p=O_1X_1/OX$

$OY$ 轴向伸缩系数 $q=O_1Y_1/OY$

$OZ$ 轴向伸缩系数 $r=O_1Z_1/OZ$

### 4.1.2　轴测投影的特性

　　由于轴测投影采用的是平行投影法，因此它具有平行投影的特性：

　　① 相互平行的直线的轴测投影仍相互平行。因此平行于坐标轴的直线，其轴测投影必平行于相应的轴测轴。

　　② 两平行直线或同一直线上的两线段的长度之比值，轴测投影后保持不变。

　　③ 平行于坐标轴的线段的轴测投影长度与该线段的实长之比值，等于相应的轴向伸缩系数。故画轴测图时，应根据轴向伸缩系数度量平行于轴向的线段长度。这也是轴测图名称之由来。

　　轴测投影的特性和轴间角及轴向伸缩系数是画轴测图的主要依据。

### 4.1.3　轴测图的种类

　　根据投射方向 $S$ 与轴测投影面 $P$ 的相对关系，轴测图可分为两大类：

　　正轴测图：投射方向 $S$ 垂直于轴测投影面 $P$，如图 4-2a 所示。三个坐标面都不平行于轴测投影面。

　　斜轴测图：投射方向 $S$ 倾斜于轴测投影面 $P$，如图 4-2b 所示。通常有一个坐标面平行于轴测投影面，当 $XOZ$ 面平行于轴测投影面（正立面）时形成正面斜轴测图，当

$XOY$ 面平行于轴测投影面（水平面）时可形成水平斜轴测图。

根据三个轴向伸缩系数是否相等，正轴测图又可分为：

正等轴测图（简称正等测）$p=q=r$

正二等轴测图（简称正二测）$p=r\neq q$

正三轴测图（简称正三测）$p\neq q\neq r$（不常用）

同样，斜轴测图也可分为：

斜等轴测图（简称斜等测）$p=q=r$

斜二等轴测图（简称斜二测）$p=r\neq q$

斜三轴测图（简称斜三测）$p\neq q\neq r$（不常用）

考虑作图方便和效果，常用的是正等测、斜二测，管道工程图中还常用斜等测。

# 4.2 正等轴测图

## 4.2.1 轴间角和轴向伸缩系数

正等测的轴间角 $X_1O_1Y_1$、$Y_1O_1Z_1$、$X_1O_1Z_1$ 均为 120°，三个轴向伸缩系数均约为 0.82。为了作图简便，采用轴向简化系数，即 $p=q=r=1$，于是平行于轴向的所有线段都按原长度量，这样画出来的轴测图沿轴向分别约放大了 $1/0.82\approx1.22$ 倍，但形状不变。作图时，$O_1Z_1$ 轴一般画成铅垂线，$O_1X_1$、$O_1Y_1$ 轴与水平成 30° 角，如图 4-3 所示。

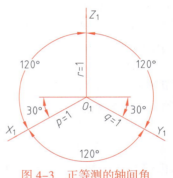

图 4-3 正等测的轴间角

微课扫一扫
轴间角和轴向
伸缩系数

## 4.2.2 正等测的画法

画轴测图的基本方法是坐标法，即按坐标关系画出物体上诸点、线的轴测投影，然后连成物体的轴测图。但在实际作图中，还应根据物体的形状特点不同而灵活采用其他不同的作图方法，如切割法、叠加法等。

此外为了使图形清晰，在轴测图中一般不画不可见的轮廓线（虚线）。因此画图时为了减少不必要的作图线，在方便的情况下，一般可先从可见部分开始作图，如先画出物体的前面、顶面或左面等。

画轴测图时还应注意，只有平行于轴向的线段才能直接量取尺寸作图；不平行于轴向的线段，可由该线段的两端点的位置来确定。

动画扫一扫
正等测的画法

### 1. 平面立体的正等测画法

例 4.1　根据正六棱柱的两面投影图（图 4-4a），画出它的正等测。

解：正六棱柱的顶面和底面均为水平的正六边形。在轴测图中，顶面可见，底面不可见，宜从顶面画起，各顶点可用坐标法确定。

作图步骤如图 4-4 所示。

① 定出坐标轴（图 4-4a），图中把坐标原点取在六棱柱顶面中心处。

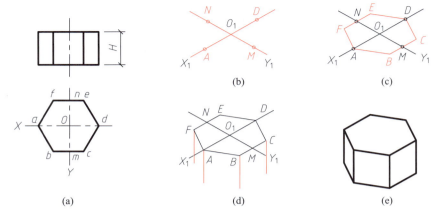

图 4-4   用坐标法作六棱柱的正等测

② 画 出 轴 测 轴 $O_1X_1$、$O_1Y_1$，并 在 其 上 量 得 $O_1A=oa$、$O_1D=od$、$O_1M=om$、$O_1N=on$，得 $A$、$D$、$M$、$N$ 四点（图 4-4b）。

③ 过点 $M$、$N$ 作 $O_1X_1$ 轴的平行线，在其上量得 $B$、$C$、$E$、$F$ 四点，连接各点得顶面（图 4-4c）。

④ 由点 $A$、$B$、$C$、$F$ 向下作铅垂线，并在其上截取六棱柱的高度 $H$，得底面上可见的点（图 4-4d）。

⑤ 依次连接底面上的点，擦去多余线条，加深，完成全图（图 4-4e）。

**例 4.2**   作出图 4-5a 所示物体的正等测。

**解：**该物体可看作是一长方体被切去三部分而形成的，先被正垂面切去左上角，再被水平面和正平面切掉前上角，最后被铅垂面切去左前角。可采用切割法作出它的正等测。

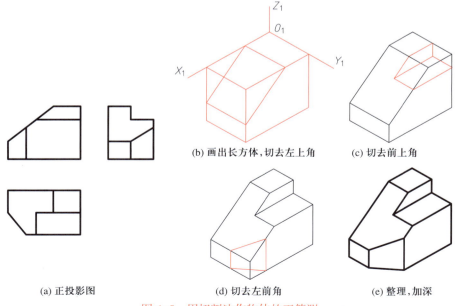

(a) 正投影图                   (b) 画出长方体，切去左上角      (c) 切去前上角

(d) 切去左前角                 (e) 整理，加深

图 4-5   用切割法作物体的正等测

作图步骤见图 4–5b ~ e。

轴测轴 $O_1X_1$、$O_1Y_1$、$O_1Z_1$ 仅供画 $O_1X_1$、$O_1Y_1$、$O_1Z_1$ 方向的平行线时参考，熟练之后可不必画出。

**例 4.3**　作出台阶（图 4–6a）的正等测。

**解：**由三面正投影图可知，该台阶由长方体 *1*、长方体 *2* 和斜面体 *3* 三部分叠加而成。可采用叠加法作出它的正等测。

作图步骤见图 4–6b ~ e。

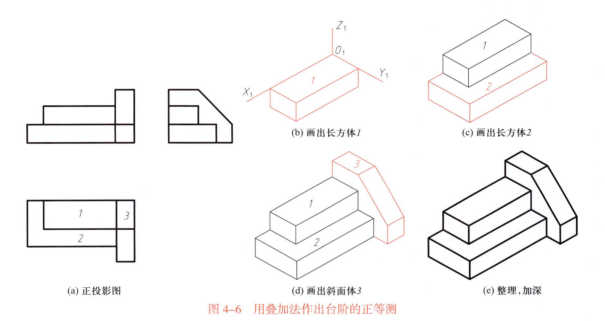

(a) 正投影图　　(b) 画出长方体*1*　　(c) 画出长方体*2*　　(d) 画出斜面体*3*　　(e) 整理，加深

图 4–6　用叠加法作出台阶的正等测

### 2. 平行于坐标面的圆的正等测

在正等轴测投影中，位于或平行于坐标面的圆与轴测投影面都不平行，所以它们的正等测都是椭圆。圆的正等测（椭圆）可采用近似画法——四心圆法画出，即为了简化作图，用四段圆弧连成近似椭圆。

现以平行于 $XOY$ 坐标面的圆（即水平圆，半径为 $R$，图 4–7a）为例，其正等测近似椭圆的作法如下：

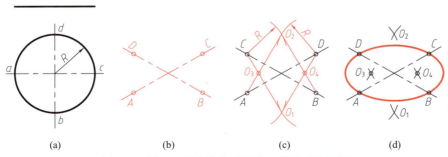

(a)　　　　(b)　　　　(c)　　　　(d)

图 4–7　用四心圆法作水平圆的正等测近似椭圆

① 在正投影图中，定出圆周上 $a$、$b$、$c$、$d$ 点（图 4-7a）。

② 作出圆的两条中心线和圆周上对应 4 点的正等测（$AC=BD=2R$）（图 4-7b）。

③ 以 $R$ 为半径，分别以 $A$、$B$、$C$、$D$ 点为圆心画弧相交得 $O_1$、$O_2$；连接 $O_1$、$D$ 和 $O_2$、$A$ 相交得 $O_3$；连接 $O_1$、$C$ 和 $O_2$、$B$ 相交得 $O_4$（图 4-7c）。

④ 分别以 $O_1$、$O_2$ 为圆心，$O_1C$ 为半径，画弧 $CD$、$AB$；分别以 $O_3$、$O_4$ 为圆心，$O_3A$ 为半径；画弧 $AD$、$BC$，4 段弧光滑连接而成正等测近似椭圆。

平行于 $YOZ$、$XOZ$ 坐标面的圆的正等测椭圆的作法与平行于 $XOY$ 坐标面的圆的正等测椭圆作法相同，只是三个方向的椭圆的长短轴方向不同。图 4-8 所示为一正方体表面上三个内切圆的正等测椭圆。

图 4-9 所示是三个方向的圆柱的正等测，它们顶圆的正等测椭圆形状大小相同，但长短轴方向不相同。

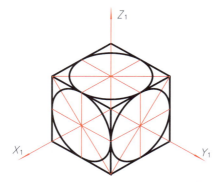
图 4-8　平行于三个坐标面的圆的正等测

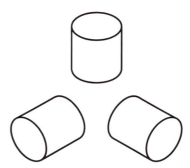
图 4-9　三个方向的圆柱的正等测

### 3. 曲面立体的正等测画法

**例 4.4**　作出带缺口的圆柱（图 4-10a）的正等测。

**解**：由两面正投影图可知，该圆柱轴线铅垂，顶部被两个对称的侧平面和一个水平面切割出一个缺口。作图时可先画出完整圆柱，再画出缺口。

作图步骤如图 4-10b、c、d、e 所示。

① 用四心圆法画出顶面椭圆，如图 4-10b 所示。

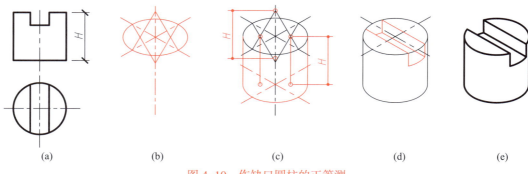

| (a) | (b) | (c) | (d) | (e) |

图 4-10　作缺口圆柱的正等测

② 将组成顶面椭圆的各段圆弧的圆心和切点下移圆柱高度 $H$，作出底面椭圆的可见部分（此法称移心法），并作两椭圆的公切线，此切线即为圆柱面轴测投影的轮廓线，如图 4-10c 所示。

③ 画缺口，缺口上的圆弧可用移心法或素线法（即在圆柱面上缺口所在位置作一系列素线，并截取缺口高度）求得，如图 4-10d 所示。

④ 擦掉多余的线条，加深，完成全图，如图 4-10e 所示。

注意：为了清晰起见，轴测图最后结果可不保留轴线和中心线。

**例 4.5**  作带圆角的长方板（图 4-11a）的正等测。

**解**：圆角是圆的四分之一，在轴测图上为椭圆的一部分，可用四心圆法中的一段弧来近似画出。

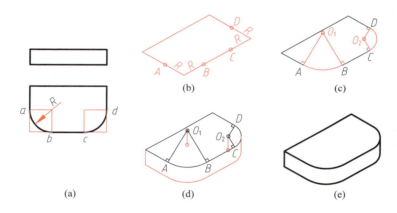

图 4-11  圆角的正等测

作图步骤如图 4-11 所示。

① 在水平投影图中标出切点 $a$、$b$、$c$、$d$，如图 4-11a 所示。

② 作出长方形板的顶面长方形的正等测，并从顶面的顶点向两边量取圆角半径 $R$ 长度得 $A$、$B$、$C$、$D$ 点，如图 4-11b 所示。

③ 过 $A$、$B$、$C$、$D$ 点作所在边的垂线，两垂线的交点 $O_1$、$O_2$，即为正等测圆角的圆心；并以 $O_1A$ 为半径画弧 $AB$，以 $O_2C$ 为半径画弧 $CD$，如图 4-11c 所示。

④ 用移心法（将顶面圆心、切点都平行下移板厚的距离）画出底面圆角，并作公切线和棱线，如图 4-11d 所示。

⑤ 擦去作图辅助线，加深，完成全图，如图 4-11e 所示。

**例 4.6**  作出曲面组合体（图 4-12a）的正等测。

**解**：从正投影图（图 4-12a）中可看出，该曲面组合体是由带圆角和圆孔的底板、带半圆和圆孔的竖板两部分叠加而成的。画这个曲面组合体的正等测时，可采用叠加法，圆（半圆）和圆角可采用前面介绍的方法画出。

作图步骤如图 4-12b、c、d、e 所示。

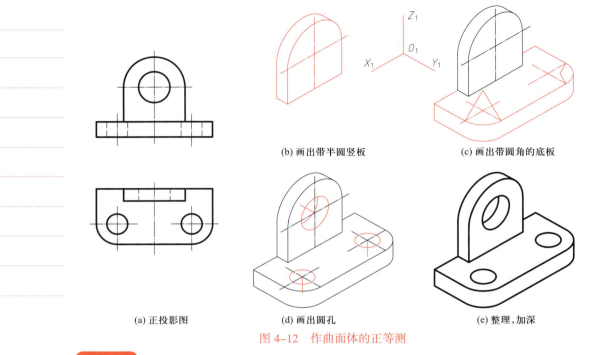

(a) 正投影图　　(b) 画出带半圆竖板　　(c) 画出带圆角的底板

(d) 画出圆孔　　(e) 整理，加深

图 4-12  作曲面体的正等测

## 4.3　斜轴测图

### 4.3.1　正面斜轴测图的轴间角和轴向伸缩系数

如前述的图 4-2b 所示，当 Z 轴铅垂放置，坐标面 XOZ 平行于轴测投影面 P（正平面），投射方向 S 倾斜于轴测投影面时，所得到的轴测图即为正面斜轴测图。在这种情况下，轴测轴 $O_1X_1$ 和 $O_1Z_1$ 仍分别为水平方向和铅垂方向；轴向伸缩系数 $p=r=1$，轴间角 $\angle XOZ=90°$；而 $O_1Y_1$ 轴的方向和轴向伸缩系数 q 可随投射方向的改变而变化。 一般取 $O_1Y_1$ 轴与水平线的夹角为 45°，取 $q=0.5$ 或 1，当 $q=0.5$ 时，形成斜二等轴测图，简称斜二测；当 $q=1$ 时，形成斜等轴测图，简称斜等测。

$O_1Y_1$ 轴的方向可根据表达的需要选择如图 4-13a 或 b 所示的形式。

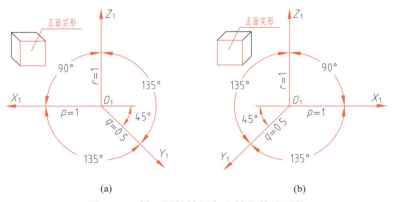

(a)　　　　　　　(b)

图 4-13  斜二测的轴间角和轴向伸缩系数

由于 $XOZ$ 坐标面平行于轴测投影面，所以物体平行于 $XOZ$ 坐标面的平面，在斜轴测图中反映实形。因此，作轴测图时，在物体上具有较多的平行于 $XOZ$ 坐标面的圆或曲线的情况下，选用斜轴测图，作图比较方便。

### 4.3.2 斜二测的画法

动画扫一扫
斜二测的画法

#### 1. 平行于坐标面的圆的斜二测

图 4-14 所示是正方体表面上三个内切圆的斜二测，平行于 $XOZ$ 坐标面的圆的斜二测仍是大小相同的圆，平行于 $XOY$ 和 $YOZ$ 坐标面的圆的斜二测是椭圆。

画正等测近似椭圆的四心圆法，不适用于画斜二测椭圆。画斜二测椭圆时，可采用坐标法，如图 4-15 所示。具体作法是：在圆上作一系列平行于 $OX$ 轴的平行线，在轴测图中对应地画出这些平行线（注意 $Y_1$ 轴的伸缩系数为 0.5）平行于 $O_1X_1$ 轴，在这些平行线上对应地量取圆周上各点的 $X$ 坐标得 $A_1$、$B_1$、…各点，再由 $Y$ 坐标定出 $2_1$、$4_1$ 点，光滑连接各点，即得该圆的斜二测椭圆。

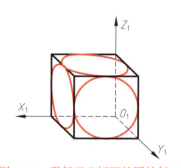

图 4-14 平行于坐标面的圆的斜二测

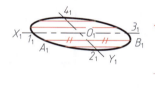

(a) 水平圆的正投影图     (b) 水平圆的斜二测

图 4-15 用坐标法作水平圆的斜二测

对于其他轴测椭圆和曲线也可用坐标法作图。

#### 2. 画法举例

**例 4.7** 画出台阶（图 4-16a）的斜二测。

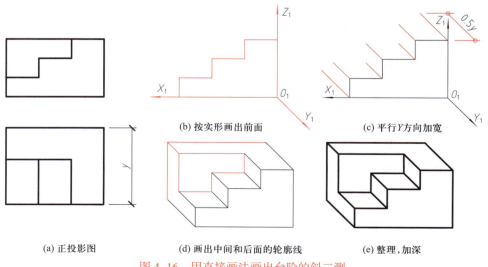

(a) 正投影图    (b) 按实形画出前面    (c) 平行 $Y$ 方向加宽

(d) 画出中间和后面的轮廓线    (e) 整理，加深

图 4-16 用直接画法画出台阶的斜二测

**解：** 台阶上平行于 $XOZ$ 坐标面的平面，在斜二测中反映实形，可采用<u>直接画法</u>，即按实形画出台阶的前面，再沿 $Y_1$ 方向向后加宽（$q=0.5$），画出中间和后面的可见轮廓线。

作图步骤如图 4-16b、c、d 所示。

**例 4.8**    画出图 4-17a 所示物体的斜二测。

**解：** 该物体可看作是半圆拱门，由墙体（大长方体）、平台（小长方体）和半圆门洞三部分组合而成。半圆拱门平行于 $XOZ$ 坐标面，在正面斜二测中反映实形，半圆可直接画出。

作图步骤如图 4-17b、c、d、e 所示。

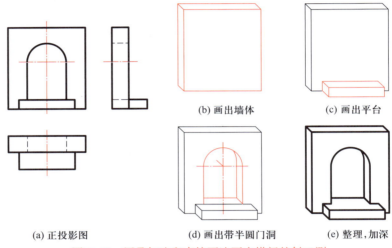

(a) 正投影图          (d) 画出带半圆门洞          (e) 整理，加深

(b) 画出墙体          (c) 画出平台

图 4-17    用叠加法和直接画法画出拱门的斜二测

① 画出墙体（大长方体，正面反映实形，图 4-17b）。

② 用叠加法画出平台（小长方体，正面反映实形，图 4-17c）。

③ 画出带半圆的门洞，注意定位，前半圆按实形直接画出，后半圆可见部分用移心法画出（图 4-17d）。

④ 整理，加深（图 4-17e，要注意擦去多余的线条）。

**例 4.9**    画出图 4-18a 所示的物体的仰视斜二测。

**解：** 该物体由一块矩形板和下面左右对称的两块六边形支撑板组成。俯视时两块支撑板被矩形板遮住不可见，而用仰视画出该物体的轴测图，则可看到该物体的正面、底面和左面，直观效果较好。

作图步骤如下：

① 选择图 4-18b 所示的轴测轴（$O_1Y_1$ 轴向后，$q=0.5$），画出矩形板。

② 确定 $A$ 点的位置，画出左边支撑板的左面（六边形），再根据板的厚度画出平行于 $O_1X_1$ 轴方向的棱线和右边的棱线（图 4-18c）。

③ 用同样的方法画出右边支撑板，整理加深，完成全图（图 4-18d）。

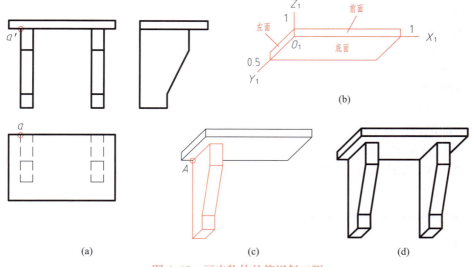

图 4-18　画出物体的仰视斜二测

### 4.3.3　水平斜轴测图的画法

动画扫一扫
水平斜轴测图
的画法

#### 1. 水平斜轴测图的轴间角和轴向伸缩系数

当 $XOY$ 面（水平面）平行于轴测投影面时，可形成水平斜轴测图。由于水平面平行于轴测投影面，所以水平面在水平斜轴测图反映实形。轴间角 $\angle X_1O_1Y_1=90°$。一般取 $O_1Z_1$ 轴为铅垂方向，$O_1X_1$ 和 $O_1Y_1$ 轴与水平线的夹角为 45°（图 4-19a），或 30° 和 60°（图 4-19b）。轴向伸缩系数 $p=q=r=1$。

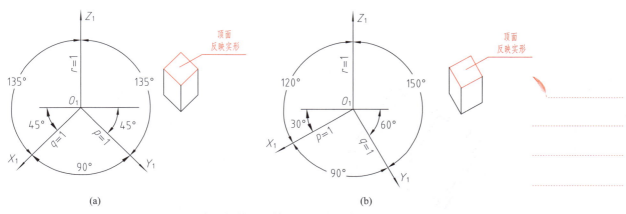

图 4-19　水平斜轴测的轴间角和轴向伸缩系数

#### 2. 水平斜轴测图的画法示例

水平斜轴测图通常用于直观表达建筑物的水平剖切和建筑小区俯瞰情况。一般将平面图旋转 30° 后画出。

例 4.10　根据房屋的平面图和立面图（图 4-20a），画出带水平截面的水平斜轴测图。

**解：**本例的意图是假想用水平剖切面，沿门窗洞口处将房屋切成两截后，画出下半截房屋的水平斜轴测图。因为截断面处于同一高度，且反映实形，所以根据平面图（旋转 30°）先画出截断面，然后再根据立面图往下画高度线和其他轮廓线，即可完成。

作图步骤如图 4-20b、c、d 所示。

这里附带说明：图 4-20a 中的立面图（ $V$ 投影）两侧的粗短水平线，表示平面图（ $H$ 投影）的剖切位置线；关于剖切的画法与房屋平面图和立面图的表达方法，将在本书的第 7、8 章中详细介绍。

**例 4.11**　根据建筑小区的平面图和立面图（图 4-21a），画出水平斜轴测图。

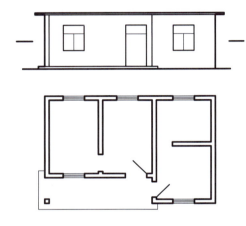

(a) 房屋平面图和立面图

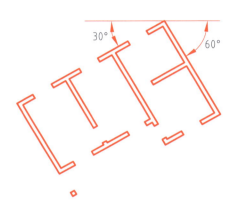

(b) 将平面图旋转30°画出断面实形

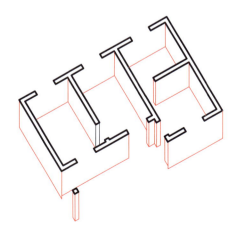

(c) 画出内外墙高、柱高和墙脚线

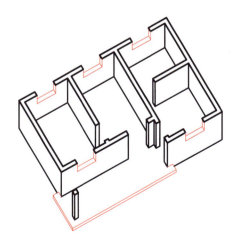

(d) 画门窗洞、平台，整理加深

图 4-20　房屋的水平斜轴测图

**解**：由于各房屋高度不一，而房屋底面都处于同一水平面上，所以可先将平面图旋转 30°，画出底面和道路，然后再根据 $V$ 投影所示的高度往上画高度线和屋顶轮廓线，并擦去被遮住的线条，即可完成，如图 4-21b 所示。

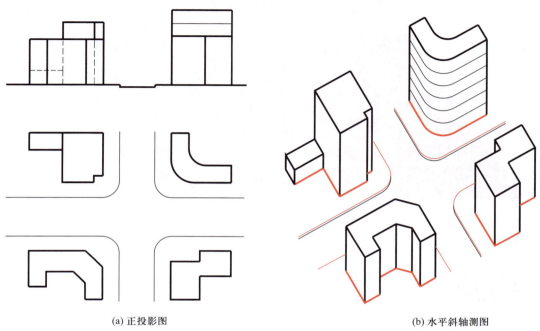

(a) 正投影图                    (b) 水平斜轴测图

图 4-21    建筑小区的水平斜轴测图

# 第 5 章

# 制图基本知识

为了统一建筑制图规则，做到图面清晰、简明，符合设计、施工、存档的要求，适应工程建设的需要，利于国际交流，建筑制图应符合国家现行有关标准以及各专业制图标准的规定。本节将对《房屋建筑制图统一标准》(GB/T 50001—2017) 和《建筑制图标准》(GB/T 50004—2010) 等标准中图纸幅面、图线、字体、比例、尺寸标注等制图基本规定给予介绍。

### 5.1.1   图幅

动画扫一扫
图幅

图幅即图纸幅面的简称。图纸幅面是指图纸宽度与长度组成的图面。为了便于图样的绘制、使用和保管，图样均应画在具有一定幅面和格式的图纸上。

图样是根据投影原理、标准和有关规定，表达工程对象，并有必要的技术说明的图。

#### 1. 幅面尺寸

幅面用代号 "A–" 表示（– 为数字或数字乘数字），基本幅面如图 5–1 中粗实线所示。幅面及图框尺寸应符合表 5–1 中的规定，表中代号含义如图 5–1、图 5–2 所示。

从表中看出，各号基本幅面的尺寸关系是：将上一号幅面的长边对裁，即为次一号幅面的大小。

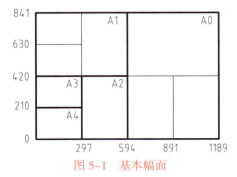

图 5–1   基本幅面

**表 5-1　幅面及图框尺寸 /mm**

| 幅面代号<br>尺寸代号 | A0 | A1 | A2 | A3 | A4 |
|---|---|---|---|---|---|
| $b \times l$ | 841×1189 | 594×841 | 420×594 | 297×420 | 210×297 |
| $c$ | 10 | | | 5 | |
| $a$ | 25 | | | | |

注:表中 $b$ 为幅面短边尺寸,$l$ 为幅面长边尺寸,$c$ 为图框线与幅面线间宽度,$a$ 为图框线与装订边间宽度。

必要时可选用加长幅面,A0 ~ A3 幅面长边尺寸可加长,短边尺寸不应加长。加长的应按《房屋建筑制图统一标准》(GB/T 50001—2017)中有关规定选择尺寸。

**2. 图纸形式及图框格式**

图纸中应画有幅面线、图框线、装订边线、对中标志、标题栏。按幅面尺寸用细实线绘制的线框称为幅面线。图纸上限定绘图区域的线框称为图框。图框线用粗实线绘制。图框尺寸符合表 5-1 中的规定,其形式如图 5-2、图 5-3 所示。加长幅面的图框尺寸,按所选的基本幅面大一号的图框尺寸确定。

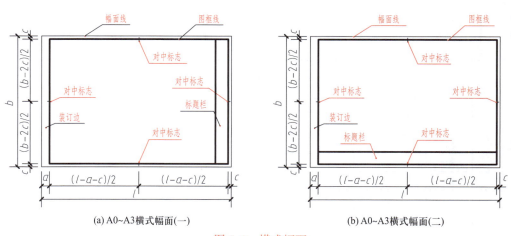

(a) A0~A3横式幅面(一)　　　　　(b) A0~A3横式幅面(二)

图 5-2　横式幅面

图纸以短边作为垂直边称为横式,如图 5-2 所示;以短边作为水平边称为立式,如图 5-3 所示。一般 A0 ~ A3 图纸宜横式使用,必要时也可立式使用。A4 图纸宜立式使用。

一个工程设计中,每个专业所使用的图纸,一般不宜多于两种幅面(不含目录、表格所采用的 A4 幅面)。

**3. 标题栏**

由名称区及图号区、签字区和其他区组成的栏目称为图纸标题栏,如图 5-4a 所

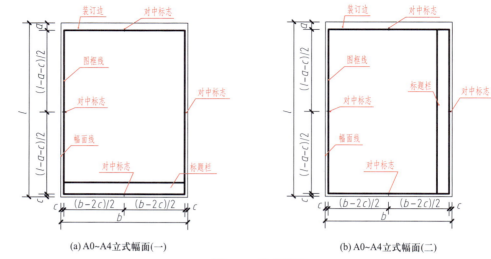

(a) A0~A4 立式幅面(一)　　　(b) A0~A4 立式幅面(二)

图 5-3　立式幅面

示。标题栏格式和尺寸应按 GB/T 50001—2017 中有关规定绘制和填写。学生制图作业用标题栏可按图 5-4b 所示的格式绘制。标题栏外框用中实粗线绘制，框内分栏用细实线绘制。

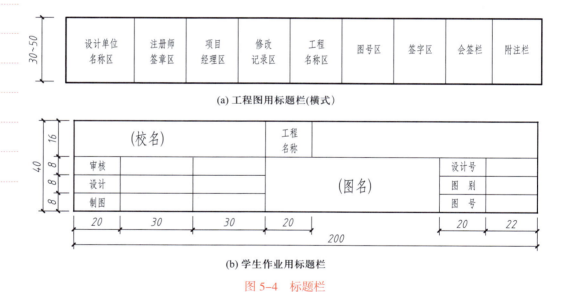

(a) 工程图用标题栏(横式)

(b) 学生作业用标题栏

图 5-4　标题栏

### 4. 对中标志

需要微缩复制的图纸，其一图框边上应附有一段准确米制尺度，四个边上均有对中标志，米制尺度的总长应为 100 mm，分格应为 10 mm。对中标志应画在图框线各边长的中点处，线宽 0.35 mm，并应伸入内框边，在框外为 5 mm。

### 5.1.2　图线

图样上的图形是由各种图线构成的。图线是指起点和终点间以任何方式连接的一种几何图形，形状可以是直线或曲线，连续和不连续线。图线的宽度（*b*）宜根据图形的大小和复杂程度不同，从下列线宽系列中选取（单位：mm）：

1.4、1.0、0.7、0.5、0.35、0.25、0.18、0.13

粗线、中粗线、中线、细线的宽度比率一般为 4∶3∶2∶1。每个图样应根据复杂程度与比例的大小，先选定基本线宽 *b* 作为粗实线的宽度，按宽度比率确定其他线型的宽度。同一张图纸内，相同比例的各图样，线型宽度应一致；各不同线宽中的细线，可统一采用较细的线宽组的细线。建筑制图标准规定的部分图线的名称、形式、线型、用途如表 5-2 所示。线的不连续的独立部分，如点、长度不同的画和间隔称为线素，表 5-2 中的不连续的点、间隔、画等线素的长度按表 5-3 中的要求绘制。

表 5-2　线　　型

| 名　称 | | 线　型 | 线　宽 | 用　途 |
|---|---|---|---|---|
| 实线 | 粗 | —————— | $b$ | 1. 主要轮廓线；<br>2. 平、剖面图中被剖切的主要建筑构、配件的轮廓线；<br>3. 建筑立面图或室内立面图的外轮廓线；<br>4. 建筑构造详图中被剖切的主要部分的轮廓线；<br>5. 建筑构、配件详图中构、配件的外轮廓线；<br>6. 平、立、剖面图的剖切符号 |
| | 中粗 | —————— | $0.7b$ | 1. 平、剖面图中被剖切的次要建筑构、配件的轮廓线；<br>2. 建筑平、立、剖面图中一般建筑构、配件的轮廓线；<br>3. 建筑构造详图及建筑配件详图中的一般轮廓线<br>4. 尺寸起止符号 |
| | 中 | —————— | $0.5b$ | 1. 可见轮廓线；<br>2. 图例线 |
| | 细 | —————— | $0.25b$ | 1. 总平面图中新建人行道、排水沟、草地、花坛等可见轮廓线，原建筑物、铁路、道路、桥涵、围墙的可见轮廓线；<br>2. 图例填充线、索引符号、尺寸线、尺寸界线、引出线 |
| 虚线 | 粗 | — — — — | $b$ | 1. 总平面图中新建建筑物的地下轮廓线；<br>2. 结构图上不可见钢筋线 |
| | 中粗 | — — — — | $0.7b$ | 1. 不可见轮廓线；<br>2. 建筑构、配件不可见轮廓线；<br>3. 总平面图中计划扩建的建筑物、铁路、道路、桥涵、管线等 |
| | 中 | - - - - - | $0.5b$ | 1. 一般不可见轮廓线；<br>2. 图例线 |
| | 细 | — — — — | $0.25b$ | 1. 总平面图上原有的建筑物、构筑物、管线等的地下轮廓线；<br>2. 图例线填充线 |

续表

| 名    称 | | 线    型 | 线    宽 | 用    途 |
|---|---|---|---|---|
| 单点长画线 | 粗 | | $b$ | 见各有关专业制图标准 |
| | 中 | | $0.5b$ | 见各有关专业制图标准 |
| | 细 | | $0.25b$ | 中心线、对称线、定位轴线 |
| 双点长画线 | 粗 | | $b$ | 见各有关专业制图标准 |
| | 中 | | $0.5b$ | 见各有关专业制图标准 |
| | 细 | | $0.25b$ | 假想轮廓线、成型前原始轮廓线 |
| 折断线 | | | $0.25b$ | 断开界线 |
| 波浪线 | | | $0.25b$ | 断开界线 |

### 表 5-3    线 素 长 度

| 线    型 | 线 素 长 度 |
|---|---|
| 虚线 | |
| 点画线 | |
| 双点画线 | |

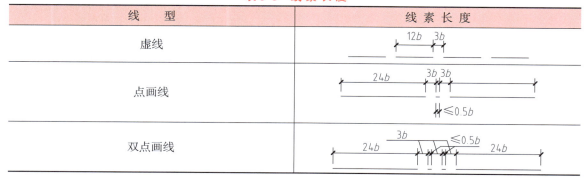

图纸的图框线和标题栏线,可采用表 5-4 所示的线宽。

### 表 5-4    图框线、标题栏线的宽度

| 幅面代号 | 图框线 | 标题栏外框线 | 标题栏分格、会签栏线 |
|---|---|---|---|
| A0、A1 | $b$ | $0.5b$ | $0.25b$ |
| A2、A3、A4 | $b$ | $0.7b$ | $0.35b$ |

绘制图线应注意以下几点:

① 相互平行的图线,其净间隙不宜小于 0.2 mm。

② 虚线、单点长画线或双点长画线的线素长度和间隔,宜各自相等。

③ 绘制相交图线时注意事项如表 5-5 所示。

表 5-5　绘制图线时的注意事项

| 注 意 事 项 | 图 例 | |
|---|---|---|
| | 正确 | 错误 |
| 点画线相交时,应以长画线相交,点画线的起始与终了不应为点 | | |
| 虚线与虚线或与其他线垂直相交时,在垂足处不应留有空隙 | | |
| 虚线为粗实线的延长线时,不得以短划相接,应留有空隙,以表示两种图线的分界 | | |

### 5.1.3　字体

图纸上所需书写的文字、数字或符号等,均应笔画清晰、字体端正、间隔均匀、排列整齐;标点符号应清楚正确。

字体的号数即字体的高度(用 $h$ 表示,单位为 mm),常用的有 3.5、5、7、10、14、20 六种字号。如需要书写更大的字,其字体高度应按 $\sqrt{2}$ 的比值递增。

汉字宜写成长仿宋体字,并应采用国家正式推行的简化字。长仿宋体的高宽比值约为 1:0.7。书写长仿宋体字的要领可归纳为:横平竖直、起落有锋、布局均匀、填满方格。长仿宋体字的基本比例和汉字示例如图 5-5 所示。

大标题、图册封面、地形图等汉字,也可写成其他字体,但应易于辨认,其高宽比宜为 1。图样及说明中的字母、数字,宜优先采用 Truetype 字体中的 Roman 字型,书写规则应符合表 5-6 的规定。

动画扫一扫
字体

表 5-6　拉丁字母、阿拉伯数字、罗马数字书写规则

| 书 写 格 式 | | 一 般 字 体 | 窄 体 字 |
|---|---|---|---|
| 字母高 | 大写字母 | $h$ | $h$ |
| | 小写字母(上下均无延伸) | $7/10h$ | $10/14h$ |
| 小写字母向上或向下延伸 | | $3/10h$ | $4/14h$ |
| 笔画宽度 | | $1/10h$ | $1/14h$ |

续表

|  | 书 写 格 式 | 一 般 字 体 | 窄 体 字 |
|---|---|---|---|
| 间隔 | 字母间隔 | 2/10$h$ | 2/14$h$ |
|  | 上下行基准线最小间隔 | 15/10$h$ | 21/14$h$ |
|  | 词间隔 | 6/10$h$ | 6/14$h$ |

长仿宋体字的基本比例:

长仿宋体汉字示例:

10 号字

笔画清晰　字体端正　间隔均匀　排列整齐

7 号字

横平竖直　起落有锋　布局均匀　填满方格

5 号字

阿拉伯数字拉丁字母罗马数字和汉字并列书写时它们的字高比汉字高小

3.5 号字

大学院系专业班级绘制描图审核校对序号名称材料件数比例重共第张工程图种类设计负责人平立剖

图 5-5    汉字示例

　　字母和数字的字高,应不小于 2.5 mm。书写时可写成直体或斜体。如需写成斜体,其斜度应是从字的底线逆时针向上倾斜 75°。数量的数值注写,应采用正体阿拉伯数字。字母、数字示例如图 5-6 所示。

### 5.1.4　比例

　　图中图形与其实物相对应的线性尺寸之比称为图样的比例。比例符号以"："表示,比例的表示方法如 1：2、1：100 等。比例的大小,是指比值的大小,如 1：50 大于 1：100。书写时,比例的字高应比图名的字高小一号或二号,字的基准线应取水平,写在图名的右侧,如图 5-7 所示。

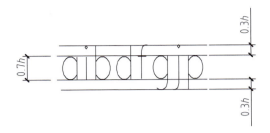

ABCDEFGHIJKLM
NOPQRSTUVWXYZ
abcdefghijklmnopqrstuvwxyz
1234567890
ABCDabcd421

图 5-6 字母、数字示例

平面图 1:100

⑤ 1:10

图 5-7 比例的书写示例

绘制图样所用的比例，应根据图样的用途与被绘对象的复杂程度，从表 5-7 中选用，并应优先选用表中的常用比例。

表 5-7 绘图所用的比例

| 常用比例 | 1：1、1：2、1：5、1：10、1：20、1：30、1：50、1：100、1：150、1：200、1：500、1：1000、1：2000 |
|---|---|
| 可用比例 | 1：3、1：4、1：6、1：15、1：25、1：40、1：60、1：80、1：250、1：300、1：400、1：600、1：5000、1：10000、1：20000、1：50000、1：100000、1：200000 |

一般情况下，一个图样应选用一种比例。根据专业制图的需要，同一图样也可选用两种比例。

动画扫一扫
尺寸标注的基本规则

### 5.1.5 尺寸标注的基本规则

图样除了画出物体的投影外，还必须完整地标注尺寸。《房屋建筑制图统一标准》

（GB/T 50001—2017）规定了尺寸标注的基本规则和方法。在绘图和识图时必须遵守。表 5-8 中列出了标注尺寸的基本规则，并适当地作了说明。

表 5-8    尺寸标注的基本规则

| 说　明 | 图　例 |
|---|---|
| **总则** 1. 完整的尺寸，由下列内容组成：（1）尺寸线（细实线）；（2）尺寸界线（细实线）；（3）尺寸数字；（4）尺寸起止符号（中线）。 2. 实物的真实大小，应以图上所注尺寸数据为依据，与图形的比例无关。 3. 除标高及总平面图以 m 为单位外，尺寸单位都是 mm，不需要注明 | 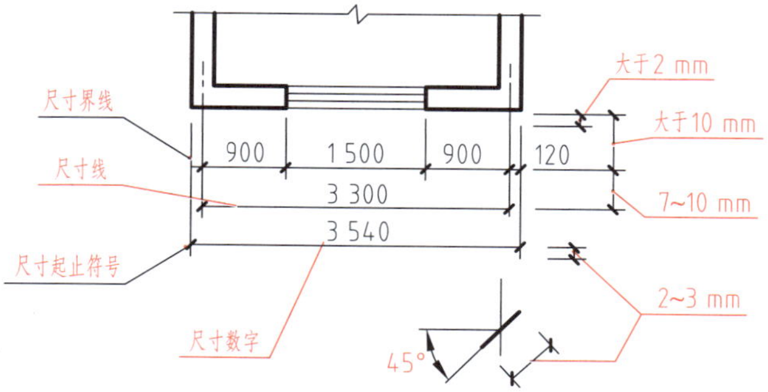 |
| **尺寸数字** 尺寸的数字应按图 a 所示的方向填写和识读，并尽量避免在图示 30° 范围内标注尺寸，当无法避免时可按图 b 的形式标注 | 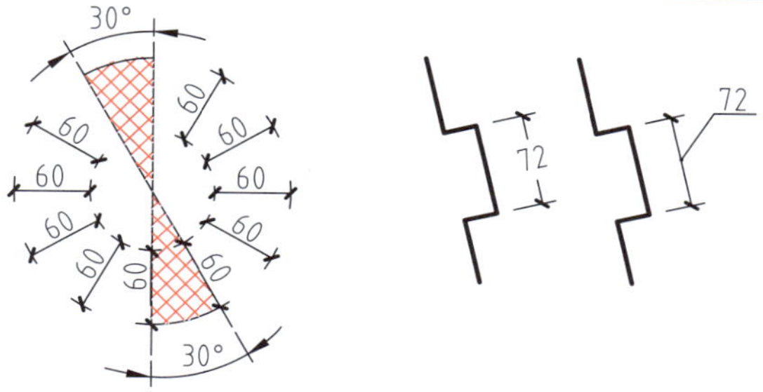 (a)　　　　(b) |
| | 线性尺寸的数字应依据读数方向注写在尺寸的上方中部，如没有足够的注写位置，最外边的可注在尺寸界线的外侧，中间相邻的尺寸数字可错开注写，也可引出注写 | 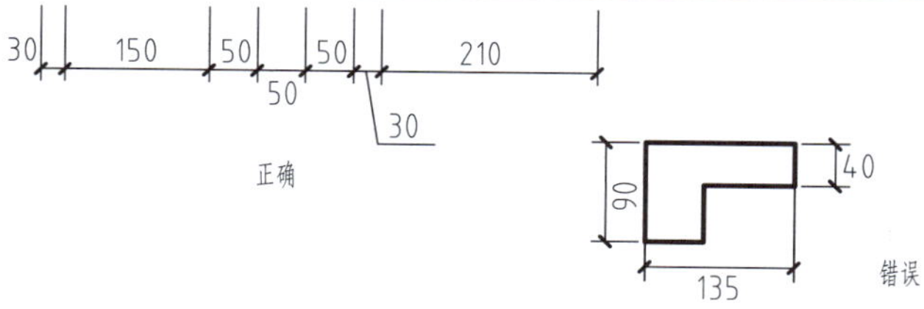 |
| | 任何图线不得与尺寸数字相交，无法避免时，应将图线断开 | 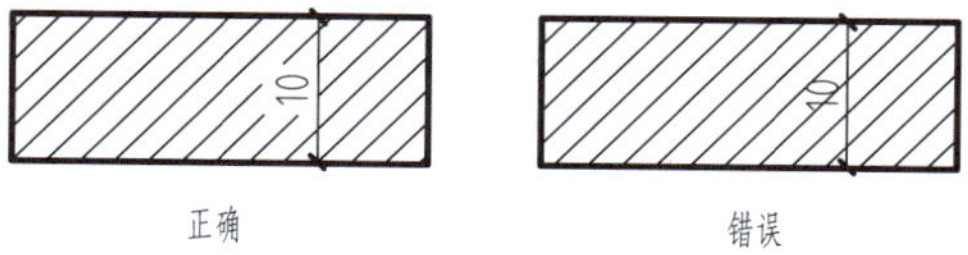 |
| **尺寸线** 尺寸线应用细实线绘制，应与被注长度平行，中心线、图线本身的任何图线均不得用作尺寸线 | 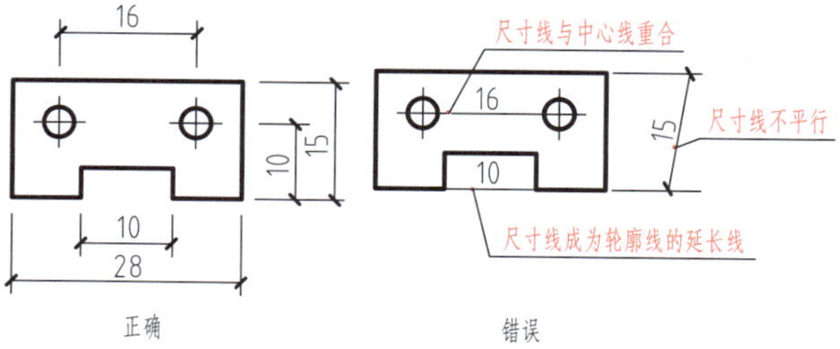 |

续表

| 说　明 | 图　例 |
|---|---|
| 尺寸界线 | 轮廓线、中心线可作尺寸界线 | |
| 直径与半径 | 1. 标注直径尺寸时应在尺寸数字前加注符号"$\phi$"，标注半径尺寸时，加注符号"$R$"；<br>2. 半径的尺寸线，一端从圆心开始，另一端画箭头指至圆弧。箭头的形式及尺寸如图例所示。直径的尺寸线应通过圆心，两端箭头指至圆弧；<br>3. 较大或较小的半径、直径尺寸按图示标注 | |
| 角度、弧长、弦长 | 1. 角度的尺寸线应以圆弧线表示，该圆弧的圆心应是该角的顶点，角的两个边为尺寸界线，起止符号用箭头表示，如没有足够的位置，可用圆点代替，角度数字应水平方向注写；<br>2. 圆弧的尺寸线为该圆弧同心的圆弧线，尺寸界线应垂直该圆弧的弦，起止符号用箭头，在弧长数字上方加注圆弧符号"⌒"；<br>3. 弦长的尺寸线应与弦长平行，尺寸界线与弦垂直，起止符号用中粗斜线表示 | |

# 5.2　绘图工具及仪器

绘图可分计算机绘图和手工绘图两种。计算机绘图设备是由硬件和软件组成的。常用的硬件有计算机、显示器、键盘、鼠标、绘图仪或打印机等。本节主要介绍常用的手工绘图工具及仪器等的使用知识。

## 5.2.1　绘图工具

### 1. 图板

图板用来铺放和固定图纸，一般用胶合板制成，板面必须平整（图 5-8）。图板短边为工作边（也叫导边），要求光滑平直。图板有几种规格，其尺寸比同号图纸尺寸略大，可根据需要选用。

动画扫一扫
绘图工具及仪器

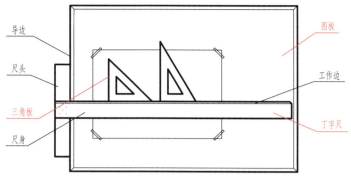

图 5-8　主要绘图工具

图板切不可受潮或高温，以防板面翘曲或开裂。

### 2. 丁字尺

丁字尺一般用有机玻璃等制成。尺头与尺身相互垂直，构成丁字形（图 5-8）。尺头与尺身牢固连接。尺头的内边缘为丁字尺导边，尺身上边缘为工作边，都要求平直光滑。丁字尺用完后应挂起来，防止尺身变形。

丁字尺可用来画水平方向的直线。使用丁字尺时（图 5-9），须用左手按住尺头，使它始终紧靠图板的左边，上下推动到要画水平线的位置后，将左手移到画线部位，压住尺身，再从左向右画水平线。画一组水平线时，应从上到下逐条画出。

切勿把丁字尺头靠图板的右边、下边或上边画线，也不得用丁字尺的下边缘画线。

### 3. 三角板

一副三角板有 45° 和 30° — 60° 的各一块。一般用有机玻璃制成，要求板平边直，角度准确。

用三角板与丁字尺配合可画铅垂线、与水平线成 15° 及其倍数的斜线，如图 5-10、图 5-11 所示。

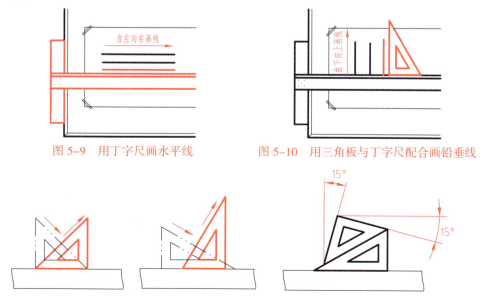

图 5-9　用丁字尺画水平线　　　　图 5-10　用三角板与丁字尺配合画铅垂线

图 5-11　用丁字尺与两个三角板配合画 15° 及其倍数的斜线

#### 4. 比例尺

比例尺供绘图时量取不同比例的尺寸用（图 5-12）。其形状常为三棱柱，故又称三棱尺。它的三个面刻有六种不同的比例刻度，供绘图时选用。

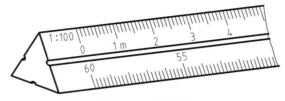

图 5-12  比例尺

比例尺上刻度一般是以 m 为单位的。当使用比例尺上某一刻度时，可以不用计算，直接按照尺面所刻的数值，用分规截取长度。

#### 5. 曲线板

曲线板（图 5-13）用来描画非圆曲线。使用时，可先徒手将所求曲线上各点轻轻地依次连成圆滑的细线，然后从曲率大的地方着手，在曲线板上选择曲率变化与该段曲线基本相同的一段进行描画。一般每描一段最少应有四个点与曲线板的曲线重合。为保证连接圆滑，每当描一段曲线时，应有一小段与前一段所描的线段重叠，后面再留一小段待下次描画。

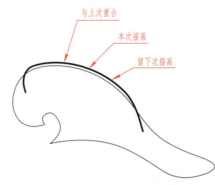

与上次重合

本次描画

留下次描画

图 5-13  用曲线板描画非圆曲线

#### 6. 绘图铅笔

绘图铅笔用标号表示铅芯的软硬程度。标号中 H 表示硬，B 表示软。H 或 B 前面的数字越大表示越硬或越软。HB 表示不硬不软。

绘图时常用 H 或 2H 的铅笔打底稿，用 HB 的铅笔写字和徒手画图，用 B 或 2B 铅笔加深描粗图线。

削铅笔时，应保留有标号一端，以便识别。如图 5-14 所示，铅笔可削成锥状，用于画底稿、加深细线及写字；也可削成扁平的四棱状，用于加深粗线。

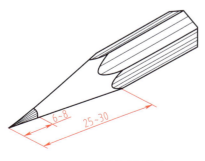

(a) 锥状铅笔头

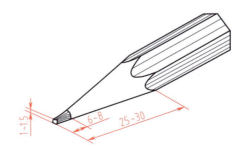

(b) 四棱状铅笔头

图 5-14  铅笔削法

### 5.2.2    绘图仪器

#### 1. 分规

分规是用来量取尺寸和等分线段的仪器。分规两脚合拢时针尖应合于一点。

用分规将已知线段等分成 $n$ 等份时，可采用试分法。如图 5–15 所示，要将 $AB$ 线段五等分，先用目测估计，使分规两针尖间距离大约为 $AB$ 长度的 1/5，然后从 $A$ 点开始在 $AB$ 上试分。试分时两针尖交替画圆弧在线段上取试分点。如果最后针尖不落在 $B$ 上，可用超过或剩余长度的 1/5 调整分规两针尖距离后，再从 $A$ 点开始试分，直到能完全等分为止。

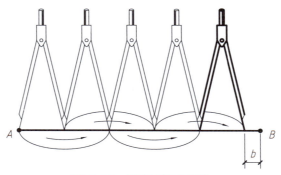

图 5–15    用分规等分线段

#### 2. 圆规

圆规是用来画圆或圆弧的仪器。附件有钢针插脚、铅芯插脚、鸭嘴插脚和延伸插脚等。

画圆时，圆规的钢针应使用有肩台一端，针尖插入图板后，肩台与铅芯或鸭嘴笔尖平齐（图 5–16）。画时圆规应略向画线前进方向倾斜，画线速度必须均匀。画大圆时在圆规插脚上接延伸插脚，画时圆规两脚皆应垂直于纸面（图 5–17）。

圆规上铅芯型号应比画同类直线所用铅芯软一号。打底稿时铅芯应磨成 65° 斜面（图 5–16），加深时铅芯可磨成与线宽一致的扁平形状。

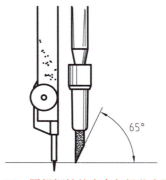

图 5–16    圆规钢针的肩台与铅芯尖平齐

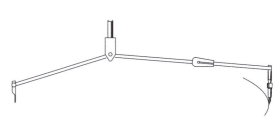

图 5–17    画较大圆时应使圆规两脚与纸面垂直

### 3. 墨线笔

墨线笔又称鸭嘴笔或直线笔（图 5-18），用来画墨线。使用时，用吸管或小钢笔将墨水注入两叶钢片中间，钢片外侧不许沾上墨汁，笔内含墨高度以 6 mm 左右为宜。

画线时，应使两叶钢片同时接触图纸，笔杆略向画线前进方向倾斜，画线速度必须均匀。

### 4. 绘图墨水笔

绘图墨水笔又称针管笔。它具有普通自来水笔的特点，不需要经常加墨水，笔尖的口径有多种，规格可根据画线宽度选用。使用时应保持笔尖清洁，用完后应及时将针管清洗干净。

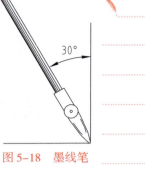

图 5-18  墨线笔

## 5.2.3  常用的绘图用品

常用的绘图用品有橡皮、小刀、擦图片、胶带纸、砂纸等用品，绘图时必备。

# 5.3    几何作图

建筑物的形状虽然多种多样，但其投影轮廓却是由一些直线、圆弧或其他曲线组成的几何图形。因此，应当掌握常用几何图形的作图原理、作图方法以及图形与尺寸间相互依存的关系。

## 5.3.1  作平行线

过已知点作一直线平行于已知直线的作图，如图 5-19 所示。

## 5.3.2  作垂线

过已知点作一直线垂直已知直线的作图，如图 5-20 所示。

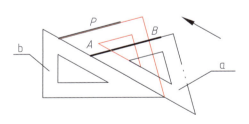

(1) 使三角板a的一直角边先靠贴AB，
其斜边靠上另一三角板b
(2) 按住三角板b不动，推动三角板a至点P
(3) 过P点画一直线即为所求

图 5-19  作平行线

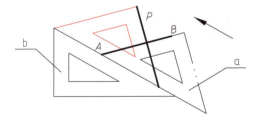

(1) 使三角板a的一边靠贴AB，另一个三角板
b靠贴三角板a一边
(2) 按住三角板b不动，推动三角板a至P点
(3) 过P点画直线即为所求

图 5-20  作垂线

## 5.3.3  等分线段

将线段 *AB* 五等分的作图过程如图 5-21 所示。

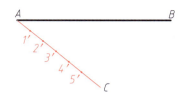

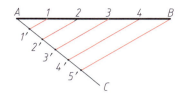

(a) 过A点作任意直线AC，并以适当的长度截取五等份，得1′、2′、3′、4′、5′

(b) 连接5′B，并过AC线上任一等分点作5′B的平行线，分别交AB于1、2、3、4，即为所求的等分点

图 5-21　等分线段

动画扫一扫
等分圆周和作圆内接正多边形

### 5.3.4　等分圆周和作圆内接正多边形

三等分、四等分以及 $n$ 等分圆周的作图从略。这里只介绍六等分、五等分圆周及作圆内接正六边形和五边形的方法。

**1. 六等分圆周和作圆内接正六边形**

（1）用圆规作图，如图 5-22 所示。

（2）用丁字尺、三角板作图，如图 5-23 所示。

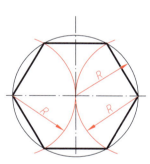

图 5-22　用圆规六等分圆周和作正六边形

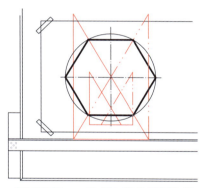

图 5-23　用丁字尺、三角板六等分圆周和作正六边形

**2. 五等分圆周和作圆内接正五边形**

作图过程如图 5-24 所示。

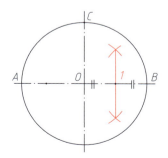

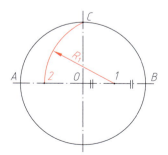

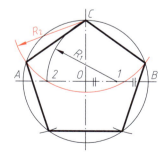

(a) 二等分半径OB，得点1

(b) 以点1为圆心，1C为半径，画圆弧交O1于2点

(c) 以2C为半径，分圆周为五等份

图 5-24　用圆规五等分圆周作正五边形

动画扫一扫
圆弧连接

### 5.3.5 圆弧连接

用一段圆弧光滑地连接相邻两线段的作图方法称为圆弧连接。各种圆弧连接的作图步骤如表 5-9、表 5-10 所示。

表 5-9 直线间的圆弧连接

| 类别 | 用圆弧连接锐角或钝角的两边 | 用圆弧连接直角的两边 |
|---|---|---|
| 图例 | | |
| 作图步骤 | 1. 作与已知角两边分别相距为 $R$ 的平行线，交点 $O$ 即为连接弧的圆心；<br>2. 自 $O$ 点分别向已知角的两边作垂线，垂足 $M$、$N$ 即为切点；<br>3. 以 $O$ 为圆心，$R$ 为半径在切点 $M$、$N$ 之间画连接圆弧即为所求 | 1. 以角顶为圆心、$R$ 为半径画弧，交直线两边于 $M$、$N$；<br>2. 以 $M$、$N$ 为圆心，$R$ 为半径画弧相交得连接圆心 $O$；<br>3. 以 $O$ 为圆心，$R$ 为半径在 $M$、$N$ 间画连接圆弧即为所求 |

表 5-10 直线与圆弧以及圆弧之间的圆弧连接

| 名称 | 已知条件和作图要求 | 作图步骤 | | |
|---|---|---|---|---|
| 圆弧连接直线与圆弧 | 已知连接圆弧的半径为 $R$，将此圆弧外切于圆心为 $O_1$、半径为 $R_1$ 的圆弧和直线 $l$ | 1. 作直线 $l'$ 平行于直线 $l$（其间距为 $R$），再作已知圆弧的同心圆（半径 $R_1+R$）与直线 $l'$ 相交于 $O$ | 2. 过 $O$ 点作直线 $l$ 的垂线交于 $1$。连接 $OO_1$ 交已知圆弧于 $2$，$1$、$2$ 即为切点 | 3. 以 $O$ 为圆心，$R$ 为半径画圆弧，连接直线 $l$ 和圆弧 $O_1$ 于 $1$、$2$ 即为所求 |
| 圆弧连接圆弧与圆弧　外连接 | 已知连接圆弧的半径为 $R$，将此圆弧同时外切于圆心为 $O_1$、$O_2$，半径为 $R_1$、$R_2$ 的圆弧 | 1. 分别以 $R+R_1$ 和 $R+R_2$ 为半径，以 $O_1$、$O_2$ 为圆心画圆弧，相交于 $O$ | 2. 连接 $O$、$O_1$ 交已知圆弧于 $1$；连接 $O$、$O_2$ 交已知圆弧于 $2$。$1$、$2$ 即为切点 | 3. 以 $O$ 为圆心，$R$ 为半径作弧，连接已知圆弧于 $1$、$2$，即为所求 |

续表

| 名称 | 已知条件和作图要求 | 作 图 步 骤 | | |
|---|---|---|---|---|
| 圆弧连接圆弧与圆弧 内连接 | 已知连接圆弧的半径为 $R$,将此圆弧同时内切于圆心为 $O_1$、$O_2$ 和半径为 $R_1$、$R_2$ 的圆弧 | 1. 分别以 $R-R_1$ 和 $R-R_2$ 为半径,以 $O_1$、$O_2$ 为圆心,画圆弧相交于 $O$ | 2. 连接 $O$、$O_1$ 并延长交已知圆弧于 1,连接 $O$、$O_2$ 并延长交已知圆弧于 2,1、2 即为切点 | 3. 以 $O$ 为圆心,$R$ 为半径,连接已知圆弧于 1、2 即为所求 |
| 圆弧连接圆弧与圆弧 混合连接 | 已知连接圆弧的半径为 $R$,将此圆弧外切于圆心为 $O_1$、半径为 $R_1$ 的圆,同时又内切于圆心为 $O_2$、半径为 $R_2$ 的圆弧 | 1. 分别以 $R+R_1$ 和 $R_2-R$ 为半径,以 $O_1$、$O_2$ 为圆心画圆弧,相交于 $O$ | 2. 连接 $O$、$O_1$ 并延长交已知圆弧于 1,连接 $O$、$O_2$ 并延长交已知圆弧于 2。1、2 即为切点 | 3. 以 $O$ 为圆心,$R$ 为半径作弧,连接已知圆弧于 1、2,即为所求 |

## 5.4　平面图形的尺寸与线段分析

平面图形是由许多线段连接而成的,这些线段之间的相对位置和连接关系,是由给定的尺寸来确定的。画图时,只有通过分析尺寸和线段间的关系,才能明确该平面图形应从何处下手以及按什么顺序作图。

微课扫一扫
平面图形的尺寸与线段分析

### 5.4.1　尺寸分析

平面图形中的尺寸,按其作用可分成两类。

**1. 定形尺寸**

用于确定平面图形各组成部分的形状和大小的尺寸称为定形尺寸,如图 5-25 中的 $\phi6$、15、$R10$、$R15$ 等。

**2. 定位尺寸**

用于确定平面图形中各组成部分的相对位置的尺寸称为定位尺寸。如图 5-25 中尺寸 8、75、45 分别是确定 $\phi6$、$R10$、$R50$ 的圆心位置的定位尺寸。

定位尺寸通常以平面图形的对称线、圆的中心线以及其他线段或点作为尺寸标注的起点,这个起点叫作尺寸基准。一个平面图形应有两个方向的尺寸基准。如图 5-25 中的 $A$ 为水平方向的基准,$B$ 为竖直方向的基准。

有时某个尺寸既是定形尺寸,也是定位尺寸,具有双重作用。

### 5.4.2 线段分析

平面图形中的线段,根据所给的尺寸是否完整,可分为三种。

#### 1. 已知线段

根据给出的尺寸和尺寸基准线的位置直接画出的线段称为已知线段。例如图 5-25 中根据尺寸 $\phi20$、15、$R10$、$R15$ 画出的圆、直线和圆弧。

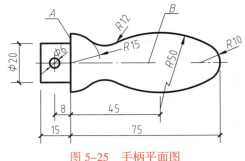

图 5-25 手柄平面图

#### 2. 中间线段

线段的尺寸不全,但只要一端相邻线段先画出后,就可由已知的尺寸和几何条件作出的线段称为中间线段。例如图 5-25 中尺寸为 $R50$ 的圆弧。

#### 3. 连接线段

线段的尺寸不全,需要依靠与两相邻线段相切或相接的几何条件才能画出的线段。例如 5-25 图中尺寸为 $R12$ 的圆弧。

在画平面图形时,先要进行线段分析,以便决定画图步骤和选用连接方法。一般应先画已知线段,再画中间线段,最后画连接线段。

## 5.5 绘图的一般步骤

### 5.5.1 绘图前的准备工作

#### 1. 准备工具、仪器以及用品

用干净的布将图板、丁字尺以及三角板等擦拭干净,削好铅笔,准备好绘图所用的仪器和用品,放在合适的地方。在整个作图过程还要经常进行清洁工作,保持图面和手的清洁。

#### 2. 阅读图样

认真阅读需绘制的图样,分析图形的尺寸以及线段的连接关系,拟定具体的作图顺序。

根据图形大小和复杂程度,确定绘图比例,选用合适的图纸,用胶带纸粘贴在图板上,贴图纸时应用丁字尺校正其位置。

### 5.5.2 绘图的一般步骤

#### 1. 绘制底稿

① 底稿线一般用 H 或 2H 铅笔绘制。底稿中的线型可不必区分粗细。铅笔底稿线应细而轻淡,以便修改时擦去不需要的图线。底稿作图必须准确。

② 画底稿的步骤一般先要考虑布局,即图形在图纸上的位置,然后画出轴线、基准线、中心线等以确定图形的位置,再逐步画出图形。

③ 画尺寸界线和尺寸线。底稿上的尺寸起止符号和数字暂不画和书写，留待加深时统一画，统一书写。

**2. 加深底稿**

1）加深前应先对底稿检查一遍，改正图中的错误，补齐遗漏的线条，并把画错的线改正，擦去不需要的线。

2）加深图线一般用 2B、B 或 HB 铅笔，图中的线型应由粗细不同来区别，但黑度应一致。

加深图线的一般步骤如下：

① 加深点画线（先水平点画线，后铅垂点画线）。

② 加深粗实线的圆、圆弧和曲线。

③ 加深水平方向的粗实线（自上而下）和铅垂方向的粗实线（从左往右）。

④ 加深倾斜的粗实线。

⑤ 加深虚线、细实线等。

⑥ 画尺寸起止符号或箭头，注写尺寸数字、文字说明、填写图标。

⑦ 加深图框线、图标线。

用墨线加深的步骤与用铅笔加深的步骤相同。

上墨线的工作必须耐心细致，切忌急躁和粗枝大叶。图板要放平，以免粗线上未干的墨水往下流。墨水瓶不可放在图板上，以免倾倒沾污图纸。若画错了线或有墨污之处，须待干后再修改。修改时将三角板垫在图纸下，用刀片轻轻地将画错处或墨污刮去，注意不要刮破图纸，再用橡皮擦去余下污迹，用笔头或指甲将纸面磨平后，再重新上线。

# 第6章

# 组合体的投影图

## 6.1 概述

由基本几何体按一定的方式组合而形成的形体称为组合体。建筑物不管简单还是复杂，都可以看成是组合体。

### 6.1.1 组合体的分类

根据组合体的组成方式不同，组合体大致可以分成三类。

**1. 叠加型组合体**

由若干个基本形体叠加而成的组合体，称为叠加型组合体。如图6-1a所示，该组合体可以看成由一个长方体（四棱柱）与一个三棱柱、一个五棱柱叠加组成。

**2. 切割型组合体**

由一个基本形体被一些不同位置的截面切割后而形成的组合体，称为切割形组合体。如图6-1b所示，该组合体可以看成是由一个长方体经两次切割而形成。先在长方体的中前部挖去一个小长方体，形成一个槽形体；然后再将槽形体用一正垂面切掉一块后而形成。

微课扫一扫
组合体的分类
及投影图

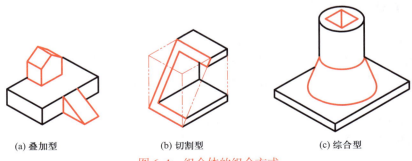

(a) 叠加型    (b) 切割型    (c) 综合型

图6-1 组合体的组合方式

### 3. 综合型组合体

由基本形体叠加和被切割而成的组合体,称为综合型组合体。如图 6-1c 所示,该组合体可以看成由一个长方体(底板)、一个圆台和一个圆柱叠加后,再挖去一个四棱柱而形成。

## 6.1.2　组合体的投影图

三面正投影图简称三视图,如图 6-2 所示。形体在 V 面上的视图在建筑工程上称为正立面图。形体在 H 面上的视图称为平面图。形体在 W 面上的视图称为侧立面图。

为了便于阐述,使表达与理解达到一致,形成共同语言,制图和识图都遵循以下约定:

① 前后左右的约定。工程图中形体的前后左右,是根据形体表面与投影面(坐标面)的关系而言,以投影面为准,形体上距 V 面远的面称为前面,距 V 面近的面称为后面;距 W 面远的面为形体的左面,距 W 面近者为形体的右面,如图 6-2 所示。

② 长宽高的约定,如图 6-2 所示。

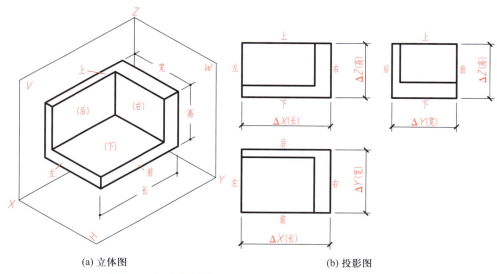

(a) 立体图    (b) 投影图

图 6-2　组合体的前后左右上下关系及长宽高对应关系

## 6.1.3　组合体投影图的对应关系

① 因为在三视图中,三个面上的投影图共同反映同一个形体,所以它们必然符合长对正、高平齐、宽相等的关系,这种关系通常称为三等关系,如图 6-3 所示。

② 因为形体是三维空间的立体,投影图是二维平面的图形,所以在投影图中必然是:

正立面图反映形体的上下左右关系和正面形状,不反映形体的前后关系。

平面图反映形体的前后左右关系和顶面形状,不反映形体的上下关系。

侧立面图反映形体的上下前后关系和左面形状,不反映形体的左右关系。

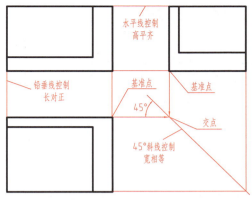

图 6-3　三视图的三等关系

### 6.1.4　组合体表面连接关系及画法

动画扫一扫
组合体表面连接关系及画法

组成组合体的形体之间的表面连接关系一般可分为共面、不共面、相交、相切四种情况。

① 组合体中两形体表面共面处不画线（图 6-4）。

② 组合体中两形体表面不共面处应画线（图 6-4）。

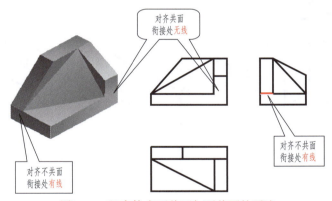

图 6-4　组合体表面共面与不共面的画法

③ 组合体中两形体表面相交处应画线（图 6-5a）。

④ 组合体中两形体表面相切（光滑过渡）处不画线（图 6-5b）。

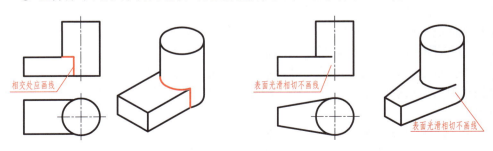

(a) 表面相交　　　　　　　　　　　　(b) 表面相切

图 6-5　组合体表面相交与相切的画法

## 6.2　组合体投影图的画法

　　绘制组合体投影图实质就是将较为复杂的形体或立体图画成三视图。要正确画出形体的三视图，需要用到前面几章所学的基本知识，主要有：

　　① 各种位置直线、平面的投影规律；

　　② 各种基本形体的投影特征；

　　③ 截交线、相贯线等的画法。

动画扫一扫
组合体投影图
的作图步骤

### 6.2.1　组合体投影图的作图步骤

　　绘制组合体投影图的作图步骤一般是形体分析；选择正立面图的投射方向；选比例、定图幅，进行图面布置；画投影图和标注尺寸五步。

#### 1. 形体分析

　　形体分析的目的是确定组合体由哪些基本形体组成，看清楚它们之间的相对位置关系。如图6-6a所示，可以把形体分为Ⅰ、Ⅱ两个平放着的五棱柱和带缺口的四棱柱Ⅲ、三棱锥Ⅳ这样四个基本形体，如图6-6b所示。形体Ⅲ在形体Ⅰ的上边，形体Ⅱ在形体Ⅰ的前面，形体Ⅳ在形体Ⅰ和Ⅱ的相交处。

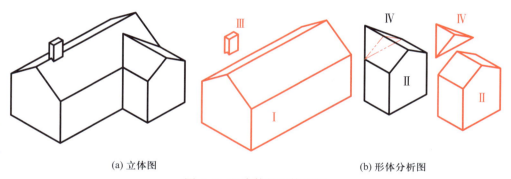

(a) 立体图　　　　　　　　　　　　　(b) 形体分析图

图6-6　组合体的形体分析

#### 2. 选择投射方向

　　选择投射方向主要考虑以下三个基本条件：

　　① 使正立面图最能反映形体的特征。

　　② 符合工程形体的正常工作位置。比如，梁和柱、梁的工作位置是横置，画图时必须横放；柱的工作位置是竖置，画图时必须竖放。

　　③ 使形体上处于投影面平行面的表面最多，投影图上的虚线最少。

　　根据以上选择投射方向的条件，选择正立面图的投射方向，如图6-7中箭头所指的从前向后投射的方向。平面图从上向下投射，左侧立面图从左向右投射，如图6-7所示。

#### 3. 选比例、定图幅，进行图面布置

　　这一步一般采用两种方法。一是先选比例，根据比例确定图形的大小，根据几个投影图所需要的面积，选择合适的图幅；二是先定图幅，根据图纸幅面来调整绘

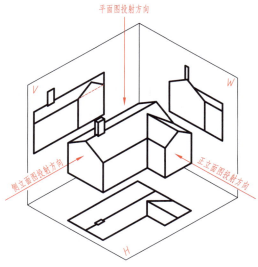

图 6-7　选择投射方向

图比例。在实际工作中，常常将两种方法兼顾考虑，在进行这一步工作时要注意：

① 图形大小适当，不能使一个形体的图形在这一幅图中显得过大或过小；

② 各视图与图框线的距离以及各视图之间的间隔大致相等，同时应考虑标注尺寸、图名等所需要的位置。

### 4. 画三视图

作图的一般步骤：

① 图面布置　根据以上三步分析后，确定各个图形画在图纸上的位置，画出定位线或基准线。

② 画底稿线　根据形体的特征及其分析的结果，用较硬的 2H 或 3H 铅笔轻画。画图时可采用先画一个基本形体的三面投影后再画第二个基本形体的方法；也可以采用先画完一个组合体的一个投影后再画第二个投影的方法。

③ 检查与修改　在工程施工图中力求图形正确无误，避免因图纸的错误造成工程上的损失。当底稿线图画好之后，必须对所画的图样进行认真检查，改正错误之处，保证所画图样正确无误。

④ 加深图线　检查无误后，再将图线加粗加深。可见线为粗实线，一般采用偏软的 B 铅笔完成，线条要求黑而均匀，宽窄一致；不可见线画成细虚线，用中性 HB 铅笔完成，图线要求虚线线段长度一致，在可能的情况下，线段长度控制在 3 ~ 4 mm 之间，间隔在 1 mm 左右。

### 5. 标注尺寸

标注尺寸的方法见 6.3 节组合体投影图的尺寸标注。

## 6.2.2　作图举例

**例 6.1**　如图 6-8a 所示，按基本形体叠加方法作组合体的投影图。

**解：**（1）形体分析

该组合体可以看成是房屋模型，由四个基本形体组成。形体 I 为平放的五棱柱

动画扫一扫
组合体投影图
作图实例

（房屋主体），形体 Ⅱ 为带缺口的四棱柱（烟囱），形体 Ⅲ 为四棱柱，形体 Ⅳ 为一斜切半圆柱叠加在形体 Ⅰ 和 Ⅲ 上，如图 6-8b 所示。

（2）选择投射方向

根据选择投射方向的三个基本条件，选择正立面图的投射方向，如图 6-8a 中箭头上注有"正立面"字的方向为正立面图的投射方向。正立面图的投射方向选定后，平面图和侧立面图的投射方向也就随之确定，如图 6-8a 所示。

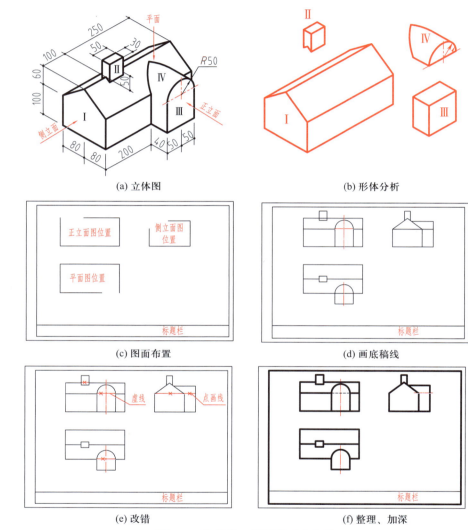

(a) 立体图

(b) 形体分析

(c) 图面布置

(d) 画底稿线

(e) 改错

(f) 整理、加深

图 6-8　组合体三视图的画法步骤

（3）选比例、定图幅

作业中一般采用 A2 或 A3 图幅，建筑物的体积比较大，一般采用缩小比例绘制。此例采用 1∶1 的比例，并采用 A3 幅面绘制。

（4）画投影图

① 图面布置　一般情况下把正立面图画在图纸的左上方，平面图放在正立面图

的正下方，左右对正；左侧立面图放在正立面图的右边，上下齐平，并且与平面图的宽度方向对应。各图之间留有一定的空档，用以标注尺寸和注写图名。以上问题考虑好后，画出基准线，如图 6-8c 所示。

② 画底稿线 用较硬的 2H 铅笔轻画底稿线，先画大的形体，再画较小的形体，画图时要注意它们之间的相互位置关系，如图 6-8d 所示。

叠加法的画法如下：

第一步画形体Ⅰ的三视图；

第二步按给定尺寸及位置叠加形体Ⅱ的三视图；

第三步按给定尺寸及位置叠加形体Ⅲ的三视图；

第四步画斜切半圆柱Ⅳ的三视图。

③ 检查 工程中的图纸具有严肃性，不能出差错，要保证所画图样正确无误。所以每一个绘图者必须养成自我检查的良好习惯。确认图线正确无误后，方可加深、加粗。如此例中常见的错误画法有 5 处，即图 6-8e 中打"×"处：平面图中半圆柱下不应画交线；正立面图中在四棱柱位置五棱柱上边一条线（屋脊线）不能画通，半圆中心线应该为虚线（后棱线的投影）；左立面图中三角形与矩形共面无交线，圆柱与墙面相切，此处无交线，应改画为半圆柱轴线（细单点长画线）。

④ 加深图线，完成组合体的视图 根据经验，加深时，细线用中性铅笔 HB 画；粗线用偏软的铅笔 B 画，并来回 2 次，画出的线条质量较好，如图 6-8f 所示。

**例 6.2** 如图 6-9a 所示，求作组合体的投影图

**解：**（1）形体分析

图 6-9a 所示的组合体为切割型组合体。该切割型组合体可以看成是由长方体先截掉四棱柱Ⅰ，如图 6-9b 所示；再挖掉斜切四棱柱Ⅱ，如图 6-9c 所示。

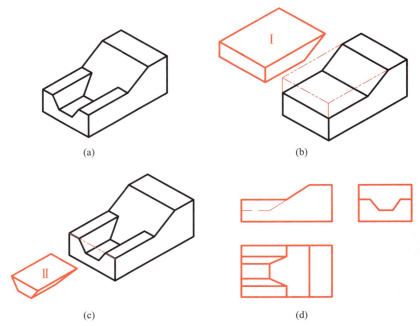

图 6-9 切割型组合体的分析过程及作图结果

（2）选择投射方向

图 6-9a 所示的形体视图的方向除了考虑前述三个基本条件外，还应考虑将形体长的方向与 *OX* 轴平行，这样用横式幅面既与形体本身长、宽、高一致，又便于进行图面布置。

（3）选比例、定图幅

该例采用 1∶1 的比例，选用合适代号的图幅。

（4）画投影图

切割型组合体宜一个投影一个投影地完成。可先画正立面图，再画平面图，最后画侧立面图，检查，加深图线，完成后的三视图如图 6-9d 所示。

画好投影图之后，还应对所画图样进行全面检查。叠加型组合体宜采用形体分析法，切割型组合体宜结合形体分析法和线面分析法进行检查。首先分析形体是怎样切割的，切割后用线面分析法分析图中的几何元素线、面的投影。线、面的投影必须符合三等关系，否则，图形一定有错。下面对图 6-9d 进行线面分析，介绍线面分析法的应用。

如图 6-10 所示，图中八边形平面 *P* 的三个投影是 *p*、*p′* 、*p″*，因为它们符合长对正、高平齐、宽相等的三等关系，又符合正垂直面的投影特性，所以 *P* 面的三个投影是正确的。同理，可以校核其他各面的投影。又如图中的交线 *AB* 的三个投影：*ab*、（*a′* ）*b′* 符合长对正（等长）的关系；（*a′* ）*b′* 、*a″* *b″* 符合高平齐的关系（等高）；*ab*、*a″* *b″* 符合宽相等（等宽）的关系。同理，可以复核其他线面的投影。凡能符合三等关系和线面投影特性的投影都是正确的。

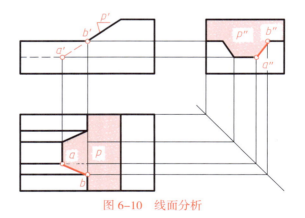

图 6-10　线面分析

## 6.3　组合体投影图的尺寸标注

形体的形状用投影图表示，而形体的大小则用尺寸确定，二者缺一不可。图 6-11 是三棱柱的投影，但是这三棱柱多大？不清楚。为此，必须正确地标注尺寸。

### 6.3.1　基本形体的尺寸标注

基本形体一般都要标注出长、宽、高三个方向的尺寸，以确定基本形体的大小，如图 6-12 所示　其中：

　　① 棱柱、正棱锥标注出长、宽、高尺寸；

　　② 棱台标注出上底、下底的长和宽及高度尺寸；

　　③ 圆柱、圆锥标注出直径和高度尺寸；

　　④ 圆台标注出上底、下底的直径和高度尺寸；

　　⑤ 球标注代号"S"及直径尺寸。

图 6-11　三棱柱的投影图

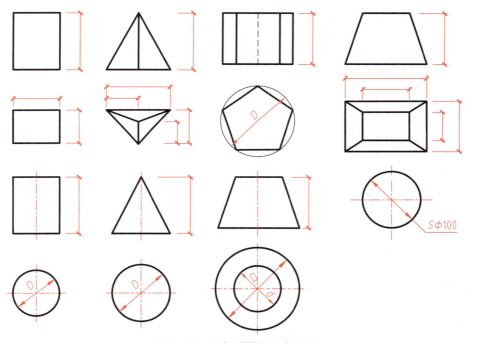

图 6-12　基本形体的尺寸标注

基本形体一般作两面视图就可以表示清楚了。但是两个视图中必须有一个反映基本形体特征的视图。例如柱、棱台必须有一个与轴线垂直的投影面的视图。球可以作一个视图，但是必须注明球的代号。如 $S\phi 100$ 表示直径为 100 mm 的球；若 $SR100$ 则表示半径为 100 mm 的球。

### 6.3.2　基本形体截口的尺寸标注

带截口的基本形体除了标注形体本身的长、宽、高三个方向的尺寸外，还应标注出截口的定位尺寸。但是不标注截口的大小，如图 6-13 所示。

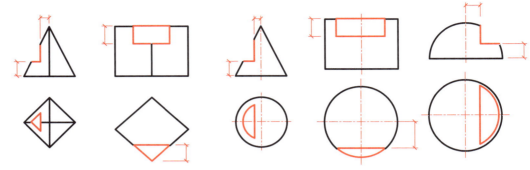

图 6-13　截口尺寸的标注

动画扫一扫
组合体的尺寸
标注

### 6.3.3　组合体的尺寸标注

学习组合体投影图的尺寸标注是为建筑工程施工图的尺寸标注打基础。尺寸标注要求完整、清晰、正确和相对集中，并符合国家相关制图标准中尺寸标注的规定。

**1. 尺寸的分类**

组合体的尺寸分为定形尺寸、定位尺寸、总尺寸三种。

① 定形尺寸　确定组合体各组成部分的形状大小的尺寸。

② 定位尺寸　确定组合体各组成部分的相对位置关系的尺寸。

③ 总尺寸　确定组合体（建筑物）的总长、总宽和总高的尺寸。

以上三种尺寸有时没有明显区别，可以相互取代。因为组合体（建筑物）是由各个组成部分组合而成的整体，所以有些尺寸既可以是定形尺寸，也可以是定位尺寸，或者是总尺寸。

**2. 尺寸标注的方法**

在尺寸标注过程中，除满足总的尺寸标注要求外，还必须注意以下两点：

① 除特殊情况外，尺寸一般标注在投影图的外面，与其投影图相距 10～20 mm，保持投影图的清晰。（建议读者阅读《房屋建筑制图统一标准》GB/T 50001—2017 中"尺寸标注"和《建筑制图标准》GB/T 50104—2010 中"尺寸标注"部分有关内容。）

② 书写的文字、数字或符号等，应做到笔画清晰、字体端正、排列整齐，标点符号应清楚正确。（建议读者阅读《房屋建筑制图统一标准》GB/T 50001—2017 中"字体"部分有关内容。）

下面以图 6-8a、f 为例，介绍组合体的尺寸标注。

当画好投影图之后，如图 6-8f 所示，根据尺寸的分类和标注尺寸的方法，完成尺寸标注工作，如图 6-14 所示。

在建筑施工图中，平面图是最重要的图纸之一，为了使标注的尺寸相对集中，一般都将长度和宽度方向的尺寸标注在平面图上。如图 6-14 中的平面图，长度方向标注了两道尺寸，靠里边一道尺寸为定形尺寸和定位尺寸，假如把坡屋顶上的四棱柱看成是建筑物中的烟囱，平面图上对应的数值 50 为烟囱的定形尺寸，左边数值 100 为烟囱的定位尺寸。第二道尺寸数值 350 为组合体的总长尺寸，同时也是五棱柱（房屋主体）

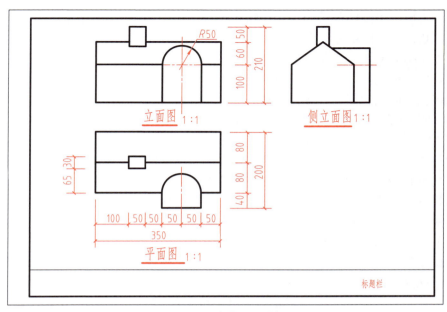

图 6-14　组合体的尺寸标注

长度方向的定形尺寸。宽度和高度方向的尺寸标注方法类同,不再赘述。建筑物上的圆弧曲线标注时要标注清楚圆心的位置和直径或半径的大小,如立面图中的"R50"。

在组合体投影图中,除标注尺寸外,还要在图的正下方写上图名,图名下画一道与图名同长的粗实线。一般可理解成图名线。在图名的右侧,比图名的字高小 1 号或 2 号注写上比例,比例的底线与图名底线取平,如写成"平面图1:1"。

## 6.4　组合体投影图的阅读

根据组合体的视图想象出它们的空间形状,称为读图,或称看图或识图。画图是将具有三维空间的形体画成二维平面的视图的过程,读图则把二维平面的视图合起来想象成三维空间的立体形状。读图的目的是培养和发展读者的空间想象力和读懂视图的能力。因此,每个读者都必须掌握读图的基本方法。通过多读多练,达到真正掌握阅读组合体投影图能力,为阅读工程施工图打下良好的基础。

### 6.4.1　读图应具备的基本知识

#### 1. 熟练地运用"三等"关系

在三视图中,形体的三个视图之间,不论是整体还是局部都具有长对正、高平齐、宽相等的三等关系。如何用好这三等关系是读图的关键。

#### 2. 灵活运用方位关系

掌握形体前后、左右、上下六个方向在三视图中的相对位置,可以帮助我们理解组合体中的基本形体在组合体中的部位。例如平面图只反映形体前后、左右的关系和形体顶面的形状,不反映上下关系;正立面图只反映形体上下、左右的关系和

动画扫一扫
读图应具备的
基本知识

形体正面的形状，不反映前后的关系；侧立面图只反映形体前后、上下关系和形体左侧面的形状，不反映左右关系。

### 3. 掌握基本形体的投影特征

掌握基本形体的投影特征，是阅读组合体投影图必不可少的基本知识，例如三棱柱、四棱柱、四棱台等的投影特征和圆柱、圆台的投影特征。掌握了这些基本形体的投影，便于用形体分析法来阅读组合体的投影图。

### 4. 掌握各种位置直线、平面的投影特性

各种位置直线包括一般位置线和特殊位置线，特殊位置线包括投影面的平行线和投影面的垂直线。各种位置平面包括一般位置平面和特殊位置平面，特殊位置平面又包括投影面的平行面和投影面的垂直面。掌握了各种位置直线和各种位置平面的投影，便于用线面分析法来帮助阅读组合体的投影图。

### 5. 明确视图中线条、线框的含义

投影图中的线条的含义不仅仅是形体上棱线、轮廓线的投影；投影图中的线框的含义也不仅仅是表示一个平面的投影，如图6–15所示。

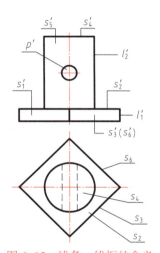

图6–15　线条、线框的含义

线条的含义可能是下面三种情况之一：

① 表示形体上两个面的交线（棱线）的投影，如 $l_1'$；

② 表示形体上平面的积聚投影，如 $s_2'$；

③ 表示曲面体的转向轮廓线的投影，如 $l_2'$。

分析线条的含义在于弄清投影图中的线条是形体上的棱线、曲面轮廓线的投影还是平面的积聚投影。

线框的含义可能是下面三种情况之一：

① 一个封闭的线框表示一个面，包括平面和曲面，如 $s_4$、$s_5$。

② 一个封闭的线框表示两个或两个以上的面的重影，如 $s_3'$（$s_6'$）。

③ 一个封闭线框还可以表示一个通孔的投影，如 $p'$。

相邻两个线框则是两个面相交，如 $s_1'$、$s_3'$；或是两个面相互错开，如 $s_1'$、（$s_6'$）。

分析线框的含义目的在于弄清投影图中的线框，是代表一个面的投影，还是两个或两个以上面的投影重合及通孔的投影；以及线框所代表的面在组合体上的相对位置。

### 6. 分析和利用尺寸标注帮助读图

根据图中的尺寸标注，从相同的尺寸和相对应的位置，可以帮助我们理解图意，弄清各基本形体在组合体中的相对位置。

## 6.4.2　读图的基本方法与步骤

### 1. 基本方法

在阅读组合体的投影图时，主要运用的方法有形体分析法和线面分析法。一般

动画扫一扫
读图的基本方法与步骤——形体分析法

做法是将两种方法结合起来运用，以形体分析法为主，以线面分析法为辅。

①　**形体分析法**　根据投影图的对应部分，先将组合体假设分解成若干个基本形体（棱柱、棱锥、棱台、圆柱、圆锥、圆台和球等），并想象出各基本形体的形状，再按各基本形体的相对位置，想象出组合体的形状，补出组合体投影图中缺的线或根据组合体的两个视图，补画第三个视图，达到读懂组合体投影图的目的。此法多用于叠加型组合体。

②　**线面分析法**　根据各种位置直线和平面的投影特性，分析出形体的细部空间形状，即某一条线、某一个面所处的空间位置，从而想象出组合体的总体形状。此法一般用来帮助读懂不规则的组合体和切割型组合体的投影图，或检查已画好的投影图是否正确。

以上两种方法是互相联系、互为补充的。读图时应结合起来，灵活运用。

动画扫一扫
线面分析法

**2. 步骤**

总的读图步骤可归纳为四先四后。即**先粗看后细看，先用形体分析法后用线面分析法，先外部（实线）后内部（虚线），先整体后局部。**

**例 6.3**　补全图 6-16a 所示投影图中缺的线。

**解：** 从图 6-16a 的三个投影，可以看出该组合体是房屋建筑中的一个台阶。台阶中间由三个阶梯组成，左右两边为挡板。三个阶梯可以看成三个长方体，两边的挡板可以看成是两个相同的长方体切掉一个相同的三棱柱而形成，如图 6-16b 所示。

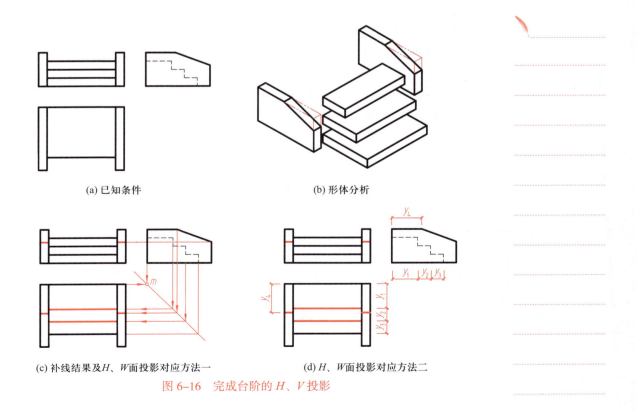

(a) 已知条件　　　　　　　　　　(b) 形体分析

(c) 补线结果及 H、W 面投影对应方法一　　　(d) H、W 面投影对应方法二

图 6-16　完成台阶的 H、V 投影

通过以上对形体进行分析后,再来分析图6-16a中所缺的图线。

① $W$投影正确。

② $V$投影中三个阶梯的投影正确,左右两个挡板向$V$面投射时,应该看到两个面,而图中只有一个线框。为此,对应$W$投影(高平齐)补画左右各一段线条,如图6-16c所示。

③ $H$投影中间的三个阶梯应该看到三个面,而图中只有一个线框,为此对应$W$投影(宽相等)补画两段线条,而得到3个踏面。左右两个挡板能看到两个面,对应$W$投影补绘左右挡板各一段线条,如图6-16c所示。

在利用$W$投影的关系补绘$H$投影或利用$H$投影关系补绘$W$投影时,宽相等的处理方法有两种:

① 45°斜线法　从$H$、$V$投影图中的某一对应点分别作$OX$、$OY$的平行线,交于$m$点,过$m$点作右下斜45°线,利用该斜线达到宽相等的目的,如图6-16c所示。

② 直接度量法　以投影图中的某一对应点为准,分别量取对应尺寸$y_1$、$y_2$、…,用来达到宽相等的目的,如图6-16d所示(注:读者做作业时,只需按此法量取尺寸,不必标注$y_1$、$y_2$、…)。

**例6.4**　根据组合体的$V$、$H$投影,如图6-17a所示,想象形体的形状,补绘$W$投影,并画出正等轴测图。

**解:**根据形体的$V$、$H$投影、三等关系、方位关系分析,可知该组合体是由一个长方体Ⅰ、一个三棱柱Ⅱ和一个五棱柱Ⅲ组成。解题步骤如下:

① 补长方体Ⅰ的$W$投影为一矩形线框。

② 补三棱柱Ⅱ的$W$投影为三角形线框。

③ 补五棱柱Ⅲ的$W$投影为上下两个矩形线框。上面的矩形线框为正垂面的投影,下面矩形线框为侧平面的投影,其结果如图6-17b所示。

④ 画出组合体的正等轴测图,如图6-17c所示。

注意:解题第②步为什么把对应部分看成是三棱柱而不看成长方体? 看成长方

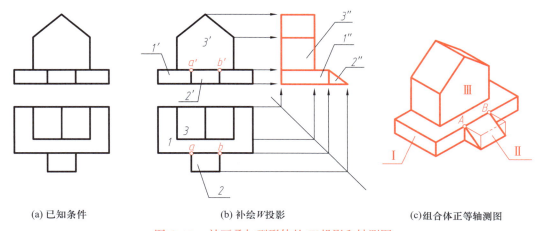

(a) 已知条件　　　　(b) 补绘$W$投影　　　　(c)组合体正等轴测图

图6-17　补画叠加型形体的$W$投影和轴测图

体行不行？因为 $H$ 投影中有 $ab$ 线段，说明形体 I 与形体 II 两者在此处不共面，产生了交线 $AB$，所以形体 II 在建筑形体中理解成三棱柱而不能理解成长方体。如果图 6-17c 中的三棱柱若变成双点画线表示的虚拟部分为长方体，则 $H$ 投影中就不可能有交线 $ab$。

**例 6.5** 根据形体的 $V$、$W$ 投影，如图 6-18a 所示，补绘 $H$ 投影。

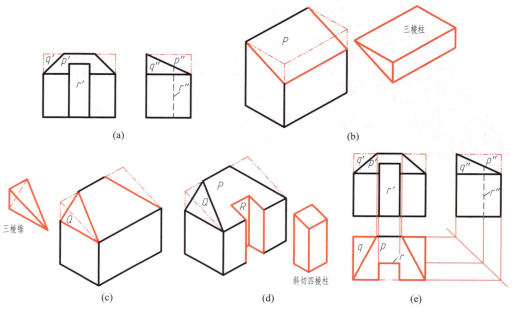

图 6-18 补画切割型形体的 $H$ 投影

**解**：该形体可以看作切割型组合体，不容易想象出由几个基本形体组成。凡遇到这类形体，我们可以把它看作是一个长方体，经过几次切割后形成的切割型组合体。分析时，第一步把它看成长方体，如图 6-18a 所示；第二步利用侧垂面 $P$ 切掉一个三棱柱，如图 6-18b 所示；第三步再用正垂面 $Q$ 左右各切掉一个三棱锥，如图 6-18c 所示。第四步从 $W$ 投影的虚线位置 $r''$ 对应 $V$ 投影 $r'$，$r'$ 为矩形，故可以理解成正平面。为此，可以视为一个正平面和两个侧平面挖去一个斜切四棱柱，如图 6-18d 所示。

① 根据三等关系在 $H$ 投影的位置补一矩形线框。

② 因为 $V$ 投影中 $p'$ 对应 $W$ 投影 $p''$，$p''$ 为一斜直线，该面的空间位置为侧垂面，在 $H$ 投影中应补一个与 $p'$ 类似的 $p$ 面。

③ 因为 $V$ 投影中 $q'$ 与 $W$ 投影中的 $q''$ 对应，$V$ 投影中 $q'$ 为斜直线，该面的空间位置应为正垂面，根据正垂面的投影特征，在 $H$ 投影中应补一个与 $q''$ 类似的三角形。同理，在 $V$ 投影中，与 $q'$ 对应的右边部分，也与 $W$ 投影中 $q''$ 对应，也应该补一个类似的三角形。

④ 从 $r'$、$r''$ 的投影特征，可以判断 $R$ 是一个正平面，在 $H$ 投影中应补一直线，前后位置应与 $r''$ 对应，左右位置与 $r'$ 对应。

故补出的投影如图 6-18e 中的 $H$ 投影所示。

# 第 7 章

## 图样画法

在建筑制图中，对于较复杂的建筑形体，仅用前面所述的三面投影的方法，还不能准确、恰当地在图纸上表达形体的内外形状。为此，建筑制图标准中规定了多种表达方法，本章仅对其中常用的表示方法加以介绍。

## 7.1 投影法与视图配置

### 7.1.1 投影法

#### 1. 多面正投影法

动画扫一扫
多面正投影法

房屋建筑视图是按正投影法并用第一角画法绘制的多面投影图。如图 7-1 所示，在 $V$、$H$、$W$ 三个基本投影面的基础上，再增加 $V_1$、$H_1$、$W_1$ 三个基本投影面，围成正六面体，将物体向这六个基本投影面投射，并将投影面展开与 $V$ 面共面，得到六个基本投影图，也称基本视图。基本视图的名称以及投射方向如下：

正立面图：由前向后投射得到的视图（$V$ 投影）。

平面图：由上向下投射得到的视图（$H$ 投影）。

左侧立面图：由左向右投射得到的视图（$W$ 投影）。

右侧立面图：由右向左投射得到的视图（$W_1$ 投影）。

底面图：由下向上投射得到的视图（$H_1$ 投影）。

背立面图：由后向前投射得到的视图（$V_1$ 投影）。

#### 2. 镜像投影法

动画扫一扫
镜像投影法

某些工程结构形状用直接正投影法不易表达时，可用镜像投影法绘制，如图 7-2a 所示，

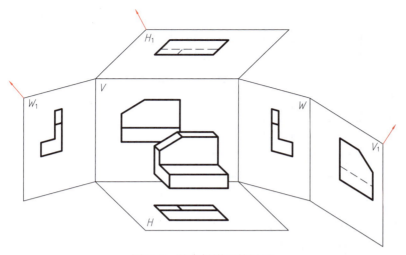

图 7-1　基本投影面的展开

将镜面代替投影面，物体在平面镜中的反射图像的正投影称为镜像投影。镜像投影图也称为镜像视图。镜像视图应在图名后注写"镜像"两字并加括号。镜像视图与基本视图的区别如图 7-2b 所示。

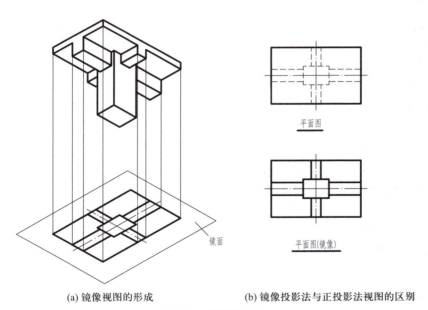

(a) 镜像视图的形成　　　(b) 镜像投影法与正投影法视图的区别

图 7-2　镜像投影法

## 7.1.2　视图配置

在同一张图纸上绘制几个视图时，视图的位置宜按图 7-3 所示的顺序进行配置。一般每个视图均应标注图名，图名宜标注在图样的下方或一侧，并在图名下绘一粗实横线，其长度应以图名所占长度为准。

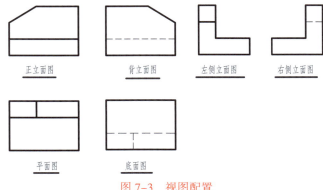

正立面图　　背立面图　　左侧立面图　　右侧立面图

平面图　　底面图

图 7-3　视图配置

国标中规定了基本视图有六个，不等于每个工程形体都要用六个基本视图来表示，应根据需要选择基本视图的数量。

## 7.2　剖面图

### 7.2.1　剖面图的概念和画法

动画扫一扫
剖面图的概念
及形成

动画扫一扫
剖面图的画法
及材料图例

在视图中，建筑形体内部结构形状的投影用虚线表示。当形体复杂时，视图中出现较多的虚线，实、虚线交错，混淆不清，给绘图、读图带来困难，此时，可采用"剖切"的方法来解决形体内部结构形状的表达问题。

假想用剖切面（平面或曲面）剖开物体，将处在观察者和剖切面之间的部分移去，而将其余部分向投影面投射所得的投影称为剖面图。图 7-4 所示是杯形基础的视图，基础内孔投影出现了虚线，使形体表达不很清楚。假想用一个与基础前后对称面重合的平面 $P$ 将基础剖开（图 7-5），移去观察者与平面 $P$ 之间的部分，而将其余部分向 $V$ 面投射，得到的投影图称为剖面图，剖开基础的平面 $P$ 称为剖切面。杯形基础被剖切后，其内孔可见，在图 7-6 中用粗实线表示，避免了画虚线，这样使杯形基础的内部形状表达更清晰。

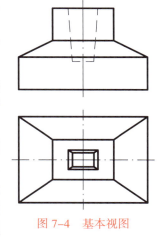

图 7-4　基本视图

作剖面图时应注意以下几点：

① 剖切是一个假想的作图过程，因此一个视图画成剖面图，其他视图仍应完整画出。

② 剖切面一般选与对称面重合或通过孔洞的中心线，使剖切后的图形完整，并反映实形。

③ 剖切面与物体的接触部分称为剖切区域。剖切区域的轮廓用粗实线绘制，并在剖面区域内画上表示建筑材料的图例，常用的部分建筑材料图例如表 7-1 所示。剖切面没切到，但沿投射方向仍可看到的物体其他部分投影的轮廓线用中实线绘制。剖面图中一般不画虚线。

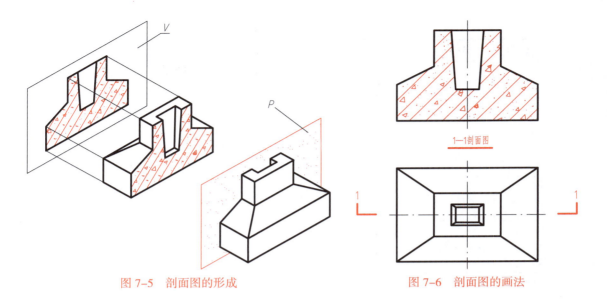

图 7-5　剖面图的形成

图 7-6　剖面图的画法

表 7-1　常用建筑材料图例

| 序号 | 名称 | 图例 | 说明 |
|---|---|---|---|
| 1 | 自然土壤 |  | 包括各种自然土壤 |
| 2 | 夯实土壤 |  | |
| 3 | 砂、灰土 |  | 靠近轮廓线的点较密一些 |
| 4 | 混凝土 |  | 1. 包括各种强度等级、骨料、添加剂的混凝土；<br>2. 在剖面图上画出钢筋时，不画图例线；<br>3. 断面图形小，不易画出图例线时，可涂黑 |
| 5 | 钢筋混凝土 | 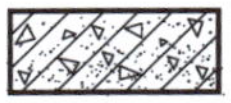 | |
| 6 | 毛石 | 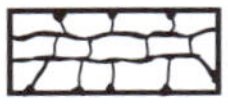 | |
| 7 | 实心砖、多孔砖 |  | 包括普通砖、多孔砖、混凝土砖等砌块 |
| 8 | 饰面砖 |  | 包括铺地砖、马赛克、陶瓷锦砖、人造大理石等 |
| 9 | 空心砖、空心砌块 |  | 包括空心砖或轻骨料混凝土小型空心砌块等砌体 |

续表

| 序号 | 名称 | 图例 | 说明 |
|------|------|------|------|
| 10 | 木材 | | 1. 上图为横断面,上左图为垫木、木砖或木龙骨;<br>2. 下图为纵断面 |
| 11 | 金属 | | 1. 包括各种金属;<br>2. 图形小时,可涂黑 |
| 12 | 石材 | | |
| 13 | 多孔材料 | | 包括水泥珍珠岩、沥青珍珠岩、泡沫混凝土、非承重加气混凝土、泡沫塑料、软木等 |

注:图例中的斜线均为 45°

### 7.2.2　剖面图的标注

**1. 剖切符号**

剖面图的剖切符号应由剖切位置线和投射方向线组成,均用粗实线绘制,剖切位置线长度约为 6 ~ 10 mm。投射方向线应与剖切位置线垂直,长度约为 4 ~ 6 mm。剖切符号不应与图线相交。

**2. 剖切符号的编号**

剖切符号的编号应采用阿拉伯数字,从小到大连续编写,在图上按从左至右,由上到下的顺序进行编号。

**3. 剖面图标注的步骤**

① 在剖切平面的迹线的起、迄、转折处标注剖切位置线,在图形外的位置线两端画出投射方向线(图7-7)。

② 在投射方向线端注写剖切符号编号,如图 7-7 中 "1"。如果剖切位置线需要转折时,应在转角外侧注上相同的剖切符号编号,见图 7-7 中 "3"。

③ 在剖面图下方标注剖面图名称,如 "×—×剖面图",在图名下绘一水平粗实线,其长度应以图名所占长度为准,如图 7-6 中 "1—1 剖面图"。

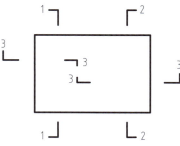

图 7-7　剖切符号及其编号的标注

### 7.2.3　剖面图的种类及画法

**1. 剖切面的种类**

由于物体内部形状复杂,常选用不同数量、不同位置的剖切面来剖切物体,才能把它们内部的结构形状表达清楚。常用的剖切面有单一剖切面、几个平行的剖切平面、几个相交剖切面等。

微课扫一扫
剖面图的标注

动画扫一扫
剖面图的种类及画法

（1）单一剖切面

一般用一个剖切面（平面或曲面）剖开物体（图 7-5 和图 7-6）。若剖切平面通过物体对称平面，剖面图按投影关系配置，可省略标注（图 7-10）。

（2）几个平行的剖切面

有的物体内部结构层次较多，用单一剖切面剖开物体还不能将物体内部全部显示出来，可以用几个平行的剖切面剖切物体，如图 7-8 所示。从图中看出，几个互相平行的平面可以看成将一个剖切面折成了几个互相平行的平面，因此这种剖切也称为阶梯剖切。

采用阶梯剖切画剖面图应注意以下两点：

① 画剖面图时，应把几个平行的剖切平面视为一个剖切平面。在剖面图中，不可画出两平行的剖切面所剖到的两断面在转折处的分界线；同时，剖切平面转折处不应与图形轮廓线重合。

② 在剖切平面起、迄、转折处都应画上剖切位置线，投射方向线与图形外的起、迄剖切位置线垂直，每个符号处应注上同样的编号，图名仍为"×—× 剖面图"。如图 7-8 所示。

注意：同一剖切面内，如果建筑物用两种或两种以上的材料构造，绘制图例时，应用粗实线将不同的材料图例分开。如图 7-8 所示，左边水槽部分为砖构造，右边水槽部分为钢筋混凝土构造，剖面图中两种材料图例分界处用粗实线绘制。

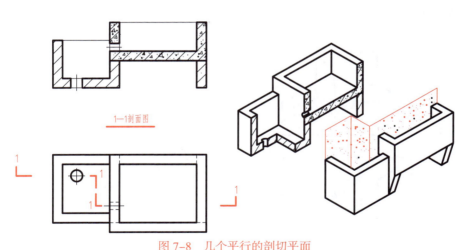

图 7-8　几个平行的剖切平面

（3）两个相交的剖切面

采用两个相交的剖切面（交线垂直于某一投影面）剖切物体，剖切后将剖切面后的倾斜部分绕交线旋转到与基本投影面平行的位置后再投影（图 7-9），这种剖切也称为旋转剖切。画图时应先旋转，后投影（双点画线部分和投影连线不需画出）。用此方法作图时，应用在图名后注明"展开"字样。

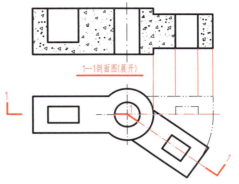

图7-9    两个相交的剖切面

### 2. 剖面图种类

根据剖面图中被剖切的范围划分，剖面图可分为全剖面图、半剖面图、局部剖面图。

（1）全剖面图

用剖切面完全地剖切物体所得的剖面图称为全剖面图。如图7-6、图7-8、图7-9所示。

（2）半剖面图

当物体具有对称平面时，在垂直于对称平面的投影面上所得的投影，可以对称线为界，一半绘制成视图，另一半绘制成剖面图，这样的剖面图称为半剖面图，如图7-10所示。

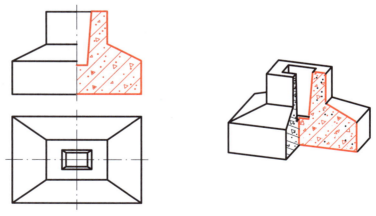

图7-10    半剖面图

画半剖面图时应注意视图与剖面图的分界线应是对称线（细点画线），不可画成粗实线。

（3）局部剖面图

用剖切面局部地剖开物体所得的剖面图称为局部剖面图（图7-11）。作局部剖面图时，剖切平面的大小与位置应根据物体形状而定，剖面图与原视图用波浪线分开。

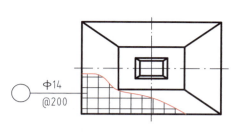 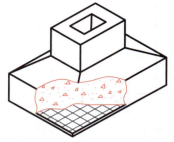

图 7-11　局部剖面图

注意：波浪线表示物体断裂处的边界线的投影，因而波浪线应画在物体的实体部分，不应与任何图线重合或画在实体之外。

用几个互相平行的剖切平面分别将物体局部剖开，把几个局部剖面图重叠画在一个视图上，用波浪线将各层的投影分开，这样的剖切称为 分层剖切 （图 7-12），主要用来表达物体各层不同的构造作法。分层剖切一般不标注。

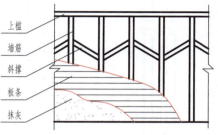

图 7-12　分层剖切的剖面图

(上槛、墙筋、斜撑、板条、抹灰)

## 7.3　断面图

### 7.3.1　断面图概念

断面图 是假想用剖切面将物体某部分切断，仅画出该剖切面与物体接触部分的图形（图 7-13）。断面图可简称断面，常用来表示物体局部断面形状。

动画扫一扫
断面图的概念

### 7.3.2　断面图的画法与标注

**1. 确定剖切位置及投射方向**
方法与剖面图相同。

**2. 画出断面轮廓**
即按剖切位置和投影关系，用粗实线画出剖切面与物体接触部分的断面图形。

**3. 画出材料图例**
与剖面图相同。

**4. 标注剖切符号和断面图名称**

微课扫一扫
断面图的标注及与剖面图的区别

（1）断面图中剖切符号由剖切位置线与编号组成。剖切位置线用粗实线绘制，长度为 6 ~ 10 mm。在剖切位置线一侧注写剖切符号编号，编号所在一侧表示该断面剖切后的投射方向。

（2）在断面图下方标注断面图名称，如"× — ×"。并在图名下画一水平粗实线，其长度以图名所占长度为准。

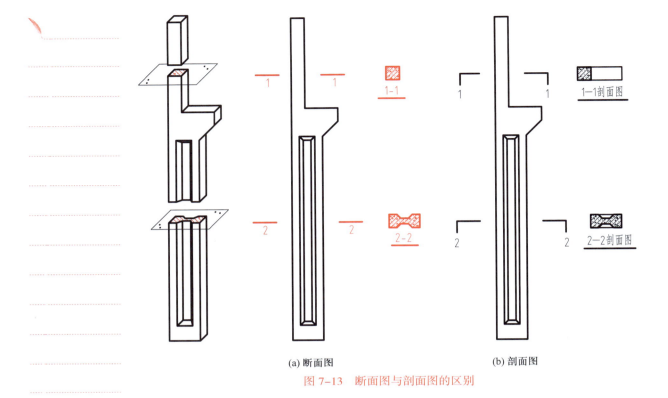

(a) 断面图      (b) 剖面图

图 7-13 断面图与剖面图的区别

断面图与剖面图的区别（图 7-13）：

① 在画法上，断面图只画出物体被剖开后截面的投影，而剖面图除了要画出截面的投影，还要画出剖切面后物体可见部分的投影。

② 在不省略标注的情况下，断面图只需标注剖切位置线，用编号所在一侧表示投射方向，而剖面图用投射方向线表示投射方向。

③ 从图名上看，断面图的名称仅用编号表示，如 1-1，而剖面图的名称要用编号加"剖面图"来表示，如 1-1 剖面图。

### 7.3.3 断面图的种类及画法

断面图分为移出断面和重合断面。

#### 1. 移出断面

画在物体投影轮廓线之外的断面图称为移出断面。为了便于看图，移出断面应尽量画在剖切平面的迹线的延长线上。断面轮廓线用粗实线表示，如图 7-13a 所示。

细长杆件的断面图也可画在杆件的中断处，这种断面图也称为中断断面，中断断面不需要标注，如图 7-14 所示。

#### 2. 重合断面

画在剖切位置迹线上，并与视图重合的断面图称为重合断面。重合断面一般不需要标注。

图 7-14 中断断面

重合断面轮廓线用粗实线表示，当视图中的轮廓线与重合断面轮廓线重合时，视图的轮廓线仍应连续画出，不可间断。这种断面图常用来表示墙立面装饰折倒后的形状、屋面形状、坡度，也称为折倒断面，如图 7-15 所示。

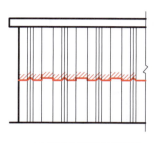

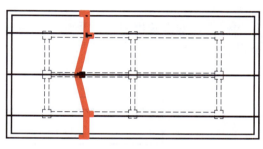

(a) 墙壁上装饰的断面图      (b) 断面图画在布置图上

图 7-15 重合断面

## 7.4 简化画法

为了读图及绘图方便，国标中规定了一些简化画法。

### 7.4.1 对称简化画法

构配件的视图有 1 条对称线时，可只画该视图的一半；视图有 2 条对称线时，可只画该视图的 1/4，并在对称中心线上画上对称符号，如图 7-16 所示。

对称符号用两段长度约为 6 ~ 10 mm，间距约为 2 ~ 3 mm 的平行线表示，用细实线绘制，分别标在图形外对称中心线两端。

### 7.4.2 相同要素简化画法

构配件内多个完全相同而连续排列的构造要素，可仅在两端或适当位置画出其完整形状，其余部分以中心线或中心线交点表示，如图 7-17 所示。

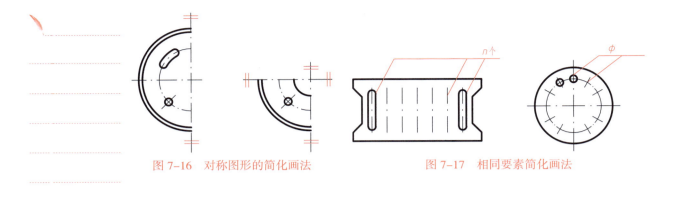

图 7-16　对称图形的简化画法　　　　图 7-17　相同要素简化画法

### 7.4.3　折断画法

较长的构件，如沿长度方向的形状相同或按一定规律变化，可断开省略绘制，断开处应以折断线表示，如图 7-18 所示。

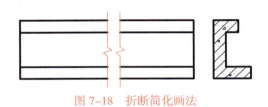

图 7-18　折断简化画法

# 第 8 章

## 建筑施工图

## 8.1 概述

### 8.1.1 房屋的类型及组成

#### 1. 房屋的类型（按使用功能分）

① 民用建筑　民用建筑又分为居住建筑和公共建筑。住宅、宿舍等称为居住建筑；办公楼、学校、医院、车站、旅馆、影剧院等称为公共建筑。

② 工业建筑　如工业厂房、仓库、动力站等。

③ 农业建筑　如畜禽饲养场、水产养殖场和农产品仓库等。

#### 2. 房屋的组成

除单层工业厂房外，各种不同功能的房屋，一般都由基础、墙（柱）、地面与楼面、屋面、楼梯和门窗六大部分组成，如图 8-1 所示。

① 基础　基础位于墙或柱的下部，属于承重构件，起承重作用，并将全部荷重传递给地基。

② 墙或柱　墙和柱都是将荷载传递给基础的竖向承重构件。墙还起围成房屋空间和分隔内部房间的作用。按受力情况可分为承重墙和非承重墙，按位置可分为内墙和外墙，按方向可分为纵墙和横墙，常把两端的横墙称为山墙。

③ 地面与楼面　楼面又叫楼板层，是划分房屋内部空间的水平承重构件，具有承重、竖向分隔和水平支撑的作用，并将楼板层上的荷载传递给墙（梁）或柱。

④ 屋面　一般是指屋顶部分。屋面是建筑物顶部水平承重构件，主要作用是承重、保温隔热和防水排水。它承受着房屋顶部包括自重在内的全部荷载，并将这些

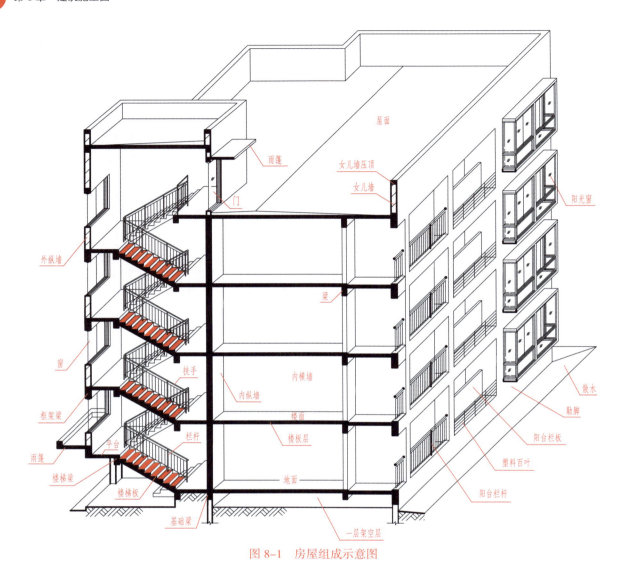

图 8-1　房屋组成示意图

荷载传递给墙（梁）或柱。

　　⑤ 楼梯　楼梯是各楼层之间垂直交通设施，为上下楼层用。高层建筑还设有电梯。

　　⑥ 门窗　门和窗均为非承重的建筑配件。门的主要功能是交通和分隔房间，窗的主要功能则是通风和采光，同时还具有分隔和围护的作用。

　　我国现阶段民用建筑常采用两种结构形式，即砖混结构和钢筋混凝土结构。厂房和高层建筑常采用钢筋混凝土结构。除以上六大部分外，根据使用功能不同，还设有阳台、雨篷、勒脚、散水、排水沟等。

## 8.1.2　房屋施工图的产生及分类

　　建造一栋房屋，要经过设计和施工两个主要阶段。在业主报建手续完善之后，进入设计阶段。

首先，根据业主建造要求和有关政策性的文件、地质条件进行初步设计，绘制房屋的初步设计图，简称初设（方案图）。方案图报业主征求意见，并报规划、消防等部门审批。根据审批同意后的方案图，进入设计第二阶段，即技术设计阶段。技术设计包括建筑、结构、给水排水、采暖通风、电气、消防、报警等各专业的设计、计算与协调过程。在这一阶段，需要设计和选用各种主要构配件、设备和构造做法。在技术设计确定后，就进入设计的第三阶段：施工图设计阶段，对各种具体的问题进行详尽的设计，并绘制最终用于施工的施工图纸。施工图纸要完整、详尽、统一，并且图样正确、尺寸齐全，对施工中的各项具体要求都明确地反映到各专业的施工图中。

一套完整的施工图通常有：建筑施工图，简称建施；结构施工图，简称结施；给水排水施工图，简称水施；采暖通风施工图，简称暖施；电气施工图，简称电施。较大的工程和公用建筑还有消防与报警施工图、智能化系统施工图等。

一栋房屋的全套施工图的编排顺序是：建施、结施、水施、暖施、电施及其他。各专业施工图的编排顺序是全局性的在前，局部性的在后；先施工的在前，后施工的在后；重要的在前，次要的在后。

## 8.1.3 标准图与标准图集

### 1. 标准图

为了加快设计和施工速度，提高设计与施工质量，把房屋工程中常用的、大量性的构件、配件按统一模数、不同规格设计出系列施工图，供设计部门、施工企业选用，这样的图称为标准图。装订成册后，就称为标准图集。

### 2. 标准图的分类

在我国，标准图有两种分类方法，一是按照使用范围分类，二是按照工种分类。

按照使用范围大体分为三类：

① 经国家建设委员会批准，可以在全国范围内使用的标准图集，如 16G101—1、16G101—2 等。

② 经地区或省、市、自治区、直辖市批准，在本地区范围内使用的标准图集，如西南 04G231、西南 05J103 等。

③ 各设计单位编制的标准图集，在本设计院内部使用。此类标准图集用得较少。

按照工种分类：

① 建筑配件标准图，一般用"J"表示，如西南地区的建筑配件标准图中的西南 04J515 为室内装修标准图。

② 建筑构件标准图，一般用"G"表示，如西南地区的建筑构件标准图中的西南 04G231 为预应力混凝土空心板图集。

除建筑、结构标准图集外，还有给水排水、电气设备、道路桥梁等方面的标准图。

## 8.1.4 建筑施工图的内容及特点

### 1. 用途和内容

房屋建筑施工图是表示建筑物的总体布局、外部造型、内部布置、细部构造做法、内外装饰及满足其他专业对建筑的要求和施工要求的图样，是房屋施工和概预算工作的依据。内容包括总平面图、建筑设计总说明、门窗表、各层建筑平面图、各朝向建筑立面图、剖面图和各种详图。根据建筑物的复杂程度，图纸的数量有多有少。本章以重庆××学校教工住宅楼为例，介绍建筑施工图的阅读和绘制方法。

**2. 图示特点**

1）应遵守的标准　房屋建筑图一般都遵守下列标准：①《房屋建筑制图统一标准》（GB/T 50001—2017）；②《总图制图标准》（GB/T 50103—2010）；③《建筑制图标准》（GB/T 50104—2010）。

2）图线　以上标准中对图线的使用都有明确的规定，总的原则是可见轮廓线用实线，不可见的用虚线或省略，剖切面的截交线和房屋立面图中的外轮廓线用粗实线，次要的轮廓线、尺寸起止符号用中粗或中线，其他线一律用细实线。

3）比例　房屋建筑施工图中一般都用缩小比例来绘制施工图，根据房屋体量的大小和选用的图纸幅面，按《建筑制图标准》中的比例选用。

4）图例　由于建筑的总平面图和平面图、立面图、剖面图的比例较小，图样不可能按实际投影画出，各种专业对其图例都有明确的规定。例如：总平面图常用图例如表 8-1 所示。平面图、立面图、剖面图中常用的构造及配件图例见附录中的附表 1。

### 8.1.5　建筑设计总说明

在施工图的编排中，将图纸目录、建筑设计总说明、材料及装修一览表、总平面图及门窗表等编排在整套施工图的前面，根据建筑物的复杂程度不同，数量有多有少。数量少的编在一张图纸上，数量多则编在几张图纸上。如附录二中附图 2 建施 14-2，是某学校教工住宅楼的建筑设计总说明。将图纸目录、门窗表、装修一览表、总平面图编排为第一张，即附图 1 建施 14-1。在这些内容中，图纸目录、门窗表、装修一览表比较简单，现首先介绍建筑设计总说明的阅读方法。

建筑设计总说明的内容根据建筑物的复杂程度有多有少，但不论内容多少，均要说明设计依据、建筑等级、建筑概述、设计说明、消防和对该建筑的施工要求等。下面以建施 14-2 的"建筑设计总说明"为例，介绍读图方法。

**1. 设计依据**

包括三个方面的内容：一是建设方与设计方的设计合同形成的条件，如设计依据中的 1.1 ~ 1.4 条；二是地方政府对该工程的有关批文，如设计依据中的 1.5 ~ 1.7 条；三是执行国家相关的规范、标准、条例等，如设计依据中的 1.8 ~ 1.12 条。

**2. 建筑等级**

主要包括该建筑合理使用年限、抗震设防烈度、建筑防火分类和建筑屋面防水等级等。

**3. 建筑概述**

主要有建筑规模、结构类型和设计标高等。

① 建筑规模　建筑规模包括占地面积、建筑面积和容积率等。这是设计出来的施工图纸是否满足规划管理部门要求的依据。

**占地面积**：建筑物底层外墙皮以内所有面积之和。

**建筑面积**：建筑物外墙皮以内各层面积之和。

**容积率**：建筑面积与用地面积之比。

② 结构类型　在民用建筑中，我国现阶段的结构类型主要有砖混结构和钢筋混凝土结构两种。

③ 设计标高　以某一水平面作为基准面，并作零点（水准原点）起算地面（楼面）至基准面的垂直高度称为标高。在房屋建筑中标高表示建筑物的高度。标高分为相对标高和绝对标高两种。以建筑物底层室内地面定为零点的标高称为相对标高；以青岛黄海平均海平面的高度定为零点的标高称为绝对标高。建筑设计说明中要说明的是相对标高与绝对标高的关系。例如该例中"本栋楼的设计标高 ±0.000 相当于绝对标高 301.700 m"。这就说明该建筑物底层室内地面设计在比海平面高 301.700 m 的水平面上。

#### 4. 设计说明

设计说明的主要内容包括墙体、屋面、楼地面、外墙面等的做法。需要认真读懂说明中的工程术语、各种数字、符号的含义。例如设计说明中 4.1.1 条，"本工程为薄壁框架结构，填充墙体主要为 200 厚烧结页岩空心砖。页岩空心砖的绝对干容重为 8.0 kN/m³，用 M5 砂浆砌筑"。其中"薄壁框架结构"是工程术语，是住宅建筑中较为常用的一种结构类型，它的竖向结构柱的宽度一般同墙体的厚度，常称为薄壁柱，将梁和柱现浇在一起称为框架结构。"填充墙"为专用名词，在砖混结构中有承重墙、非承重之分，在框架结构中，墙体只起分隔即填充的作用，故称为填充墙。"M5 砂浆"中的"M"是砂浆的代号，"5"是砂浆的强度等级。其他类同，不再赘述。

#### 5. 消防

消防的设计依据、防火分区和消防措施等。

#### 6. 施工要求

施工要求即建筑设计总说明中的"其他"部分，包含两个方面的内容，一是要严格执行国家颁布的施工规范及验收标准。例如建筑设计总说明中 6.3 条，"未尽事宜，均参照国家有关建筑工程安装及施工验收规范进行施工"。二是对材料的采购要求，要求把好材料的质量关。例如建筑设计总说明中 6.1 条，"外墙材料及颜色先选定样品，待设计认可后，方可施工。"

## 8.2　总平面图

### 8.2.1　总平面图的用途及表示方法

在建设场地上总体布置的平面图称为总平面图。

总平面图有土建总平面图和水电总平面图之分。土建总平面图又分为设计总平面图和施工总平面图。此节介绍的是土建总平面图中的设计总平面图,简称总平面图。

总平面图用来表明一个工程所在位置的总体布置，包括建筑红线，新建建筑物的定位、朝向，新建建筑物与原有建筑物的关系以及新建筑区域的道路、绿化、地形、地貌、标高等方面的内容。

　　总平面图是新建房屋与其他相关设施定位的依据，是土石方施工以及给排水、电气照明等管线总平面布置图和施工总平面布置图的依据。

　　由于总平面图包括的区域较大，国家《总图制图标准》（GB/T 50103—2010）规定：总平面图的比例一般用 1∶500、1∶1 000、1∶2 000 绘制。在实际工作中，由于各地方国土管理部门所提供的地形图的比例一般为 1∶500，故常见到的总平面图中多采用这一比例。

　　由于总平面图采用的比例较小，不能按照建筑物的投影关系如实地反映出来，而只能用图例（规定画法的图形符号）的形式进行绘制。表 8-1 所示为总平面图常用图例，表中所列内容摘自《总图制图标准》（GB/T 50103—2010）。

表 8-1　总平面图常用图例

| 序号 | 名称 | 图例 | 说明 | 序号 | 名称 | 图例 | 说明 |
|---|---|---|---|---|---|---|---|
| 1 | 新建建筑物 | 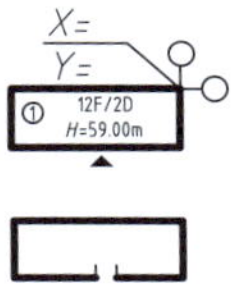 | 新建建筑物以粗实线表示与室外地坪相交处±0.00外墙定位轮廓线。建筑物一般以±0.00高度处的外墙定位轴线交叉点坐标定位。根据不同的设计阶段标注建筑编号，地上、地下层数，建筑高度，建筑出入口位置 | 5 | 建筑物下面的通道 | 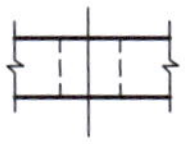 | |
| 2 | 原有建筑物 |  | 用细实线表示 | 6 | 散装材料露天堆场 | 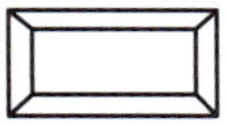 | 需要时可注明材料名称 |
| 3 | 计划扩建的预留地或建筑物 | | 用中粗虚线表示 | 7 | 烟囱 |  | 实线为烟囱下部直径，虚线为基础，必要时可注写烟囱高度及上下口直径 |
| 4 | 拆除的建筑物 | 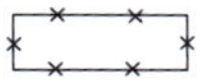 | 用细实线表示 | 8 | 围墙及大门 |  | |

续表

| 序号 | 名　称 | 图　例 | 说　明 | 序号 | 名　称 | 图　例 | 说　明 |
|---|---|---|---|---|---|---|---|
| 9 | 挡土墙 | 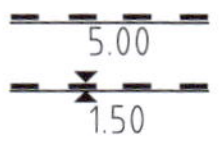 5.00 1.50 | 挡土墙根据不同的设计阶段的需要标注<br>墙顶标高<br>墙底标高 | 15 | 分水脊线与谷线 |  | 上图表示脊线<br>下图表示谷线 |
| 10 | 挡土墙上设围墙 |  | | 16 | 洪水淹没线 |  - - - - - - - | 洪水最高水位以文字注写 |
| 11 | 填挖边坡 |  | | 17 | 雨水口 | 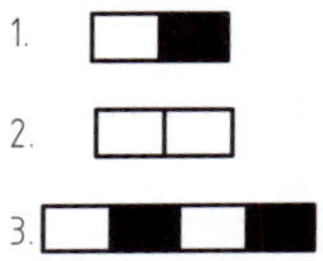 1. 2. 3. | 1. 雨水口<br>2. 原有雨水口<br>3. 双落式雨水口 |
| 12 | 标高 | 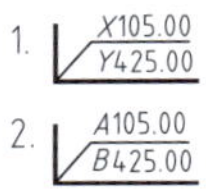 1. X105.00 Y425.00 2. A105.00 B425.00 | 1. 表示测量坐标系<br>2. 表示建筑坐标系<br>坐标数字平行于建筑标注 | 18 | 消火栓井 |  | |
| 13 | 方格网交叉点标高 | 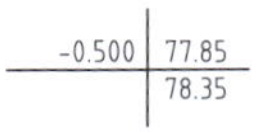 -0.500 \| 77.85 78.35 | "78.35"为原地面标高<br>"77.85"为设计标高<br>"-0.50"为施工高度<br>"-"表示挖方<br>（"+"表示填方） | 19 | 室内地坪标高 | 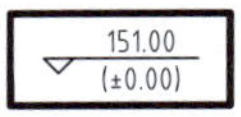 151.00 (±0.00) | 数字平行于建筑物书写 |
| 14 | 台阶及无障碍坡道 | 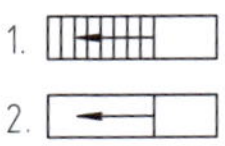 1. 2. | 1. 表示台阶（级数仅为示意）<br>2. 表示无障碍坡道 | 20 | 室外地坪标高 |  ▼143.00 | 室外标高也可采用等高线 |

续表

| 序号 | 名　称 | 图　例 | 说　明 | 序号 | 名　称 | 图　例 | 说　明 |
|---|---|---|---|---|---|---|---|
| 21 | 盲道 |  | | 30 | 运行的变电站、配电所 |  | |
| 22 | 新建道路 | 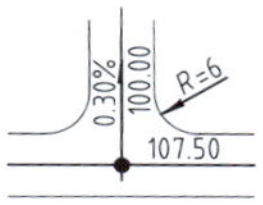 | "R=6"表示道路转弯半径为6m，"107.50"为道路中心线交叉点标高，"100.00"表示变坡点之间距离，"0.30%"表示道路坡度，→表示坡向 | 31 | 灯塔 |  | 左图为钢筋混凝土灯塔<br>中图为木灯塔<br>右图为铁灯塔 |
| 23 | 原有道路 |  | | 32 | 落叶针叶乔木 | 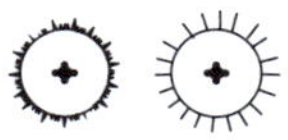 | |
| 24 | 计划扩建的道路 |  | | 33 | 常绿阔叶乔木 |  | |
| 25 | 拆除的道路 |  | | 34 | 草坪 | 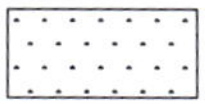 | 草坪，分人工草坪和自然草坪 |
| 26 | 人行道 | 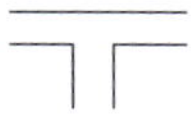 | | 35 | 花卉 | 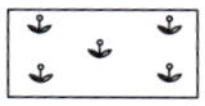 | |
| 27 | 道路隧道 | 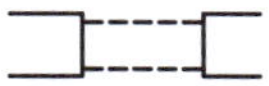 | | 36 | 植草砖 | 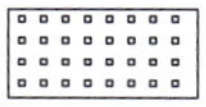 | |
| 28 | 桥梁 | 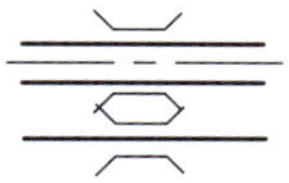 | 用于旱桥时要注明<br>上图为公路桥<br>下图为铁路桥 | 37 | 喷泉 | 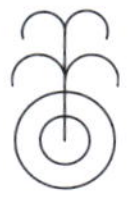 | |
| 29 | 规划的变电站、配电所 |  | | | | | |

### 8.2.2 总平面图的主要内容

总平面图主要包括以下几方面的内容：

#### 1. 建筑红线

建筑红线：各地方国土管理部门提供给建设单位的地形图为蓝图，在蓝图上用红色笔画定的土地使用范围的线称为建筑红线。任何建筑物在设计和施工中均不得超过此线。图 8-2 所示总平面图中粗点画线即为建筑红线。

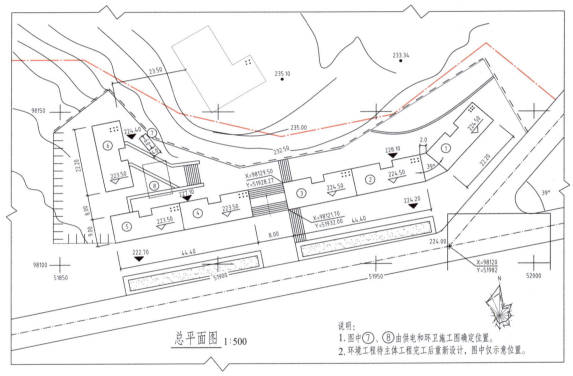

图 8-2 某住宅小区总平面图

#### 2. 新旧建筑物

从表 8-1 可知，在总平面图上将建筑物分成四种情况，即新建的建筑物、原有的建筑物、计划扩建的预留地或建筑物、拆除的建筑物。阅读总平面图时，要区分哪些是新建的建筑物，哪些是原有的建筑物。在设计中，为了清楚表示建筑物的大体情况，一般还在图形中右后方以点数或数字表示建筑物的层数。

#### 3. 新建筑物的定位

新建建筑物的定位一般采用两种方法，一是按原有建筑物或原有道路定位；二是按坐标定位，采用坐标定位又分为采用测量坐标定位和建筑坐标定位两种。

（1）根据原有建筑物定位

按原有建筑物或原有道路定位是扩建中常采用的一种方法，在房屋建筑中被经常采用。

（2）根据坐标定位

在新建区域内，为了保证在复杂地形中放线准确，总平面图中常用坐标值表示建筑物、道路等的位置。常采用的方法有：

① 测量坐标　国土管理部门提供给建设单位的用地红线图是在地形图上用细线画成交叉十字线的坐标网，南北方向的轴线为 $X$，东西方向的轴线为 $Y$，这样的坐标称为测量坐标。坐标网常采用 100 m × 100 m 或 50 m × 50 m 的方格网。一般做法是标注两个墙角点的坐标值，如图 8-2 中第③ 栋住宅。其他建筑的定位可以此类推。

② 建筑坐标　建筑坐标一般在新建场地使用，当房屋朝向与测量坐标方向不一致时采用。建筑坐标是将建筑区域内某一点定为"0"点，采用 100 m × 100 m 或 50 m × 50 m 的方格网，沿建筑物主墙方向用细实线画成方格网通线，横墙方向（竖向）轴线标为 $A$，纵墙方向的轴线标为 $B$。建筑坐标与测量坐标的区别如图 8-3 所示。

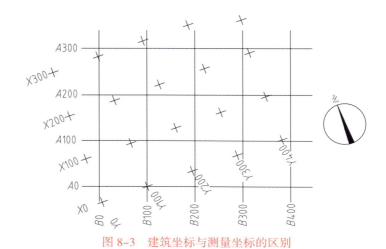

图 8-3　建筑坐标与测量坐标的区别

## 4. 标高

在建筑图中标注标高，要用标高符号标注，标高符号的画法如图 8-4 所示。

(a) 个体建筑标高符号　(b) 总平面图室外地坪标高符号　(c) 一个符号同时标注几个标高

图 8-4　标高符号的画法

标高数字以 m 为单位，一般图中标注到小数点后第三位。在总平面图中标注到小数点后第二位。

零点标高的标注方式是：$\underline{+0.000}$

正数标高不注写"+"号，例如 +3 m，标注成：$\underline{3.000}$

负数标高在数值前加一个"–"号，例如 –0.6 m，标注成：$\underline{-0.600}$

总平面图中标注的标高应为绝对标高。若标注相对标高，应注明相对标高与绝对标高的换算关系。

### 5. 等高线

预定高度的水平面与所表示地形表面的截交线称为等高线。

地面上高低起伏的形状称为地形。地形图是用等高线来表示的。等高线的绘制，假想用间隔相等的若干水平面把山头从某一高度到顶一层一层地剖开，在山头表面上便出现一条一条的截交线，把这些截交线投射到水平投影面上，就得到一圈一圈的封闭曲线，这封闭曲线称为等高线，如图 8-5a 所示。在等高线上注写上相应的高度数值，就是地形图，如图 8-5b 所示。

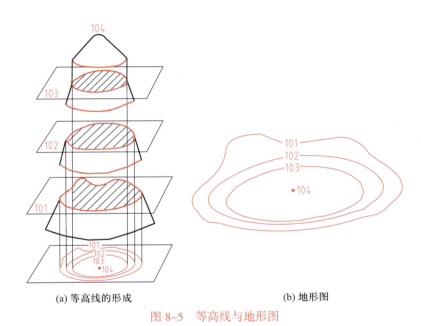

(a) 等高线的形成          (b) 地形图

图 8-5 等高线与地形图

从地形图上的等高线可以分析出地形的高低起伏状况。等高线的间距越大，说明地面越平缓；相反，等高线的间距越小，说明地面越陡峭。从等高线上标注的数值可以判断出地形是上凸还是下凹。数值由外圈向内圈逐渐增大，说明此处地形是往上凸；相反，数值由外圈向内圈减小，则为下凹。

### 6. 道路

由于比例较小，总平面图上的道路只能表示出道路与建筑物的关系，不能作为道路施工的依据。一般是标注出道路中心控制点，表明道路的标高及平面位置即可。例如图 8-2 所示，某住宅小区总平面图的道路中心控制点，图中各数值含义是：224.00 为此点的标高，X = 98120，Y = 51982 为此点平面位置坐标。

### 7. 风向频率

风向：风由外面吹过建设区域中心的方向（来风方向）称为风向。风向频率是在一定的时间范围内某一方向出现风的次数占总观察次数的百分比，用公式表示为

$$风向频率 = \frac{某一方向出现风的次数}{总观察次数} \times 100\%$$

风向频率是用风向频率玫瑰图表示的。例如图 8-2 中总平面图右下角的图形为风向频率玫瑰图。玫瑰图中实线表示全年的风向频率，虚线表示夏季（6—8 月）的风向频率。

### 8. 其他

总平面图除了表示以上的内容外，一般还有挡土墙、围墙、绿化等与工程有关的内容。读图时可结合表 8-1 阅读。

### 8.2.3　总平面图的阅读

#### 1. 熟悉图例、比例

这是阅读总平面图应具备的基本知识。如图 8-2 所示，该图中的图例可结合表 8-1 阅读，该总平面图的比例为 1∶500。

#### 2. 了解工程性质及周围环境

工程性质是指建筑物干什么用，是商店、教学楼、办公楼、住宅还是厂房等。了解周围环境的目的在于弄清周围环境对新建筑的影响。

#### 3. 查看标高、地形

从标高和等高线可知道建造房屋前建筑区域的原始地貌。如图 8-2 所示，该区域前面是一条公路，后面是坡地，建筑物建筑在公路与坡地之间，建成后底层地面分别位于 224.50 m、223.50 m 两个标高面上。

#### 4. 查找定位依据

确定新建筑物的定位是总平面图的主要作用。该建筑群的定位依据注写于入口处左边，即第③栋建筑的两个墙角，其他各栋以此栋为准，确定位置和朝向。

#### 5. 道路与绿化

道路与绿化是建筑主体的配套工程。从道路了解建成后的人流方向和交通情况；从绿化可以看出建成后环境的大体情况。

## 8.3　建筑平面图

微课扫一扫
平面图的概述

### 8.3.1　概述

#### 1. 建筑平面图的形成

假想用一个水平剖切平面，沿门窗洞口将房屋剖切开，移去剖切平面及其以上部分，将余下的部分按正投影的原理，投射在水平投影面上所得到的图称为建筑平面图。图 8-6 所示为住宅水平剖切示意图，将水平剖切示意图投影在水平投影面上，再标注出必要的尺寸和说明，就成为建筑施工平面图，图 8-7 所示为建筑施工平面图中的底层平面图。

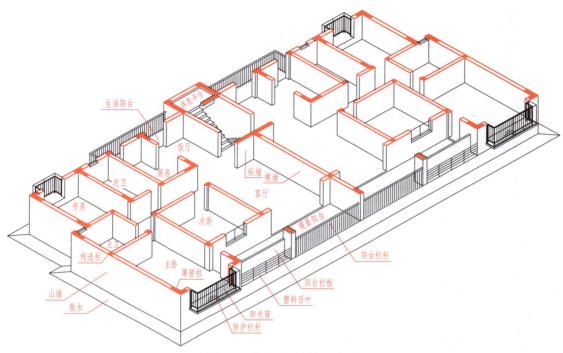

图 8-6　住宅水平剖切示意图

### 2. 建筑平面图的名称

沿底层门窗洞口剖切开得到的平面图称为底层平面图，又称为首层平面图或一层平面图。沿二层门窗洞口剖切开得到的平面图称为二层平面图。在多层和高层建筑中，往往中间几层剖开后的图形是一样的，就只需要画一个平面图作为代表层，将这一个作为代表层的平面图称为标准层平面图。将房屋直接从上向下进行投射得到的平面图称为屋顶平面图。因此，在多层和高层建筑中一般有底层平面图、标准层平面图和屋顶平面图。此外，有的建筑还有地下（±0.000以下）一层或若干层平面图，称为负一层平面图或负二层平面图和设备层平面图等。

### 3. 建筑平面图的用途

建筑平面图反映了房屋的平面形状、大小和房间的布置，墙柱的位置、厚度、材料，门窗类型、位置、大小和开启方向，其他建筑物配件的设置和室内标高等。建筑平面图在施工过程中是施工放线、砌墙、安装门窗及编制概、预算的依据。还有备料、施工组织都要用到建筑平面图。

## 8.3.2　建筑平面图的主要内容

### 1. 底层平面图

建筑平面图是房屋建筑施工图中最重要的图纸之一。下面以图 8-7 所示底层平面图为例，介绍建筑平面图的主要内容。

① 建筑物朝向　建筑物的朝向在底层平面图中用指北针表示。对一栋建筑物来

微课扫一扫
建筑平面图的
主要内容

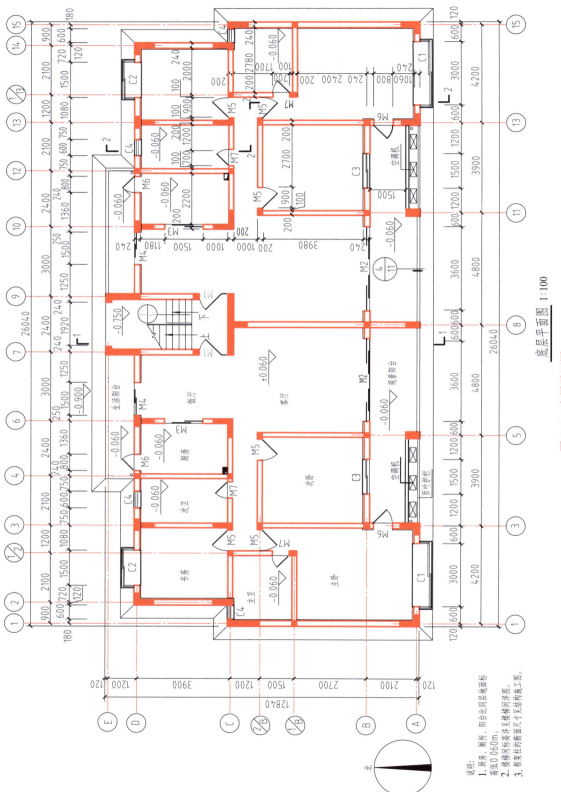

底层平面图 1:100

图 8-7　底层平面图

说明：
1. 厨房、厕所、阳台比例同层地面标高低0.060 m。
2. 楼梯间标高详见楼梯间详图。
3. 框架柱的断面尺寸见结构施工图。

讲，主要入口设在哪面墙上，就称该建筑物朝哪个方向，如图 8-7 所示底层平面图，指北针朝后，建筑物的入口在 ⓔ 轴线上，说明该建筑朝北，也就是人们常说的"坐南朝北"。但是，对一间房间来讲，窗户开在哪面墙上，就称该房间朝哪个方向，住宅建筑一般把主要房间设在南面。指北针的画法在《房屋建筑制图统一标准》（GB/T 50001—2010）中规定用细线绘制，形状如图 8-8 所示。圆的直径为 24 mm，指北针尾部宽为 3 mm，指针指向北方，标记为"北"或"N"。若需要放大直径画指北针时，指针尾部依据直径按比例放大。

图 8-8 指北针

② 建筑物的平面布置　平面布置是平面图的主要内容，着重表达各种用途房间与走道、楼梯、卫生间的关系。房间用墙体分隔，如图 8-7 所示。从该图可以看出：北面⑦～⑨轴区间是楼梯间，即该建筑的公用部分，进入楼梯间后，楼梯的左右两面横墙上的门 M1 是入户门，此类建筑人们称为"一梯两户"。进门就是饭厅和客厅，南面布置有次卧室、主卧室，北面布置有厨房、次卫、书房，走廊的端部为主卫。每户的南边有观景阳台，北边有生活阳台。此类户型人们称为"三室两厅一厨两卫两阳台"。

③ 定位轴线　在建筑工程施工图中房间的大小，走廊的宽窄和墙、柱的位置都用轴线来确定。凡是主要的墙、柱、梁的位置都要用轴线来定位。根据《房屋建筑制图统一标准》（GB/T 50001—2017）规定，定位轴线应用细单点长画线绘制。编号应写在轴线端部的圆圈内，圆用细实线绘制，直径为 8 ～ 10 mm，如图 8-9a 所示。定位轴线的圆心应在轴线的延长线上或延长线的折线上。平面图上定位轴线的编号，宜标注在图样的前方及左侧。横向轴线编号应用阿拉伯数字标写，从左至右按顺序编号。纵向轴线编号应用大写拉丁字母，从前至后按顺序编号。拉丁字母中的 I、O、Z 不能用于轴线编号，以避免与 1、0、2 混淆。

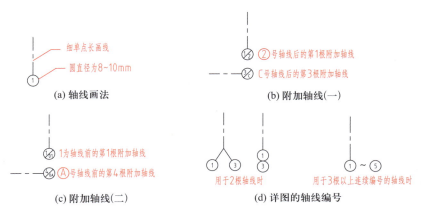

图 8-9 轴线与编号

除了标注主要轴线之外，还可以标注附加轴线。附加轴线编号用分数表示的，图 8-9b 所示是附加轴线的标注方法之一，两根轴线之间的附加轴线，以分母表示前一根轴线的编号，分子表示附加轴线的编号。如果①号轴线和 Ⓐ 号轴线之前还需要设附加轴线，分母以 01、0A 分别表示位于①号轴线或 Ⓐ 号轴线之前的附加轴线，如图 8-9c 所示。一个详图适用于几根轴线时，应同时注明各有关轴线的编号，如图 8-9d 所示。

通用详图的定位轴线只画圆圈，不标注轴线号。

④ **标高**　在房屋建筑工程中，各部位的高度都用标高来表示。除总平面图外，建筑施工图中所标注的标高均为相对标高。在平面图中，因为各种房间的用途不同，房间的高度不都在同一个水平面上，如图 8-7 所示底层平面图中，± 0.000 表示饭厅、客厅和卧室、书房的标高，−0.060 表示厨房、卫生间的标高，−0.900 表示室外地面的标高。

⑤ **墙厚（柱的断面）**　房屋建筑中墙、柱是承受建筑物垂直荷载的重要结构，墙体又起着分隔房间和抵抗水平剪力的作用（为抵抗水平剪力而设置的墙，一般称为剪力墙）。为此它的平面位置、尺寸大小都非常重要。从图 8-7 所示底层平面图中，可以看到，所有的外围护墙、楼梯间及⑧轴线的墙，墙厚为 240 mm，其他内墙墙厚为 200 mm。柱子在图中示意出了柱子的断面尺寸及与轴线的关系（详细尺寸见结构施工图）。

⑥ **门和窗**　在平面图中，门、窗只能反映平面位置、洞口宽度及与轴线的关系。门窗的画法按附录一中常用建筑配件图例进行绘制。在施工图中，门用代号"M"表示，窗用代号"C"表示。如"M3"表示编号为 3 的门；而"C2"则表示编号为 2 的窗。门窗的高度尺寸在立面图、剖面图或门窗表中查找。门窗的制作安装需查找相应的详图（木门、窗详图见 8.6.4 门窗详图）。

在平面图中窗洞位置处，若画成虚线，则表示为高窗（高窗是指窗洞下口高度高于 1 500，一般为 1 700 以上的窗）。按剖切位置和平面图的形成原理，高窗在剖切平面上方，并不能够投射到本层平面图上，但为了施工时阅读方便，建筑制图标准规定把高窗画在所在楼层并用虚线表示。

⑦ **楼梯**　建筑平面图比例较小，楼梯在平面图中只能示意楼梯的投影情况。楼梯的制作、安装详图详见 8.6.3 楼梯详图。在平面图中，只表示楼梯设在建筑中的平面位置、开间和进深大小，及楼梯的上下方向及两层楼之间的步级数。

⑧ **附属设施**　除以上内容外，根据不同的使用要求，在建筑物的内部还可能设有壁柜、吊柜、厨房设备（此图略）等。在建筑物外部还可能设有阳台、平台、花池、散水、台阶等附属设施。附属设施只能在平面图中表示出平面位置，具体做法应查阅相应的详图或标准图集。

⑨ **各种符号**　标注在平面图上的符号有剖切符号和索引符号等。剖切符号按《房屋建筑制图统一标准》和《建筑制图标准》规定标注在底层平面图上，表示出剖面图的剖切位置和投射方向及编号。如图 8-7 中的"$\ulcorner^1$"为 1—1 剖面图的剖切符号。在平面图中凡需要另画详图的部位用索引符号表示。如图 8-7 中的"$\frac{4}{11}$"为索引符号，索引符号的画法如图 8-16 所示。

⑩ **平面尺寸**　大家知道，图表示形状，尺寸表示大小。平面图中标注的尺寸分为内部尺寸和外部尺寸两种，主要反映建筑物中房间的开间、进深的大小、门窗的平面位置及墙厚等。

内部尺寸，一般用一道尺寸线标注，如图 8-7 中的内部尺寸，主要表示墙厚、房间长宽的净尺寸以及内墙上门、窗与轴线的关系。

外部尺寸，一般用三道尺寸线标注，最里面一道尺寸线上的数字表示外墙上门窗宽度的大小及与轴线的平面关系；中间一道尺寸线上的数字表示轴线尺寸，即房间的开间与进深尺寸；最外面一道尺寸线上的数字表示建筑物的总长、总宽，即从一端的外墙皮到另一端的外墙皮的尺寸。

**2. 其他各层平面图**

除底层平面图外，在多层或高层建筑中，还有标准层平面图和屋顶平面图等。标准层平面图所表示的内容与底层平面图相比大同小异，屋顶平面图主要表示屋顶面上的情况和排水情况。下面分别对标准层平面图和屋顶平面图进行介绍。

（1）标准层平面图

由于住宅标准层平面图与底层平面图大同小异，因此阅读标准层平面图时，主要注意标准层平面图与底层平面图的区别，它们的区别体现在以下几个方面：

① 房间布置　在该建筑中，标准层平面图与底层平面图房间布置一致，不同的是楼梯间楼梯的表示方法不一样。

② 墙体的厚度（柱的断面）　由于建筑材料强度或建筑物的使用功能不同，建筑物墙体厚度有时不一样。因为该住宅楼大部分采用薄壁柱承重，墙体为填充墙，所有各层墙体的厚度均同薄壁柱的宽度一致。如附录二中的附图 4 建施 14-4 是标准层平面图，图中墙体的厚度与附图 3 建施 14-3 底层平面图的厚度一样。墙厚（柱的断面）若有变化，变化的高度位置一般在楼板的下皮。

③ 墙体材料　墙体材料的质量要求及材料质量的好坏在图中表示不出来，但是在相应的说明中必须叙述清楚，详见附图 2 建施 14-2 中建筑设计总说明第 4.1 条"墙体"。

④ 门与窗　标准层平面图中门与窗的设置与底层平面图往往不完全一样，在底层建筑物的入口为大门，而在标准层平面图中相同的平面位置一般情况下都改成了窗，在附录二中的附图 3 建施 14-3 中入口没有设门，在标准层相同的位置设有窗 C3。

⑤ 室外表示的内容　标准层一般还有阳台、平台、门上雨篷、窗上遮阳板等。

（2）屋顶平面图

屋顶平面图主要表示三个方面的内容，如图 8-10 所示屋顶平面图。

① 屋面排水情况　如排水分区、天沟、屋面坡度、雨水口的位置等。

② 突出屋面的物体　如电梯机房、楼梯间、水箱、天窗、烟囱、检查孔、屋面变形缝等的位置。

③ 细部做法　屋面的细部做法除按照附录二中附图 11 建施 14-11 详图③外，还在附图 2 建施 14-2 建筑设计总说明第 4.2 条"屋面"中有要求。屋面的细部做法包括的内容有高出屋面墙体的泛水、天沟、变形缝、雨水口等。

注：水箱、天窗、烟囱、检查孔、变形缝等根据需要设置，本教材图中未表示。

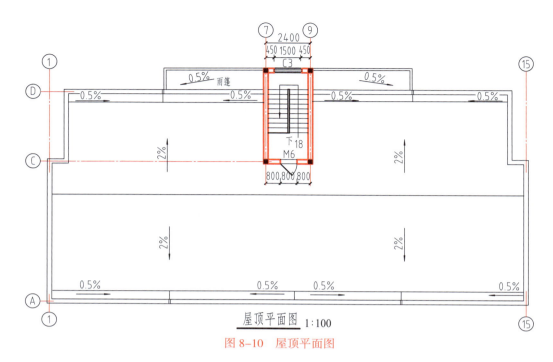

图 8-10　屋顶平面图

动画扫一扫
平面图的阅读
与绘制

### 8.3.3　平面图的阅读与绘制

#### 1. 阅读底层平面图方法及步骤

从平面图的基本内容来看，底层平面图涉及的内容最多，为此，阅读建筑平面图时，首先要读懂底层平面图。当读懂底层平面图后，阅读其他各层平面图就容易多了。读底层平面图的方法步骤如下：

① 查阅建筑物的朝向、形状、主要房间的布置及相互关系　从底层平面图中的指北针可以看出该建筑为坐南朝北，入口设在 Ⓔ 轴线上⑦～⑨轴之间，进建筑物后就是楼梯间，从楼梯的左边上 5 步台阶就是地面平台，即进户门处。

② 复核建筑物各部位的尺寸　复核的方法是将细部尺寸加起来看是否等于轴线尺寸。再将轴线尺寸和两端轴线外墙厚的尺寸加起来看是否等于总尺寸。

③ 查阅建筑物墙体（柱）采用的建筑材料　查阅建筑材料要结合建筑设计总说明阅读，见附录二中附图 2 建施 14-2《建筑设计总说明》中第 4.1.1 条。该例钢筋混凝土柱、楼梯间部分剪力墙编排在结构施工图中，详见第 9 章 结构施工图。

④ 查阅各部位的标高　查阅标高时主要查阅房间、厨房、卫生间、楼梯间、阳台和室外地面等的标高。

⑤ 核对门窗尺寸及数量　核对的方法是看图中实际需要的数量与门窗表中的数量是否一致。

⑥ 查阅附属设施的平面位置　如卫生间中的洗涤槽、蹲位、小便槽等的平面位置。

⑦ 阅读文字说明，查阅对施工及材料的要求　对于这个问题要结合建筑设计说明阅读。见附录二中附图 2 建施 14-2《建筑设计总说明》和附图 1 建施 14-1《装修一览表》等。

**2. 阅读其他各层平面图的注意事项**

在熟练阅读底层平面图的基础上，阅读标准层平面图及其他各层平面图要注意以下几点：

① 查明各房间的布置是否同底层平面图一样。该建筑因为是住宅楼，标准层和底层平面图的布置完全一样。

② 查明墙身厚度是否同底层平面图一样。该建筑中墙、柱的断面没有变化，但是墙、柱的质量一般有变化，要结合第 9 章结构施工图阅读。

③ 门窗是否同底层平面图一样。该建筑中门窗变化不大。底层平面图中的入口处是门洞，在标准层平面图的相应位置是窗 C3。在民用建筑中底层外墙门窗一般还需要考虑防盗等安全措施。

④ 采用的建筑材料是否同底层平面图一样。在建筑中，房屋的高度不同，对建筑材料的质量要求不一样（该建筑的区别见结构施工图）。

**3. 阅读屋顶平面图的要点**

阅读屋顶平面图主要要注意两点：

① 屋面的排水方向、排水坡度及排水分区。

② 结合有关详图阅读，弄清女儿墙及高出屋面部分的防水、泛水做法。

**4. 平面图的绘制**

建筑施工图的绘制方法有两种，即手工绘图和计算机绘图。此处介绍手工绘图。手工绘图步骤如下：

① 选比例，定图幅进行图面布置。根据房屋的复杂程度及大小，选定适当的比例，确定幅面的大小，并画图框和标题栏。

② 画出定位轴线，如图 8-11a 所示。

③ 画出全部墙、柱断面，如图 8-11b 所示。

④ 画出门窗。

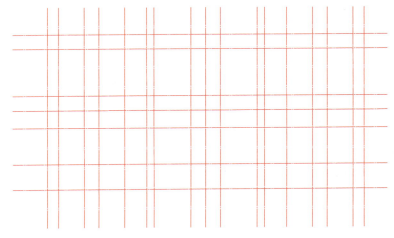

(a) 画定位轴线

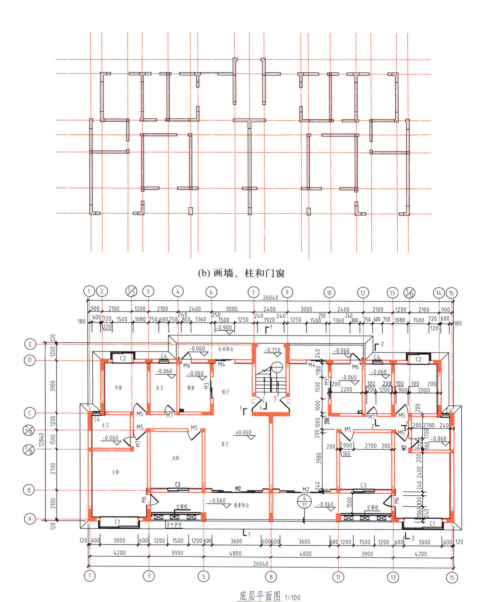

(b) 画墙、柱和门窗

底层平面图 1:100

(c) 画细部、标注尺寸、注写符号和文字说明

图 8-11 绘制建筑平面图的步骤

⑤ 画出固定设施（如楼梯、阳台等）及细部。

以上步骤用较硬的铅笔（2H 或 3H）轻画。

⑥ 按线型要求加深图线（HB 或 B 的铅笔）。其中轴线用细单点长画线，墙、柱用粗实线（线宽 $b$），门的开启线用中实线（线宽 $0.5b$），其他轮廓线用细实线（线宽 $0.25b$）。

⑦ 标注尺寸、注写符号和文字说明，一般用 HB 的铅笔。如图 8-11c 所示。

⑧ 校核。图完成之前，需要仔细校核，尽量做到准确无误。最后完成的图样如图 8-7 所示。

## 8.4 建筑立面图

动画扫一扫
建筑立面图的
形成及命名

### 8.4.1 建筑立面图的形成及命名

表示建筑物外墙面特征的正投影图称为建筑立面图，简称立面图。立面图的命名有三种方式。

① **按建筑物的方位命名**　建筑物一般都有前后左右四个面。其中，表示建筑物正立面特征的正投影图称为正立面图；表示建筑物背立面特征的正投影图称为背立面图；表示建筑物侧立面特征的正投影图称为侧立面图，侧立面图又分左侧立面图和右侧立面图。

② **根据立面图两端定位轴线的编号命名**　这是立面图最常用的命名方法。如图8-12中的①～⑮立面图。

③ **按建筑物的朝向命名**　在人们的生活中，习惯以建筑物的朝向来命名。例如朝东的立面图称为东立面图，以此类推有南立面图、西立面图、北立面图。

在设计中立面图是设计工程师表达立面设计效果的重要图纸。在施工中是外墙面装修、工程概预算、备料、工程验收等的依据。

下面以图8-12所示①～⑮立面图为例，介绍立面图的主要内容、立面图的阅读与绘制。

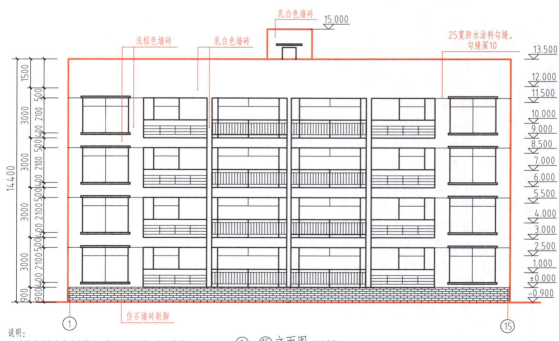

说明：

1. 外墙砖及颜色先选定样品，待设计认可后，方可购买。

2. 施工前先贴出样板，经甲方、设计、监理认可后，方可大面积施工。

①～⑮立面图　1:100

图8-12　①～⑮立面图

### 8.4.2　立面图的主要内容

立面图主要包含以下内容：

① 表明建筑物外部形状，主要有门窗、台阶、雨篷、阳台等的位置。

② 用标高表示出各主要部位的相对高度，如室内室外地面标高、各层楼面标高及檐口标高等。

③ 立面图中的尺寸。立面图中的尺寸主要是表示建筑物高度方向的尺寸，一般用三道尺寸线表示。最外面一道尺寸线上的数字表示建筑物的总高。建筑物的总高的定义是从室外地面到屋面女儿墙的高度。中间一道尺寸线上的数字表示层高，建筑物的层高是指本层楼地面到上一层楼地面的高度。最里面一道尺寸线上的数字表示门窗洞口的高度及与楼地面的相对位置。

④ 外墙面的分格。如图 8-12 所示，该建筑外墙面的分格线以横线条为主，竖线条为辅的设计思路；在楼层适当的高度位置利用通长的色带进行横向分格。

⑤ 外墙面的装修。外墙面装修一般用索引符号或引出线表示其做法。具体做法需查找相应的标准图集。如①～⑮立面图中墙面装修做法"乳白色墙砖"只说明了外墙面的材料和颜色，具体做法要结合附录二中附图 1 建施 14-1 中"装修一览表"，再根据"装修一览表"中"外墙面"一行，查找"外墙砖贴面"的具体做法"西南 J516-5401 项的做法"。

### 8.4.3　立面图的阅读与绘制

微课扫一扫
立面图的阅读
与绘制

#### 1. 立面图的阅读

① 对应平面图阅读。查阅立面图与平面图的关系，这样，才能建立起立体感，加深对平面图、立面图的理解，树立建筑物的立体形象。

② 了解建筑物的外部形状。

③ 查阅建筑物各部位的标高及相应的尺寸。

④ 结合装修一览表，查阅外墙面各部位的装修做法，如墙面、窗台、窗檐、阳台、雨篷、勒脚等的具体做法。

⑤ 其他。结合相关的资料，查阅外墙面、门窗、玻璃等对施工的质量要求。

#### 2. 立面图的绘制

一般做法是在绘制好平面图的基础上，对应平面图来绘制立面图。绘制方法步骤大体同平面图。其步骤如下：

① 选比例，定图幅进行图面布置。比例、图幅一般与平面图一致。

② 按比例画出室外地坪线、外墙轮廓线和屋顶或檐口线，并画出首尾轴线和墙面分格，如图 8-13a 所示。

③ 确定门窗洞口、柱的位置，如图 8-13b 所示。

④ 确定细部做法。如门窗分格、阳台的栏杆、栏板及窗台、窗檐、屋檐、雨篷等的投影。

⑤ 按要求加深图线。其中地坪线用特粗线（线宽 1.4$b$），外轮廓线用粗实线（线宽 $b$），门窗洞口、凸出墙面的柱、雨篷、窗台、阳台外轮廓用中实线（线宽 0.5$b$），

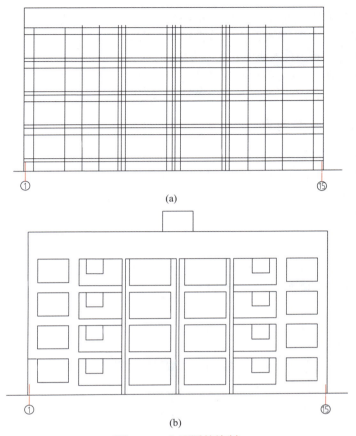

图 8–13　立面图的绘制

门窗分格及墙面装饰分格线等用细实线（线宽 0.25*b*）。

　　⑥ 标注标高、尺寸，注明各部位的装修做法，注写必要的文字说明。

　　⑦ 校核。图完成之前，需要仔细校核，尽量做到准确无误。最后完成的图样如图 8–12 所示。

8.5 建筑剖面图

### 8.5.1　建筑剖面图的形成及用途

　　假想用一个正立投影面或侧立投影面的平行面将房屋剖切开，移去剖切平面及剖切平面与观察者之间的部分，将剩下部分按正投影的原理投射到与剖切平面平行的投影面上，得到的图称为建筑剖面图，简称剖面图。图 8–1 所示房屋组成示意图是按图 8–7 中 1—1 剖面的剖切位置剖切后所画的立体图。

　　用侧立投影面的平行面进行剖切，投影后得到的剖面图称为横剖面图，附录二中附图 9 建施 14–9 的 1—1、2—2 剖面图均为横剖面图。用正立投影面的平行面进行剖切，投影后得到的剖面图称为纵剖面图。

动画扫一扫
建筑剖面图的
形成及用途

剖面图同平面图、立面图一样，是建筑施工图中最重要的图纸之一，表示建筑物的整体情况。剖面图用来表达建筑物的结构形式、分层情况、层高及各部位的相互关系，是施工、概预算及备料的重要依据。

下面以图 8–14 所示 1—1 剖面图为例，介绍剖面图的主要内容、剖面图的阅读与绘制。

### 8.5.2　剖面图的主要内容

剖面图主要包含以下内容：

① 表示房屋内部的分层、分隔情况　该建筑高度方向 4 层、层高 3 m，楼梯从一层一直通到屋面。分隔从 1—1 剖面图可以看出Ⓔ~Ⓒ轴是楼梯间，Ⓒ~Ⓑ轴是客厅，Ⓑ~Ⓐ轴是阳台。

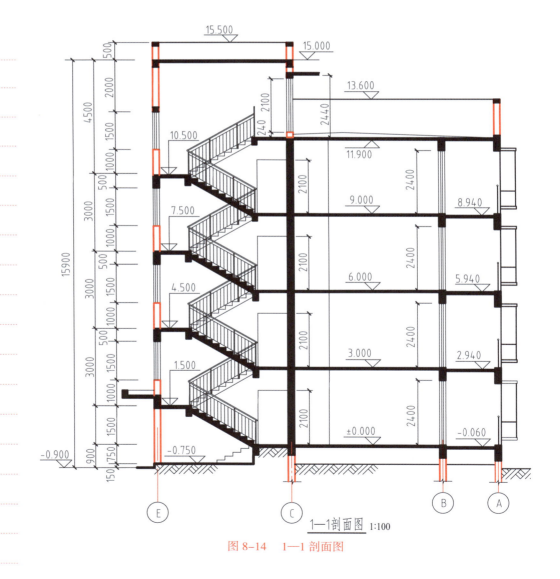

图 8–14　1—1 剖面图

② 反映屋顶是平屋面还是坡屋面及示意屋面保温隔热情况　在建筑中屋顶有平屋面、坡屋面之分。屋面坡度在 5% 以内的屋面称为平屋面；屋面坡度大于 15% 的屋面称为坡屋面。从图中可以看出该建筑物为平屋面，建筑找坡。

③ 表示房屋高度方向的尺寸及标高　剖面图中高度方向的尺寸有外部尺寸和内部尺寸之分。外部尺寸标注有三道尺寸线，含义同立面图一样。内部尺寸主要表示内墙上门窗洞口的高度尺寸。标高为建筑标高，即普通装修之后的地面高度。如图 8-14 所示 1—1 剖面图中就标注有入口地面平台、室内地面、阳台、楼梯间休息平台的高度。

④ 其他　在剖面图中还有台阶、散水、雨篷等。凡是剖切到的或用直接正投影法能看到的都在剖面图中反映出来。

⑤ 索引符号　剖面图中不能详细表示清楚的部位，引出索引符号，另用详图表示。见附录二中附图 9 建施 14-9 中 2—2 剖面图。

### 8.5.3　剖面图的阅读与绘制

#### 1. 剖面图的阅读

① 结合各层平面图阅读，通过底层平面图找到剖切位置和投影方向，找出剖面图与各层平面图的相互对应关系，建立起房屋内部的空间概念。

② 结合建筑设计总说明或装修一览表阅读，查阅地面、楼面、墙面、顶棚及厨房、厕所等的内部装修做法。

③ 查阅各部位的高度。应注意的是阳台、厨房、厕所与同层楼地面的关系。

④ 结合屋顶平面图和建筑设计总说明或装修一览表阅读，了解屋面坡度、屋面防水、女儿墙防水、屋面保温、隔热等的做法。

微课扫一扫
剖面图的阅读
与绘制

#### 2. 剖面图的绘制

一般是在绘制好平面图、立面图的基础上绘制剖面图，并采用与平面图、立面图相同的比例。其步骤如下：

① 选比例，定图幅进行图面布置。比例、图幅一般同平面图、立面图一致。

② 按比例画出定位轴线和分层线。内容包括室内外地坪线、楼层分格线、墙体轴线，如图 8-15a 所示。然后，进行如图 8-15b 所示的步骤作图。

③ 确定墙厚、楼层、地面厚度及门窗的高度位置。

④ 画出可见的构配件的轮廓线及相应的图例。

⑤ 按线型要求加深图线。其中地坪线用特粗线（线宽 1.4$b$），凡是被剖切到的墙、板、梁等构件断面轮廓线用粗实线，没有剖到但投影可见的构件（如墙、柱、阳台等）轮廓线用中实线，细部或次要的轮廓线、图例线等用细实线。

⑥ 按规定标注内外尺寸、各主要部位的标高、屋面、散水的示意做法，定位轴线编号、索引符号及必要的文字说明。

⑦ 校核。图完成之前，需仔细校核，尽量做到准确无误。最后完成的图样如图 8-14 所示。

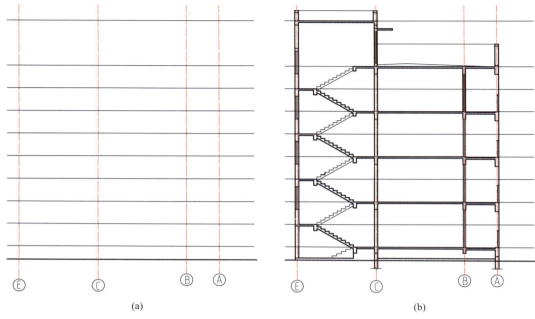

(a)

(b)

图 8–15  剖面图的画法

## 8.6 建筑详图

### 8.6.1 概述

前面介绍的房屋建筑平面图、立面图、剖面图是全局性的图纸，表达建筑物全局性的内容，因为建筑物体积较大，所以常采用缩小比例绘制。一般性建筑常用 1∶100 的比例绘制，对于体积特别大的建筑，也可采用 1∶200 的比例绘制。用这样的比例在平、立、剖面图中无法将细部做法表示清楚，因而在设计中凡是在建筑平、立、剖面图中无法表示清楚的内容，都需要另绘详图或选用合适的标准图。

将建筑物的细部构造做法用较大比例详细地表示出来的图样，称为建筑详图，简称详图。

详图的比例常按需选用 1∶1、1∶2、1∶5、1∶10、1∶15、1∶20、1∶25、1∶30、1∶50。

详图与平、立、剖面图的关系是用详图符号和索引符号来联系的。

**1. 索引符号**

索引符号是由直径为 8 ~ 10 mm 的圆和水平直径组成，圆及水平直径应以细实线绘制。索引符号的引出线指向被索引的部位。

索引符号有详图索引符号、剖切详图的索引符号 2 种。

（1）详图索引符号

详图索引符号如图 8–16a 所示。

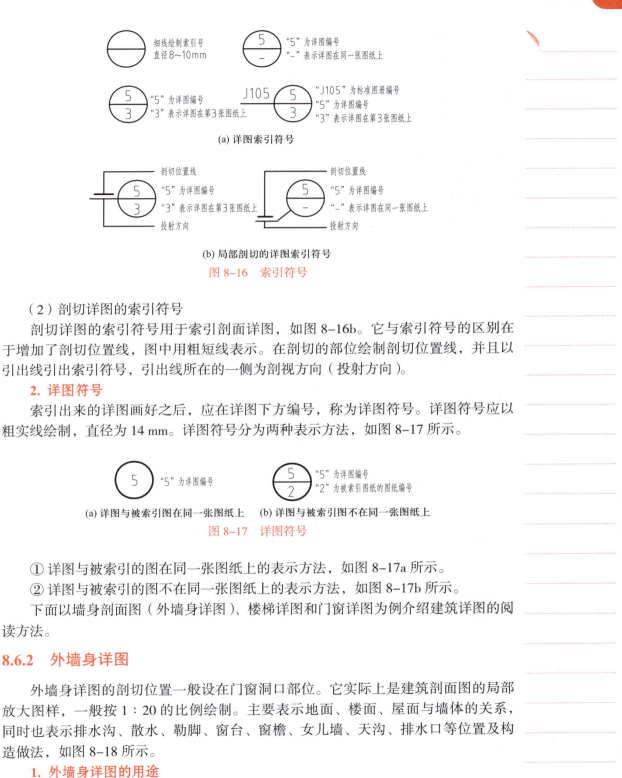

（a）详图索引符号

（b）局部剖切的详图索引符号

图 8-16　索引符号

**（2）剖切详图的索引符号**

剖切详图的索引符号用于索引剖面详图，如图 8-16b。它与索引符号的区别在于增加了剖切位置线，图中用粗短线表示。在剖切的部位绘制剖切位置线，并且以引出线引出索引符号，引出线所在的一侧为剖视方向（投射方向）。

**2. 详图符号**

索引出来的详图画好之后，应在详图下方编号，称为详图符号。详图符号应以粗实线绘制，直径为 14 mm。详图符号分为两种表示方法，如图 8-17 所示。

（a）详图与被索引图在同一张图纸上　（b）详图与被索引图不在同一张图纸上

图 8-17　详图符号

① 详图与被索引的图在同一张图纸上的表示方法，如图 8-17a 所示。

② 详图与被索引的图不在同一张图纸上的表示方法，如图 8-17b 所示。

下面以墙身剖面图（外墙身详图）、楼梯详图和门窗详图为例介绍建筑详图的阅读方法。

## 8.6.2　外墙身详图

外墙身详图的剖切位置一般设在门窗洞口部位。它实际上是建筑剖面图的局部放大图样，一般按 1∶20 的比例绘制。主要表示地面、楼面、屋面与墙体的关系，同时也表示排水沟、散水、勒脚、窗台、窗檐、女儿墙、天沟、排水口等位置及构造做法，如图 8-18 所示。

### 1. 外墙身详图的用途

外墙身详图与平、立、剖面图配合使用，是施工中砌墙、室内外装修、门窗立口及概算、预算的依据。

**2. 外墙身详图的基本内容**

① 表明建筑材料，墙厚及墙与轴线的关系　从图 8-18 中可以看到，墙体材料从下到上依次是普通砖、钢筋混凝土基础梁、普通砖、空心砖等，墙厚为 240 mm，墙的定位轴线与中心线重合（轴线居中）。

② 表明各层楼中的梁、板的位置及其与墙身的关系　从图 8-18 中可以看出该建筑底层为预制钢筋混凝土圆孔板，楼面、屋面采用的是现浇钢筋混凝土楼板、屋面板，板与梁现浇成一个整体，即整体现浇楼盖（屋盖）。

③ 表明地面、各层楼面、屋面的构造做法　该部分内容，一般要与《建筑设计总说明》和装修一览表共同表示。本工程要结合附录二中附图 2 建施 14-2《建筑设计总说明》阅读。例如建筑设计总说明中第 4.1.6 条"砖砌体在低于各室地坪标高 0.060 m 处设防潮层，做法为 20 厚 1∶2 水泥砂浆加 5% 防水剂。"又如第 4.3 条，楼地面详见装修一览表，再从装修一览表查出"一般地面"，一般地面做法为水泥豆石地面，采用图纸及编号是"西南 J312-3110a"。

④ 表明各主要部位的标高　在建筑施工图中标注的标高称为建筑标高，标注的高度位置是建筑物某部位装修完成后的上表面或下表面的高度。它与结构施工图（见第九章）的标高不同，结构施工图中的标高称为结构标高，它标注结构构件未装修前的上表面或下表面的高度。在图 8-19 中，可以看到建筑标高和结构标高的区别。

⑤ 表明门窗立口与墙身的关系　在建筑工程中，门窗框的立口有三种方式，即平内墙面、居墙中、平外墙面。图 8-18 中的窗向墙外凸出称为阳光窗，立口则根据窗台板和遮阳板而定。

⑥ 表明各部位的细部装修及防水防潮做法　主要内容有排水沟、散水、防潮层、窗台、窗檐、天沟等的细部做法。

**3. 读图方法及步骤**

① 掌握墙身剖面图所表示的范围　读图时结合附录二中附图 9 建施 14-9 中 2—2 剖面图阅读，可知该墙身剖面图是 Ⓐ 轴上的墙，但是 Ⓓ 轴与 Ⓐ 轴对应部位，又未再画详图，说明也代表 Ⓓ 轴上对应部位的墙。

② 掌握图中的分层表示方法　如图 8-18 中地面的做法是采用分层表示方法，画图时文字注写的顺序是与图形的顺序对应的。这种表示方法常用于地面、楼面、屋面和墙面等装修做法。

③ 掌握楼板与梁、墙的关系。图 8-18 为现浇整体式楼盖的外墙身详图，具体做法应参照相应的结构施工图阅读。

④ 结合建筑设计总说明和装修一览表阅读，掌握细部的构造做法。

**4. 注意事项**

① 位于 ±0.000 或防潮层以下的墙称为基础墙，施工做法应以基础图为准。在 ±0.000 或防潮层以上的墙施工做法以建筑施工图为准，并注意连接关系及防潮层的做法。

② 应结合建筑设计总说明或装修一览表阅读。掌握地面、楼面、屋面、散水、勒脚、女儿墙、天沟等的细部做法。

③ 注意建筑标高与结构标高的区别，如图 8-19 所示。

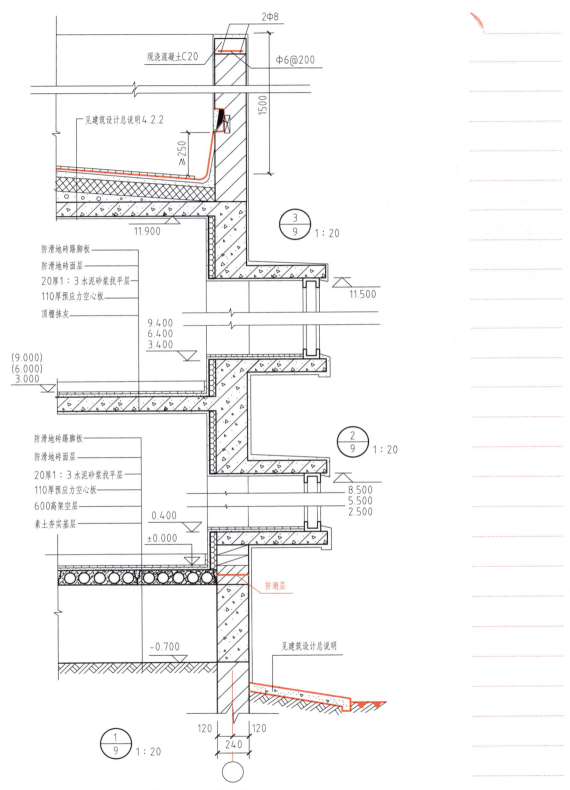

图 8-18 外墙身详图

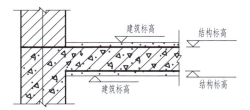

图 8-19　建筑标高和结构标高的区别

### 8.6.3　楼梯详图

微课扫一扫
楼梯详图

#### 1. 概述

（1）楼梯的组成

楼梯一般由楼梯段、平台、栏杆（栏板）扶手三部分组成，从图 8-20 所示楼梯的轴测图中，可以清楚地看到这三大组成部分。

① 楼梯段（楼梯板）指两平台之间的倾斜构件。它由斜梁或板及若干踏步组成。踏步表面的水平面称为踏面，踏步的铅垂面称为踢面。

② 平台　是指两楼梯段之间的水平构件。根据位置不同又有楼层平台和休息平台之分，休息平台又称为中间平台。

③ 栏杆（栏板）和扶手。栏杆、扶手设在楼梯段及平台悬空的一侧，起安全防护作用。栏杆一般用金属材料做成，扶手一般由金属材料、硬杂木或塑料等做成。

（2）楼梯详图的主要内容

要将楼梯在施工图中表示清楚，一般要有三部分的内容，即楼梯平面图、楼梯剖面图和踏步、栏杆、扶手详图。

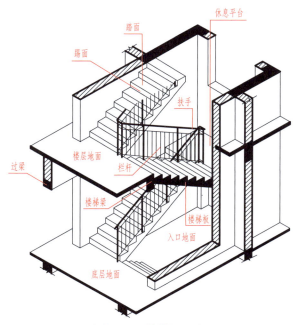

图 8-20　楼梯的组成

下面以图 8-24 所示楼梯详图为例，介绍楼梯详图的阅读和绘制。

**2. 楼梯平面图**

楼梯平面图的形成同建筑平面图一样。假设用一水平剖切平面在该层往上行的第一个楼梯段中剖切开，移去剖切平面及以上部分，将余下的部分按正投影的原理投射在水平投影面上所得到的图，称为楼梯平面图。楼梯平面图是房屋平面图中楼梯间部分的局部放大的施工图，图 8-24 中楼梯平面图是采用 1：50 的比例绘制的。

楼梯平面图必须分层绘制，一般应有底层平面图、标准层平面图和顶层平面图。

① 底层平面图　底层平面图一般剖在上行的第一跑上，底层平面图的形成如图 8-21 所示。

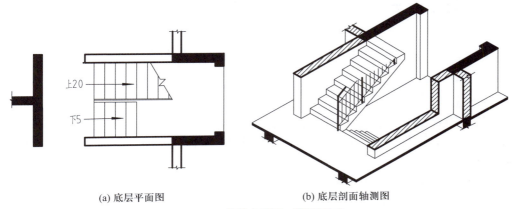

(a) 底层平面图　　　　　　　　　(b) 底层剖面轴测图

图 8-21　楼梯底层平面图的形成

② 标准层平面图　中间相同的几层楼梯，同建筑平面图一样，可用一个图来表示，这个图称为标准层平面图。标准层平面图的形成如图 8-22 所示。

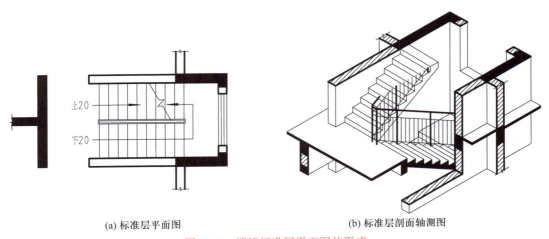

(a) 标准层平面图　　　　　　　　　(b) 标准层剖面轴测图

图 8-22　楼梯标准层平面图的形成

③ 顶层平面图　房屋最上面一层平面图称为顶层平面图。顶层平面图楼梯段上不画折断线，用直接正投影法向水平投影面进行投影。所以，楼梯顶层平面图为两跑完整的楼梯梯段。顶层平面图的形成如图 8-23 所示。

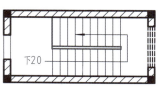

(a) 顶层平面图                    (b) 顶层剖面轴测图

图 8-23  楼梯顶层平面图的形成

这里需要说明的是按假设的剖切面将楼梯剖切开，折断线本应该为平行于踏步的折断线，为了与踏步的投影区别开，《建筑制图标准》（GB/T 50104—2010）规定画为斜线。

楼梯平面图用轴线编号表明楼梯间在建筑平面图中的位置，注明楼梯间的长宽尺寸，楼梯跑（段）数，每跑的宽度，踏步步数，每一步的宽度，休息平台的平面尺寸及标高等。

### 3. 楼梯剖面图

假想用一铅垂剖切平面，通过各层的一个楼梯段，将楼梯剖切开，向另一未剖切到的楼梯段方向进行投影，所绘制的剖面图称为楼梯剖面图。如图 8-24 中的 1—1 剖面图所示。

楼梯剖面图的作用是完整、清楚地表明各层梯段及休息平台的标高，楼梯的踏步步数、踢面的高度，各种构件的搭接方法，楼梯栏杆（板）的形式，栏杆的高度（图 8-24 中的 2—2 断面图）及楼梯间各层门窗洞口的标高及尺寸。

### 4. 踏步、栏杆（板）及扶手详图

踏步、栏杆（板）、扶手这部分内容同楼梯平面图、剖面图相比，采用的比例更大一些，其目的是表明楼梯各部位的细部做法。

① 踏步  如图 8-24 中楼梯详图 1 所示，踏面的宽为 260 mm（在楼梯平面图中也有表示）；踢面的高为 150 mm（在楼梯剖面图中也有表示）。楼梯间踏步的装修若无特别说明，一般都是同地面的做法。在图 8-24 中详图 1 的面层是"防滑地砖"。在公共建筑中，楼梯踏面要设置防滑条。

② 栏杆、扶手  图 8-24 中 2—2 断面图，表示栏杆、扶手的做法。栏杆立柱与踏步的固定采用的是预留槽的方法，预留槽的尺寸为 100×100×150，栏杆立柱采用方钢"□ 30×30"。图中"□ 30×30"的意思是："□"为方钢的图例，"30×30"为方钢的断面尺寸。楼梯栏杆立柱插入预留槽后，再用"C20 细石混凝土填实"。除

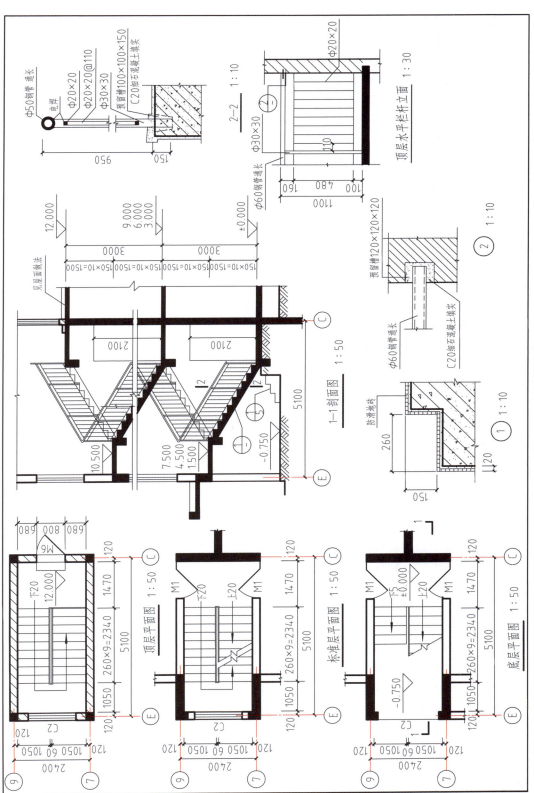

图 8-24 楼梯详图

立柱外，楼梯栏杆材料采用断面为 20×20 的方钢，连接方法是电焊。2—2 断面图中栏杆立柱与扶手的连接，栏杆立柱为方钢，扶手为钢管，其连接方法是"电焊"。图中"$\phi 50$"的含义是："$\phi$"为钢管的直径代号，"50"为钢管的直径，一般指外径。

除以上内容外，楼梯详图一般还包括顶层栏杆立面图、顶层栏杆楼层平台段与墙体的连接。图中的"顶层水平栏杆立面"是表示顶层楼梯平台水平段的栏杆做法，详图 2 所示是水平段的扶手与墙体的固定方法。

**5. 阅读楼梯详图的方法与步骤**

① 查明轴线编号，了解楼梯在建筑中的平面位置和上下方向。

② 查明楼梯各部位的尺寸。包括楼梯间的大小、楼梯段的大小、踏面的宽度、休息平台的平面尺寸等。

③ 按照平面图上标注的剖切位置及投射方向，结合剖面图阅读楼梯各部位的高度。包括地面、休息平台、楼面的标高及踢面、楼梯间门窗洞口、栏杆、扶手的高度等。

④ 弄清栏杆（板）、扶手所用的建筑材料及连接做法。

⑤ 结合建筑设计总说明阅读，查明踏步（楼梯间地面）、栏杆、扶手的装修方法。内容包括踏步的具体做法，栏杆、扶手的材料及其油漆颜色和涂刷工艺等。

**6. 楼梯详图的绘制步骤**

在这里只介绍楼梯平面图和楼梯剖面图的绘制。

（1）楼梯平面图的绘制（以标准层为例）

① 将各层平面图对齐，根据楼梯间的开间、进深尺寸画出墙身轴线、墙厚、门窗洞口的位置，如图 8-25a 所示。

② 画出平台宽度、梯段长度及栏杆的位置，楼梯段长度等于踏面宽度乘踏步数减 1（踏步数减 1 就为踏面数），仍如图 8-25a 所示。

③ 用等分平行线间距的方法分楼梯踏步，然后画出踏面，如图 8-25b 所示。

④ 加深图线。图线要求与建筑平面图一致。

⑤ 画箭头、标注上下方向，注写标高、尺寸、图名、比例及文字说明，填充材料图例。

⑥ 检查。最后完成的标准层平面图如图 8-25c 所示。

（2）楼梯剖面图的绘制

① 根据楼梯底层平面图中标注的剖切位置和投射方向，画墙身轴线，楼地面、平台和梯段的位置，如图 8-26a 所示。

② 画墙身厚度、平台厚度、楼梯横梁的位置及楼梯板的位置及厚度。如图 8-26b 所示。

③ 分梯踏步。根据楼梯板上斜线的长度按水平方向的投影长度，同平面图分法一样，得到楼梯板上斜线上的等分点，过等分点作水平线和竖直线，就得踏面和踢面轮廓线，如图 8-26b 所示。

④ 借用第一梯段踏步的等分结果，对应画其他梯段踏步的投影图。

⑤ 画细部。如斜梁、栏杆、扶手及楼梯间的门窗、填充材料图例等。

⑥ 加深图线和标注。线型要求同建筑剖面图一致。标注标高、尺寸及注写文字。

⑦ 检查。最后完成的楼梯剖面图如图 8-26c 所示。

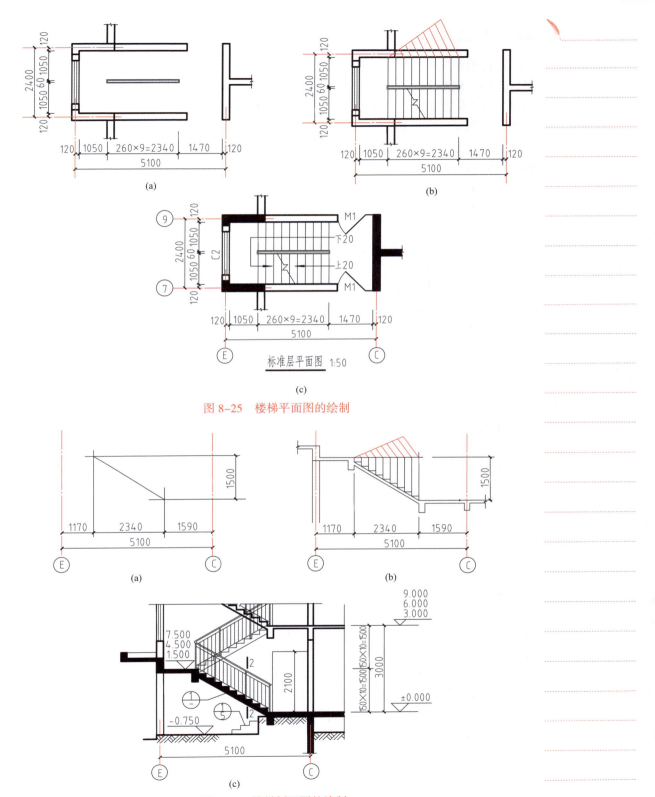

图 8-25　楼梯平面图的绘制

图 8-26　楼梯剖面图的绘制

### 8.6.4　门窗详图

在民用建筑中，制作门窗的材料有木材、铝合金（简称铝材）、钢材、UPVC（硬聚氯乙烯 – 塑料）等。国内目前广泛采用塑料与钢材（外塑料内钢材）制成的塑钢门窗。由于资源的原因，木窗在民用建筑中运用较少，大部分已经被新型材料取代。新型材料都是定型材料，简称"型材"。技术发展趋势是设计定型化、制作与安装专业化。铝合金、铝塑、塑钢都是定型材料，专业制作安装，施工图中一般只绘制立面图。如附录二中附图 12 建施 14–12 为门立面图，附图 13 建施 14–13 为窗立面图，凡是型材制作的门窗，施工图一般都很简单。

由于木门还大量使用，为此下面介绍木门详图的内容及阅读方法。

#### 1. 木门的组成

木门由框和扇两大部分组成。门的单位称为"樘"。木门的组成及名称如图 8–27 所示。

#### 2. 木门详图的基本内容

木门详图的基本内容包括立面图、节点详图、五金表及文字说明四部分。

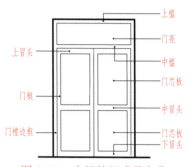

图 8–27　木门的组成及名称

（1）立面图

立面图表示门框、门扇的大小及组成形式，门扇的开启方向和节点详图的剖切位置，如图 8–28 中 M5 立面图。

立面图中一般标有三道尺寸线，最外面一道尺寸线上的数字表示洞口的大小，中间一道尺寸线上的数字表示门框的外包尺寸和灰缝尺寸，最里面一道尺寸线上的数字为门扇的尺寸。

门扇的开启方向由《建筑制图标准》（GB/T 50104—2010）规定："立面图中的斜线表示门的开启方向，实线为外开，虚线为内开；开启方向线交角的一侧为安装铰链的一侧。"图 8–28 中 M5 立面图中的开启线为虚线，表示内开门。

（2）节点详图

节点详图表示门框与门扇的相互关系、成型后各部位的断面尺寸及形状、门芯板的安装部位及固定方法。下面以节点详图①为例，介绍节点详图的内容。

节点详图①中剖切到两块木料的断面为 95 × 52 和 145 × 40；断面为 95 × 52 的这块木料为门框，门框与墙连接。由于木材是由原木加工而成，先由原木按需要尺寸加工成木方，称为毛料，然后再将毛料进行刨光后称为净料才能刷油漆。预算定额上从毛料加工成净料单面光损耗是 3 mm，双面光的损耗是 5 mm。为此，要制作成断面为 52 × 95 净料的门框，实际需要木材毛料的断面为 55 × 100。所以图 8–29a 中标注的 95 × 52 为门框的净料尺寸。同理图 8–29b 中标注的 145 × 40 为门扇的净料尺寸。

其他节点类同，不再赘述。

（3）五金表

不管是门还是窗，安装时都需要五金配件，门上的五金配件主要有铰链、门锁、门吸等。五金配件一般用列表的方式表示各种配件的名称、规格及数量。在五金表

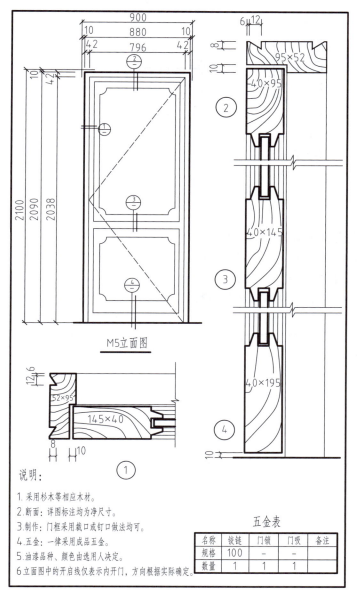

图 8-28 木门详图

中"规格"一栏的数目字表示型号的大小,如图 8-28 中铰链下的"100"表示铰链的规格为 100 mm。在五金表中"数量"一栏的数目字表示一樘门的用量,数量一栏都为"1",但是单位不一样。铰链对应下的"1",单位为"付"(表示 2 个或 3 个);门锁对应下的"1",单位是"把",表示一把门锁;其他类同。

(4)文字说明

文字说明的内容主要是材料质量、施工方法、油漆颜色、涂刷工艺及其他需要说明的内容。图 8-28 中说明共有 6 条。从木材的材质、断面、制作、五金、油漆等六个方面进行阐述。

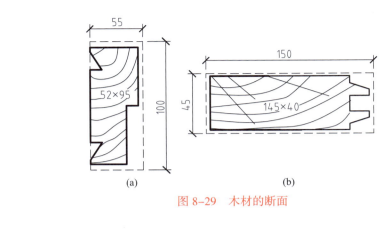

图 8-29　木材的断面

**3. 阅读木门窗详图的方法与步骤**

① 从立面图中查明门窗各部位的尺寸，门窗扇的组成形式；

② 从立面图中查明门窗扇的开启方向，是外开还是内开，是平开还是旋转门等；

③ 在节点详图中查明各块材料的断面尺寸、形状、门芯板、玻璃等的固定方法；

④ 在五金表中查明不同规格的门窗所需要的金属配件的名称、规格及数量；

⑤ 从文字说明中弄清门窗制作、安装要求和油漆的颜色、工艺等。

# 第 9 章

## 结构施工图

### 9.1.1 结构施工图简介

在房屋建筑中，结构的作用是承受重力和传递荷载。一般情况下，外力作用在楼板上，由楼板将荷载传递给墙或梁，由梁传递给柱，再由柱或墙传递给基础，最后由基础传递给地基，如图 9-1 所示。

建筑结构按照主要承重构件所采用的材料不同，一般可分为钢结构、木结构、砖混结构和钢筋混凝土结构四大类。我国现在最常用的是砖混结构和钢筋混凝土结构。本章主要以钢筋混凝土结构为例，介绍结构施工图的阅读方法。

钢筋混凝土结构房屋的构成形式一般是钢筋混凝土独立基础和基础梁，上部结构的柱、梁、板现浇在一起，成为一个整体，称为框架结构。为此，钢筋混凝土柱称为框架柱，钢筋混凝土梁称为框架梁，钢筋混凝土板称为现浇板。除此之外，雨篷、楼梯等由钢筋混凝土整体现浇，过梁一般为预制，墙体为填充墙。图 9-1 为钢筋混凝土薄壁框架结构示意图。

结构施工图表明结构设计的各项内容和各工种（建筑、给水排水、采暖通风、电气等）对结构的要求。主要反映承重构件的布置情况、构件类型、材料质量、尺寸大小及制作安装方法。

### 9.1.2 结构施工图的主要内容

结构施工图的主要内容包括结构设计总说明、结构布置平面图、详图三大部分。

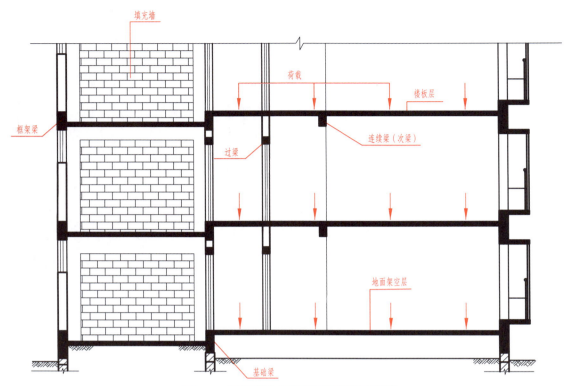

图 9-1  钢筋混凝土薄壁框架结构示意图

### 1. 结构设计总说明

根据工程的复杂程度，结构设计总说明的内容有多有少，但是，一般均包括以下六个方面的内容：

① 总则  主要阐明国家在建筑业中的大政方针。比如建筑物的重要程度、抗震烈度以及合理使用年限等规定。

② 主要设计依据  阐明执行国家有关的标准、规范、规程以及业主对新建筑的要求等。

③ 荷载的取值  荷载的取值是结构计算的依据，如不同使用房间的荷载以及雪载、风载等。

④ 材料  主要是对各种材料的质量要求，如建筑上所用的钢材、水泥的质量要求等。

⑤ 上部结构构造  上部结构构造分为两大部分。一是钢筋混凝土部分的构造要求，二是砌体部分的构造要求。

⑥ 其他  除以上部分外，设计人员认为需要说明的问题，如附录二结构施工图15-2 所示。

### 2. 结构布置平面图

结构布置平面图同建筑平面图一样，属于全局性的图纸，主要内容包括：

① 基础平面布置图及基础详图，基础设计说明等；

② 柱、梁、板平面布置图及配筋图；

③屋顶梁、板平面布置图及配筋图。

### 3. 详图

详图属于局部性的图纸，表示构件的形状、大小、所用材料的强度等级和制作安装要求等。其主要内容有：

①柱、梁、板等构件详图；

②楼梯结构详图；

③其他构件详图。

## 9.1.3　构件代号

构件代号分常用构件代号和其他构件代号两大类。

### 1. 常用构件代号

房屋结构中的基本构件较多，为了图面清晰，并把不同的构件表示清楚，《建筑结构制图标准》（GB/T 50105—2010）中附录 A 规定将构件的名称用代号表示，表示方法用构件名称的汉语拼音中的第一个字母作为代号，如表 9-1 所示。

表 9-1　常用构件代号

| 序　号 | 名　称 | 代　号 | 序　号 | 名　称 | 代　号 |
|---|---|---|---|---|---|
| 1 | 板 | B | 23 | 楼梯梁 | TL |
| 2 | 屋面板 | WB | 24 | 框架梁 | KL |
| 3 | 空心板 | KB | 25 | 框支梁 | KZL |
| 4 | 槽形板 | CB | 26 | 屋面框架梁 | WKL |
| 5 | 折板 | ZB | 27 | 檩条 | LT |
| 6 | 密肋板 | MB | 28 | 屋架 | WJ |
| 7 | 楼梯板 | TB | 29 | 托架 | TJ |
| 8 | 盖板或沟盖板 | GB | 30 | 天窗架 | CJ |
| 9 | 挡雨板或檐口板 | YB | 31 | 框架 | KJ |
| 10 | 吊车安全走道板 | DB | 32 | 刚架 | GJ |
| 11 | 墙板 | QB | 33 | 支架 | ZJ |
| 12 | 天沟板 | TGB | 34 | 柱 | Z |
| 13 | 梁 | L | 35 | 框架柱 | KZ |
| 14 | 屋面梁 | WL | 36 | 构造柱 | GZ |
| 15 | 吊车梁 | DL | 37 | 承台 | CT |
| 16 | 单轨吊车梁 | DDL | 38 | 设备基础 | SJ |
| 17 | 轨道连接 | DGL | 39 | 桩 | ZH |
| 18 | 车挡 | CD | 40 | 挡土墙 | DQ |
| 19 | 圈梁 | QL | 41 | 地沟 | DG |
| 20 | 过梁 | GL | 42 | 柱间支撑 | ZC |
| 21 | 连系梁 | LL | 43 | 垂直支撑 | CC |
| 22 | 基础梁 | JL | 44 | 水平支撑 | SC |

| 序　号 | 名　称 | 代　号 | 序　号 | 名　称 | 代　号 |
|---|---|---|---|---|---|
| 45 | 梯 | T | 50 | 天窗端壁 | TD |
| 46 | 雨篷 | YP | 51 | 钢筋网 | W |
| 47 | 阳台 | YT | 52 | 钢筋骨架 | G |
| 48 | 梁垫 | LD | 53 | 基础 | J |
| 49 | 预埋件 | M | 54 | 暗柱 | AZ |

注：预应力钢筋混凝土构件代号，应在构件代号前加注"Y–"，例如 Y-KB 表示预应力钢筋混凝土空心板。

### 2. 其他构件代号

随着建筑业的快速发展，高层建筑日益增多，高层建筑中构件的种类和数量也较多。为了加快建筑业的发展，由中国建筑标准设计研究院编制，中华人民共和国住房和城乡建设部批准的《混凝土结构施工图平面整体表示方法制图规则和构造详图》国家建筑标准设计图集（代号"16G101–1"）中增加了一些构件代号，如表9–2所示。标注方法同常用构件代号一致。

**表 9–2　其他构件代号**

| 序号 | 名称 | 代号 | 序号 | 名称 | 代号 |
|---|---|---|---|---|---|
| 1 | 框架柱 | KZ | 14 | 连梁（跨高比小于 5） | LLK |
| 2 | 转换柱 | ZHZ | 15 | 暗梁 | AL |
| 3 | 芯柱 | XZ | 16 | 边框梁 | BKL |
| 4 | 梁上柱 | LZ | 17 | 楼层框架梁 | KL |
| 5 | 剪力墙上柱 | QZ | 18 | 楼层框架扁梁 | KBL |
| 6 | 约束边缘构件 | YBZ | 19 | 屋面框架梁 | WKL |
| 7 | 构造边缘构件 | GBZ | 20 | 框支梁 | KZL |
| 8 | 非边缘暗柱 | AZ | 21 | 托柱转换梁 | TZL |
| 9 | 扶壁柱 | FBZ | 22 | 非框架梁 | L |
| 10 | 连梁 | LL | 23 | 悬挑梁 | XL |
| 11 | 连梁（对角暗撑配筋） | LL(JC) | 24 | 井字梁 | JZL |
| 12 | 连梁（交叉斜筋配筋） | LL(JX) | 25 | 剪力墙墙身 | Q |
| 13 | 连梁（集中对角配筋） | LL(DX) | | | |

### 9.1.4　钢筋混凝土构件简介

#### 1. 构件受力状况

混凝土是由水泥、石子、砂子和水按一定比例拌和而成，经振捣密实，凝固后坚硬如石。特点是受压能力好，受拉能力差，容易因受拉而断裂导致破坏，如图 9–2a 所示。为了解决这个问题，充分利用混凝土的受压能力，常在混凝土构件的受拉区内按计算配入一定数量的钢筋，使混凝土和钢筋结合成一个整体，共同发挥作用，这种配有钢筋的混凝土称为钢筋混凝土，如图 9–2b 所示。

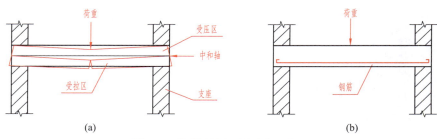

图 9-2　钢筋混凝土梁受力示意图

### 2. 构件中钢筋的作用和分类

钢筋混凝土中的钢筋，有的是因为受力需要而配制的，有的则是因为构造需要而配制的，这些钢筋的形状及作用各不相同，一般分为以下几种：

① 受力钢筋（主筋）　在构件中承受拉应力和压应力为主的钢筋称为受力钢筋，简称**受力筋**。受力筋用于梁、板、柱等各种钢筋混凝土构件中。在梁、板中的受力筋按形状分，一般可分为直筋和弯起筋，按是承受拉应力还是受压应力分为正筋（拉应力）和负筋（压应力）两种。

② 架立钢筋　又叫**架立筋**，用以固定梁内钢筋的位置，把纵向的受力钢筋和箍筋绑扎成骨架，架立筋一般用于梁中。

③ 箍筋　承受一部分斜拉应力（剪应力），并固定受力筋、架立筋的位置的钢筋称为**箍筋**，箍筋一般用于梁和柱中。

④ 分布钢筋　简称**分布筋**，用于各种板内。分布筋与板的受力钢筋垂直设置，其作用是将承受的荷载均匀地传递给受力筋，并固定受力筋的位置以及抵抗热胀冷缩所引起的温度变形。

⑤ 其他钢筋　除以上常用的四种类型的钢筋外，还会因构造要求或者施工安装需要而配置构造钢筋。如腰筋，用于高断面的梁中；预埋拉结筋，预埋于钢筋混凝土柱上与砖墙砌在一起，起拉结砖墙作用；吊环，在预制构件吊装时用。

各种钢筋在梁、柱、板中的位置及形状如图 9-3 所示。

### 3. 钢筋的保护层

为了使钢筋在构件中不被锈蚀，加强钢筋与混凝土的黏结力，在各种构件中的受力筋外面，必须要有一定厚度的混凝土，这层混凝土就被称为主筋保护层，简称**保护层**。保护层的厚度因构件环境、混凝土强度等级不同而异，做法要按 16G 101-1 中"混凝土保护层的最小厚度"的规定取值。一类环境中，梁和柱混凝土保护层的最小厚度为 20 mm，板、剪力墙混凝土保护层的最小厚度为 15 mm。

### 4. 钢筋的弯钩

（1）半圆弯钩

螺纹钢筋与混凝土黏结良好,末端不需要做弯钩。光圆钢筋两端需要做半圆弯钩,以加强混凝土与钢筋的黏结力，避免钢筋在受拉区滑动。

半圆弯钩的形状如图 9-4 所示。标准弯钩的大小由钢筋直径而定，一个弯钩需增加长度应大于或等于：

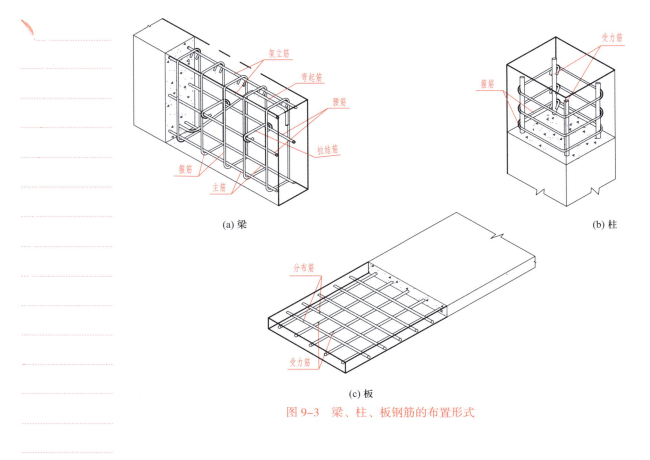

(a) 梁

(b) 柱

(c) 板

图 9-3    梁、柱、板钢筋的布置形式

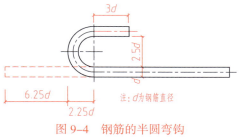

注：d为钢筋直径

图 9-4    钢筋的半圆弯钩

$$（2.5+1）d \times \frac{\pi}{2} +3d-2.25d \approx 8.5d-2.25d=6.25d$$

例如，直径为 20 mm 的钢筋弯钩长度为 6.25 × 20 = 125 mm，一般取 130 mm。

（2）箍筋弯钩

箍筋在构件中一般都要求制成封闭箍筋。封闭式箍筋弯钩的平直部分长度为 10$d$ 或 75 mm 取大值。例如，$\phi$6 的箍筋弯钩的平直部分 10$d$ 的长度为 60 mm，取 75 mm；$\phi$8 的箍筋弯钩的平直部分 10$d$ 的长度为 80 mm，取 80 mm。箍筋的形式如图 9-5 所示。

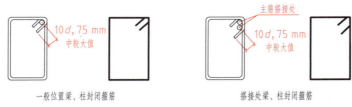

图 9-5 箍筋的形式

### 5. 钢筋的表示方法

根据《建筑结构制图标准》（GB /T 50105—2010）的规定，普通钢筋在图中的表示方法应符合表 9-3 中规定的画法。

表 9-3 一般钢筋的表示方法

| 序号 | 名　　称 | 图　　例 | 说　　明 |
|---|---|---|---|
| 1 | 钢筋横断面 | ● | |
| 2 | 无弯钩的钢筋端部 | | 下图表示长、短钢筋投影重叠时，短钢筋的端部以 45° 斜线表示 |
| 3 | 带半圆形弯钩的钢筋端部 | | |
| 4 | 带直钩的钢筋端部 | | |
| 5 | 带丝扣的钢筋端部 | | |
| 6 | 无弯钩的钢筋搭接 | | |
| 7 | 带半圆弯钩的钢筋搭接 | | |
| 8 | 带直钩的钢筋搭接 | | |
| 9 | 花篮螺纹钢筋接头 | | |
| 10 | 机械连接的钢筋接头 | | 用文字说明机械连接的方式（冷挤压或锥螺纹等） |

### 6. 常用的钢筋种类及其代号

我国目前钢筋混凝土和预应力钢筋混凝土中常用的钢筋和钢丝主要有热轧钢筋、冷拉钢筋、热处理钢筋和钢丝四大类。其中热轧钢筋和冷拉钢筋又按其强度由低到高分为 HPB300、HRB335、HRB400、RRB400 四级。不同种类和级别的钢筋、钢丝在结构施工图中用不同的符号表示，如表 9-4 所示。

表 9-4 钢筋的种类和代号（部分）

| 钢筋种类 | 钢筋代号 |
|---|---|
| HPB300 级钢筋（光圆钢筋） | $\phi$ |
| HRB335 级钢筋（带肋钢筋） | $\Phi$ |
| HRB400 级钢筋（带肋钢筋） | $\Phi$ |
| RRB400 级钢筋（带肋钢筋） | $\Phi^R$ |

### 7. 钢筋标注的形式及含义

钢筋标注的形式及含义如下（直径与间距单位为 mm）：

## 9.2 基础图

通常把建筑物地面 ±0.000（除地下室外）以下承受房屋全部荷载的结构称为基础。基础以下称为地基。基础的作用就是将上部荷载均匀地传递给地基。基础的组成如图 9-6 所示。

基础的形式很多，常采用的有条形基础、独立基础和桩基础等。条形基础多用于混合结构中。独立基础又叫柱基础，多用于钢筋混凝土结构中。桩基础既可做条形基础，用于混合结构之中作为墙的基础；又可做成独立基础用于柱基础，如图 9-7 所示。

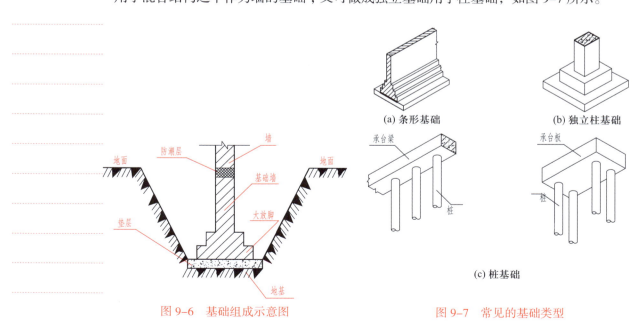

图 9-6 基础组成示意图

图 9-7 常见的基础类型

下面以条形基础为例，介绍与基础有关的术语（图9–6）。

地基：承受建筑物荷载的天然岩土或经过加固的岩土；

垫层：用来把基础传来的荷载均匀地传递给地基的结合层；

大放脚：把上部结构传来的荷载分散传递给垫层的基础扩大部分，目的是使地基上单位面积的压力减小，满足结构安全要求。

基础墙：建筑中把 ±0.000（除地下室外）以下的墙称为基础墙。

防潮层：为了防止地下水对墙体的侵蚀，在约 –0.060 m（除地下室外）处设置一层能防水的建筑材料来隔潮，这一层称为防潮层。

基础图主要用来表示基础的平面布置及基础的做法，内容包括基础平面图、基础详图和文字说明三部分，主要用于放灰线、挖基槽、砌筑或浇灌基础等，是结构施工图的重要组成部分之一。

下面以图9–8所示基础平面图为例，介绍基础图的阅读方法。

## 9.2.1  基础平面图

### 1. 基础平面图的产生

假设用一水平剖切面，沿建筑物底层室内地面把整栋建筑物剖切开，移去截面以上的建筑物和基础回填土后，作水平投影，所得到的图称为基础平面图。基础平面图主要表示基础的平面布置以及墙、柱与轴线的关系。

### 2. 基础平面图的表示方法

在基础图中绘图的比例、轴线编号及轴线间的尺寸必须同建筑平面图一致。线型的选用惯例是表示基础墙、柱用粗实线，表示基础底用细实线。

### 3. 基础平面图的主要内容

① 基础底边线   基础平面图中第⑧轴线上的基础为条形基础，它最外边的两条细实线表示基础底的宽度。如图中标注的500、500，即说明基础底宽为1 000 mm，属于对称性基础，特点是基础中心线与轴线重合。基础平面图中的薄壁柱基础为挖孔桩基础，它最外边的细实线圆表示基础底的直径，图中标注出圆心与薄壁柱轴线的关系。

② 基础墙线、柱截面线   在条形基础中最里边两条粗实线表示基础墙的宽度；在独立基础中最里边的粗实线表示柱的截面形状。基础墙的宽度一般同底层墙体宽度一致；柱的截面形状一般同底层柱的截面形状一致。

③ 基础轴线位置   轴线位置很重要，弄错了就要出大事故。从图9–8来看，该建筑物的轴线位于墙或柱的中心线上。轴线位于中心线上的基础称为对称基础，例如第⑧轴线上的基础为对称基础。在该工程中要注意的是挖孔桩基础，墙或薄壁柱的轴线与挖孔桩的中心线有一定的距离。例如②轴与Ⓓ轴相交的ZJ1，②轴线与桩中心线的距离是120 mm，Ⓓ轴线与桩中心线的距离是250 mm。

④ 基础纵向放阶   基础放阶一般用于条形基础中。由于地基的土质情况不一致，或建筑物上部的荷载差别过大，为此基础的埋置深度就不一样。当基础底的标高不一样高时，基底不允许做成斜坡，而必须做成阶梯形，故称为踏步基础。

⑤ 剖切符号   在不同的位置，基础的形状、尺寸、埋置深度及与轴线的相对位

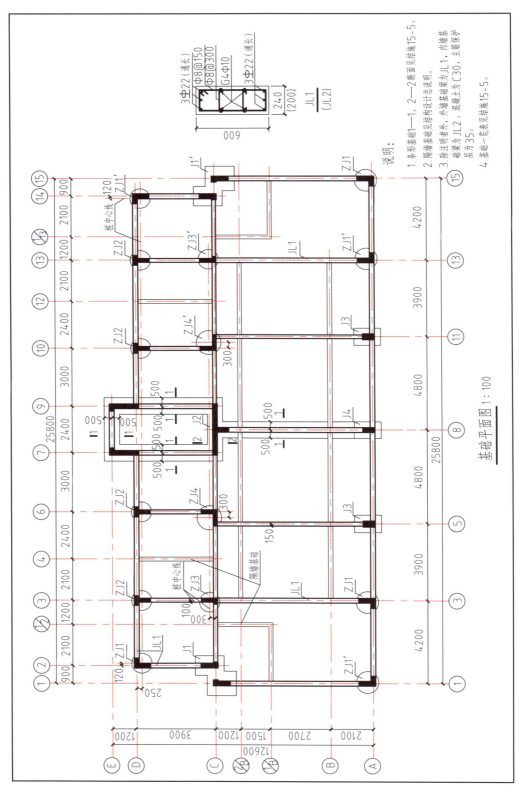

基础平面图 1:100

图 9-8　基础平面图

说　明:
1. 条形基础1—1, 2—2断面见结施15-5。
2. 隔墙基础见结构构造设计总说明。
3. 除注明者外, 外墙基础梁为JL1, 内墙基础梁为JL2。混凝土为C30。主筋保护层为35。
4. 基础一览表见结施15-5。

置不同时，需要分别画出它们的断面图。在基础平面图中要相应地画出剖切符号，并注明断面图的编号，如图 9-8 中 1-1、2-2 等的剖切位置及编号。

## 9.2.2　基础详图

基础详图有一般基础详图、挖孔桩基础详图等。基础详图以断面图的图示方法绘制。

### 1. 一般基础详图

基础详图用较大的比例（1：20）绘制，能详细地表示出基础的断面形状、尺寸、与轴线的关系、基础底标高、材料及其他构造做法，为此称为基础详图。下面以附录二中附图 19 结构施工图 15-5 中 1-1 断面为例（图 9-9），说明其主要内容：

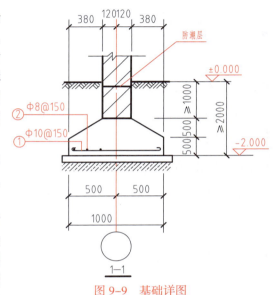

图 9-9　基础详图

① 轴线　表明基础各部位与轴线的相对位置，标注出基础截面变化情况、基础墙、基础梁与轴线的关系等。

② 基础材料　从材料图例可以看出基础置于岩石上，从下至上分别为垫层、钢筋混凝土基础、基础墙、防潮层和上部结构。垫层的断面图在图中未画出材料图例，其做法一般标注在"基础设计说明"中，见附录二中附图 18 结施 15-4 基础设计说明中第 4 条材料 4.1"条基垫层 C15 厚度 100 mm"。结合详图垫层两边比基础底一般宽出 100 mm。钢筋混凝土基础的混凝土强度为 C25，内配①、②号钢筋。钢筋混凝土基础上为基础墙，基础墙的做法见结施 15-4 基础设计说明中第 4 条材料 4.3，可查出对材料的要求"砖为 MU10，砂浆 M5 水泥砂浆砌筑"。再往上是防潮层和上部结构。

③ 防潮层　防潮层可以在基础断面图中表明其位置及做法，但是一般以建筑施工图为主表明其位置及做法。参见附录二建筑施工图 14-2 中建筑设计总说明 4.1.6 条。

④ 各部位的标高及尺寸　基础详图中标注基础（梁）顶面标高（或地面标高）和基础底标高。基础底标高表示基础最浅时的标高。基础最浅时要满足 -2.000 m 的要求。当基础底槽土质软弱时，基础需要做得更深一些，其基础底的深度就会超过 2.000 m。基础详图中水平方向的尺寸用来表示基础底的宽度及与轴线的关系，同时反映上部结构与轴线的关系。高度方向的尺寸表示基础的深度及截面变化的尺寸。

⑤ 图名与相关内容　为了节约绘图时间和图幅，设计中常常将两个或两个以上类似的断面用一个断面图来表示，然后对不同的断面图名和尺寸用加括号的方法加以区别，如附录二中附图 19 结构施工图 15-5 中 J2（J3）图。读图时要找出它们的相同与不同处。如图中基础底宽尺寸 1 000，表示 J2（J3）基础底宽都是 1 000 mm，

不同的是柱子的宽度不一样。对尺寸不同处的区别方法是：带括号的图名对应带括号的尺寸数字，不带括号的图名对应不带括号的尺寸数字。尺寸相同处，则合用一个尺寸数字（不带括号）。

**2. 挖孔桩基础**

挖孔桩基础一般由三部分内容组成，即挖孔桩护壁示意图、桩基础配筋图和基础一览表。如附录二中附图 19 结构施工图 15-5 所示。

① 挖孔桩护壁示意图不标注直径大小，适用于不同直径的桩。

② 桩基础配筋图是一个通用图形，它主要表示各种不同直径的柱的共同部分及构造要求。不同类型的柱具体配筋数量要结合"基础一览表"阅读。

③ 基础一览表表示一栋建筑所有基础的编号、规格及配筋情况。

### 9.2.3  基础设计说明

基础设计说明如附录二中附图 18 的结施 15-4 基础设计说明所示。基础设计说明中主要强调了 8 个方面的问题，有设计依据、对地基的地质要求等，其他略。

### 9.2.4  基础图的阅读

阅读基础施工图时，一般应注意以下几点：

① 查明基础墙、柱的平面布置与建筑施工图中的首层平面图是否一致。

② 结合基础平面布置图和基础详图阅读，弄清轴线的位置，查明基础定位的依据。特别是偏轴线基础，若是偏轴线基础，则需注意基础哪边宽，哪边窄，尺寸偏移多大。

③ 在基础详图中查明各部位的尺寸及主要部位的标高。

④ 认真阅读有关基础的结构设计说明，查明所用的各种材料及对材料的质量要求和施工中的注意事项。

⑤ 查明钢筋混凝土基础中钢筋的配筋情况，各种编号钢筋的数量及长度。钢筋数量和长度的计算方法见 9.5 节。

## 9.3  预制装配式结构图

在民用建筑中，我国现阶段主要采用的结构形式是砖混结构和钢筋混凝土结构。砖混结构和钢筋混凝土结构的内容不同，表示方法也不一样。砖混结构一般做法是预制装配式结构，钢筋混凝土结构是现浇整体式结构。

结构施工图是分楼层表示的。楼层又叫作楼盖（本例为地面架空层），是由许多预制构件组成的，这些构件预先在预制厂（场）成批生产，然后在施工现场安装就位，组成楼盖。

预制装配式楼盖具有施工速度快，节省劳动力和建筑材料，造价低，便于工业化生产和机械化施工等优点。但是这种结构的整体性不如现浇楼盖好，因此在我国大、中城市中限制使用，在高层建筑中不得使用。

装配式楼盖结构图主要表示预制梁、板及其他构件的位置、数量及搭接方法。其内容一般包括结构布置平面图、节点详图、预制构件统计表及文字说明等。

## 9.3.1 结构布置平面图

### 1. 结构布置平面图的画法

结构布置平面图在一般情况下应采用直接正投影法绘制。当绘制楼层结构布置平面图时，假设沿楼板面将房屋水平剖切开后，作出楼层的水平投影，用以表示楼盖中梁、梁垫、板和下层楼盖以上的门窗过梁、圈梁、雨篷等构件的布置情况。在施工图中，常用一种示意性的简化画法来表示，如图 9-10 所示。这种投影法的特点是楼板压住墙，被压部分墙身轮廓线画中虚线，门、窗过梁上的墙遮住过梁，门窗洞口的位置用中虚线，过梁代号标注在门窗洞口旁。

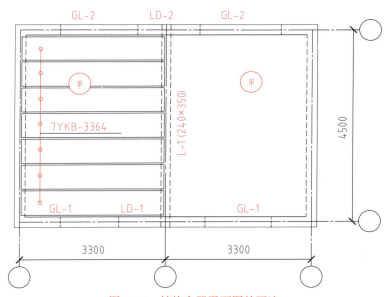

图 9-10　结构布置平面图的画法

### 2. 结构布置图的用途

结构布置图主要在安装梁、板等各种楼层构件时使用，其次在制作圈梁和局部现浇梁、板时使用。

### 3. 结构布置图的主要内容

下面以图 9-11 所示的 ×× 学校教工住宅架空层结构布置平面图为例，介绍装配式结构布置平面图的主要内容：

① 轴线　为了便于确定梁、板及其他构件的安装位置，画有与建筑平面图完全一致的定位轴线，并标注有编号及轴线间的尺寸、轴线总尺寸。

② 墙、柱　墙、柱的平面位置在建筑图中已经表示清楚了，但在结构平面布置图中仍然需要画出其平面轮廓线。

③ 梁及梁垫　梁在结构平面布置图上用梁的轮廓线加标注表示，如图 9-10 中梁 L-1；其中"L"代表梁，"1"是这根梁的编号。梁的形状及配筋图另用详图表示。

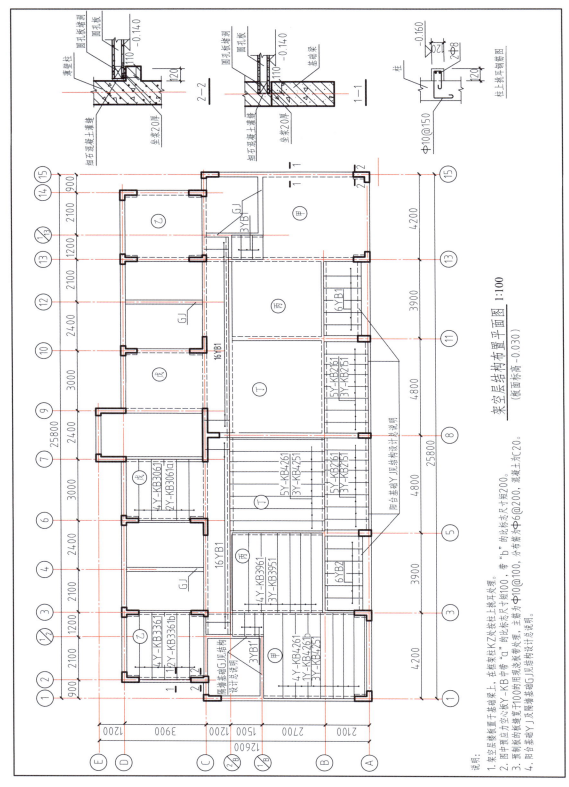

图 9-11 架空层结构布置平面图

梁在图中的标注方法一般是：L-X（…×…），如图 9-10 中标为 L-1（240×350），则说明梁的编号为 1，即 1 号梁，240 为梁的宽度，350 为梁的高度。即：

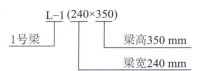

当梁搁置在砖墙或砖柱上时，为了避免墙或柱被压坏，需要设置一个钢筋混凝土梁垫，如图 9-12 所示。在图 9-10 中，"LD-1"代表 1 号梁垫。

④ 预制楼板 我国现在常用的预制楼板有平板、槽形板和空心板三种。如图 9-13 所示。平板制作简单，适用于走道、楼梯平台等小跨度的短板。槽形板重量轻、板面开洞自由，但顶棚不平整，隔音隔热效果差，民用建筑中使用较少。空心板上下板面平整，构件刚度较大，隔音隔热效果较好，因此是一种用得较为广泛的楼板，缺点是不能任意开洞。

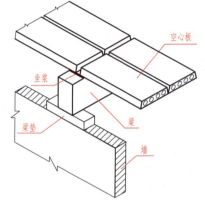

图 9-12 梁板安装示意图

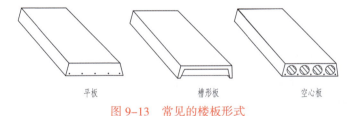

图 9-13 常见的楼板形式

上述预制楼板可以做成预应力或非预应力的楼板。由于预制楼板大多数是选用标准图集，因此，楼板在施工图中应标明数量、代号、跨度、宽度及所能承受的荷载等级。如图 9-11 所示，图中②~③轴与ⓒ~ⓓ轴的房间中标注有 4Y-KB3361，该代号中各个字母、数字的含义是：

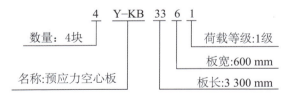

该房间还布置有 2Y-KB3361b，在 2Y-KB3361b 中除第 1 个数字 2 表示 2 块和最后增加了一个小写字母 b 外，其他均同 4Y-KB3361。小写字母"b"的含义，从图 9-11 左下角的第 2 条说明中可知：图中预应力空心板 Y-KB 带"b"的比标志尺寸短 200。故该房间的布置是 4 块 Y-KB3361 和 2 块 Y-KB3361b 的楼板。

当板搁置在砖墙或砖梁上时，为了使楼板在墙或梁上安装平实，安装楼板前需要在墙或梁上垫一层水泥砂浆，这一层水泥砂浆称为坐浆，如图 9-12 所示。

⑤ 过梁　在门窗洞口上顺墙设置的梁称为过梁。在楼层结构布置平面图中，为了支承门窗洞口上面墙体的重量，并将它传递给洞口两旁的墙体上，都要设置过梁。现在设计中一般做法是将过梁放在建筑施工图中，见附录二建筑施工图 14-1 中"门窗及过梁表"。过梁一栏中有代号、数量、采用标准图集等。其中代号一栏的"GLA4121"的含义是：

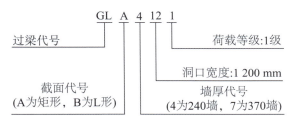

采用标准图集一栏中的"03G322-1"为标准图集代号，这类图集为全国通用。

⑥ 圈梁　为了增强建筑物的整体稳定性，提高建筑物的抗风、抗震和抵抗温度变化的能力，防止地基不均匀沉降等对建筑物的不利影响，常常在基础顶面、门窗洞口顶部、楼板和檐口等高度位置的墙内设置连续而封闭的水平梁，这种梁称为圈梁。设在基础顶面的圈梁称为基础圈梁，设在门窗洞口顶部的圈梁常代替过梁。

圈梁在平面布置图中可以用粗实线单独绘制，也可以用粗虚线直接绘制在结构布置图上。圈梁断面比较简单，一般有矩形和 L 型两种，圈梁位于内墙上为矩形，位于外墙的窗洞口上部一般需要做成 L 型。常用的 L 型挑出长度有 60 mm、300 mm、400 mm、500 mm 几种。

圈梁在一般位置时配筋比较简单，但它在 T 字墙和转角墙处的配筋则需要加强。加强方式主要有 T 字墙加强配筋和转角墙加强配筋两种。圈梁的加强配筋的规格、数量，一般同圈梁主筋。圈梁的加强配筋如图 9-14 所示。

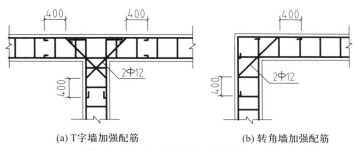

(a) T字墙加强配筋　　　　　　　(b) 转角墙加强配筋

图 9-14　T 字墙和转角墙的加强配筋

### 9.3.2　节点详图

节点详图又叫构造详图。构造详图分为一般建筑的构造详图和有抗震要求建筑的构造详图两种。

#### 1. 一般建筑的构造详图

一般建筑的构造详图如图 9-15 所示。一般建筑的构造详图主要反映楼板与墙或梁的关系，其中要注意 4 点，即楼板压墙的长度、坐浆厚度、圆孔板堵洞和细石混凝土灌缝。

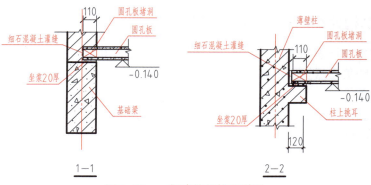

图 9-15　一般建筑的构造详图

## 2. 有抗震要求建筑的构造详图

有抗震要求建筑的构造详图与一般建筑的构造详图做法大同小异。不同的是有抗震要求的建筑的构造详图在板与板，板与墙或梁之间增加了拉结钢筋。如图 9-16 所示。

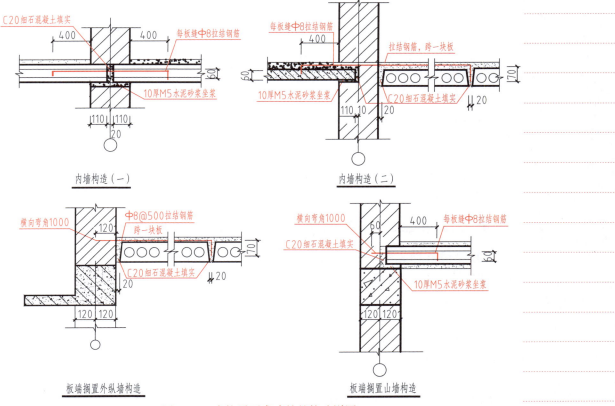

图 9-16　有抗震要求建筑的构造详图

### 9.3.3    预制构件统计表及文字说明

预制构件统计表如表 9-5 所示。预制构件统计表中的主要内容有构件名称、代号、数量、所在图集（纸）等内容。

表 9-5    预制构件统计表

| 构件名称 | 代号 | 数量 | 所在图集（纸） | 备注 |
|---|---|---|---|---|
| 预应力钢筋混凝土空心板 | Y-KB4261 | 18 | 西南 04G231 | |
| | Y-KB4261b | 2 | 西南 04G231 | |
| | Y-KB4251 | 12 | 西南 04G231 | |
| | Y-KB3961 | | 西南 04G231 | |
| | Y-KB3951 | | 西南 04G231 | |
| | Y-KB3361 | | 西南 04G231 | |
| | Y-KB3361b | | 西南 04G231 | |
| | Y-KB3061 | | 西南 04G231 | |
| | Y-KB3061a | | 西南 04G231 | |
| | Y-KB2161 | | 西南 04G231 | |
| | Y-KB2151 | | 西南 04G231 | |
| 预制钢筋混凝土平板 | YB1 YB1′ | | 结施 13-11 | |
| | YB2 | | 结施 13-11 | |

文字说明如图 9-11 所示，是把图上不易表示清楚的内容和需要强调的内容在说明中反映出来。

### 9.3.4    预制装配式结构图的读图方法及步骤

① 弄清各种文字、字母和符号的含义。要弄清各种符号的含义，首先要了解常用构件代号，结合图和文字说明阅读。

② 弄清各种构件的空间位置和数量。例如楼面在第几层，哪个房间布置几个品种构件，各个品种构件的数量是多少等。

③ 平面布置图结合构件统计表阅读，弄清该建筑中各种构件的数量，采用图集的名称及详图的图号。

例如，表 9-5 中 Y-KB4261 的布置方法可在图 9-11 中查到，但是 Y-KB4261 在一栋建筑中的数量需要查表 9-5。从"预制构件统计表"中查得预应力混凝土多孔板 Y-KB4261 的数量为 18 块，选用图集为西南 04G231，制作该板的详图可在西南 04G231 上查阅。（在"预制构件统计表"中，除 Y-KB4261、Y-KB4261b 和 Y-KB4251

给出数量外，其他数量均未填写，目的是让学生掌握了识图方法后，根据图 9-11，填上各种构件的数量，达到动手的目的。）

④ 弄清各种构件的相互连接关系和构造做法，如图 9-15、图 9-16 所示。为了加强预制装配式楼盖的整体性，提高抗震能力，需要在预制板缝内放置拉结钢筋，用 C20 细石混凝土灌板缝，如图 9-15、图 9-16 所示。

⑤ 阅读文字说明，弄清设计意图和施工要求。

## 9.4　现浇整体式结构图

整体式钢筋混凝土结构由柱、板、主梁和次梁构成，四者整体现浇在一起，如图 9-17 所示。整体式楼层的优点是整体刚度好，适应性强；缺点是模板用量较多，现场浇灌工作量大，施工工期较长，造价比装配式高。但是由于整体刚度好，在经济比较发达地区的高层建筑和中小型民用建筑中的公共建筑普遍采用。

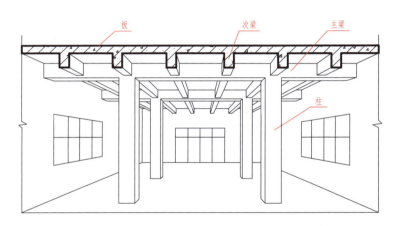

图 9-17　整体式钢筋混凝土结构示意图

整体式钢筋混凝土楼层的结构形式有框架结构、框剪结构（框架－剪力墙）、框筒结构（框架－筒体）。它们的表示方法基本一致，分为框架柱、框架梁和楼板三大部分。

建筑结构施工图平面整体设计方法，简称平法。平法的表达形式，是把结构构件的尺寸和配筋等，按照平面整体表示方法的制图规则，整体直接地表达在各类构件的结构布置平面图上，再与标准构造详图配合，即构成一套新型完整的结构设计施工图。在国家建筑标准设计图集 16G101-1 中，平法主要适用于表达现浇混凝土结构的框架、剪力墙、梁、板等构件。其表达方式有平面注写方式、列表注写方式和截面注写方式三种。

### 9.4.1　柱平法施工图

　　柱平法施工图是在柱平面布置图上采用列表注写方式或截面注写方式表达。图 9-18 所示为柱平法施工图列表注写方式，图 9-19 所示为柱平法施工图截面注写方式。它们的优点是省去了柱的竖、横剖面详图，缺点是增加了读图的难度。

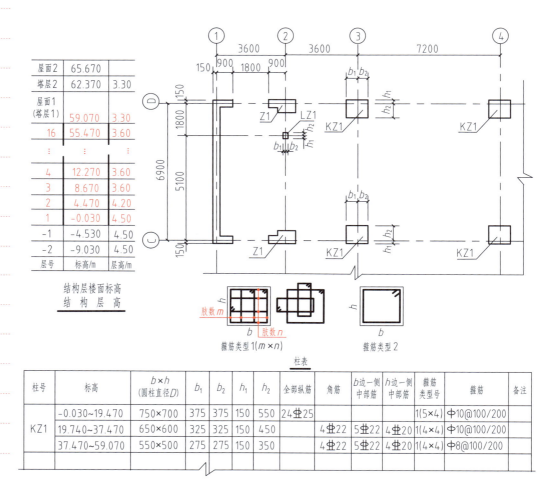

柱表

| 柱号 | 标高 | $b \times h$<br>(圆柱直径$D$) | $b_1$ | $b_2$ | $h_1$ | $h_2$ | 全部纵筋 | 角筋 | $b$边一侧中部筋 | $h$边一侧中部筋 | 箍筋类型号 | 箍筋 | 备注 |
|---|---|---|---|---|---|---|---|---|---|---|---|---|---|
| KZ1 | -0.030~19.470 | 750×700 | 375 | 375 | 150 | 550 | 24⊉25 | | | | 1(5×4) | Φ10@100/200 | |
| | 19.740~37.470 | 650×600 | 325 | 325 | 150 | 450 | | 4⊉22 | 5⊉22 | 4⊉20 | 1(4×4) | Φ10@100/200 | |
| | 37.470~59.070 | 550×500 | 275 | 275 | 150 | 350 | | 4⊉22 | 5⊉22 | 4⊉20 | 1(4×4) | Φ8@100/200 | |

-0.030~59.070柱平法施工图(局部)

图 9-18　柱施工图列表注写方式示例

### 1. 柱平法施工图列表注写方式

　　（1）柱平法施工图列表注写方式的主要内容

　　柱平法施工图列表注写方式，包括平面图、柱断面图类型、柱表、结构层楼面标高及结构层高等内容。如图 9-18 所示柱平法施工图列表注写方式示例。

　　1）平面图　平面图表明定位轴线、柱的代号、柱的形状及与轴线的关系。如图中定位轴线的表示方法同建筑施工图。柱的代号为 KZ1、LZ1 等，KZ1 为 1 号框架柱，LZ1 为 1 号梁上柱。

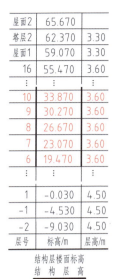

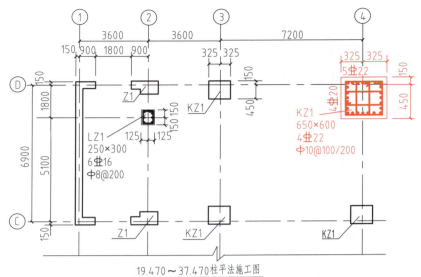

图 9-19 柱平法施工图截面注写方式示例

2）柱的断面形状 柱的断面形状为矩形，与轴线的关系分为偏轴线和柱的中心线与轴线重合的两种形式。

3）柱的断面类型 在施工图中柱的断面图有不同的类型，在这些类型中，重点表示箍筋的形状特征，读图时应弄清某编号的柱采用哪一种箍筋类型。

4）柱表 柱表中包括柱号、标高、断面尺寸与轴线的关系、全部纵筋、角筋、$b$ 边一侧中部筋、$h$ 边一侧中部筋、箍筋类型号、箍筋等。其中：

① 柱号 柱号为柱的编号，包括柱的名称和编号。

② 标高 在柱中不同的标高段，它的断面尺寸、配筋规格、数量等不同。

③ 断面尺寸 矩形柱的断面尺寸用 $b \times h$ 表示，$b$ 为建筑物的纵向方向的尺寸，$h$ 为建筑物的横向方向的尺寸，圆柱用 $D$ 表示。与轴线的关系用 $b_1$、$b_2$ 和 $h_1$、$h_2$ 表示，目的在于表示柱与轴线的关系。

④ 全部纵筋 当柱子的四边配筋相同时，可以用标注全部纵筋的方法表示。

⑤ 角筋 角筋指柱四大角的钢筋配置情况。

⑥ 中部筋 中部筋包括柱 $b$ 边一侧和 $h$ 边一侧两种，标注中写的数量只是 $b$ 边一侧和 $h$ 边一侧不包括角筋的钢筋数量,读图时还要注意与 $b$ 边和 $h$ 边对应一侧的钢筋数量。

⑦ 箍筋类型号 箍筋类型号表示两个内容，一是箍筋类型编号 1、2、3、…。二是箍筋的肢数，注写在括号里，前一个数字表示 $b$ 方向的肢数，后一个数字表示 $h$ 方向的肢数。

⑧ 箍筋 箍筋中需要标明钢筋的级别、直径、加密区的间距和非加密区的间距（加密区的范围详见相关的构造图）。

5）结构层楼面标高及层高 结构层楼面标高及层高也用列表表示，列表一般同建筑物一致，由下向上排列，内容包括楼层编号，简称层号。楼层标高表示楼层结构构件上表面的高度。层高分别表示各层楼的高度，单位均用 m 表示。

（2）柱平法施工图列表注写方式的阅读

柱平法施工图列表注写方式的阅读要结合图、表进行。下面以 KZ1 为例，介绍柱平法施工图列表注写方式的阅读方法。

首先，从图中查明柱 KZ1 的平面位置及与轴线的关系。

其次，结合图、表阅读，可以看出该柱分 3 个标高段，从 –0.030 ～ 19.470 m 为第 1 个标高段，柱的断面为 750 mm×700 mm。$b$ 方向中心线与轴线重合，左右都为 375 mm。$h$ 方向偏心，$h_1$ 为 150 mm，$h_2$ 为 550 mm。全部纵筋为 24 根 $\Phi$ 25 的 HRB400 级钢筋。箍筋选用类型号 1（5×4），意思是箍筋类型编号为 1，箍筋肢数 $b$ 方向为 5 肢，$h$ 方向为 4 肢。加密区的箍筋为 $\Phi$ 10@100，即直径为 10 mm 的 HPB300 级钢筋，间隔 100 mm；非加密区为 $\Phi$ 10@200，即直径为 10 mm 的 HPB300 级钢筋，间隔 200 mm。从 19.470 ～ 37.470 m 为第 2 个标高段，柱的断面为 650 mm×600 mm。$b$ 方向中心线与轴线重合，左右都为 325 mm。$h$ 方向偏心，$h_1$ 为 150 mm，$h_2$ 为 450 mm。四个大角钢筋为 4 $\Phi$ 22 的 HRB400 级钢筋。$b$ 边一侧中部钢筋为 5 $\Phi$ 22 的 HRB400 级钢筋，即 $b$ 边两侧中部钢筋共配 10 根直径为 22 的 HRB400 级钢筋。$h$ 边一侧中部钢筋为 4 $\Phi$ 20 的 HRB400 级钢筋，即 $h$ 边两侧中部钢筋共配 8 根直径为 20 的 HRB400 级钢筋。故在 19.470 ～ 37.470 m 范围内一共配有 $\Phi$ 22 的 HRB400 钢筋 14 根和 $\Phi$ 20 的 HRB400 钢筋 8 根。箍筋选用类型号 1（4×4），意思是箍筋类型编号为 1，$b$ 方向为 4 肢，$h$ 方向为 4 肢。箍筋的配置同第一个标高段。

**2. 柱平法施工图截面注写方式**

（1）柱平法施工图截面注写方式的主要内容

柱平法施工图截面注写方式与柱平法施工图列表注写方式大同小异。不同的是在施工平面布置图中同一编号的柱选出一根柱为代表，在原位置上按比例放大到能清楚表示轴线位置和详尽的配筋为止。它代替了柱平法施工图列表注写方式的截面类型和柱表。

（2）柱平法施工图截面注写方式的阅读

从图 9-19 中可以看出，在同一编号柱 KZ1 中选择 1 根柱的截面放大，直接注写截面尺寸和配筋数值。该图表示的是 19.470 ～ 37.470 m 的标高段，柱的截面尺寸和配筋情况。其他均同列表注写方式和常规的表示方法，不再赘述。

## 9.4.2   剪力墙平法施工图

为了增强建筑物的刚度而设置的实体墙称为剪力墙。此处所讲的剪力墙，是指现浇钢筋混凝土结构中的剪力墙。用平法绘制剪力墙施工图方法同绘制柱平法施工图的方法一样，分为图列表注写方式和截面注写方式两种。

**1. 剪力墙平法施工图列表注写方式**

（1）剪力墙平法施工图列表注写方式的表示方法

剪力墙的构造比较复杂，除了剪力墙自身的配筋外，还有暗梁、连梁、圈梁和暗柱等。在剪力墙施工图列表注写方式中表示的内容包括剪力墙施工图和剪力墙梁表、剪力墙身表、剪力墙柱表、结构层楼面标高及结构层高表等。图 9-20 所示为剪力墙平法施工图列表注写方式示例。

①剪力墙施工图 剪力墙施工图与常规表示方法相同。

②剪力墙表 剪力墙表包括三个表，即剪力墙梁表、剪力墙身表和剪力墙柱表。

剪力墙梁表的表示方法比较简单，不再叙述，如图9-20中的剪力墙梁表所示；剪力墙柱表同柱平法施工图中的列表注写方式（9.4.1 图9-18）；剪力墙身表的配筋比较简单，如图9-20中剪力墙身表所示，它表示剪力墙的编号、标高、墙厚、水平分布筋、垂直分布筋（表中的垂直分布筋应理解成竖向分布筋）和拉筋等内容。

（2）剪力墙平法施工图列表注写方式的阅读

剪力墙平法施工图列表注写方式读图时要特别注意剪力墙在不同的标高段的墙厚，水平钢筋、竖向钢筋和拉结钢筋的布置情况。

**2. 剪力墙平法施工图截面注写方式**

图9-21所示剪力墙施工图截面注写方式与柱施工图截面注写方式类同。但是，除剪力墙的构造特点外，还有暗柱和连梁。暗柱表示方法同柱平法施工图截面注写方式一致；连梁的表示方法常采用梁施工图平面注写方式（后述）。

## 9.4.3 梁平法施工图

梁平法施工图是在梁的平面布置图上采用平面注写方式或截面注写方式表达。

### 1. 梁平法施工图平面注写方式

梁平法施工图的平面注写方式如图9-22所示。

梁平法施工图平面注写方式是在梁的平面布置图上，分别在不同编号的梁中各选一根梁为代表，在其上注写截面尺寸和配筋具体数值。平面标注包括集中标注和原位标注（图9-23），集中标注表达梁的通用数值，原位注写表达梁的特殊数值。读图时，当集中标注与原位标注不一致时，原位标注取值在先。

从图9-22和图9-23所示梁平法施工图平面注写方式中可以看出它与传统表示方式的区别，在梁平法施工图中没有绘制截面配筋图及截面编号。

梁平法施工图平面注写方式的内容包括平面图和结构层楼面标高及结构层高两部分。

平面图的内容包括轴线网和梁的投影轮廓线、梁的集中标注和原位标注等。

轴线网和梁的投影轮廓线同常规表示方法。

梁的集中标注的内容有梁编号、梁截面尺寸、梁箍筋、梁上部通长筋或架立筋、梁侧面纵向构造筋或受扭箍筋五项必注值及梁顶面标高高差选注值。集中标注的方式及含义以图9-23a中的KL2为例，说明如下：

KL(3A)300×650
Φ8@100/200(2)2Φ25
G4Φ10
(−0.100)

第1行标注梁的编号及截面尺寸。KL2即为2号框架梁；（2A）括号中的数字表示KL2的跨数为2跨，字母A表示一端悬挑（若是B则表示两端悬挑）；300×650表示矩形梁的截面尺寸。

梁的截面尺寸若标注为300×750/550则表示变截面梁，高端为750 mm，矮端为

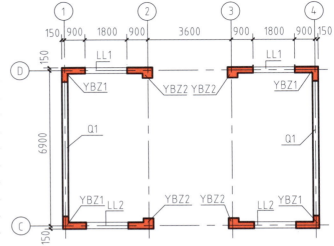

| 层号 | 标高/m | 层高/m |
|---|---|---|
| 屋面1<br>(塔层1) | 59.070 | 3.30 |
| 16 | 55.470 | 3.6 |
| ⋮ | ⋮ | ⋮ |
| 9 | 30.270 | 3.6 |
| 8 | 26.670 | 3.6 |
| 7 | 23.070 | 3.6 |
| 6 | 19.470 | 3.6 |
| 5 | 15.870 | 3.6 |
| 4 | 12.270 | 3.6 |
| 3 | 8.670 | 3.6 |
| 2 | 4.470 | 4.2 |
| 1 | -0.030 | 4.5 |
| ⋮ | ⋮ | ⋮ |

结构层楼面标高
结 构 成 高

-0.030~59.070剪力墙施工图

剪力墙梁表

| 编号 | 所在<br>楼层号 | 梁顶相对<br>标高高差 | 梁截面<br>b×h | 上部<br>纵筋 | 下部<br>纵筋 | 箍筋 |
|---|---|---|---|---|---|---|
| LL1 | 2~9 | 0.800 | 300×2000 | 4⽟22 | 4⽟22 | Φ10@100(2) |
| | 10~16 | 0.800 | 250×2000 | 4⽟20 | 4⽟20 | Φ10@100(2) |
| | 屋面 | | 250×1200 | 4⽟20 | 4⽟20 | Φ10@100(2) |
| LL2 | 3 | -1.200 | 300×2520 | 4⽟22 | 4⽟22 | Φ10@150(2) |
| | 4 | -0.900 | 300×2070 | 4⽟22 | 4⽟22 | Φ10@150(2) |
| | 5~9 | -0.900 | 300×1770 | 4⽟22 | 4⽟22 | Φ10@150(2) |
| | 10~屋面1 | -0.900 | 250×1770 | 3⽟22 | 3⽟22 | Φ10@150(2) |

剪力墙身表

| 编号 | 标高 | 墙厚 | 水平分布筋 | 垂直分布筋 | 拉筋(矩形) |
|---|---|---|---|---|---|
| Q1 | -0.030~30.270 | 300 | ⽟12@200 | ⽟12@200 | Φ6@600@600 |
| | 30.270~59.070 | 250 | ⽟12@200 | ⽟12@200 | Φ6@600@600 |

剪力墙柱表

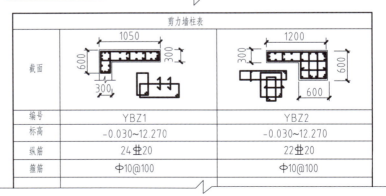

| 编号 | YBZ1 | YBZ2 |
|---|---|---|
| 标高 | -0.030~12.270 | -0.030~12.270 |
| 纵筋 | 24⽟20 | 22⽟20 |
| 箍筋 | Φ10@100 | Φ10@100 |

图 9-20　剪力墙平法施工图列表注写方式示例

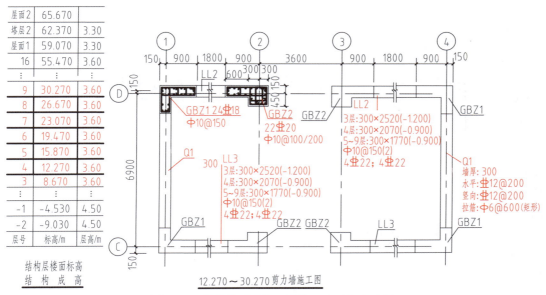

| 屋面2 | 65.670 | |
| 塔层2 | 62.370 | 3.30 |
| 屋面1 | 59.070 | 3.30 |
| 16 | 55.470 | 3.60 |
| ⋮ | ⋮ | ⋮ |
| 9 | 30.270 | 3.60 |
| 8 | 26.670 | 3.60 |
| 7 | 23.070 | 3.60 |
| 6 | 19.470 | 3.60 |
| 5 | 15.870 | 3.60 |
| 4 | 12.270 | 3.60 |
| 3 | 8.670 | 3.60 |
| ⋮ | ⋮ | ⋮ |
| −1 | −4.530 | 4.50 |
| −2 | −9.030 | 4.50 |
| 层号 | 标高/m | 层高/m |

结构层楼面标高
结 构 成 高

12.270～30.270剪力墙施工图

图 9-21　剪力墙平法施工图截面注写方式示例

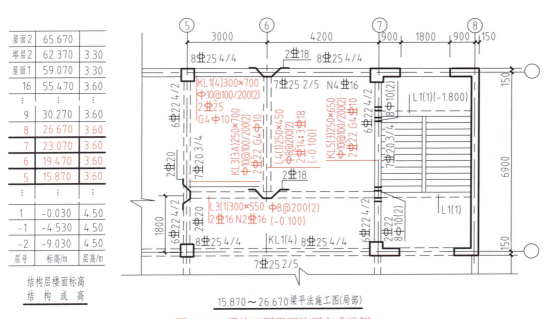

| 屋面2 | 65.670 | |
| 塔层2 | 62.370 | 3.30 |
| 屋面1 | 59.070 | 3.30 |
| 16 | 55.470 | 3.60 |
| ⋮ | ⋮ | ⋮ |
| 9 | 30.270 | 3.60 |
| 8 | 26.670 | 3.60 |
| 7 | 23.070 | 3.60 |
| 6 | 19.470 | 3.60 |
| 5 | 15.870 | 3.60 |
| ⋮ | ⋮ | ⋮ |
| 1 | −0.030 | 4.50 |
| −1 | −4.530 | 4.50 |
| −2 | −9.030 | 4.50 |
| 层号 | 标高/m | 层高/m |

结构层楼面标高
结 构 成 高

15.870～26.670梁平法施工图(局部)

图 9-22　梁施工图平面注写方式示例

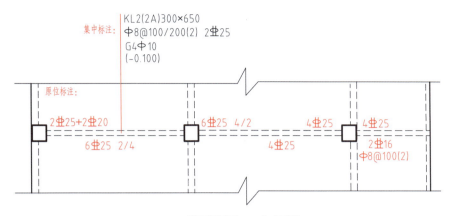

(a) 框架梁平面注写方式示例

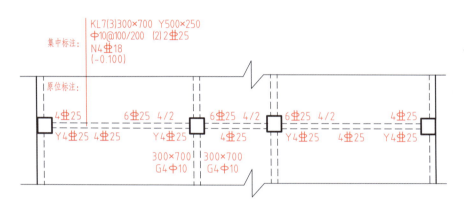

(b) 框架梁加腋平面注写方式示例

图 9-23　梁平面注写方式（集中标注和原位标注）示例

550 mm；如图 9-24c 所示变截面梁。若在截面尺寸后面再有 Y500×200 则表示加腋梁，加腋长为 500 mm，加腋高为 200 mm，如图 9-23b、图 9-24b 所示加腋梁。

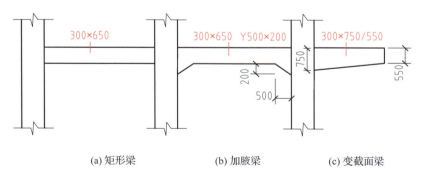

　　(a) 矩形梁　　　　　　　(b) 加腋梁　　　　　　(c) 变截面梁

图 9-24　梁截面尺寸标注示例

第 2 行表示箍筋配置情况。φ8：表示直径为 8 mm 的 HPB300 级钢筋，斜线 "/" 为区分加密区和非加密区而设置，斜线前面的 "100" 表示加密区箍筋间距，斜线后面的 "200" 表示非加密区的箍筋间距，括号中的 "（2）" 表示箍筋的肢数为 2 肢。"2φ25" 表示箍筋所箍的角筋的规格，角筋为梁上部通长筋。

第 3 行一般表示通用数量的纵向钢筋。在集中标注中，若上下钢筋变化不大，可直接在集中标注中标注出钢筋的配置情况，如图 9-22 中 L4。集中标注中用分号 "；" 隔开，分号前为梁的上部钢筋，分号后为梁的下部钢筋。

集中标注除了标注上下部纵向钢筋外，对于高度 ≥ 450 mm 的梁，还应标注腰筋（即构造钢筋或抗扭钢筋），构造钢筋用 "G" 表示，抗扭钢筋用 "N" 表示。如 "G4φ10" 表示梁的两侧面共配置 4 根 φ10 的纵向构造钢筋。若配筋有变化，则需要采用原位标注。

第 4 行数字表示梁的顶面标高高差。梁的顶面标高高差，是指相对于结构层楼面标高的高差值。有高差时，须将其写入括号内，无高差时则不用标注。如（0.100）表示梁顶面标高比本层楼的结构层楼面标高高出 0.1 m；（-0.100）则表示梁顶面标高比本层楼的结构层楼面标高低 0.1 m。

梁的原位标注内容及含义，说明如下：

梁在原位标注时，要特别注意各种数字符号的标注位置。标注在纵向梁的后面表示梁的上部配筋，标注在纵向梁的前面表示梁的下部配筋。标注在横向梁的左边表示梁的上部配筋，标注在右边表示下部配筋。当上部或下部纵筋多于一排时，用斜线 "/" 将各排纵筋自上而下分开。例如，图 9-22 中框架梁 KL1 为纵向梁，梁的后面标注的 "8φ25 4/4"，表示梁的上部纵筋为 8 根直径为 25 的 HRB400 级钢筋，分两排布置，上面第一排 4 根，第二排 4 根。梁 KL1 的前面标注的 "7φ25 2/5"，表示梁的下部纵筋为 7 根直径为 25 的 HRB400 级钢筋，分两排布置，下面第一排 5 根，第二排 2 根。又例如，图 9-22 中框架梁 KL3 为横向梁，梁的左边标注的 "6φ22 4/2"，表示梁的上部纵筋为 6 根直径为 22 的 HRB400 级钢筋，分两排布置，上面第一排 4 根，第二排 2 根。梁 KL3 的右面标注的 "7φ20 3/4"，表示梁的下部纵筋为 7 根直径为 20 的 HRB400 级钢筋，分两排布置，下面第一排 4 根，第二排 3 根。标注时，标注方向同梁的方向。各种符号的含义同集中标注方式，不再赘述。

当同部位纵筋有两种直径时，用 "+" 表示两种直径的钢筋，如图 9-23a 中的 2φ25+2φ20。注写时将角筋标注写在 "+" 号前面。

附加箍筋或吊筋，将其直接画在平面图中的主梁上，用引线标注总配筋值，如图 9-22 中的附加箍筋 8φ10（2）和吊筋 2φ18 等。

### 2. 梁截面注写方式

梁截面注写方式是在梁的平面布置图上，分别在不同编号的梁中各选择一根梁用剖切符号引出截面配筋图，并在截面配筋图上标注截面尺寸和配筋数值。如图 9-25 所示。

截面注写方式与平面注写方式大同小异。梁的代号、各种数字符号的含义均相同，只是平面注写方式中的集中注写方式在截面注写方式中用截面图表示。截面图的绘制方法同常规方法一致。不再赘述。

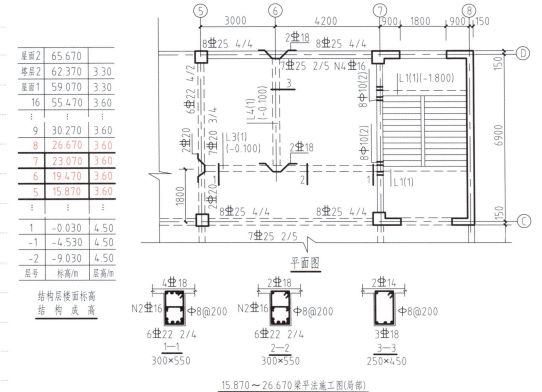

| 层号 | 标高/m | 层高/m |
|---|---|---|
| 屋面2 | 65.670 | |
| 塔层2 | 62.370 | 3.30 |
| 屋面1 | 59.070 | 3.30 |
| 16 | 55.470 | 3.60 |
| ⋮ | ⋮ | ⋮ |
| 9 | 30.270 | 3.60 |
| 8 | 26.670 | 3.60 |
| 7 | 23.070 | 3.60 |
| 6 | 19.470 | 3.60 |
| 5 | 15.870 | 3.60 |
| ⋮ | ⋮ | ⋮ |
| 1 | -0.030 | 4.50 |
| -1 | -4.530 | 4.50 |
| -2 | -9.030 | 4.50 |

结构层楼面标高
结构成高

15.870～26.670梁平法施工图(局部)

图9-25　梁截面注写方式示例

## 9.5　钢筋混凝土构件详图

### 9.5.1　钢筋混凝土构件详图的作用及图示内容

钢筋混凝土构件详图表示单个构件的图样,是加工制作钢筋,浇注混凝土的依据,其内容包括模板图、配筋图、钢筋表和文字说明四部分。

**1. 模板图**

模板图是为浇注构件、安装模板而绘制的图样。主要表示构件的外形、尺寸、孔洞及预埋件的位置。对外形简单的构件,一般不必单独绘制模板图,只需在配筋图中把构件的尺寸标注清楚即可。当构件的外形复杂或预埋件较多时,需要单独画出模板图。模板图一般用中实线绘制。

**2. 配筋图**

配筋图主要表示构件内部各种钢筋的布置情况,以及各种钢筋的形状、尺寸、数量、规格等。其内容包括配筋立面图、断面图和钢筋详图。配筋立面图(纵剖面图)和断面图,可用两种比例绘制,断面图应比立面图放大一倍。

在配筋图中,构件的可见轮廓线用细实线表示,在立面、断面图上都不画材料图例,将混凝土假设为透明体,主要看构件内钢筋的布置,钢筋用粗实线表示,钢筋横断面用黑圆点表示，并对不同形状、不同规格的钢筋进行编号。如图 9–26 中①～④号钢筋。编号采用阿拉伯数字顺次编写并将数字写在圆圈内，圆圈直径为 6 mm，用细实线绘制，并用引出线指到被编号的钢筋。

### 3. 钢筋表

钢筋表的内容包括构件编号、钢筋编号、钢筋简图及规格、数量和长度等。

### 4. 文字说明与尺寸标注

在构件详图中标注必要的文字说明；在钢筋立面图中应标注梁的长度、高度尺寸；在断面图中应标注梁的宽度、高度尺寸。

## 9.5.2　预制钢筋混凝土梁详图

梁的配筋图主要用来表示梁内部钢筋的布置情况。内容包括钢筋的形状、规格、级别、数量和长度等。如图 9–26 中梁 L–1，配置有以下四种钢筋。

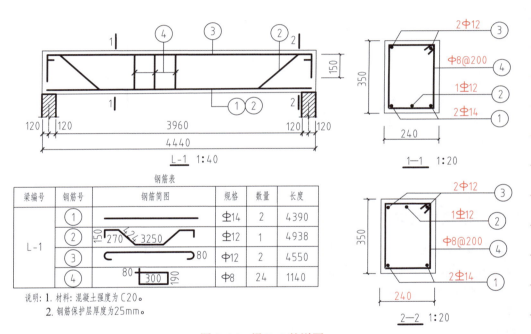

**图 9–26　梁 L–1 的详图**

第一种为①号钢筋，位于梁的下部，称为受力筋（主筋）。其标注 2Φ14 的含义是 "2 根直径为 14 mm 的 HRB335 级钢筋（通常又叫 Ⅱ 级钢筋）"。

第二种为②号钢筋，这种形状弯折的钢筋称为弯起筋。其标注 1Φ12 的含义是 "1 根直径为 12 mm 的 HRB335 级钢筋"。弯起筋也是受力筋（主筋）。

第三种为③号钢筋，位于梁的上部，称为架立筋。其标注 2Φ12 的含义是 "2 根直径为 12 mm 的 HPB300 级钢筋（通常又叫 Ⅰ 级钢筋）"。

第四种为④号钢筋，在矩形梁中形状为矩形，称为箍筋。其标注 Φ8@200 的含义是 "直径为 8 mm 的 HPB300 级钢筋，每隔 200 mm 放一根"。

在编制梁的钢筋表时，要正确处理以下问题：

（1）确定形状和尺寸

从图 9–26 中说明 2 可以知道，主筋保护层厚度为 25 mm，梁 L–1 的总长为 4 440，总高为 350，各编号钢筋的计算方法是：

① 号钢筋长度应该是梁长减去两端保护层厚度，即 4 440–25 × 2 = 4 390。

② 号钢筋和③、④号钢筋的计算方法如图 9–27 所示，②、③号钢筋按外包尺寸计算，④号钢筋在工程上一般都是按内皮尺寸计算，即按主筋的外皮尺寸确定。

（2）钢筋的成型

在混凝土构件中的钢筋，带肋钢筋端部如果符合锚固要求，可以不做弯钩；若锚固需要做弯钩者，只做直钩，如②号钢筋。光圆钢筋端部弯钩为半圆弯钩，图中③号钢筋为光圆钢筋，为此一个弯钩的长度为 6.25$d$，实际计算长度为 75 mm，施工中取 80 mm。④号钢筋是箍筋，两端应为 135° 的弯钩，根据图 9–5 中"10$d$、75 mm 中较大值"，$\phi$8 箍筋弯钩的平直部分的长度应取 80 mm。

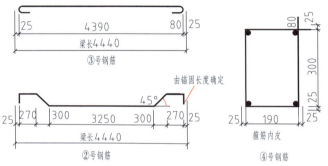

图 9–27    钢筋的成型尺寸（图中 25 为保护层厚度）

### 9.5.3    现浇柱配筋图

在 9.4.1 柱施工图中，我们知道了主筋的数量，箍筋的间距，但是不知道每一层楼主筋的长度，箍筋的数量及长度。下面以图 9–18 所示柱平法施工图列表注写方式示例中的 KZ1 柱为例，介绍现浇柱中各种钢筋的计算方法（以一层楼为单位，计算第 1 层楼，按抗震考虑，不考虑修正系数）。为了叙述方便，将图中 KZ1 柱按截面配筋图的绘制方法进行绘制，将钢筋进行编号，并将箍筋进行分解，如图 9–28 所示。

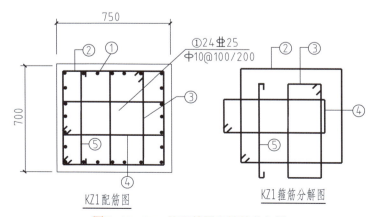

图 9–28    KZ1 柱配筋图和箍筋分解图

**1. ①号钢筋的长度计算**

条件：a. 从图 9-18 所示的"柱表"中"全部纵（竖）筋"一栏知道钢筋的规格为 24 ⏀ 25。

b. 从图 9-18 所示的"结构层楼面标高 结构层高"表中查得"第 1 层楼的层高是 4.5 m"。

c. 确定钢筋的搭接长度，由"钢筋的基本搭接长度和修正系数"构成。第一步，从结构设计总说明中查找混凝土的强度等级。此例按 C30 计算。第二步，从 16G101-1（中国建筑标准设计研究院，2016 年出版）第 60 页"纵向受拉钢筋搭接长度"表中查混凝土为 C30，钢筋种类为 HRB400，同一区段内搭接钢筋面积百分率按 50% 计，钢筋直径 $d \leqslant 25$，查得钢筋的搭接长度为 $49d$。

计算结果：①号钢筋的长度 = 层高 + 搭接长度 =4 500+25×49=5 725（一般可以取值 5 730）。

**2. 箍筋的计算**

箍筋计算分两个内容，一是箍筋的数量，二是不同大小箍筋的长度。

（1）箍筋的数量

第一步，查看箍筋的布置方法。从图 9-18 的"柱表"中"箍筋"一栏知道箍筋的布置是"⏀ 10@100/200"。其含义是：直径为 10 mm 的 HPB300 级钢筋，斜线"/"前是加密区的箍筋间距为 100，斜线"/"后是非加密区的箍筋间距为 200。

第二步，确定加密区和非加密区的高度范围。从 16G101-1 第 65 页查看得知，底层柱根加密区高度 $\geqslant H_n/3$，"$H_n$"为所在楼层的柱净高。楼板部分加密区高度为柱长边尺寸、$H_n/6$、500 中取其最大值加梁高。

已知条件：柱长边尺寸 750，层高 4 500，梁高设为 600，净高为 4 500-600=3 900。

柱下部加密区 $H_n/3$，3 900/3=1 300；柱上部加密区，柱的长边尺寸 750，$H_n/6$= 3 900/6=650，最小控制值为 500，应取 750 加梁高，即 750+600=1 350。

该柱在该楼层加密区的高度范围是：1 300+1 350=2 650；非加密区的高度范围是：4 500-2 650=1 850。

第三步，确定箍筋的数量。箍筋的个数是：

2 650/100+1 850/200+1=26.5+9.25+1=36.75。因为计算的是间距，所以需要加一个。又因为工程上的习惯做法是小数点后往上收，所以箍筋的数量是 37 个。

（2）箍筋的长度（箍筋的长度按内皮计算）

确定箍筋的规格大小。从图 9-18 的"柱表"中"箍筋类型号"一栏查得 1（5×4），其中"1"表示类型编号，见 11G101-1 第 11 页，箍筋类型共有 7 种，这是第一种。（5×4）的含义是纵向布置 5 肢，横向布置 4 肢。将箍筋进行分解并编号如图 9-28 所示。要计算箍筋的长度需要确定构件的截面和受力钢筋保护层的厚度。构件的截面是 750×700，受力钢筋保护层的厚度见 16G101-1 第 56 页"混凝土保护层的最小厚度"表中，梁柱一栏在一类环境的情况下取 20 mm。

②号箍筋：（750-20×2）×2+（700-20×2）× 2 +10d×2=2 940。

③号箍筋：710/6×2×2+660× 2 +10d×2=2 000。

④号箍筋：710×2+660/6× 2 ×2+10d×2=2 060。

⑤号箍筋（拉钩）：$660 + 10d \times 2 = 860$。

工程上一贯做法是利用钢筋表计算钢筋，如表 9-6 KZ1 柱钢筋表所示。

**表 9-6　KZ1 柱钢筋表**

| 钢筋编号 | 钢筋简图 | 规格 | 数量 | 一根钢筋长度 /mm | 备　注 |
|---|---|---|---|---|---|
| ① |  5730 | Φ 25 | 24 | 5 730 | |
| ② |  710　100　　　240　100　660 | Φ 10 | 37 | 2 940 | |
| ③ | | Φ 10 | 37 | 2 000 | |
| ④ |  710　100　　　660　100　220 | Φ 10 | 37 | 2 060 | |
| ⑤ | | Φ 10 | 37 | 860 | |

③号箍筋计算式中"$710/6 \times 2 \times 2 + 660 \times 2 + 10d \times 2$"的含义：710、660 为大箍筋（②号箍筋）边长；/6 是该柱一边配有 7 根竖向钢筋，分为 6 个间距；$\times 2 \times 2$ 是③号箍筋在 710 边箍了 3 根钢筋为 2 个间距，和对边的长度；$10d \times 2$ 是箍筋弯钩平直部分的长度。其他类同。

### 9.5.4　现浇剪力墙配筋图

剪力墙构造简单，竖向钢筋的长度计算按柱中①号钢筋的长度计算，竖向钢筋、水平钢筋、拉筋的数量按计算箍筋数量的方法计算。剪力墙中的暗桩计算方法同柱，剪力墙中的暗梁计算方法同梁。剪力墙中其他构造如附录二中附图 29 结施 15—15 所示。

### 9.5.5　现浇梁配筋图

现浇钢筋混凝土结构中的梁一般是多跨连续梁，构造复杂。多跨连续梁（框架梁）如附录二中附图 23 结施 15—9 所示。

下面以图 9-29a 所示梁平面标注为例，介绍现浇钢筋混凝土梁平面标注方式配筋图的阅读及钢筋长度与数量的计算。为了帮助学生理解，绘出 KL1 梁的纵剖面图，并将钢筋进行编号如图 9-29b 所示，纵向钢筋长度取值如图 9-29c 所示，同时设抗震等级为三级，混凝土强度等级为 C30，保护层为 25，并列钢筋表于表 9-7。套用标准图的方法同 9.5.3。

#### 1. 纵向钢筋的长度计算

①号钢筋：净跨 $l_{n1} = 6\,000$。根据 16G101-1 第 57 页受拉钢筋的基本锚固长度表中抗震等级为三级，混凝土强度等级为 C30，钢筋为 HRB335 时，受拉钢筋的基本锚固长度为 $31d$，即 $31 \times 22 = 682$，左端计算锚固长度，平直段长为柱宽减保护层，

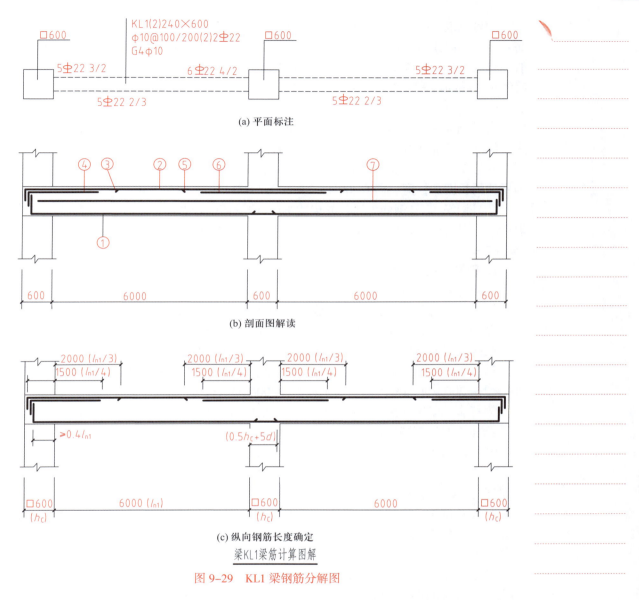

(a) 平面标注

(b) 剖面图解读

(c) 纵向钢筋长度确定

梁KL1梁筋计算图解

**图 9-29  KL1 梁钢筋分解图**

即 600-25=575，计算直钩长为 682-575=107，根据 16G101-1 第 78 页配筋构造规定直钩为 $15d$，即 $15 \times 22=330$。直钩长应取 330。所以左端锚固长度为 330 + 575=905，右端（中间柱）锚固长度为 682。故①号钢筋的水平投影长度为：575 + 6 000 + 682=7 257（取整为 7 260，总长为 7 260+330 = 7 590）。

②号钢筋：第一步直段钢筋长度计算。梁总长为 13 800，直段钢筋长为 13 800-25 × 2=13 750。第二步直勾段钢筋长度计算。同①号钢筋取 330。故②号钢筋的长度为：13 750 + 330 × 2=14 410。

③号钢筋：③号钢筋从柱边延伸的长度是净跨的三分之一，即 16G101-1 第 84 页中钢筋在跨中的长度为 $l_{n1}/3$；锚固长度同①号钢筋左端，所以③号钢筋的长度为：6 000/3 + 905=2 905（取 2 910）。

④号钢筋：④号钢筋从柱边延伸的长度是净跨的四分之一，锚固长度同①号钢筋左端，所以④号钢筋的长度为 6 000/4 + 905 = 2 405。该位置的钢筋在工程中，一般是将水平锚固段缩短，当钢筋直径 ≥ 25 时缩短两根钢筋的直径，当钢筋直径 <25 时缩短 25 mm+1 根钢筋的直径。为此④号钢筋的长度可取 2 405–( 25 + 22 )= 2 358( 取 2 360 )。

⑤号钢筋：⑤号钢筋从柱两边延伸的长度各是净跨的三分之一，⑤号钢筋长度为延伸的长度加柱宽，即 6 000/3 × 2 + 600=4 600。

⑥号钢筋：⑥号钢筋从柱两边延伸的长度各是净跨的四分之一，⑥号钢筋长度为延伸的长度加柱宽，即 6 000/4 × 2 + 600=3 600。

⑦号钢筋：⑦号钢筋为通长的构造钢筋，两端锚固长度按 16G101–1 第 90 页"注 3"取 15$d$，⑦号钢筋长度为 2 个净跨长 + 中间柱宽 + 两端锚固长度，即 6 000 × 2 + 600 + 15$d$ × 2 = 12 900。

### 2. 箍筋与拉筋的计算

⑧号箍筋：⑧号箍筋布置方法是"φ 10@100/200"，含义同柱。

第一步，计算加密区的箍筋数量。箍筋加密区的长度范围按照 16G101–1 第 88 页计算，加密区的长度范围为 ≥ 1.5$h_b$（梁截面高度）或 ≥ 500 取大值。1.5 × 600=900。加密区的长度取 900。一段加密区的箍筋个数为 900/100 + 1=10。

第二步，计算非加密区的箍筋数量。非加密区的箍筋长度范围是 6 000–900 × 2=4 200。非加密区的箍筋个数为 4 200/200–1=20。

第三步，KL1 的箍筋个数：10×4（4 个加密区）+ 20×2（2 个非加密区）=80。箍筋长度计算同柱箍筋。

⑨号钢筋：⑨号钢筋叫拉结筋，简称拉筋，直径按 16G101–1 第 90 页注 4 中，"当梁宽 ≤ 350 mm 时，拉筋直径为 6 mm，当梁宽 > 350 mm 时，拉筋直径为 8 mm"，因为梁宽为 240，故拉筋直径为 6 mm。

拉筋长度按 16G101–1 第 62 页拉筋弯钩构造，梁的拉筋应按拉筋拉住箍筋确定长度，拉筋弯钩长度的平直部分为 5$d$。拉筋长度应为"梁宽减主筋保护层加箍筋直径加拉筋弯钩长度"，即 240–25 × 2+10 × 2+5 × 6 × 2=270。

拉筋数量按 16G101–1 第 90 页注 4 中，"拉筋间距为非加密区箍筋间距的 2 倍"，故拉筋间距为 400，梁布置箍筋的范围是 12 000，梁高 600，按 16G101–1 第 90 页"注 1"，纵向构造筋间距 $a$ ≤ 200，故设 2 排拉筋。即拉筋个数为 12 000/400 × 2=60。

KL1 梁中各种钢筋的数量如表 9–7 所示。

表 9-7 **KL1 钢筋表**

| 钢筋编号 | 钢筋简图 | 规格 | 数量 | 一根长度 /mm | 备注 |
|---|---|---|---|---|---|
| ① | 330 ⌐ 7 260 | Φ 22 | 10 | 7 590 | 左右各 5 根 |
| ② | 330 ⌐ 13 750 | Φ 22 | 2 | 14 410 | |
| ③ | 330 ⌐ 2 575 | Φ 22 | 2 | 2 910 | 左右各 1 根 |
| ④ | 330 ⌐ 2 030 | Φ 22 | 4 | 2 360 | 左右各 2 根 |
| ⑤ | 4 600 | Φ 22 | 1 | 4 600 | |
| ⑥ | 3 600 | Φ 22 | 2 | 3 600 | |
| ⑦ | 12 900 | φ 10 | 4 | 12 900 | |
| ⑧ | 550  100  190 | φ 10 | 80 | 1 680 | |
| ⑨ | 30 ⌐ 210  30 | φ 6 | 60 | 270 | |

# 第 10 章

# 建筑给水排水施工图

## 10.1 概述

给水排水工程是为了解决生活、生产及消防的用水和排除废水、处理污水的城市建设工程，它包括市政给水工程、排水工程以及建筑给水排水工程三方面。本章介绍建筑给水排水工程施工图。

### 10.1.1 建筑室内给水排水系统组成

#### 1. 建筑给水

民用建筑给水通常分生活给水系统和消防给水系统。生活给水系统一般含冷热水系统；消防给水系统一般含消火栓给水系统与自动喷水灭火系统。现以生活、消防给水为例说明建筑给水的主要组成，如图 10-1 所示。

（1）引入管

引入管是从室外供水管网接出，一般穿过建筑外墙，引入建筑物内的给水连接管段。每条引入管应安装水表、阀门、泄水装置等。

（2）配水管网

配水管网即将引入管送来的水输送给建筑物内各用水点的管道，包括水平干管、给水立管和支管。

（3）配水器具

配水器具包括与配水管网相接的各种阀门、给水配件（放水龙头、皮带龙头等）。

（4）水池、水箱及加压装置

当外部供水管网的水压、流量经常或间断不足，不能满足建筑给水的水压、水

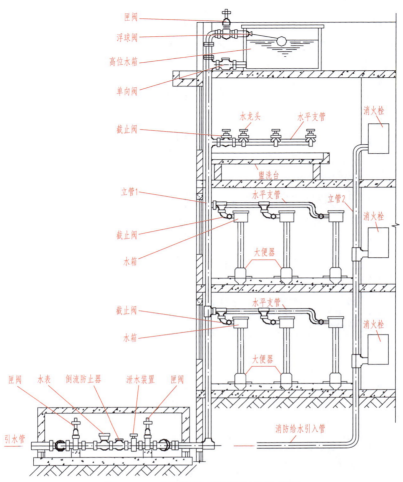

图 10-1 建筑给水系统的组成示意图

量要求时，需设贮水池或高位水箱及水泵等加压装置。

（5）水表

水表用来记录用水量。根据具体情况可在每个用户、每个单元、每幢建筑物或一个居住区内设置水表。需单独计算用水量的建筑物，应在引入管上安装室外水表，并装设检修阀门、旁通管、泄水装置等。通常把水表及这些设施统称为水表节点。室外水表节点应设置在水表井内。

**2. 建筑排水**

民用建筑排水主要是将建筑物中的生活废水、生活污水、屋面雨（雪）水及空调冷凝水收集起来排到室外。一般民用建筑物如住宅、办公楼等可将生活污（废）水合流排出，雨水单独排放。现以排除生活污水为例，说明建筑排水系统的主要组成，如图 10-2 所示。

（1）卫生器具及地漏口

（2）排水管道及附件

① 存水弯（水封段） 存水弯的水封将隔绝和防止有异味、有害、易燃气体及

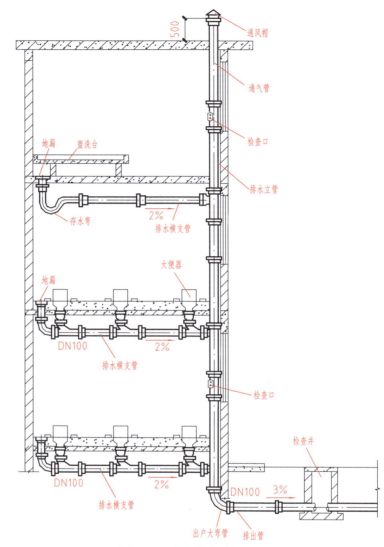

图 10-2　建筑排水系统的组成

虫类通过卫生器具排水口侵入室内。常用的管式存水弯有 S 型和 P 型。

②连接管　连接管即连接卫生器具及地漏等排水口与排水横支管的短管。

③排水横支管　排水横支管接纳连接管的排水并将排水转送到排水立管，且坡向排水立管。若与大便器连接管相接，排水横支管管径应不小于 100 mm。

④排水立管　排水立管即接纳排水横支管的排水并转送到排水排出管（有时送到排水横干管）的竖直管段。其管径不能小于 DN50 或所连横支管管径。

⑤排出管　排出管是将排水立管或排水横干管送来的建筑排水排入室外检查井（窨井），并坡向检查井的横管。其管径应大于或等于排水立管（或排水横干管）的管径，坡度一般为 1%～3%，在条件允许的情况下，尽可能取高限，以利于尽快排水。

⑥管道检查、清堵装置　管道检查、清堵装置如清扫口、检查口等。清扫口可单向清通，常用于排水横管上；检查口则为双向清通的管道维修口。立管上宜设检

查口,高层建筑每6层设一个,但底层和顶层必须设置检查口。其中心应在相应楼(地)面以上1.00 m处,并应高出该层卫生器具上边缘0.15 m。

(3)污水处理构筑物

污水处理构筑物如检查井,化粪池,隔油池等。排水检查井在室内排水排出管与室外排水管的连接处设置,将室内排水安全地输至室外排水管道中。

(4)通气管

通气管是顶层检查口以上的立管管段。它排除有害气体,并向排水管网补充新鲜空气,利于水流畅通,保护存水弯水封。其管径一般与排水立管相同。通气管口高出屋面的高度不得小于0.5 m,且应大于屋面最大积雪厚度,在经常有人停留的平屋面上,通气管口应高出屋面2 m。

(5)提升设备

提升设备如水泵等,可将由于地势等原因不能自动流进检查井的污水提升至一定高度再排出。

## 10.1.2 给水排水施工图的基本规定及图示特点

### 1. 基本规定

绘制给水排水施工图必须遵循国家标准《房屋建筑制图统一标准》(GB/T 50001—2017)及《建筑给水排水制图标准》(GB/T 50106—2010)等相关制图标准,选用国标图例,做到投影正确、形体表达方法恰当、尺寸齐全合理、图线清晰分明、图面整洁、字体工整。

(1)图线

给水排水专业制图,常用的各种线型宜符合表10-1中的规定。

表 10-1 线 型

| 名称 | 线型 | 线宽 | 用途 |
|---|---|---|---|
| 粗实线 | —— | $b$ | 新设计的各种排水和其他重力流管线 |
| 中粗实线 | —— | $0.7b$ | 新设计的各种给水和其他压力流管线;原有的各种排水和其他重力流管线 |
| 中实线 | —— | $0.5b$ | 给水排水设备、零(附)件的可见轮廓线;总图中新建的建筑物和构筑物的可见轮廓线;原有的各种给水和其他压力流管线 |
| 细实线 | —— | $0.25b$ | 建筑的可见轮廓线;总图中原有的建筑物和构筑物的可见轮廓线;制图中的各种标注线 |
| 粗虚线 | - - - - | $b$ | 新设计的各种排水和其他重力流管线的不可见轮廓线 |
| 中粗虚线 | - - - - | $0.7b$ | 新设计的各种给水和其他重力流管线及原有的各种排水和其他重力流管线的不可见轮廓线 |
| 中虚线 | - - - - | $0.5b$ | 给水排水设备、零(附)件的不可见轮廓线;总图中新建的建筑物和构筑物的不可见轮廓线;原有的各种给水和其他压力流管线的不可见轮廓线 |

续表

| 名称 | 线型 | 线宽 | 用途 |
|---|---|---|---|
| 细虚线 | —————— | 0.25$b$ | 建筑的不可见轮廓线;总图中原有的建筑物和构筑物的不可见轮廓线 |
| 单长点画线 | ——·—— | 0.25$b$ | 中心线、定位轴线 |
| 折断线 | ——∿—— | 0.25$b$ | 断开界线 |
| 波浪线 | ∿∿∿ | 0.25$b$ | 平面图中水面线;局部构造层次范围线;保温范围示意线 |

表中线宽 $b$ 应根据图样的复杂程度及图样比例的大小从下列线宽中选择:1.4、1.0、0.7、0.5、0.35、0.25、0.18、0.13 mm。基本线宽宜用 0.7 或 1.0 mm。

（2）比例

给水排水专业制图常用的比例宜符合表 10-2 中的规定。

表 10-2　常 用 比 例

| 名称 | 比例 | 备注 |
|---|---|---|
| 区域规划图 | 1:50000、1:25000、1:10000 | 宜与总图专业一致 |
| 区域位置图 | 1:10000、1:5000、1:2000 | 宜与总图专业一致 |
| 总平面图 | 1:1000、1:500、1:300 | 宜与总图专业一致 |
| 管道纵断面图 | 横向 1:1000、1:500、1:300<br>纵向 1:200、1:100、1:50 | |
| 水处理厂（站）平面图 | 1:500、1:200、1:100 | |
| 水处理构筑物、设备间、卫生间、泵房平、剖面图 | 1:100、1:50、1:40、1:30 | |
| 建筑给水排水平面图 | 1:200、1:150、1:100 | 宜与建筑专业一致 |
| 建筑给水排水轴测图 | 1:150、1:100、1:50 | 宜与建筑专业一致 |
| 详图 | 1:50、1:30、1:20、1:10、1:5、1:2、1:1、2:1 | |

需说明的是:在管道纵断面图中,可根据需要对纵向与横向采用不同的组合比例;在建筑给水排水轴测图中,如局部表达有困难时,该处可不按比例绘制;水处理工艺流程断面图和建筑给水排水管道展开系统图可不按比例绘制。

（3）标高

标高符号及一般标注方法应符合现行国家标准《房屋建筑制图统一标准》（GB/T 50001—2010）的规定。室内工程应标注相对标高,室外工程应标注绝对标高。压力管道应标注管中心标高;沟渠和重力流管道宜标注沟（管）内底标高。建筑物内的管道也可按本层建筑地面的标高加管道安装高度的方式标注高度标高,标注方法应为 $H+×.×××$ , $H$ 表示本层建筑地面标高（如 $H+0.250$ ）。

（4）管径

管径的尺寸应以 mm（毫米）为单位。管径的表达方法应符合下列规定:

① 水煤气输送用镀锌钢管、不镀锌钢管、铸铁管等管材，管径宜用公称直径 DN 来表示。

② 无缝钢管、直缝或螺旋缝焊接钢管等管材，管径宜用管外径 $D \times$ 壁厚表示。

③ 铜管、薄壁不锈钢管等管材，管径宜用公称外径 Dw 表示。

④ 建筑给水排水塑料管材，管径宜用公称外径 dn 表示。

⑤ 钢筋混凝土或混凝土管，管径宜用内径 $d$ 表示。

⑥ 复合管、结构塑料管等管材，管径应按产品标准的方法表示。

⑦ 当设计中均采用公称直径 DN 表示管径时，应有公称直径 DN 与相应产品规格对照表。

### 2. 图示特点

① 给水排水施工图中，管道是施工图的重点，通常用单粗线绘制；给水排水施工图中的建筑图部分不是为土建施工而绘制的，而是作为建筑设备的定位基准而画出的，一般用细线绘制，不画建筑细部。

② 给水排水施工图中所表示的设备装置和管道一般均采用统一图例，在绘制和识读给水排水施工图前，应查阅和掌握与图纸有关的图例及其所代表的内容。给水排水施工图中的常用图例如表 10-3 所示（摘自《建筑给水排水制图标准》，GB/T 50106—2010）。

**表 10-3　给水排水施工图常用图例**

| 序号 | 名称 | 图例 | 备注 | 序号 | 名称 | 图例 | 备注 |
|---|---|---|---|---|---|---|---|
| | | 管道 | | | | 阀门 | |
| 1 | 给水管 | —— J —— | | 11 | 闸阀 |  | |
| 2 | 热水给水管 | —— RJ —— | | 12 | 止回阀 | 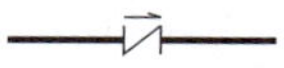 | |
| 3 | 废水管 | —— F —— | | 13 | 减压阀 |  | |
| 4 | 通气管 | —— T —— | | 14 | 电动阀 | 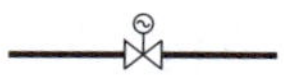 | |
| 5 | 污水管 | —— W —— | | 15 | 电磁阀 |  | |
| 6 | 雨水管 | —— Y —— | | 16 | 截止阀 |  | |
| 7 | 消火栓给水管 | —— XH | | 17 | 角阀 |  | |
| 8 | 自动喷水灭火给水管 | —— ZP | | 18 | 自闭式冲洗阀 | | |
| 9 | 管道立管 | 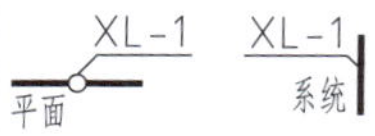 XL-1 平面　XL-1 系统 | X 为管道类别；L 为立管；1 为编号 | 19 | 浮球阀 |  平面　系统 | |
| 10 | 管道交叉 |  低 高 | 在下面和后面的管道应断开 | 20 | 弹簧安全阀 |  | |

续表

| 序号 | 名称 | 图例 | 备注 | 序号 | 名称 | 图例 | 备注 |
|---|---|---|---|---|---|---|---|
| | | 消防 | | 34 | 通气帽 | ↑ | |
| 21 | 室内消火栓（单栓） |  平面 系统 | 白色为开启方向 | 35 | 存水弯 |  | |
| 22 | 室内消火栓（双栓） |  平面 系统 | | 36 | 水表 | ⊘ | （室内） |
| 23 | 室外消火栓 |  | | 37 | 水表井 | ▶ | （室外） |
| 24 | 消防水泵接合器 |  | | 38 | 阀门井及检查井 |  | 以代号区别管道 |
| 25 | 自动喷水喷头 |  平面 系统 | | 39 | 雨水口 |  单算 双算 | |
| 26 | 手提式灭火器 | △ | | | | 卫生设备 | |
| | | 管道配件及其他 | | 40 | 台式洗脸盆 | 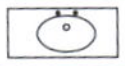 | |
| 27 | 水嘴 | | （水龙头） | 41 | 立式洗脸盆 |  | |
| 28 | 洒水栓水嘴 |  | 总平面图绘出井外框 | 42 | 浴盆 | 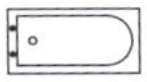 | |
| 29 | 淋浴喷头 |  | | 43 | 洗涤盆 | | |
| 30 | 清扫口 |  平面 系统 | | 44 | 污水池 | | |
| 31 | 立管检查口 | | | 45 | 坐式大便器 | | |
| 32 | 圆形地漏 |  平面 系统 | | 46 | 蹲式大便器 | | |
| 33 | 雨水斗 | 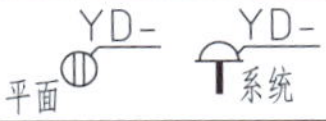 YD- YD-平面 系统 | | 47 | 小便器 | | |

③ 给水排水管道的布置往往是纵横交叉，在平面图上较难表明它们的空间走向。因此，给水排水施工图中一般采用轴测投影法画出管道系统的直观图，用直观图来表明各层管道系统的空间关系及走向，这种直观图称为管道轴测系统图。

④ 给水排水施工图中管道设备安装应与土建施工图相互配合，尤其是留洞、预埋件、管沟等方面对土建的要求，必须在图纸说明上表示和注明。

### 10.1.3　给水排水管线的表示方法

管线即指管道，是指液体或气体沿管子流动的通道。管道一般由管子、管件及其附属设备组成。如果按照投影制图的方法画管道，则应将上述各组成部分的规格、形式、大小、数量及连接方式都遵循正投影规律并按一定的比例画出来。但是在实际绘图时，却是根据管道图样的比例及其用途来决定管道图示的详细程度。在给水排水施工图中一般有下列三种管道表示方法。

① 单线管道图　在比例较小的图样中，无法按照投影关系画出细而长的各种管道，不论管径大小都只采用位于管道中心轴线上的线宽为 $b$ 的单线图例来表示管道。管道的类别是以汉语拼音字母表示。在给水排水施工图中最常用的就是用单粗线表示各种管道。在同一张图上的给水、排水管道，习惯上用粗实线表示给水管道，粗虚线表示排水管道。分区管道用加注角标方式表示：如 $J_1$、$J_2$、……。

②双线管道图　双线管道图就是用两条粗实线表示管道，不画管道中心轴线，一般用于重力管道纵断面图，如室外排水管道纵断面图。

③三线管道图　三线管道图就是用两条粗实线画出管道轮廓线，用一条点画线画出管道中心轴线，同一张图纸中不同类别管道常用文字注明。此种管道图多用于给水排水施工图中的各种详图，如室内卫生设备安装详图等。

## 10.2　室内给水排水施工图

室内给排水工程设计是在相应的建筑设计的基础上进行的设备工程设计，所以室内给排水施工图是在已有的建筑施工图基础上绘制的给水排水设备施工图。室内给水排水施工图由室内给水排水平面图、给水轴测系统图、排水轴测系统图、详图及文字说明等组成。

### 10.2.1　室内给水排水平面图

室内给水排水平面图就是把室内给水平面图和室内排水平面图合画在同一图上，统称为"室内给水排水平面图"。该平面图表示室内卫生器具、阀门、管道及附件等相对于该建筑物内部的平面布置情况，它是室内给水排水工程最基本的图样。图 10-3~图 10-5 所示为某住宅的给水排水平面图，图 10-8 所示为该住宅的底层给水排水平面图中西边住户的给水排水平面放大图，为了便于区别，在平面图中污水管用粗虚线表示，热水管用粗双点画线表示，生活给水管、消防给水管和雨水管用粗实线表示。

**1. 室内给水排水平面图的主要内容**

① 建筑平面图；

② 卫生器具的平面位置，如洗涤盆、大小便器（槽）等；

③ 各立管、干管及支管的平面布置以及立管的编号；

④ 阀门及管附件的平面布置，如截止阀、水龙头等；

⑤ 给水引入管、排水排出管的平面位置及其编号；

⑥ 必要的图例、标注等。

**2. 室内给水排水平面图的表示方法**

1）布图方向与比例　给水排水平面图在图纸上的布图方向应与相关的建筑平面一致，其比例也相同，常用 1：100，也可用 1：50 等比例。

2）建筑平面图　在抄绘建筑平面图时，其不同之处在于：

① 不必画建筑细部，也不必标注门窗代号、编号和尺寸；

② 原粗实线所画的墙身、柱等，此时只用 0.25$b$ 的细实线画出。

3）卫生器具平面图　卫生器具均用中实线 0.5$b$ 绘制，且只需绘制其主要轮廓。

4）给水排水管道平面图　平面图中的管道用单粗实线绘制。位于同一平面位置的两根或两根以上不同高度的管道，为了图示清楚，宜画成平行管道，它仅表示其示意安装位置，并不表示其具体平面位置尺寸。当管道暗装时，图上除应有说明外，管道线应绘制在墙身断面内。

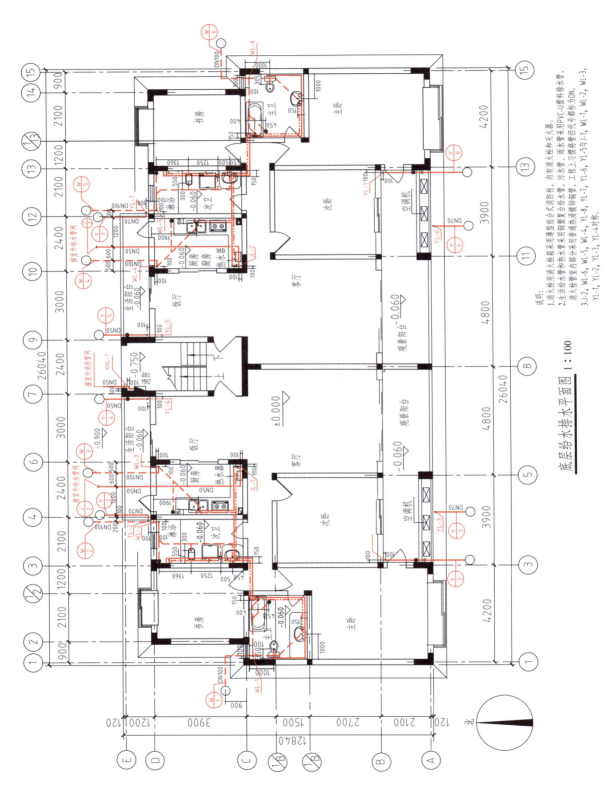

说明：
1.消火栓用消火栓箱采用薄型组合式消防柜，内有消火栓和灭火器。
2.生活给水管和热水管采用明装复合给水管，污水管、雨水管采用PVC-U塑料排水管。消火栓室内部分采用薄壁镀锌钢管，工程上习惯接管径代号都标示DN。
3.J-2、WL-6、WL-5、WL-4、YL-8、YL-7、YL-6、YL-5与J-1、WL-1、WL-2、WL-3、YL-1、YL-2、YL-3、YL-4对称。

底层给水排水平面图　1∶100

图 10-3　住宅底层给水排水平面图

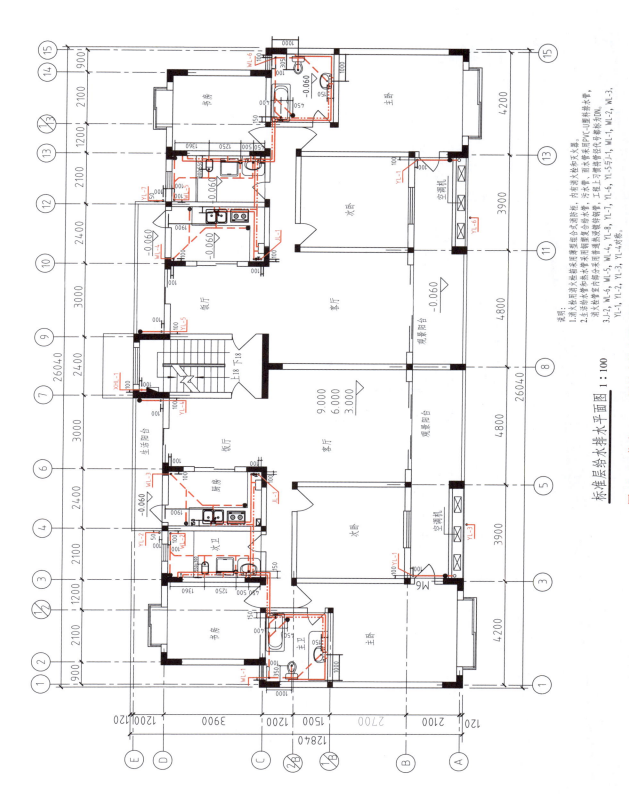

标准层给水排水平面图 1:100

图 10-4 住宅 2～4 层给水排水平面图

说明:
1.消火栓用消火栓采用薄型隐型组合式消防柜,内有消火栓和灭火器。
2.主活给水管采用钢塑复合给水管;污水管、雨水管采用PVC-U塑料排水管,消火栓管采用普通热浸镀锌钢管。工程上习惯将管径代号都标为DN。
3.J-2, WL-6, WL-5, WL-4, YL-8, YL-7, YL-6, YL-5与J-1, WL-1, WL-2, WL-3,
YL-1, YL-2, YL-3, YL-4对称。

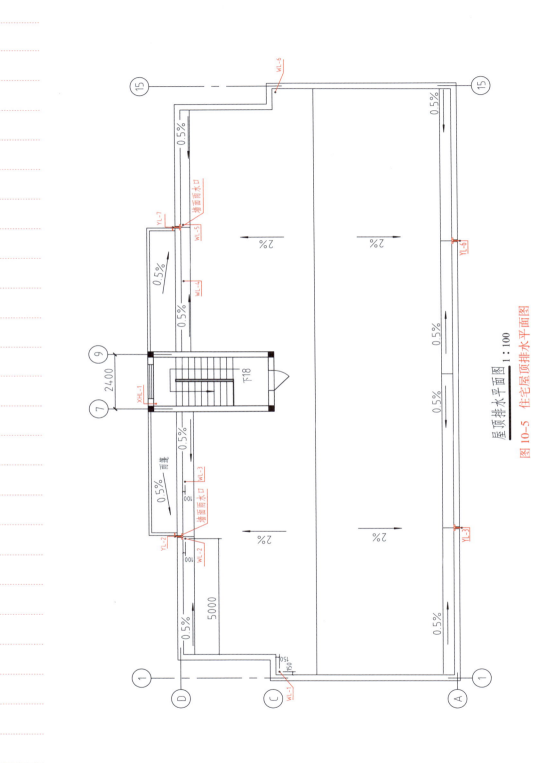

屋顶排水平面图 1:100

图 10-5　住宅屋顶排水平面图

给水排水管道上所有附件均按《给水排水制图标准》（GB/T 50106—2010）中的图例绘制（表 10-3）。

建筑物的给水排水进口、出口应注明管道类别代号，其代号通常用管道类别的第一个汉语拼音字母，如"J"为生活给水管，"W"为污水排出管。当建筑物的给水排水进出口数量多于一个时，宜用阿拉伯数字编号，以便查找和绘制轴测图。编号宜按图 10-6 所示的方式表示（该图表示 1 号给水引入管）。

当建筑物室内穿过一层及多于一层楼层的立管数量多于一个时，宜用阿拉伯数字编号。编号宜按图 10-7 所示的方式表示（该图表示 1 号的给水立管）。

图 10-6　给水引入（排水排出）管编号表示法　　　图 10-7　立管编号表示法

当给水管与排水管交叉时，应该连续画出给水管，断开排水管。

5）标注　给水排水平面图中需标注必要的尺寸和标高。

① 尺寸标注。建筑物的平面尺寸一般仅在底层给水排水平面图中标注轴线间尺寸。应标注各类管道的管径和管道中心距建筑墙、柱或轴线的定位尺寸。管道长度一般不标注。

② 标高标注。在绘制给水排水平面图时，应标注各楼层地面的相对标高。在绘制底层给水排水平面图时，还应标明室外地面相对标高；必要时还应标注管道标高。标高应以 m 为单位。

此外，应注明必要的文字。

### 3. 室内给水排水平面图的画图步骤

绘制室内给水排水平面图时，一般应先绘制标准层给水排水平面图，再绘制其余各楼层给水排水平面图。

绘制每一层给水排水平面图底稿的画图步骤如下：

① 画建筑平面图。抄绘建筑平面图，应先画定位轴线，再用细线画墙身和门窗洞，最后画其他构配件。

② 画卫生器具平面图。

③ 画给水排水管道平面图。一般先画标准层平面图，定好立管位置，再画底层平面图（图 10-8），画给水引入管和排水排出管，然后画支管及管道附件。

④ 画必要的图例。

⑤ 布置应标注的尺寸、标高、编号和必要的文字。

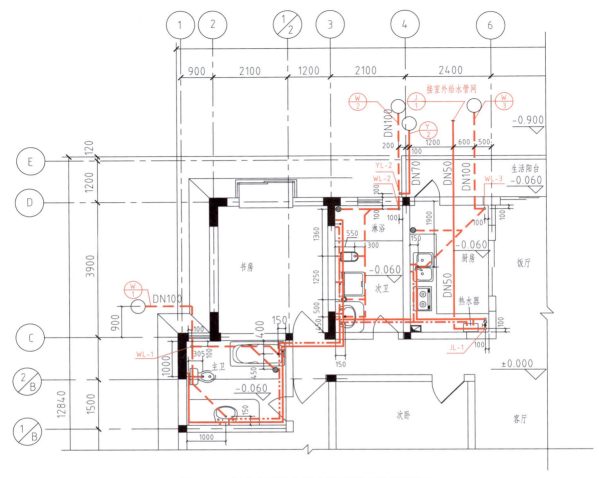

图 10-8　住宅底层给水排水平面图（西边局部）

### 10.2.2　室内给水排水轴测系统图

#### 1. 给水排水轴测系统图的表达方法

管道轴测系统图反映管道在空间前后、左右、上下的走向。管道系统图应按 45° 面斜等轴测投影法绘制，如图 10-9 所示。

（1）布图方向与比例

给水排水轴测图的布图方向与相应的给水排水平面图一致，其比例也相同，当局部管道按比例不易表示清楚时，为表达清楚，此处的局部管道可不按比例绘制。

（2）给水排水管道

给水管道轴测图与排水管道轴测图一般按每根给水引入管或排水排出管分组绘制。引入管和排出管道以及立管的编号均应与其对应平面图中的引入管、排出管及立管一致，编号表示法仍同平面图。

给水排水管道在平面图上沿 $X_1$ 和 $Y_1$ 方向的长度直接从平面图上量取，管道的

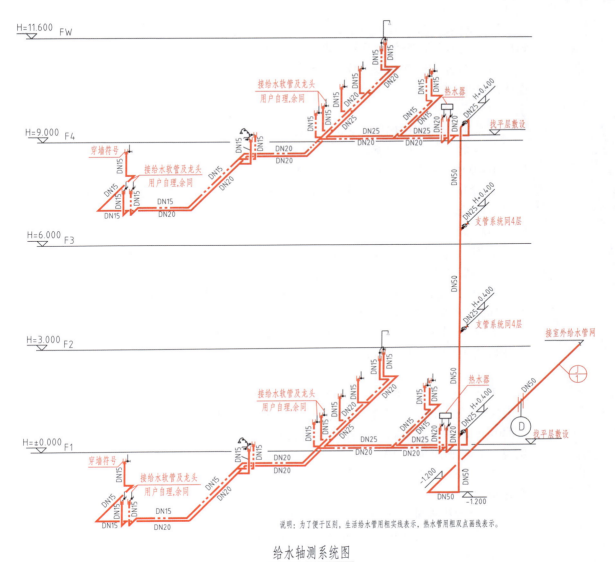

给水轴测系统图

图 10-9　室内给水管道轴测图

高度一般根据建筑物的层高、门窗高度、梁的位置以及卫生器具、配水龙头、阀门的安装高度来决定。表 10-4 列出了管道附件距楼（地）面的一般高度。

表 10-4　管道附件距楼（地）面的一般高度

| 管道附件 | 距楼（地）面高度 /m |
|---|---|
| 盥洗槽水龙头 | 1.000 |
| 污水池水龙头 | 0.800 |
| 淋浴口喷头 | 2.100 |
| 大便器高位水箱进水管的水平支管 | 2.300 |

当空间交叉的管道在图中相交时，应判别其可见性，在交叉处可见管道应连续画出，而把不可见管道断开（如表 10-3，序号 10 所示）。

当局部管道密集或重叠处不容易表达清楚时，可断开绘制，也可采用细虚线连接画法绘制。

（3）标注

给水排水轴测图中需标注如下内容：

① 管径标注　管径标注的要求见 10.1.2，可将管径直接注写在相应的管道旁边，如图 10-9 中水平管道"DN25"、"DN20"等；或注写在引线上。

② 标高标注　轴测系统图应绘出楼层地面线，并应标注楼层地面相对标高。

绘制给水管道时，应以管道中心为准，通常要标注横管、阀门和放水龙头等部位的标高。

绘制排水管道时一般要标注立管或通气管的管顶、排出管的起点及检查口等的标高。必要时就标注横道的起点标高，横管的标高以管内底为准。

图中的标高符号画法与建筑图的标高符号画法相同，且横线与所标注的管线平行（如图 10-9、图 10-10 所示）。

③ 管道坡度标高　轴测图中凡具有管道坡度的横管均应标注其坡度，把坡度注在相应管道旁边，必要时也可注在引出线上，坡度符号则用单边箭头指向下坡方向（图 10-10）。

若排水横管采用标准坡度，常将坡度要求写在施工说明中，可以不在图中标注。

④ 简化画法　当各楼层管道布置规格等完全相同时，给水或排水轴测图上的中间楼层的管道可以省略，仅在折断的支管上注写同某层即可。习惯上将底层和顶层的管道全部画出（图 10-9）。

⑤ 图例　若按标准绘制的图例符号可不列出图例，只将自行绘制的非标准图例列出即可。

**2. 给水排水轴测系统图的作图步骤**

通常先画好给水排水平面图后，再按照平面图与标高画出轴测图。轴测图底稿的画图步骤如下：

① 首先画出轴测轴。

② 画立管或者引入管、排出管。

③ 画立管上的各地面、楼面。

④ 画各层平面上的横管。

⑤ 画管道轴测图上相应附件、器具等图例。

⑥ 画各管道所穿墙、板断面的图例。

⑦ 最后在适宜的位置标注应标注的管径、标高、坡度、编号以及必要的文字说明等。

### 10.2.3　室内给水排水平面图和轴测图的识读

给水排水平面图和轴测图两者相互关联、相互补充，共同表达了室内给水排水管道、卫生设施等的形状、大小及室内位置。下面以图 10-3~图 10-5、图 10-8~

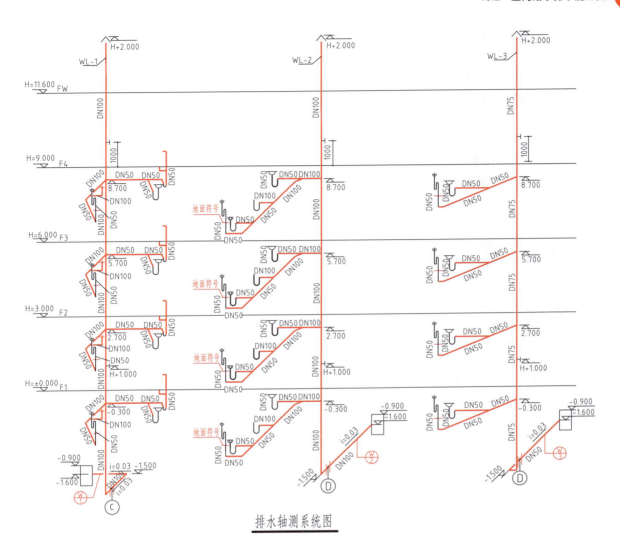

排水轴测系统图

图 10-10 室内排水管道轴测图

图 10-10 为例讨论阅读这些图的基本方法。

**1. 读图顺序**

① 浏览平面图 先看底层平面图，再看楼层平面图，先看给水引入管、排水排出管，再顾及其他。

② 对照平面图，阅读轴测图 先找平面图、轴测图对应编号，然后再读图；顺水流方向按系统分组，交叉反复阅读平面图和轴测图。

阅读给水轴测图时，通常从引入管开始，依次按引入管——水平干管——立管——支管——配水器具的顺序进行阅读。

阅读排水轴测图时，则依次按卫生器具、地漏及其他污水口——连接管——水平支管——立管——排水管——检查井的顺序进行阅读。

**2. 读图要点**

阅读室内给水排水平面图和轴测图的要点有：

① 对平面图　明确给水引入管和排水排出管的数量、位置；明确用水和排水的房间的名称、地（楼）面标高、卫生设施的位置和数量等情况。

② 对轴测图　明确各条给水引入管和排水排出管的位置、规格、标高，明确给水系统和排水系统的各组给水排水工程的空间位置及其走向，从而想象出建筑物整个给水排水工程的空间状况。

**3. 读图举例**

按上述读图要领，读图 10-3 ~ 图 10-5、图 10-8 ~ 图 10-10。

① 首先阅读平面图（图 10-3 ~ 图 10-5、图 10-8）。这是某学校的一幢四层教工住宅的底层、标准层（2 ~ 4 层）、屋顶层的给水排水平面图。该住宅为一个楼梯间，每层两户对称的布局。下面重点分析西边一户的给水排水管道和卫生设施的布置情况（图 10-8 局部放大图）。由底层给水排水平面图可知，西住户有一条给水引入管 ⊕，平行于⑥轴线，且距⑥轴线 1.1 m 自北向南进入厨房地下（对照轴测图 10-9，可知标高为 -1.2 m），然后转弯向东与立管 JL-1 连接，立管距两墙边 100 mm。从立管 JL-1 接出短管，并安装阀门和入户水表，室内给水管通过水表后依次连接厨房的热水器、双槽洗涤盆、次卫生间的洗脸盆、洗衣机、大便器、淋浴间以及主卫生间的浴盆、洗脸盆和坐式大便器。从热水器接出的热水管（粗双点画线）依次连接厨房的双槽洗涤盆、次卫生间的洗脸盆、淋浴间以及主卫生间的浴盆、洗脸盆。

西住户有 3 条排水排出管（粗虚线）⊕、⊕和⊕，⊕排出主卫生间的浴盆、地漏、洗脸盆、坐式大便器的污水；⊕排出次卫生间的洗脸盆、地漏（洗衣机）、大便器、淋浴间的污水；⊕排出厨房的双槽洗涤盆、地漏的污水。

2 ~ 4 层的平面布置与底层基本相同。所不同的是 2 ~ 4 层没有引入管和排出管，给水进户和排水出户要通过给水立管和排水立管。

通过平面图的文字说明，还可知道各种管道的材料。东边住户给排水布置与西边住户对称。

② 然后对照平面图（图 10-3 ~ 图 10-5、图 10-8），分别阅读给水轴测图（图 10-9）和排水轴测图（图 10-10）。

先看给水轴测图：对照底层给水排水平面图和给水轴测图，找到编号为 ⊕ 的 DN50 给水引入管，平行于⑥轴线，且距⑥轴线 1.1 m 自北向南穿过 Ⓓ 轴线墙进入厨房地下，标高为 -1.2 m，然后转弯向东与立管 JL-1 连接。从立管 JL-1 接出水平短管 DN25，高出地面 0.4 m，其上有阀门和入户水表，安装在厨房灶台（平台）下边。通过水表后，由竖直短管连接水平管 DN25，沿地面找平层敷设，即管线埋在地面下边。水平管的走向和管径变化在轴测图中一目了然，再由水平管接出竖直支管 DN15（连接热水器的竖直支管为 DN20），给各用水器具供水。竖直支管与用水器具之间的给水软管或水龙头由用户自理。竖直支管接头上画有穿墙符号，说明竖直支管是暗装于墙内的。从热水器接出的热水管（粗双点画线）的走向与冷水给水管平行，只是竖直支管的数量及管径有所不同。

再看排水轴测图：首先在底层给水排水平面图上找出编号为 ⊕ 、⊕ 和 ⊕ 的排水排出管，再在排水轴测图上找到相同的编号，然后分别阅读 ⊕ 、⊕ 和 ⊕ 所对应的排水轴测系统图。

对照底层给水排水平面图，读 ⊕ 排水轴测系统图：⊕ 系统有一根 DN100 的排出水管，平行于①轴线穿 ⓒ 轴线墙由南向北 900 后转向西进入污水检查井，该排水管标高为 -1.500 m，坡度 3%。对照平面图可知：该排出管穿 ⓒ 轴线墙入室内，与主卫生间内在①轴线与 ⓒ 轴线墙角处的立管 WL-1 相接，立管 WL-1 管径为 DN100。立管 WL-1 伸出屋顶 2 m 装一通气帽。在每层楼板下 0.3 m 均从立管 WL-1 向南接有一水平支管 DN100 接纳立式大便器污水，在该支管的延长线上又接有一 DN50 的水平斜支管接纳洗脸盆的污水；在同一高度，从立管 WL-1 向东接有一水平支管 DN50 接纳浴盆和地漏的污水；注意，接浴盆的支管有两个管接头，上边接头接浴盆的溢流孔，下边接头连接浴盆的底孔。同时，可看出洗脸盆下装有 S 型存水弯，浴盆和地漏下装有 P 型存水弯，由于立式大便器自带存水弯，故在接立式大便器的支管上不用安装存水弯。在立管 WL-1 上，1、4 层距地（楼）面 1 m 高处，各装一检查口。

对于 ⊕ 和 ⊕ 排水轴测系统图，读者可按上述思路进行阅读。

### 10.2.4　消防给水、雨水排水平面图和轴测图

消防给水、雨水排水平面图和轴测图是建筑物室内给水排水施工图的组成部分。住宅消防给水、雨水排水平面图与住宅生活给水、污水排水平面图画在同一张图中，如图 10-3 ~ 图 10-5 所示。住宅消防给水、雨水排水轴测图如图 10-11 所示。雨水排水包括屋面、阳台、露台的雨水和空调排水。根据《建筑给水排水设计标准》（GB 50019），多层建筑的阳台雨水和屋面雨水宜分别排放。

### 10.2.5　卫生设备安装详图

室内给水排水工程的安装施工除需要前述的平面图、轴测图外，还必须有若干安装详图。安装详图的特点是：图形表达明确，尺寸标注齐全，文字说明详尽。安装详图一般均有标准图可供选用，不需再绘制。只需在施工说明中写明所采用的图号或用详图索引符号标注即可。识读安装详图时，通常应结合给水排水平面图、给水轴测图、排水轴测图、文字说明等对照进行。现用全国通用给水排水标准图集《卫生设备安装》（09S304）中的"单柄水嘴双槽厨房洗涤盆安装图"（图 10-12）举例如下：

在图 10-12 中，由平面图、1-1 剖面图、2-2 剖面图对照看图，可知洗涤盆的形状大小及其配件的形状和位置，其中洗涤盆长 830，宽 430，高 190；洗涤台（距地面）高 800。冷水管高于地面 450，热水管高于地面 450+100，均安装于墙内。通过主要材料表，可知洗涤盆安装所需配件的名称、规格、材料及数量；并由说明可知洗涤盆及其配件的生产厂家；存水弯由设计确定。

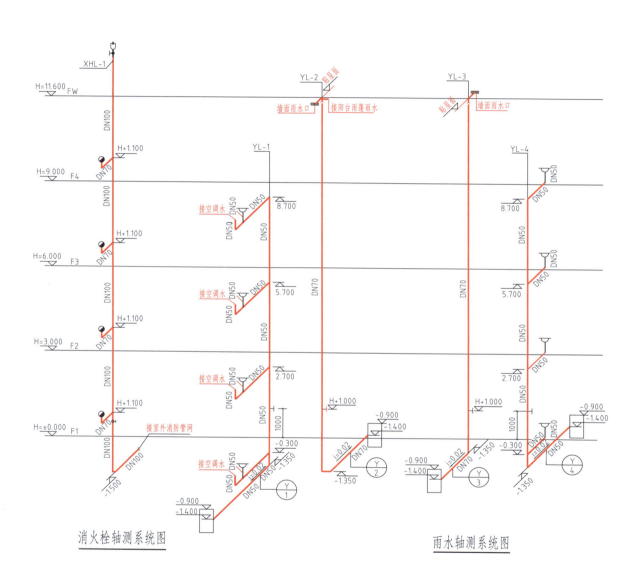

消火栓轴测系统图

雨水轴测系统图

图 10-11　住宅消防给水、雨水排水管道轴测图

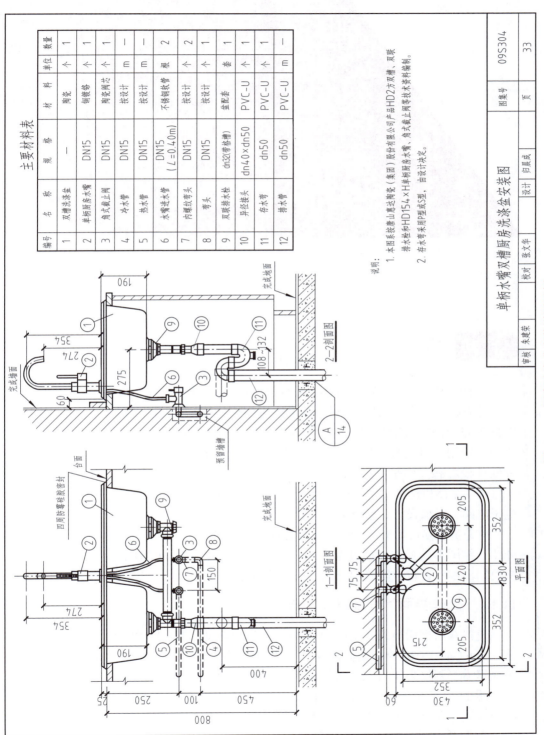

图10-12 厨房洗涤盆安装详图示例

# 第 11 章

## AutoCAD 绘图基础

11.1 **概述**

AutoCAD（Autodesk Computer Aided Design）是 Autodesk 公司首次于 1982 年开发的计算机辅助设计软件，经过不断的改进，现已经成为国际上广为流行的绘图工具。它具有完善的图形绘制功能、强大的图形编辑功能、可采用多种方式进行二次开发或用户定制、可进行多种图形格式的转换，具有较强的数据交换能力，同时支持多种硬件设备和操作平台。AutoCAD 可以绘制任意二维和三维图形，而且精度高、便于修改、保存和检索。它已经广泛应用于土木建筑、装饰装潢、城市规划、园林设计、电子电路、机械设计、航空航天、轻工化工等诸多领域。

本章介绍 AutoCAD 2020 的基本功能和使用方法。由于学时和篇幅的限制，着重介绍二维图形的操作。通过本章的学习，可初步掌握 AutoCAD 的使用方法，用计算机绘制出本专业符合国家制图标准的设计图样。

### 11.1.1 工作界面简介及基本操作

直接双击桌面上的 AutoCAD 2020 图标即可启动 AutoCAD 2020。

AutoCAD 2020 的初始界面即"草图与注释"工作界面，如图 11-1 所示，用户可根据需要调整为如图 11-2 所示的用户工作界面。

图 11-2 所示的用户工作界面由快速访问工具栏、系统标题栏、菜单栏、功能区、绘图区域、命令行窗口和状态栏等组成。

**1. 快速访问工具栏和系统标题栏**

快速访问工具栏和系统标题栏位于屏幕的顶部。快速访问工具栏提供了新建、

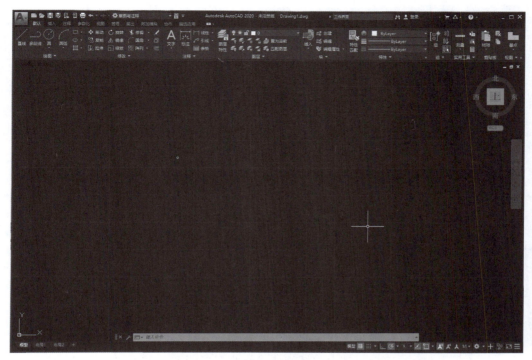

图 11-1 AutoCAD 2020 的"草图与注释"工作界面

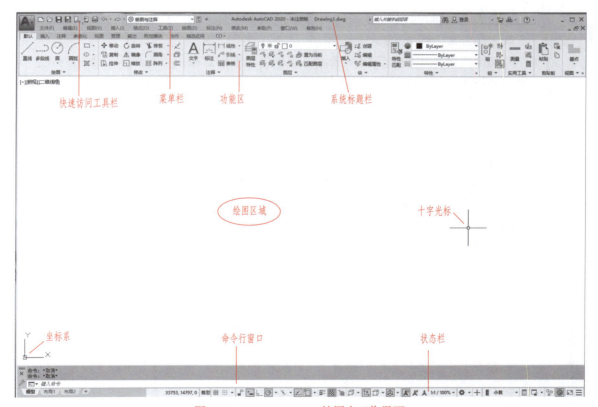

图 11-2 AutoCAD 2020 的用户工作界面

打开、保存文件等工具图标。系统标题栏显示当前正在运行的程序名 AutoCAD 2020 及当前图形文件名，当前图形文件名默认为 Drawing 1，用户可自定义文件名，图形文件名的扩展名（后缀名）为 ".dwg"。

### 2. 菜单栏

AutoCAD 2020 可在快速访问工具栏的右端，单击三角形下拉菜单显示菜单栏。菜单栏从左到右依次有：文件、编辑、视图、插入、格式、工具、绘图、标注、修改、参数、窗口、帮助等下拉菜单，这些菜单包括了绘图、编辑和控制 AutoCAD 运行的大部分命令。单击某一菜单项，即可执行相应的操作。图 11–3 是 AutoCAD 2020 的 "视图" 下拉菜单。在下拉菜单中，有些菜单项的右边有 ">" 符号，表示其后还有子菜单；有些菜单项后面有 "…" 符号，表示选取本项以后将会弹出一个对话框；后面什么也没有的菜单项，将直接执行相应 AutoCAD 命令。

图 11–3   "视图" 下拉菜单

### 3. 功能区

功能区包含默认、插入、注释等若干个选项卡，每个选项卡又有若干个小面板，其中包括创建或修改图形所需的所有工具。AutoCAD 通过功能区面板提供了许多工具图标，它们是一种可代替命令和下拉菜单的简便工具。用户只需单击工具图标，便可实现大部分常用的 AutoCAD 操作。

功能区面板中的小三角形表示还有相应的图标选项或下拉菜单或下拉列表。如果不知道某个图标的功能，可用光标指向该图标，在光标旁边会出现一个标签，显示该图标的名称、功能与对应的命令。

### 4. 命令行窗口

命令行窗口是用户输入命令、数据和 AutoCAD 显示提示与信息的窗口。系统的默认显示是 3 行，用户可用鼠标拖动上边框来改变它的显示行数。

**说明**：浮在绘图区里的命令行窗口可用鼠标左键光标按住窗口最左端的 ⋮⋮⋮ 拖到绘图区左下位置，使其固定。用户还可根据自己的需要，通过菜单 "工具→选项→显示" 中的有关选项来调整界面的颜色和十字光标的大小等。

### 5. 状态栏

状态栏位于屏幕底部，用于显示当前光标的坐标值，其余部分依次排列若干图形工具按钮，其中常用的有：正交模式、极轴追踪、对象捕捉、对象捕捉追踪、显示线宽、比例、模型等。将光标指向上述按钮中的某一个，并单击鼠标左键可使其打开或关闭。当按钮显亮时为打开状态，显灰时为关闭状态。而模型按钮则用于模型空间和图纸空间的切换。

状态栏中的工具图标可通过点击状态栏最右端的 "自定义" 图标来设定。

### 11.1.2　命令、选项与数据的输入方式

#### 1. 利用键盘输入

在命令行的"键入命令"后面，用户可通过键盘输入 AutoCAD 的各种命令。每输入一个命令后，再按回车键，AutoCAD 接受该项命令（在命令行"键入命令"提示符下直接按回车键可重复前一个命令），并进一步要求输入选项或数据，用户可根据提示键入所需内容，进行人机对话。

初学者应特别注意命令行窗口中所显示的内容，养成随时观察命令提示的良好习惯，切忌盲目操作。命令行窗口不仅向用户显示信息，而且还记录用户的操作。可以用 F2 键来浏览以前的信息和已执行过的命令。

注意：如果启用了"动态输入"并设定为显示动态提示，用户可以在光标附近的工具提示中输入命令和数据。

#### 2. 利用鼠标输入

在 AutoCAD 中利用鼠标可输入有关命令和信息。鼠标一般有如下操作：

（1）单击左键　用以选取下拉菜单的菜单命令或工具栏中的图标，或在屏幕绘图区内选择诸如删除、移动等编辑操作的对象。方法是将光标移至对象上，再单击鼠标左键。此类操作也称为单击、点取或拾取。

（2）拖动　按住鼠标左键不放同时移动鼠标叫作拖动。例如"实时平移"和"实时缩放"等就需要此操作。

（3）单击右键　在 AutoCAD 2020 中，将光标处于不同的位置或当 AutoCAD 处于不同的状态时，单击鼠标右键，会出现不同的选项。例如在执行"实时缩放"过程中，单击右键，弹出一个快捷菜单，若选取该快捷菜单中的"退出"项，就退出"实时缩放"状态。

（4）双击左键　简称双击，用于修改文字和图形对象。

（5）鼠标滚轮　转动鼠标滚轮，可放大或缩小显示图形。

#### 3. 命令的调用方式

下面以画直线命令为例，介绍输入命令的三种常用方式：

（1）命令行：在"键入命令"状态下，键入命令 Line（1）并按回车键或空格键确认。

（2）工具栏：在绘图工具栏中单击直线图标 ✐。

（3）菜单栏：在"绘图"下拉菜单中选取"直线"。

以上三种输入画直线命令的方式，任选其中一种即可。为了简便起见，本书后面将上述三种输入命令的方式简单叙述为：键入 Line（1）↙或单击直线图标 ✐ 或选取"绘图→直线"。其中括号中的 l 为 Line 命令的简化形式，命令不区分大小写，"↙"表示按回车键。

不论用哪种类方式输入命令，大多数命令都需要正确的响应（如选择对象、输入选项或数据等）才能完成。命令的响应方式大致可分为两类：一类是根据命令行窗口的提示进行响应操作，另一类是根据所出现的对话框中的内容进行响应操作。

### 11.1.3　纠正错误

操作过程中，难免会出错，AutoCAD 为用户提供了有关纠正错误的命令和方法。

#### 1. 终止当前命令

如果想取消刚输入的命令或在一个命令执行的半途中退出执行，可按【Esc】键退出。回退到等待命令状态，即在命令行出现"键入命令"提示符。

#### 2. 放弃（U 命令）

U 命令用于对刚执行完的命令结果的撤消。例如:刚画了一个圆，现在不想要了，可键入 U ↙或单击 ↰ 或选取"编辑→放弃"，之后此圆就从屏幕上消失。重复使用这个命令，可以一直退回到绘图的初始状态。

#### 3. 重做（Redo 命令）

Redo 命令用于对最后执行的 U 命令结果的撤消，它只能紧跟在 U 命令后面使用。例如刚用 U 命令消去了一个圆，现又想要恢复它，可键入 Redo ↙或单击 ↱ 或选择"编辑→重做"，之后该圆又恢复在屏幕上。

#### 4. 删除（e 命令）

用删除命令 Erase（e）可将已画出的图形（包括字符）部分或全部删除。键入 Erase ↙或单击 ✐ 或选择"修改→删除"后，在命令行出现"选择对象"，提示选择要删除的对象,同时十字光标变为选择框"□"。移动选择框"□"到要删除的对象上，单击鼠标左键，所选对象变成暗灰色表示选中，按回车键后即被删除。

在选择对象时（见 11.4.1），也可用窗口方式，具体操作为：单击待选对象左上角（或左下角），然后向对象右下角（或右上角）拖动鼠标，这时屏幕上出现一个随鼠标拖动而改变大小的矩形框，当矩形框完全套住待选对象时，单击鼠标左键。

### 11.1.4　绘图边界的设置

AtuoCAD 的绘图区域为一矩形区域，其边界由左下角和右上角的坐标值确定，坐标值可正可负，大小不限。根据绘图的需要，用户可以使用 Limits 命令进行设置,绘图边界的设置应与图纸的大小和出图的比例相适应。例如采用 A3（297×420）图纸，比例 1：1，若绘图边界左下角设置为（0，0），则右上角应设置为（420，297）；如采用 A3（297×420）图纸，比例 1：100，则左下角设置为（0，0），右上角应设置为（42 000，29 700）。

命令格式如下：

键入 limits ↙或选择菜单"格式→图形界限"后，AutoCAD 系统提示：※

重新设置模型空间界限:

指定左下角点或 [ 开（ON）/ 关（OFF）]<0.0000,0.0000>: ↙　输入左下角坐标值，直接按回车键即默认系统的当前值

指定右上角点 < 当前值 >: 42 000，29 700 ↙　输入右上角坐标值

系统以这两点坐标为矩形对角点，定义出绘图区域。

● 开（ON）:打开界限检查，当作图点超出这一界限时，屏幕将作出报警提示 "** 超出图形界限"，以确保图形绘制在作图区内。

● 关（OFF）：关闭界限检查，作图范围将不受图形界限的影响。

绘图边界设置完毕后，可用 Zoom（缩放，见 11.3.6）命令中的"全部（A）"选项，将绘图边界在屏幕显示区完全显示出来，并绘出图纸边框线，这样边框线内的显示区即表示图纸上的绘图区。

※ **说明**：本章将 AutoCAD 系统提示简称为系统提示，系统提示内容用楷体字浅灰色表示，在系统提示内容的后面，即"："后面的内容表示对用户操作的说明或对系统提示的说明，其中下划线上方的内容表示用户具体输入的内容。

### 11.1.5 图形文件的打开、保存

#### 1. 打开文件

键入 Open↙或单击 📂 或选取菜单"文件→打开"，弹出"选择文件"对话框如图 11-4 所示。在这里可以像在其他 Windows 应用程序中打开文件那样，通过选择文件所在盘符、文件夹及文件名打开所需要的图形文件（图形文件标有蓝色图标■）。

在"选择文件"对话框中，单击图形文件名，可在预览窗口中预览该图形；再单击"打开"按钮，即可打开该文件，图形显示在屏幕绘图区。直接双击某图形文件，也可打开该文件。

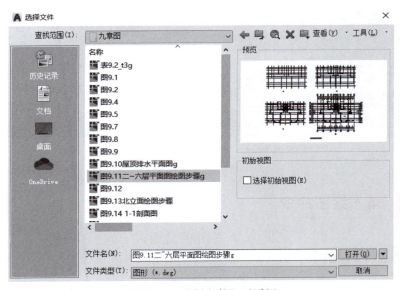

图 11-4 "选择文件"对话框

#### 2. 保存文件

AutoCAD 2020 提供了多种方法和格式来保存图形文件，其中有快速保存（Qsave）、另名存储（Save as）以及保存为模板文件等。它不仅存储图形文件本身，还存储图的绘图环境。图形文件的扩展名会自动定义为".dwg"。

● Qsave：键入 Qsave↙或单击标准工具栏的图标 💾 或选取菜单"文件→保存"。AutoCAD 不作任何提示直接存储当前图形文件。但如果当前图形文件尚未命名，则弹出"图形另存为"对话框。

• Saveas：键入 Saveas ↙或选取菜单"文件→另存为"，均弹出"图形另存为"对话框，如图 11-5 所示。在文件名框中键入新文件名，再单击"保存"按钮。

当文件夹中已有同名文件存在时，系统将提示是否替换原来的文件：

（1）选择替换，则原文件的文件名不变，但扩展名由".dwg"更换为".bak"（备份文件）。".bak"文件不能被 AutoCAD 系统直接调用，需要调用时必须将扩展名重新更换为".dwg"，这一方法常用于挽救被破坏或丢失的文件。

（2）如果选择不替换，则需要另输入新的文件名保存。

在"图形另存为"对话框的底部，还可以选择保存图形文件的类型和版本。

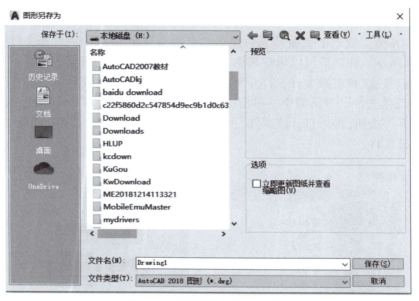

图 11-5　"图形另存为"对话框

## 11.2　基本绘图命令

### 11.2.1　画点（Point）

用 Point 命令可按指定位置在图中画点。

键入 Point（po）↙或选取菜单"绘图→点→单点（或多点）"后，系统提示：

指定点：输入一个点

点的输入可用以下方式：

（1）由点的绝对坐标 $x$，$y$ 定点，如（45，50）。

（2）由点的相对坐标 @$\Delta x$，$\Delta y$ 定点（相对于前一点的 $x$，$y$ 坐标差），如（@20，10）。

（3）由点的相对极坐标 @$r<\alpha$ 定点（其中 $r$ 为输入点到前一点的连线的长度，$\alpha$ 为该连线与零度方向的夹角，以"度"为单位，< 为小于符号表示角）如（@40<45）。

（4）直接距离输入法定点，即在后一点的指定方向上输入后一点与前一点之间的距离值，从而得到后一点。

（5）用鼠标取点，即将光标移到需要输入点的位置单击鼠标左键。

（6）用目标捕捉方式捕捉屏幕上已有图形的特殊点（如端点、中点、交点、切点、圆心等，见11.3.1）。

点的样式及大小可用 Ptype 命令弹出"点样式"对话框（图11-6）来选择和设置。

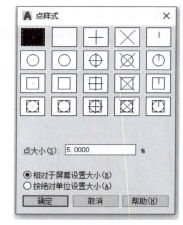

### 11.2.2 画直线（Line）

键入 Line（1）↙或单击 ⟋ 或选取菜单"绘图→直线"后，系统提示及用户操作如下：

指定第一点：55,45 ↙   输入第一点（或用光标定点）

图 11-6 "点样式"对话框

指定下一点或 [放弃（U）] ：75，45 或 @20，0 或 20 ↙   输入第二点

指定下一点或 [退出（X）/放弃（U）] ：85，25 或 @10，-20 ↙   输入第三点

指定下一点或 [关闭（C）/退出（X）/放弃（U）] ：↙   按回车键结束命令，结果如图11-7a所示

C ↙   形成封闭图形，结果如图11-7b所示

U ↙   取消刚画的线段 BC，结果如图11-7c所示

X ↙   结束命令

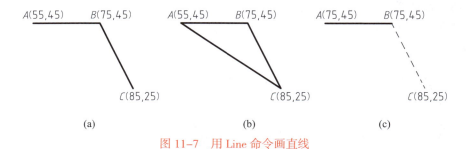

(a)         (b)         (c)

图 11-7 用 Line 命令画直线

### 11.2.3 画矩形（Rectang）

用 Rectang 命令可绘制由两个对角点确定的矩形，还可以绘制带有圆角或倒角的矩形，如图11-8所示。

键入 Rectang（rec）↙或单击 ▭ 或选择菜单"绘图→矩形"后，系统提示与用户操作如下：

指定第一个角点或 [倒角（C）/标高（E）/圆角（F）/厚度（T）/宽度（W）] ：F ↙   本例选择圆角方式

指定矩形的圆角半径 <0.0000> ：5 ↙   输入圆角半径的数值

指定第一个角点或 [倒角（C）/标高（E）/圆角（F）/厚度（T）/宽度（W）] ：

输入矩形的第一角点 $P_1$

指定另一个角点或 [面积（A）/尺寸（D）/旋转（R）]：输入矩形的另一角点 $P_2$

倒角（C）选项用于绘倒角，标高（E）和厚度（T）选项用于绘制三维图，宽度（W）用于线型加宽。

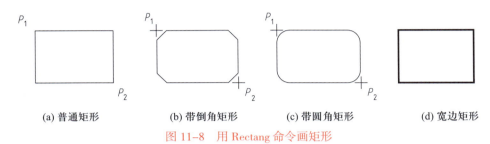

(a) 普通矩形          (b) 带倒角矩形          (c) 带圆角矩形          (d) 宽边矩形

图 11-8    用 Rectang 命令画矩形

### 11.2.4    画正多边形（Polygon）

键入 Polygon（pol）↙或单击 ⬡ 或选择菜单"绘图→多边形"后，系统提示及用户操作如下：

输入侧面数 <4>：6↙ 输入正多边形的边数

指定多边形的中心点或 [边（E）]：60, 50 ↙ 输入正多边形中心 C

输入选项 [内接于圆（I）/外切于圆（C）] <I>：输入 I 或 C，确定正多边形根据内接于圆或外切于圆生成，见图 11-9a、b

指定圆的半径：输入圆的半径

**说明**：边（E）选项，可用指定的一个边的两端点 $P_1$、$P_2$ 绘制正多边形，见图 11-9c。

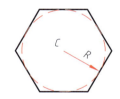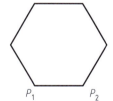

(a) 用内接于圆方式画六边形    (b) 用外切于圆方式画六边形    (c) 用边长的两端点画六边形

图 11-9    用 Polygon 命令画正多边形

### 11.2.5    画圆（Circle）

键入 Circle（c）或单击 ⊙ 或选择菜单"绘图→圆"后系统提示：

指定圆的圆心或 [三点（3P）/两点（2P）/相切、相切、半径（T）]：

各选项说明如下：

- 指定圆的圆心    要求输入圆心坐标，接着提示输入圆的半径或直径来画圆。
- 三点（3P）    给定圆周上三点画圆。
- 两点（2P）    给定直径两端点画圆。

● 相切、相切、半径（T） 画与两个已知图形对象（圆或直线）相切的公切圆，半径为给定值。选择此项（输入 T）时，系统提示：

指定对象与圆的第一个切点： 拾取相切的第一个对象 $P_1$

指定对象与圆的第二个切点： 拾取相切的第二个对象 $P_2$

指定圆的半径 <10>： 输入公切圆半径

注意：如果相切元素为圆或圆弧时，则应靠近切点位置拾取，如图 11-10 所示。

除以上四种方式画圆外，还可通过菜单"绘图→圆→相切、相切、相切"画出与三个几何元素相切的圆，如图 11-11 所示。

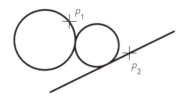
图 11-10 用相切、相切、半径选项画公切圆

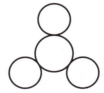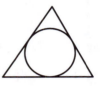
图 11-11 用相切、相切、相切选项画公切圆

### 11.2.6 画圆弧（Arc）

画圆弧，AutoCAD 提供了 11 种确定圆弧的方式，其中给定的条件由圆心（Center point）、半径（Radius）、圆心角（Angle）、起点（Start point）、终点（End）、弦长（Length of chord）、起始方向（Direction）中的三个组合而成，此外还有弧上三点（3Point）确定圆弧和与先前画的线段连接且相切的圆弧等。现以起点、圆心、圆心角（S.C.A）方式和起点、终点、半径（S.E.R）方式为例介绍其系统提示和用户操作：

（1）起点、圆心、圆心角方式画圆弧（图 11-12）

键入 Arc（a）或单击  后系统提示及用户操作：

指定圆弧的起点或 [圆心（CE）]：50, 30↙ 输入圆弧的起点

指定圆弧的第二个点或 [圆心（C）/端点（E）]：C↙ 选择圆心选项

指定圆弧的圆心：40, 30↙ 输入圆弧的圆心

指定圆弧的端点或 [角度（A）/弦长（L）]：A↙ 选择角度选项

指定包含角：90↙（或 -90↙或 -270↙） 输入圆心角度值，圆心角度为正值时逆时针画弧，负值则顺时针画弧

其结果如图 11-13a、b、c 所示。

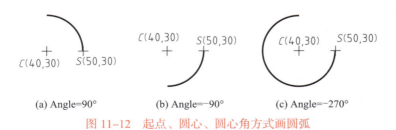
(a) Angle=90°　　(b) Angle=-90°　　(c) Angle=-270°

图 11-12 起点、圆心、圆心角方式画圆弧

（2）起点、终点、半径方式画圆弧（图 11-13）

键入 Arc（a）或单击 ✐ 后系统提示及用户操作：

指定圆弧的起点或 [圆心（CE）]：90，40↙

输入起点

指定圆弧的第二个点或 [圆心（C）/端点（E）]：

E↙  选端点选项

指定圆弧的端点：80，50↙  输入终点

指定圆弧的圆心或 [角度（A）/方向（D）/半径（R）]：R↙  选半径选项

指定圆弧的半径：10↙ 或 -10↙  输入半径值

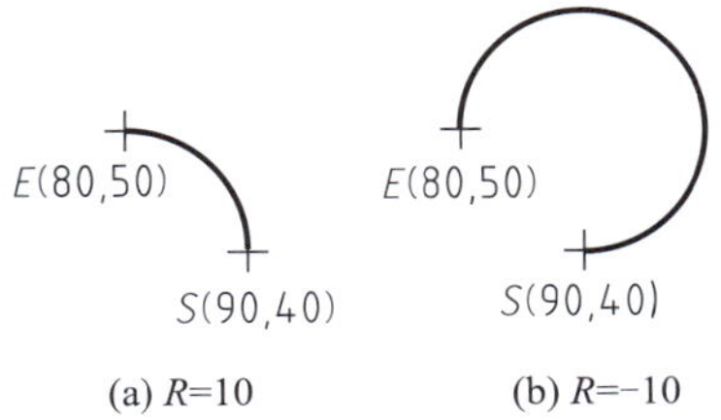

其结果如图 11-13a、b 所示。注意，用这种方式，默认情况下，只能逆时针方向画弧。按住【Ctrl】键的同时拖动，可以顺时针方向画弧。

图 11-13  起点、终点、半径方式
画圆弧

## 11.2.7  画椭圆和椭圆弧（Ellipse）

键入 Ellipse（el）或单击 ⬭ 后系统提示：

指定椭圆轴的端点或 [圆弧（A）/中心点（C）]：

各选项操作如下：

● 指定椭圆轴的端点：给定椭圆轴线两端点 $P_1$、$P_2$ 与另一半轴长度绘制椭圆，如图 11-14a 所示。

● 中心点（C）：输入 "C"，给定椭圆心与一轴端点 $P_1$ 或 $P_2$ 以及另一半轴长度绘制椭圆，如图 11-14b 所示。

● 圆弧（A）：输入 "A"，按绘制椭圆的方法绘制椭圆弧。即输入 "A" 后，按绘制椭圆的方法绘制出一个完整椭圆，接着根据提示给定椭圆弧的起点、终点或圆心角（可用光标控制）即可生成一段椭圆弧，如图 11-14c 所示。

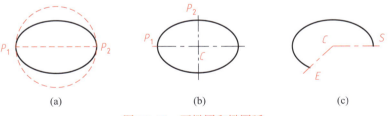

(a)                    (b)                    (c)

图 11-14  画椭圆和椭圆弧

## 11.2.8  画多段线（Pline）

多段线是由直线段和圆弧首尾相连组成的整体，一次 Pline 命令生成的多段线段和圆弧均属同一实体（系统将其作为单一图元对象处理），可以生成不等宽的线段和圆弧曲线，还可用 Pedit 命令进行编辑（见 11.4.6）。

Pline 命令有直线方式和圆弧方式两种，两种方式可互相切换，默认方式是直线方式。

键入 Pline（pl）↙或单击 ⬑ 选择 "绘图→多段线" 后，系统提示：

指定起点：　给定多段线的起点

当前线宽为 <0.0000>　提示当前宽度，用户可在下面提示的宽度（W）选项中修改

指定下一点或 [ 圆弧（A）/ 闭合（C）/ 半宽（H）/ 长度（L）/ 放弃（U）/ 宽度（W）]:
其中有关选项操作及作用如下：

● 如选默认选项指定下一点，则操作与 Line 画直线相同。

● 如选宽度（W），即输入 "W"，则系统提示：

指定起点宽度 <0.0000>：　给定起点线宽

指定端点宽度 <0.0000>：　给定端点线宽

若给定线宽首尾相同，则画出的一段线段或圆弧等宽，否则不等。见图 11-15。

● 如选圆弧（A），即输入 "A"，则切换到圆弧绘制，系统提示：

指定圆弧的端点或 [ 角度（A）/ 圆心（CE）/ 闭合（CL）/ 方向（D）/ 半宽（H）/
直线（L）/ 半径（R）/ 第二个点（S）/ 放弃（U）/ 宽度（W）]:

选择其中选项并回答系统提示便可绘制圆弧或转而绘制直线。

● 如选默认选项指定圆弧的端点，输入一点，即为圆弧的终点。在默认方式下，前一线段或圆弧的终点切线方向即为后一圆弧的起始切线方向。其他方式均改变切线方向。

● 如选闭合（CL），则使多段线的首末两端以圆弧闭合。若用 Pline 命令画整圆，应先画一段圆弧，然后输入 "CL" 使之闭合成整圆。

图 11-15　多段线的应用

### 11.2.9　画样条曲线（Spline）

用 Spline 命令可以绘制自由曲线，如木纹线（图 11-16）。

键入 Spline（spl）↙或选择菜单 "绘图→样条曲线→拟合点" 后，系统提示及用户操作如下：

当前设置：方式 = 拟合　节点 = 弦

指定第一个点或 [ 方式（M）/ 节点（K）/ 对象（O）]:

● 给定样条曲线的起点，系统继续提示：

输入下一个点或 [ 起点切向（T）/ 公差（L）]:　输入第二点

输入下一个点或 [ 端点相切（T）/ 公差（L）/ 放弃（U）]:　输入第三点

输入下一个点或 [ 端点相切（T）/ 公差（L）/ 放弃（U）/ 闭合（C）]:　输入
第四点，或按回车键结束

在绘制过程中的其他选项有：

起点切向：指定在样条曲线起点的相切条件。

端点相切：指定在样条曲线终点的相切条件。

公差（L）：输入 "L"，设置拟合公差值，为 0 时，样条曲线将通过拟合点；公差值大于 0 时，除起点和终点外，曲线不通过拟合点（图 11-17）。

放弃（U）：删除最后一个指定点。

闭合（C）：输入 "C"，将当前点与起点自动封闭。

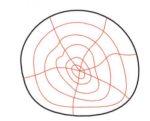

图 11-16　用 Spline 命令画木材断面

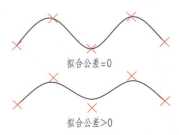

拟合公差=0

拟合公差>0

图 11-17　拟合公差对样条曲线的影响

默认设置可改变起点或结束点的切线方向，以此来改变样条曲线的形状。

● 方式（M）选项，控制是使用拟合点还是使用控制点来创建样条曲线，默认为拟合点。

● 对象（O）选项，可将被拟合的多段线（详见 11.4.6 "多段线编辑"）转换为样条曲线。

所谓样条曲线实际上就是通过连续的弧线顶点所绘制出的一段段弧，由这些顶点的方向和位置改变着弧线的形状。

### 11.2.10　画多线（Mline）

用 Mline 命令一次可画出多条平行线，一次 Mline 命令生成的多条平行线是一个整体对象，但每一条线可具有不同的颜色、线型和偏移距离。

键入 Mline（ml）↙或选择菜单"绘图→多线"后，系统提示：

当前设置：对正 = 上，比例 = 20.00，样式 = STANDARD

指定起点或 [对正（J）/ 比例（S）/ 样式（ST）]：

通过第一行可了解当前多线的设置状态，用户可用第二行提示中对应的三个选项进行修改。第二行提示中各选项的含义及操作如下：

● 指定起点：默认选项，输入起点后系统接着提示：

指定下一点：　输入下一点

指定下一点或 [放弃（U）]：　输入下一点，或键入 U 取消上一点，或按回车键结束命令

指定下一点或 [闭合（C）/ 放弃（U）]：　输入下一点或键入 U，或键入 C 封闭多线，或按回车键结束命令

● 对正（J）：控制多线的对齐方式，键入 J 后，系统提示：

输入对正类型 [上（T）/ 无（Z）/ 下（B）] <上>：

三种对齐方式的意义如图 11–18 所示，图中 "1" 为多线起点，"2" 为多线终点。

● 比例（S）：控制多线中两条平行线的间距，例如 AutoCAD 默认的两条平行线的间距为 1，此处比例设置为 240，则两条平行线的实际间距为 1 × 240 = 240。

● 样式（ST）：用于确定多线样式。

创建新的多线样式可用 Mlstyle 命令，编辑已有的多线样式可用 Mledit 命令通过对话框进行。

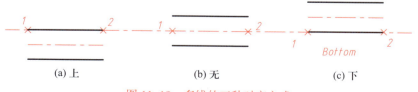

(a) 上　　　　　　　　(b) 无　　　　　　　　(c) 下

图 11–18　多线的三种对齐方式

## 11.3　辅助绘图工具

### 11.3.1　对象捕捉

当用户在屏幕上绘制图形对象或编辑图形对象时，要使用图形中的某一特定点，如圆心、切点、直线的中点等，如果用十字光标想准确拾取就很困难，若用键盘输入，又不知道它的具体数据。而利用 AutoCAD 提供的对象捕捉工具，则可迅速准确地捕捉到指定点，从而帮助用户迅速、准确、方便地绘出图形。

图 11-19 所示为"对象捕捉"工具栏，可通过菜单栏单击"工具→工具栏→AutoCAD →对象捕捉"来显示，并可拖移到绘图区左右位置竖向放置待用。

图 11-19　"对象捕捉"工具栏

#### 1. 对象捕捉模式及功能

（1）端点：捕捉几何对象的端点、角点。

（2）中点：捕捉线段的中点。

（3）圆心：捕捉圆、圆弧、椭圆或椭圆弧的中心，光标应放在圆、圆弧或椭圆周上。

（4）几何中心：捕捉任意闭合多段线和样条曲线的质心，光标应放在闭合的对象上。

（5）节点：捕捉点对象、标注定义点或标注文字原点。

（6）象限点：捕捉圆、圆弧、椭圆或椭圆弧上的象限点。

（7）交点：捕捉交点。

（8）延长线：当光标经过对象的端点时，显示临时延长线或圆弧，以便用户在延长线或圆弧上指定点。

（9）插入点：捕捉块、图形或文字的插入点。

（10）垂足：捕捉从已知点到直线或其他对象的垂足点。

（11）切点：捕捉与圆、圆弧、椭圆、椭圆弧或样条曲线相切的切点。

（12）最近点：捕捉线段、圆或圆弧上距光标最近的点。

（13）外观交点：捕捉在三维空间中不相交但在当前视图中看起来可能相交的两个对象的视觉交点。

（14）平行：捕捉已知直线的平行线。

说明：只有当 AutoCAD 提示输入点时，对象捕捉才生效。

#### 2. 对象捕捉的操作

实施对象捕捉时，可有临时捕捉和自动捕捉两种方式。

（1）临时捕捉

临时捕捉是在命令执行过程中，当系统要求输入点时不直接输入点而是临时指定对象捕捉模式，临时捕捉方式仅对本次捕捉点有效。

1）在系统要求输入一点的提示后，指定对象捕捉，可以用以下四种方法之一：

　　a. 按住【Shift】键并将光标放在绘图区内，单击鼠标右键，在弹出的快捷菜单中选择相应项（如"中点"）。

　　b. 光标在绘图区内单击鼠标右键，然后从"捕捉替代"子菜单选择对象捕捉。

　　c. 单击对象捕捉工具栏中相应的图标（如 ◢ ）。

　　d. 输入对象捕捉的名称（前 3 个字母）。

　　2）用上述四种方法之一输入对象捕捉模式之后，则在命令行中出现"于"或"到"，此时在图上拾取含有被捕捉点的对象或点，即可捕捉到所需要的点。

　　**例 11.1**　如图 11-20 所示，已知五边形和圆，绘出图中的折线 *1-2-3-4-5-6-7*。其中 *1* 点为交点，*2* 点为圆上最右点（象限点），*3* 点为中点，*4* 点为圆心，*5* 点为垂足点，*6* 点为切点，*7* 点为 *cd* 线上任意点。

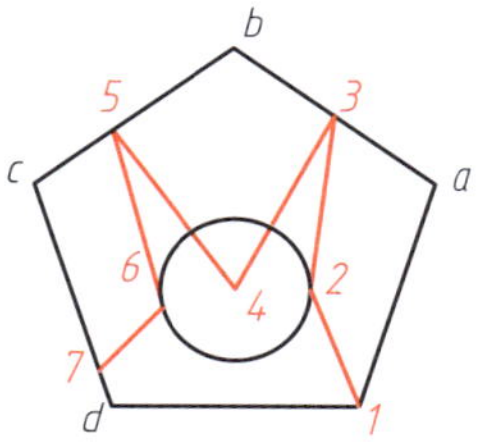

图 11-20　用对象捕捉绘折线

　　**解**：操作如下：

输入直线命令：line ↙

指定第一点：int ↙ 或按住【Shift】键并单击鼠标右键选"交点"

于　拾取交点 *1*

指定下一点或［放弃（U）］：qua ↙ 或按住【Shift】键并单击鼠标右键选"象限点"

于　拾取右圆周上 *2* 点

指定下一点或［放弃（U）］：mid ↙ 或按住【Shift】键并单击鼠标右键选"中点"

于　拾取直线 *ab*

指定下一点或［闭合（C）/放弃（U）］：cen ↙ 或按住【Shift】键并单击鼠标右键选"圆心"

于　拾取圆心

指定下一点或［闭合（C）/放弃（U）］：per ↙ 或按住【Shift】键并单击鼠标右键选"垂足"

到　拾取直线 *bc*

指定下一点或［闭合（C）/放弃（U）］：tan ↙ 或按住【Shift】键并单击鼠标右键选"切点"

到　在切点 *6* 附近拾取圆周

指定下一点或［闭合（C）/放弃（U）］：nea ↙ 或按住【Shift】键并单击鼠标右键选"最近点"

到　在 *cd* 线上拾取任意点 *7*

指定下一点或［闭合（C）/放弃（U）］：↙　结束

　　（2）自动捕捉（默认捕捉模式）

　　对于一些经常使用的捕捉模式可设为自动捕捉，以减少操作时间。

　　键入 Osnap 或选择菜单"工具→绘图设置"或右键单击状态栏中的"对象捕捉"按钮选择"对象捕捉设置"后，打开"草图设置"对话框如图 11-21 所示。在该对话框的"对象捕捉"选项卡中，勾选一种或几种经常使用的捕捉模式，选定后的模式将在作图中自动起作用，即提示输入点时，只要将光标移动到适当位置，系统就会自动实施捕捉，直至关闭对象捕捉为止。

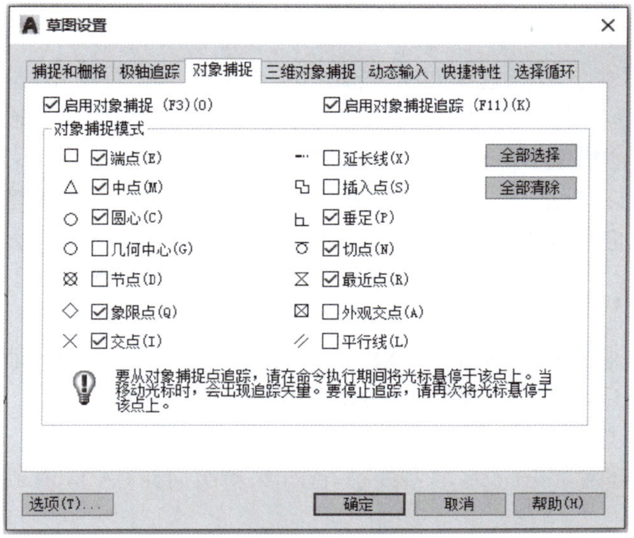

图 11-21 "草图设置"对话框中的"对象捕捉"选项卡

### 11.3.2 自动追踪（AutoTrack）

自动追踪是 AutoCAD 又一个非常有用的辅助绘图工具，当"自动追踪"打开时，临时对齐路径有助于以精确的位置和角度创建对象。"自动追踪"包括"极轴追踪"和"对象捕捉追踪"。可以通过状态栏上的"极轴追踪"或"对象捕捉追踪"按钮打开或关闭"自动追踪"。

所谓"极轴追踪"就是在绘图过程中，当两点间连线与 $X$ 轴的夹角和所设置的极轴角一致时，系统显示出放射状的虚线和极坐标，如图 11-22a 所示，这就使我们可以方便地捕捉到一些特定的角度。极轴角（含增量角和附加角）可根据需要，通过图 11-21 中的"极轴追踪"选项卡自行设置。

在图 11-22a 中，要从已有的水平线中点画一簇夹角为 30°的直线，具体操作为：在图 11-21 中的"极轴追踪"选项卡中设置极轴角增量为 30°，并打开"极轴追踪"，输入直线命令，捕捉已有的水平线中点，移动光标，当光标位置与中点的连线大约成 30°时，系统显示 30°虚线和极坐标，此时，给定线段长度，即可画出 30°斜线。重复画直线命令，绘制其余直线，只是移动光标时，光标位置与中点的连线应分别为 60°、90°、…。

(a) 极轴追踪——画增量角为30°直线　　　(b) 对象捕捉追踪——画$AC$线

图 11-22 自动追踪

"对象捕捉追踪"是一种利用图形对象上的捕捉点来快速定位另外一点的作图方法，如图 11–22b 所示。"对象追踪"与"对象捕捉"按钮必须同时打开才能从对象的捕捉点进行追踪。

在图 11–22b 中，要从已有的直线 AB 的 A 点画一水平线 AC，C 点在 B 点的正下方，具体操作为：打开"对象捕捉""对象追踪"和正交模式，输入直线命令，捕捉 A 点，当提示"指定下一点"时，移动光标到 B 点停留片刻（不要点取），将显示"端点"捕捉标记，沿垂直方向移动光标，将显示垂直虚线与水平橡皮筋线相交，此时单击左键即可准确地画出 AC 线。

### 11.3.3　捕捉（Snap）

Snap 命令用来控制光标移动间距。Snap 打开时，光标移动只能落在最近的栅格点上。它与栅格（Grid）配合使用，可帮助用户精确定位点。

键入 Snap↙后，系统提示：

指定捕捉间距或 [ 开（ON）/ 关（OFF）/ 纵横向间距（A）/ 样式（S）/ 类型（T）] <10.0000>：

各选项含义如下：

- 指定捕捉间距：此项为默认选项，用于设置捕捉间距，直接输入数据。
- 开（ON）/ 关（OFF）：打开 / 关闭捕捉间距。
- 纵横向间距（A）：设置在 X 和 Y 方向不同的间距。
- 样式（S）：选择捕捉栅格方式，标准方式（Standard）或等轴测方式（Isometric）。
- 类型（T）：设置捕捉类型，有极轴和矩形两种。

用功能键【F9】或单击状态栏中的"捕捉"按钮也可控制 Snap 的开或关。

### 11.3.4　栅格（Grid）

Grid 命令用来显示栅格点或线的矩阵。栅格点或栅格线不是图形的组成部分，不会被打印，仅供作图定位参考。使用栅格类似于在图形下放置一张坐标纸，可以对齐对象并直观显示对象之间的距离。

键入 Grid↙后，系统提示：

指定栅格间距（X）或 [ 开（ON）/ 关（OFF）/ 捕捉（S）/ 主（M）/ 自适应（D）/ 界限（L）/ 跟随（F）/ 纵横向间距（A）] <10.0000>：

常用的各选项含义如下：

- 指定栅格间距（X）：此项为默认选项，应直接输入栅格点间距值。数值后紧跟 x 表示栅格间距与捕捉间距保持一定比例关系。
- 开（ON）/ 关（OFF）：打开 / 关闭栅格。
- 纵横向间距（A）：设置在 X 和 Y 方向不同的栅格间距。
- 捕捉（S）：将栅格间距设定为由 Snap 命令指定的捕捉间距。

用功能键【F7】或单击状态栏中的"栅格"按钮也可控制 Grid 的开或关。

### 11.3.5 正交模式（Ortho）

打开正交模式，可准确方便地画出 $X$ 轴或 $Y$ 轴（或十字光标）的平行线。

键入 Ortho ↙，然后选 ON 为打开，OFF 为关闭。

用功能键【F8】或单击状态栏中的 Ortho 按钮也可控制正交模式的打开或关闭。

当捕捉栅格发生旋转，正交模式也相应旋转；选择 Snap 命令的 Isometric 项时，正交模式与当前光标轴方向平行。

正交模式打开时画直线，用鼠标输入点，只能画出与 $X$ 轴或 $Y$ 轴（或光标）平行的线段，但捕捉已有的点或用键盘输入点的坐标来画直线则不受影响。

### 11.3.6 屏幕图形的缩放与平移

#### 1. 屏幕图形的缩放（Zoom）

用 Zoom 命令将屏幕图形放大或缩小，而图形的实际尺寸不变。

键入 Zoom（z）↙后，系统提示：

指定窗口角点，输入比例因子（nX 或 nXP），或

[全部（A）/中心（C）/动态（D）/范围（E）/上一个（P）/比例（S）/窗口（W）]< 实时 >：指定窗口角点，或输入比例因子，或选择括号中的一项

各选项所对应的图标及功能如下：

（1）全部（A）：将全部图形显示在屏幕上。

（2）中心（C）：按给定的显示中心和放大倍率或高度值来显示图形。

（3）动态（D）：动态缩放。

（4）范围（E）：尽可能大地显示全部图形。

（5）上一个（P）：恢复到前一屏幕的图形显示状态。

（6）比例（S）：比例缩放。

（7）窗口（W）：给出一矩形窗口，放大显示窗口里的内容。

（8）实时：实时缩放。此时光标成放大镜形状，按住鼠标左键使放大镜光标向上移动将放大图形，向下移动则缩小图形。

按【Esc】或回车键可结束 Zoom 命令。

Zoom 命令中各选项所对应的图标均放在标准工具栏中，其中（1）~（4）、（6）项图标以下拉形式显示，使用很方便。

#### 2. 图形的平移（Pan）

用 Pan 命令可以方便、迅速地移动全图以便看清图形的其他部分。

键入 Pan ↙或选择菜单"视图→平移→实时"或光标在绘图区点右键选"平移"后，则光标在绘图区显示为一只手的形状，此时按住鼠标左键不放并拖动，即可移动整个图形，就像用手拖动一张图纸一样。

按【Esc】或回车键可结束 Pan 命令。单击鼠标右键，弹出一个快捷菜单（图11-23），可方便地进行视图缩放与平移的转换。通过移动屏幕下边或右边的滚动块也可实现图形的平移。

图 11-23　Pan 命令右键快捷菜单

### 11.3.7　正等轴测方式

在正等轴测方式下，可以很方便地绘制正等轴测图。在一个轴测投影图中，正方体仅有三个面是可见的，如图 11-24 所示。AutoCAD 将这三个轴测面定义为：

左轴测面（Left）：光标十字线为 150° 和 90° 方向（如图 11-25 所示）。

上轴测面（Top）：光标十字线为 30° 和 150° 方向。

右轴测面（Right）：光标十字线为 30° 和 90° 方向。

每次只能选取其中一个面来作为当前绘图面，可用 Isoplane 命令或功能键【F5】在三个面之间切换。在执行该功能时应先通过 Snap 命令将捕捉栅格方式（Style）设置成正等轴测方式（Isometric）。

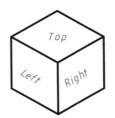
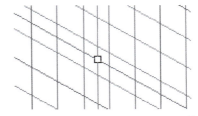

图 11-24　正方体的三个轴测面　　　图 11-25　正等轴测方式的十字光标（左轴测面）

正等轴测方式也可通过"草图设置"对话框进行设置，操作为：

键入 Dsettings 或 Ddrmodes 命令或选取"工具→绘图设置"，弹出"草图设置"对话框，如图 11-26 所示。在对话框的"捕捉和栅格"选项卡中选择"等轴测捕捉"选项，单击确定按钮，此时屏幕上的十字光标就变成等轴测形式（图 11-25）。

图 11-26　利用"草图设置"对话框设置正等轴测方式

绘制正等轴测图的主要步骤为：

（1）用上述方法设置当前正等轴测方式。

（2）选择当前的轴测面（可由【F5】键切换到 AutoCAD 所定义的左轴测面、右轴测面和上轴测面上）。

（3）在当前轴测面上绘图。绘制正等轴测图椭圆时，应用画椭圆（Ellipse）命令中的"等轴测圆（I）"选项来画出。

（4）对所绘图形进行编辑，如用修剪（Trim）、删除（Erase）等命令逐一删除多余和不可见的线段等。

### 11.3.8　AutoCAD 的常用功能键

为了提高绘图速度，系统利用功能键设置了一些常用工具的快速转换方式，其中常用的有：

【F1】：快速启动帮助文件

【F2】：打开 / 关闭文本窗口

【F3】：启动 / 关闭对象捕捉功能

【F4】：启动 / 关闭三维对象捕捉功能

【F5】：在正等轴测方式下进行上 / 左 / 右三个方向的转换

【F6】：打开 / 关闭动态用户坐标系 UCS

【F7】：打开 / 关闭栅格

【F8】：打开 / 关闭正交方式

【F9】：打开 / 关闭捕捉方式

【F10】：打开 / 关闭极轴功能

【F11】：打开 / 关闭对象追踪功能

【Esc】：终止命令的执行

### 11.3.9　系统参数与图形参数查询

#### 1. 系统参数列表

显示系统当前使用状态。键入 Status 或选择菜单"工具→查询→状态"后弹出文本窗口并显示文本，以此了解系统的使用状况，供用户操作时参考。

#### 2. 图形参数列表

显示图形元素的参数信息。键入 List（li）或选择菜单"工具→查询→列表"后系统提示选择对象，选择对象后弹出文本窗口，分别显示所选择图形元素的主要参数。

#### 3. 坐标查询

显示鼠标单击处点的坐标值，并将此点作为当前点。键入 id 或选择菜单"工具→查询→点坐标"，点取一点后系统显示该点的坐标值。

#### 4 距离查询

查询两点之间的距离。键入 Dist（di）或选择菜单"工具→查询→"距离"后系统提示：

指定第一点：

指定第二点：

点取两点后将在命令区显示两点间连线的长度值，与 $X$ 轴的夹角，与 $XY$ 平面的夹角，$X$、$Y$、$Z$ 三方向的增量等有关信息。

## 11.4　二维图形编辑

图形编辑是指对已有的图形进行修改、移动、复制和特性编辑等操作。AutoCAD 具有强大的图形编辑功能，交替地使用绘图命令和编辑命令，可减少重复的绘图操作，保证作图精度，提高绘图效率。

### 11.4.1　对象选择方式

任何图形编辑命令都需要其操作对象。当前输入某一编辑命令后，系统提示"选择对象："，此时，光标变为小方框，称为拾取框，用户就可以用不同的方法选取准备编辑的对象，被选中的对象会变色。AutoCAD 提供了多种选择对象的方式，下面介绍其中几种：

（1）直接点取对象：用光标拾取框直接点取所要编辑的对象（图 11-27a）。

（2）键入 W（Window）：用矩形窗口选择要编辑的对象，需要输入窗口的两个角点（$A$、$B$），窗口所完全包含的实体被选中（图 11-27b）。可直接用鼠标从左往右开启窗口选取对象。

（3）键入 C（Crossing）：与"W"方式类似，也是用矩形窗口选择要编辑的对象，需要输入窗口的两个角点（$A$、$B$），区别在于："C"方式窗口所完全包含的实体及与窗口边界相交的实体均被选中（图 11-27c）。可直接用鼠标从右往左开启窗口选取对象。此方式称为窗交方式。

（4）键入 All，选取图中所有对象。

（5）键入 P（Previous）：重复选择前一次所选择的图形对象。

（6）键入 F（Fence）：画任意虚线，所有与其相交的图形对象均被选中。此方式称为栏选方式。

（7）键入 U（Undo）：取消刚才的对象选取。

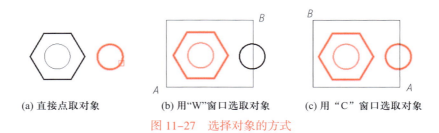

(a) 直接点取对象　　　　(b) 用"W"窗口选取对象　　　(c) 用"C"窗口选取对象

图 11-27　选择对象的方式

### 11.4.2　图形对象的复制

#### 1. 复制（Copy）对象

用 Copy 命令可将选定的图形作一次或多次复制并保留原图形（图 11-28）。

键入 Copy（co）✓或单击 或选择"修改→复制"后,系统提示及用户操作如下:

选择对象： 选择要复制的图形对象

选择对象：✓ 按回车键结束选择

当前设置：复制模式 = 多个

指定基点或 [ 位移（D）/ 模式（O）/ < 位移 > ：指定基点 $P_1$ 或输入选项

指定第二个点或 [ 阵列（A）] < 使用第一个点作为位移 > ：指定第二个点 $P_2$ 或输入选项

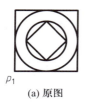  

$p_1$　　　　　　　$p_2$　　　　　　　$p_3$

(a) 原图　　　　　(b) 复制　　　　　(c) 重复复制

图 11-28　用 Copy 命令复制对象

如果在指定第二点之前选择 [ 阵列（A）] 项,可实现线性阵列复制。

### 2. 镜像（Mirror）复制对象

按指定的镜像线（对称线）镜像复制选定的图形。镜像线方向可任意,但不一定画出,只要给出镜像线上的两点即可,原图可保留也可去除(图 11-29)。

键入 Mirror（mi）或单击 或选择"修改→镜像"后,系统提示及用户操作如下:

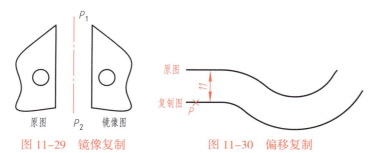

原图　$P_2$　镜像图

图 11-29　镜像复制　　　　　　图 11-30　偏移复制

选择对象： 选择要镜像复制的图形对象

选择对象：✓ 按回车键结束选择

指定镜像线的第一点： 输入镜像线上的一点 $P_1$

指定镜像线的第二点： 输入镜像线上的另一点 $P_2$

是否删除源对象? [ 是（Y）/ 否（N）] <N>： 键入 Y 删除,键入 N 保留

### 3. 偏移（Offset）复制对象

将图形对象在指定侧作偏移复制,生成原对象的平行线段和等距曲线(图 11-30)。

键入 Offset（o）✓或单击 或选择"修改→偏移"后,系统提示及操作如下:

当前设置： 删除源 = 否　图层 = 源　OFFSETGAPTYPE=0

指定偏移距离或 [ 通过（T）/ 删除（E）/ 图层（L）] <1.000>：11✓ 输入偏移距离值

选择要偏移的对象或 [ 退出（E）/ 放弃（U）]< 退出 >： 选择被偏移复制的

对象（原图）

指定要偏移的那一侧上的点，或 [ 退出（E）/ 多个（M）/ 放弃（U）] < 退出 >：用指定点的方式确定复制图在原图的哪一边

选择要偏移的对象或 [ 退出（E）/ 放弃（U）] < 退出 >：↙   按回车键结束偏移复制

或：

指定偏移距离或 [ 通过（T）/ 删除（E）/ 图层（L）] <1.000>：T ↙   选择通过选项

选择要偏移的对象或 [ 退出（E）/ 放弃（U）] < 退出 >：   选择被偏移复制的对象（原图）

指定通过点或 [ 退出（E）/ 多个（M）/ 放弃（U）] < 退出 >：   给出复制对象要通过的点，如图 11-30 中 P

选择要偏移的对象，或 [ 退出（E）/ 放弃（U）] < 退出 >：↙   按回车键结束偏移复制

系统提示中各选项的含义如下：

● 指定偏移距离：该选项要求输入一偏移距离值，以该值进行对象偏移复制。

● 通过（T）：该选项表示使复制的对象通过一点。

● 删除（E）：用户可根据选择回答"是（Y）/ 否（N）"来决定是否保留或删除源对象。

● 图层（L）：该选项用于选择偏移对象创建在当前图层上还是源对象所在的图层上。

● 多个（M）：可以进行多重偏移复制。

说明：Offset 可以偏移复制直线、多段线、矩形、正多边形、圆、圆弧、椭圆、样条曲线等图形对象。偏移复制圆、圆弧、椭圆时可生成更大或更小的同心圆、圆弧、椭圆。

用 Offset 命令一次只能选取一个图形对象进行偏移复制。偏移复制出来的曲线端点在原曲线端点的法线方向上。

### 4. 阵列（Array）复制对象

阵列复制是对选定的图形按一定规律作均匀排列的复制。根据复制后重复目标的排列方式可分为矩形阵列、环形阵列和路径阵列。

（1）矩形阵列

键入 Array（ar）↙ 或单击 ⊞ 或选择"修改→阵列→矩形阵列"后，系统提示及操作如下：

选择对象：   选择要矩形阵列复制的对象

选择要矩形阵列复制的对象后，系统显示下列提示，并在功能区同时显示"阵列创建"对话框如图 11-31 所示。在"阵列创建"对话框中输入阵列的行数、列数、行间距和列间距，按回车键结束，结果如图 11-32 所示。

类型 = 矩形  关联 = 是

选择夹点以编辑阵列或 [ 关联（AS）/ 基点（B）/ 计数（COU）/ 间距（S）/

列数（COL）/行数（R）/层数（L）/退出（X）]＜退出＞：

选项说明：

1）关联：可指定所复制的对象是否作为关联阵列或独立对象。

2）基点：可修改阵列的基点；

3）行数、列数：确定包含原图在内的在 $Y$ 轴方向、$X$ 轴方向的阵列数量。

4）间距：行、列间距确定在 $Y$ 轴方向、$X$ 轴方向阵列时的偏移距离，是相邻两图形对应点之间的距离，取正值表示与坐标轴方向相同，而负值则表示与坐标轴方向相反。

5）层：可指定复制层数和层间距（用于三维图形）。

在确定行、列数和行、列距离时，除了在对话框输入数值以外，也可在命令行中下载选项后输入，还可通过拖动和单击鼠标进行直观预览和确认。

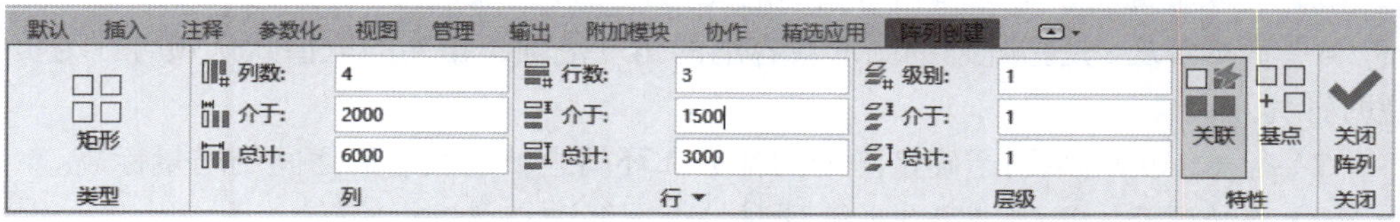

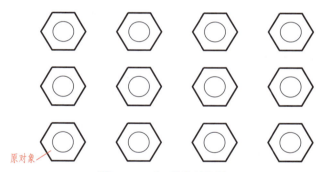

图 11-31　"阵列创建"对话框

图 11-32　矩形阵列复制

（2）环形阵列

键入 Arraypolar ✓ 或单击 ✚ 或选择"修改→阵列→环形阵列"后，系统提示及操作如下：

选择对象：　选择要环形阵列复制的对象（如图 11-33a 中的椅子）

类型 = 极轴　关联 = 是

指定阵列的中心点或 [基点（B）/旋转轴（A）]：　用光标指定阵列的中心点（如图 11-33a 中的圆心）

进行以上操作后，系统显示下列提示和"阵列创建"对话框。下面根据命令行提示操作：

选择夹点以编辑阵列或 [关联（AS）/基点（B）/项目（I）/项目间角度（A）/填充角度（F）/行（ROW）/层（L）/旋转项目（ROT）/退出（X）]＜退出＞：

i ✓　选择项目

输入阵列中的项目数或 [ 表达式（E）] <6> : 8↙    输入项目数

选择夹点以编辑阵列或 [ 关联（AS）/ 基点（B）/ 项目（I）/ 项目间角度（A）/ 填充角度（F）/ 行（ROW）/ 层（L）/ 旋转项目（ROT）/ 退出（X）] < 退出 > : f↙    选择填充角度

指定填充角度（ += 逆时针、-= 顺时针）或 [ 表达式（EX）] <360> : ↙    指定填充角度（默认 360°）

选择夹点以编辑阵列或 [ 关联（AS）/ 基点（B）/ 项目（I）/ 项目间角度（A）/ 填充角度（F）/ 行（ROW）/ 层（L）/ 旋转项目（ROT）/ 退出（X）] < 退出 > : ↙

结果如图 11-33b 所示。选项说明：

1）中心点：图形将围绕该点进行环形阵列。

2）项目数：指阵列后包含原图在内的图形数量。

3）项目间角度：指两阵列对象间的夹角，角度的取值同样应注意正负。

4）填充角度：是指阵列的图形被容纳的角度范围，角度的取值默认顺时针为负、逆时针为正。

5）行（ROW）：用于确定阵列的环数和环间距，以及它们之间的增量标高。

6）旋转项目：选项决定图形阵列时是否围绕中心点进行旋转。

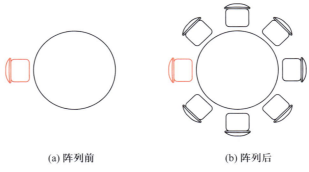

(a) 阵列前                    (b) 阵列后

图 11-33    环形阵列示例

### 11.4.3    图形对象的变换

#### 1. 移动（Move）对象

将选定的对象移到指定的位置。

键入 Move（M）↙ 或单击 ✛ 或选取菜单"修改→移动"后，系统提示及操作如下：

选择对象：    选择要移动的图形对象

指定基点或 [ 位移（D）] < 位移 > ：    指定基点

指定第二个点或 < 使用第一个点作为位移 > ：    将图形移动到目标点

#### 2. 旋转（Rotate）对象

将选定的对象按指定的基点（旋转中心）旋转一定角度如图 11-34 所示。

键入 Rotate（ro）↙ 或单击 ↻ 或选择菜单"修改→旋转"后，系统提示及操作如下：

UCS 当前的正角方向：    ANGDIR= 逆时针    ANGBASE=0

选择对象：　选取要旋转的对象

选择对象：↙　按回车键结束选择

指定基点：　基点即旋转中心 $A$，它是图形在旋转过程中唯一不动的点

指定旋转角度或[参照(R)]：45↙　输入旋转角度值(正值逆时针旋转，负值顺时针旋转)，也可直接拖动旋转

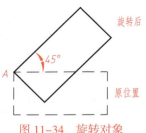

图 11-34　旋转对象

若键入"R"则表示指定参照角来旋转图形。

### 3. 缩放（Scale）对象

将选定的对象相对于指定点（基点）按一定比例放大或缩小。

键入 Scale（sc）或单击 ▢ 或选择菜单"修改→缩放"后，系统提示及操作如下：

选择对象：　选择要缩放的对象

选择对象：↙　按回车键结束选择

指定基点：

指定比例因子或[复制（C）/参照（R）]：

此时输入比例因子，大于 1 为放大，小于 1 且大于 0 为缩小。

若键入"R"，系统继续提示：

指定参考长度<1>：　一般表示图形的现有长度

指定新长度：

新长度与参考长度的比值就是缩放比例。

### 4. 拉伸（Stretch）对象

将选定的对象进行局部拉伸、压缩或移动。但文字、圆、椭圆等不能拉伸、压缩。

使用 Stretch 命令时，应使用交叉窗口方式（Crossing）选择操作对象。此时完全位于窗内的对象将发生移动，其效果与 Move 命令相同；而与窗口边界相交的对象将产生拉伸或压缩变形，如图 11-35 所示。具体操作为：

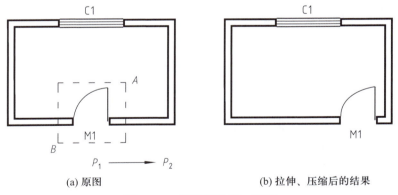

(a) 原图　　　　　　　　　　(b) 拉伸、压缩后的结果

图 11-35　图形的拉伸、压缩

键入 Stretch（s）↙或单击 ▨ 或选择菜单"修改→拉伸"后，系统提示及操作如下：

以交叉窗口或交叉多边形选择要拉伸的对象…　提示对象的选择方式

选择对象：　点取窗口右侧的一点 $A$

指定对角点：　点取窗口的对角点 $B$（该点应在窗口的左侧，以形成 C 窗口），

窗口中必须包含对象中所要移动的端点

选择对象：↙　按回车键结束选择

指定基点或 [ 位移（D）] < 位移 > ：　给定位移的基点，如图中 $P_1$ 点

指定位移的第二点或 < 使用第一个点作为位移 > ：　给定位移第二点，如图中 $P_2$ 点

其结果，被选对象沿 $P_1P_2$ 方向拉伸（左段墙体）、位移（门）、压缩（右段墙体），且拉伸、压缩的长度和位移距离均为 $P_1P_2$。

### 11.4.4　图形对象的修改

#### 1. 删除（Erase）对象

删除不需要的图形对象。

键入 Erase（e）或单击 🖊 或选择菜单"修改→删除"系统提示：

选择对象：　选择所要删除的图形对象

选择对象：↙　按回车键结束命令后所选的图形对象将自动消失

最后一次被删除的图形对象可用 Oops 命令恢复。

#### 2. 修剪（Trim）对象

将一些对象从限定的边界上剪切掉，即剪去线段多余部分，如图 11-36 所示。

键入 Trim（tr）或单击 ✂ 或选择菜单"修改" → "修剪"后，系统提示及操作如下：

当前设置：投影 =UCS 边 = 无　显示当前的剪切状态

选择剪切边 ...　提示先选择剪切边

选择对象：　选择作为剪切边的对象（可选取一个或多个）

选择对象：↙　按回车键结束剪切边的选择

选择要修剪的对象，按住 Shift 键选择要延伸的对象，或 [ 栏选（F）/ 窗交（C）/ 投影（P）/ 边（E）/ 删除（R）/ 放弃（U）] ：　选择被修剪对象，则被拾取的部分被剪掉，按回车键则结束 Trim 命令

括号中选项的功用如下：

● 栏选（F）/ 窗交（C）：用栏选（F）或窗交（C）方式选择修剪对象。

● 投影（P）：用来确定剪切操作所用的投影模式，用于三维绘图。

● 边（E）：用来确定剪切方式。包含延伸与不延伸两种方式，在延伸方式下，剪切边与被剪切对象不相交但剪切边延伸后相交，可以修剪；在不延伸方式下，剪切边与被剪切对象必须直接相交，才可修剪。

● 删除（R）：删除选定的对象，相当于 Erase 命令。

● 放弃（U）：取消上一次剪切操作。

说明：

（1）在系统提示选择剪切边时，可以直接按回车键，然后拾取要修剪的对象，系统会自动将距离拾取点最近的对象作为剪切边。

（2）当一个图形对象被另一图形对象分割时才有修剪意义，一段独立的线段不能被修剪。

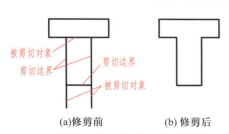

(a)修剪前　　(b) 修剪后

图 11-36　修剪对象

（3）图形对象在作为剪切边的同时亦可作为被修剪对象。

（4）在选择修剪对象时，同时按住【Shift】键，可将选择的对象作为延伸对象操作（参见"3. 延伸"）。

### 3. 延伸（Extend）

将直线和圆弧延伸到指定的边界。

键入 Extend（ex）↙或单击 ┅┥ 或选取菜单"修改→延伸"，然后选取边界，再选取要延伸的线段。系统提示和操作方法与 Trim 命令类似，故不再赘述。

### 4. 打断（Break）对象

将选定的线段断掉一部分。

键入 Break（br）↙或单击 ┛┗ 或选择菜单"修改→打断"后系统提示：

选择对象： 选择需要打断的对象

指定第二个打断点或 [ 第一点（F ）] ：

● 直接拾取点，则以选择图线时的拾取点为第一点，以该点为第二点断开图线。

● 若键入 F，系统要求重新给定欲断开的第一点，然后给定第二点，断开线段。

说明：

（1）断开圆时，系统默认按逆时针方向删除第一到第二断点间的线段，如图 11-37 所示。

（2）在提示输入第二点时，若输入"@"符号，则第二点与第一点重合，这样就可以将对象一分为二并且不删除某个部分。若第二点在线段的一端以外，则删除该线段的这一端。

图 11-37　断开圆

### 5. 圆角（Fillet）

将相交的直线、圆弧和圆等对象之间的相交角变成圆角连接。

键入 Fillet（f）↙或单击 ⌒ 或选择菜单"修改→圆角"系统提示：

当前设置：模式 = 修剪，半径 = 10　显示当前修剪方式和圆角半径

选择第一个对象或 [ 放弃（U ）/ 多段线（P ）/ 半径（R ）/ 修剪（T ）/ 多个（M ）] ：　选择对象或输入选项

● 直接选择对象，则将所选线段作为倒角的第一条线，系统继续提示：

选择第二个对象，或按住 Shift 键选择对象以应用角点或 [ 半径（R ）] ：　选择圆角的第二条线

则两条线间按默认圆角半径值加圆角。若按住【Shift】键选择第二条线，则两线段自动延伸相交并修剪。

● 多段线（P）：键入 P 后选择多段线，多段线对象上的所有转角都变成圆角。

● 半径（R）：键入 R 后再输入圆角半径值。用户首先应确定圆角半径。

● 修剪（T）：键入 T 后再输入修剪模式选项，键入 T 为修剪（图 11-38c），键入 N 为不修剪（图 11-38b）。

● 多个（M）：键入 T，可连续给多个对象加圆角。

说明：

（1）圆角半径要合适，才能在两线段间作出圆角（即圆弧）。对两条平行线加圆角，系统自动将圆角半径定为两条平行线间距离的一半。

（2）在修剪方式下，不足的线段自动延长与圆角相切，多余的线段自动修剪（图 11-38c）；在修剪方式下，圆角半径 =0 时，两线段自动延伸相交并修剪（图 11-38d）。

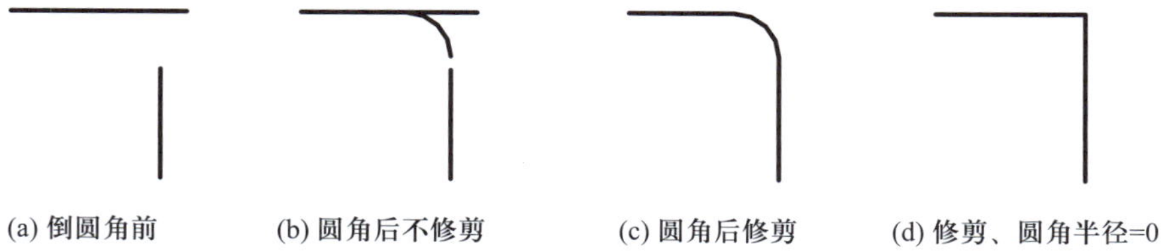

(a) 倒圆角前　　(b) 圆角后不修剪　　(c) 圆角后修剪　　(d) 修剪、圆角半径=0

图 11-38　倒圆角效果比较

### 6. 倒角（Chamfer）

对两条相交或延伸后相交的直线进行倒角（图 11-39）。

键入 Chamfer（cha）↙或单击  或选择菜单"修改→倒角"后系统提示：

（"修剪"模式）当前倒角距离 1 = 10，距离 2 = 10　显示当修前剪方式和倒角距离

选择第一条直线或 [ 放弃（U）/ 多段线（P）/ 距离（D）/ 角度（A）/ 修剪（T）/ 方式（E）/ 多个（M）] ：

● 直接选择对象，则将所选边作为第一倒角边，系统继续提示：

选择第二条直线，或按住 Shift 键选择直线以应用角点或 [ 距离（D）/ 角度（A）/ 方法（M）] ：

选择倒角的第二条边，则第一边与第二边按默认值倒角。若按住【Shift】键选择第二边，则两边线自动延伸相交并修剪。

● 多段线（P）/ 修剪（T）/ 多个（M）:功用及操作与 Fillet 命令的对应选项相似。

● 距离（D）：用来确定相邻两边的倒角距离 $D_1$、$D_2$。

● 角度（A）：以一个边上的倒角距离和边与倒角线间的夹角 $\alpha$ 确定倒角。

● 方式（E）：选择按两边或一边一角的方式倒角。

说明：在修剪方式下，倒角距离值 =0 时，两线段自动延伸相交并修剪，如图 11-39d 所示。

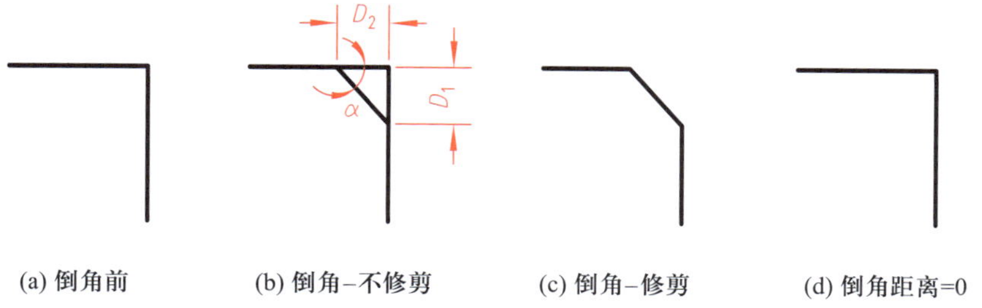

(a) 倒角前　　(b) 倒角-不修剪　　(c) 倒角-修剪　　(d) 倒角距离=0

图 11-39　倒角

## 11.4.5　分解与定数等分

### 1. 分解（Explode）对象

将一些组合对象如多段线、图块、尺寸、填充的图案等分解为单独的实体，以便于单独编辑。

键入 Explode（x）↙或单击 🗗 或选择菜单"修改→分解"后系统提示：

选择对象： 选择要分解的对象，按回车键，系统自动将所选对象分解

**2. 图线定数等分**

在选择的图线上插入等分点或图块。

键入 Divide（div）↙或选择菜单"绘图→点→定数等分"后系统提示：

选择要定数等分的对象： 选择要定数等分的图线

输入线段数目或 [ 块（B）]： 直接输入图线的等分数目即完成

若键入"B"则可在等分点位置插入图块。

## 11.4.6 多段线编辑

用 Pedit 命令对多段线进行形状和特性编辑，其中包括修改线段的宽度，进行曲线拟合，多段线合并，顶点编辑等。

键入 Pedit（pe）或选择菜单"修改→对象→多段线"后系统提示：

选择多段线或 [ 多条（M）]：

选择多段线或键入"M"可对一条或多条多段线进行编辑，系统继续提示：

输入选项 [ 闭合（C）/ 合并（J）/ 宽度（W）/ 编辑顶点（E）/ 拟合（F）/ 样条曲线（S）/ 非曲线化（D）/ 线型生成（L）/ 反转（R）/ 放弃（U）]：

其中各选项含义如下：

● 闭合（C）：将不封闭的多段线连成封闭的多段线。如果所选的多段线已是封闭多段线，则此项会变成"打开（O）"，该选项用于取消封闭多段线的封闭段（即最后一个线段），使封闭的多段线成为不封闭。

● 合并（J）：可将首尾相连的直线、弧线或其他多段线合并为同一条多段线。

● 宽度（W）：修改多段线的宽度，使多段线各段宽度相同。

● 编辑顶点（E）：编辑多段线各顶点，以改变多段线形状。

● 拟合（F）：将多段线拟合成通过各顶点的光滑曲线，如图 11-40b 所示。

● 样条曲线（S）：将多段线拟合成通过起止点但不通过各顶点的光滑曲线，如图 11-40c 所示。

● 非曲线化（D）：将多段线中的曲线段化为直线段。

● 线型生成（L）：控制多段线的线型为非连续线时，在顶点处的生成方式。键入 L 后，系统提示中有"ON"和"OFF"两个选项，选 OFF 则非连续线在顶点处连续生成，选 ON 则在顶点处存在断点，如图 11-41 所示。

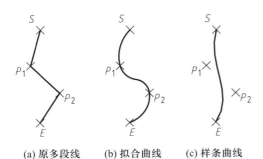

(a) 原多段线    (b) 拟合曲线    (c) 样条曲线

图 11-40    编辑多段线

(a) "线型生成"OFF    (b) "线型生成"ON

图 11-41    多段线非连续线型控制对比

- 反转（R）：反转多段线顶点的顺序。
- 放弃（U）：取消前次操作，可一直返回到 Pedit 任务的开始状态。

### 11.4.7 多线编辑

用 Mledit 命令编辑多线。

键入 Mledit 或选择菜单"修改"→"对象"→"多线"后，屏幕显示"多线编辑工具"对话框如图 11-42 所示。

图 11-42 "多线编辑工具"对话框

对话框非常直观地显示出系统所提供的各种编辑功能，点取图标后系统将自动返回作图状态，再选择图形即可进行编辑。

**例 11.2** 使用多线绘制和多线编辑命令，绘制图形如图 11-43c 所示。

**解**：具体操作如下：

1）使用多线绘制命令绘制墙线轮廓如图 11-43a 所示。

2）输入 Mledit 命令，打开图 11-42 所示"多线编辑工具"对话框。

3）修剪直角 $A$：点取"多线编辑工具"图标 L，然后分别点取该角处的水平线和垂直线。

4）修剪 T 字形节点 $B$、$C$、$D$、$E$：点取"多线编辑工具"图标，然后按顺序分别点取 $B$ 节点处的垂直线和水平线、$C$ 节点处的水平线和垂直线、$D$ 节点处的垂直线和水平线、$E$ 节点处的水平线和垂直线。

5）修剪节点 $F$：点取"多线编辑工具"图标，然后分别点取该角处的水平线和垂直线。结果如图 11-43b 所示。

6）断开多线：点取"多线编辑工具"图标，然后选择要断开的多线，选择多线时所点取的点作为第一点，再点取第二点后即从两点间断开，结果如图 11-43c 所示。断开多线的功能可用于建筑平面图上开门窗洞。

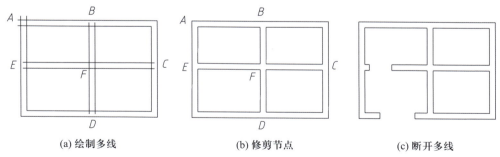

(a) 绘制多线          (b) 修剪节点          (c) 断开多线

图 11-43 多线绘制与编辑示例

### 11.4.8　利用夹点功能编辑对象

利用夹点功能可对对象进行拉伸、移动、旋转、缩放以及镜像等编辑。

在没有执行任何命令的时候，选择要编辑的对象，则被选择的对象上就会出现若干个蓝色的小方框，这些小方框即为"夹点"。夹点代表对象上的特征点，选择的对象不同，显示出来的夹点数量和位置就不同。单击其中一个夹点，则该夹点变成红色实心方框，这种状态的夹点称为选中夹点，也是编辑的基点，其余的夹点为非选中夹点，如图 11-44 所示。

当选中一个夹点（基点）后，系统提示：

**\*\* 拉伸 \*\***

**指定拉伸点或 [ 基点（B）/ 复制（C）/ 放弃（U）/ 退出（X）] :**

此时，指定一个点，即将基点拉伸到该点。若键入 B，可重新指定一个基点。新指定的基点可以不是夹点。键入 C，可进行多次拉伸，每次拉伸后将生成一个新的对象。空按回车键则可循环切换到移动、旋转、缩放、镜像、拉伸操作。编辑完毕，按【Esc】键，夹点消失，退出编辑。

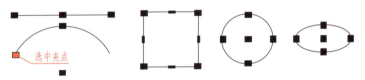

图 11-44　图形对象的夹点

## 11.5　图层、线型、颜色与特性

### 11.5.1　图层的概念

图层是 AutoCAD 中用户管理图形最为有效的工具之一。AutoCAD 的一个图层就像一张没有厚度的透明纸，可以在上面绘制图形。在一幅图形可中设置多个图层，各层之间完全对齐，将对象（图形、文字、符号、标注等）分类放到各自的图层中，这些图层叠放在一起就构成一幅完整的图形。图层的作用是便于对象的分类管理，可以快速有效地控制对象的显示以及对其进行更改。

### 11.5.2　建立新图层

建立新图层（含设置图层的颜色和线型等）的方法步骤如下：

**1. 打开图层特性管理器**

键入 Layer（la）↙或单击 或选择菜单"格式→图层"后，系统打开"图层特性管理器"对话框如图 11-45 所示。用户可在该对话框中创建图层，设置图层的颜色和线型、线宽等。

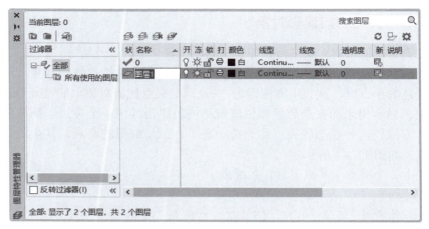

图 11-45　"图层特性管理器"对话框

### 2. 设置用户新图层名

在对话框中,单击"新建图层"按钮 ⚙,列表框中自动拉黑显示出图层名为"图层 1"的新层属性,且图层名"图层 1"被套入一矩形框,用户可在此框内改写出新的图层名。图层名可用中文、英文、字母、数字和连接符( - )命名,且应便于记忆和检索。如中心线层可用"中心线"或"CEN"命名。

### 3. 设置图层的状态

新图层状态的默认设置为:打开、解冻、解锁。

● 打开 💡 / 关闭 💡:图层只有打开(小灯泡亮)时该层上的图形才能显示,关闭(小灯泡显灰)则不显示。

● 冻结 ❄ / 解冻 ☀:以雪花表示冻结,以太阳表示解冻;冻结后该层上的图形不显示,不打印,AutoCAD 不对冻结层上的实体进行更新,这样有助于提高速度。

● 锁定 🔒 / 解锁 🔓:对指定的层加锁或解锁。被锁图层的图形可显示,可添新的实体,但不可编辑。

### 4. 设置图层的颜色

即对图层指定颜色,不同的图层最好指定不同的颜色,以便区别。新图层的默认颜色为白色,用户可自行设置。其方法是:单击该图层名(如 CEN)所对应的颜色小框,则弹出"选择颜色"对话框(图 11-46),在该框中选取一种颜色(如黄色)后,按"确定"按钮。此时新图层名所对应的颜色小框就变成选定的颜色(黄色)。该层上的对象都将采用这种颜色。

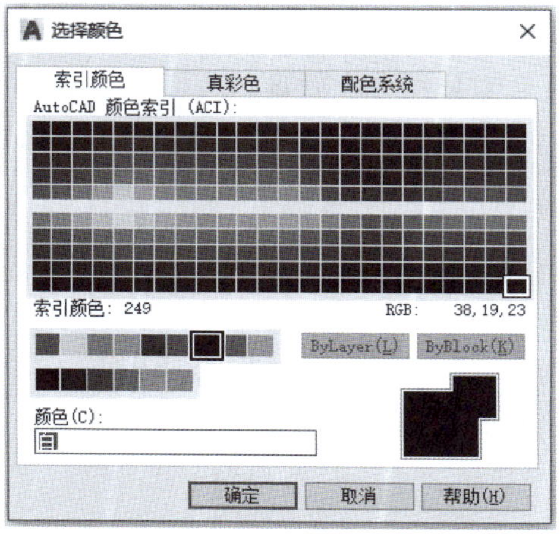

"选择颜色"对话框中每种颜色都有一个编号,其中标准颜色的编号是:1- 红色、2- 黄色、3- 绿色、4- 青色、5- 蓝色、6- 紫色、7- 白色 / 黑色。一般情况尽量选用标准颜色。

### 5. 设置图层的线型

即为图层指定线型( Linetype )。新图层的默认线型是连

图 11-46　"选择颜色"对话框

续线（Continuous），用户可自行设置，其操作步骤如下：

（1）单击本图层名所对应的线型名称（如 Continuous），弹出"选择线型"对话框（图 11-47）。

（2）在"选择线型"对话框中选取想要的线型，并单击"确定"按钮，则此对话框关闭并返回刚才的"图层特性管理器"对话框。此时新层的线型就变成所选定的线型。该层的对象都采用这种线型。

（3）如果在"选择线型"对话框中找不到想要的线型，可单击该对话框底部的"加载"按钮，弹出"加载或重载线型"对话框（图 11-48）。

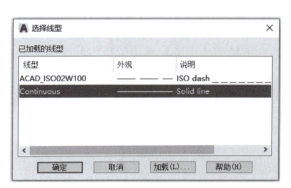

图 11-47 "选择线型"对话框

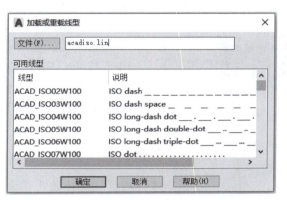

图 11-48 "加载或重载线型"对话框

（4）在"加载或重载线型"对话框中，向下滚动"可用线型"列表，找到想要的线型后，再单击"确定"按钮，返回"选择线型"对话框。此时可看到想要的线型就加载到该对话框中。然后再选取该线型，单击"确定"按钮即可。

### 6. 设置图层的线宽

用户可为图层指定线宽（Lineweight），其方法是：单击该图层名在列表框中的线宽图标，则弹出"线宽"对话框（图 11-49），在该对话框中选取线宽值，然后单击"确定"按钮，返回"图层特性管理器"对话框。

设置完毕，单击左上角"关闭"图标 ✖，退出"图层特性管理器"对话框。

**说明：**

（1）如果给单个对象或一组对象设置指定颜色、线型和线宽，它们则不受所在层的颜色、线型和线宽的限制。但我们建议，对象的颜色、线型和线宽最好随层，一般不要再另外设置，以免造成混乱。

（2）如果对系统显示的线宽比例不满意，可右键单击状态栏上的线宽按钮，选择"设置"，来调整线宽显示比例。

（3）对于无用的空图层，可在"图层特性管理器"对话框中选择该层后，单击"删除图层"按钮 ⬛ 即可删除。但系统默认的 0 层、当前层、包含对象的层不能删除。

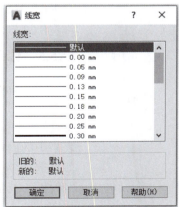

图 11-49 "线宽"对话框

### 11.5.3    设置当前层

用上述方法步骤，用户可建立许多图层，但任何时候必有且只有一个层是被激活的，这个层称为当前层（Current layer）。当前层可比作一叠透明图纸中的最上面的一张。用户只能在当前层上绘制图形。当前层是可以改变的，可以把任何一个已经存在且未被冻结的层设置为新的当前层，与此同时，原来的"当前层"变为普通层。

系统的当前层是零层，如果不设置新的当前层，则所画的图形都在零层上。设置当前层的方法是：在"图层特性管理器"对话框选中指定的层名，单击"置为当前"按钮 ✎，选定的层即成为当前层。当前层的状态就在默认功能区"图层"面板的控制窗口中显示出来，如图 11–50 所示。

图 11–50    功能区"图层"面板

设置当前层更简便的方法是：单击功能区图层面板控制窗口右端的三角形按钮（图 11–50），然后在下拉列表中选择要设置为当前层的层名，即可将该图层设为当前层。

另外，还可以选取一个对象，再单击"图层"面板中的图标 ,即可使该对象所在的图层成为当前层。

### 11.5.4    调整线型比例

像虚线、点画线这样的非连续线型是由短线段、间隔和点所组成，组成这些线型的短线段长度和间隔应根据图形的大小而适当扩大或缩小，才能获得较好的效果。用线型比例命令 Ltscale 适当调整比例因子，可达到上述要求（有时需要多次调整）。Ltscale 为全局线型比例，它对全图中的所有非连续线型有效。

键入 Ltscale（Lts）↙后系统提示：

输入新线型比例因子 <1.0000>：3 ↙

输入新的全局线型比例因子后，全图所有的非连续线型将自动调整短线段长度和间隔大小，而总长度不改变。

要改变个别对象的线型比例因子，可在选择该对象后，单击"快速访问"工具栏中的"特性"图标 ▦，打开"特性"对话框，对"线型比例"进行修改。此处的线型比例与全局线型比例因子的乘积即为该对象的实际线型比例。

### 11.5.5    修改对象特性

用 Properties 命令可修改对象的颜色，图层、线型、线型比例等特性和几何形状。

选择对象后，再键入 Properties（props 或 mo）↙或单击 ▣ 或选择菜单"修改→特性"，则弹出"特性"对话框（图 11–51）。"特性"对话框是一种表格式对话框，表格中的内容即为所选对象的特性与参数，对于不同的对象，表格中会有不同的内容。如果选择单个对象，"特性"对话框将列出该对象的特性与参数；如果选择了多个对象，"特性"对话框将列出所选的多个对象的共有特性；未选择对象时，"特性"对话框将列出整个图形的特性。

在"特性"对话框中可以按以下方式之一修改所选对象的特性：

● 在对应的选项栏中输入一个新值。

- 从下拉列表或附加对话框中选择一个特性值。
- 用"拾取"按钮改变点的坐标值。

图 11-51 是修改圆的特性对话框。在该对话框中用上述方式之一可修改圆的所有特性与参数，如颜色、图层、线型、圆心、半径或直径等。

### 11.5.6　图形特性匹配

将某一对象（称源对象）所具有的特性全部或部分复制到所选择的其他目标对象上。

键入 Matchprop（ma）或单击  或选择菜单"修改→特性匹配"后系统提示：

选择源对象：　选择可复制特性的源对象

选择了源对象后，光标将自动变为刷子形状，系统继续提示：

当前活动设置：颜色 图层 线型 线型比例 线宽 透明度 厚度 打印样式 标注 文字 图案填充 多段线 视口 表格材质 多重引线 中心对象

选择目标对象或 [设置（S）]：　选取目标对象，则将源对象的特性匹配到所选取的对象上

选择目标对象或 [设置（S）]：⤵　按回车键结束匹配

若键入"S"，则显示"特性设置"对话框（图 11-52），可在其中控制要将哪些特性复制到目标对象。默认情况下，系统将复制所有的特性。

图 11-51　"特性"对话框

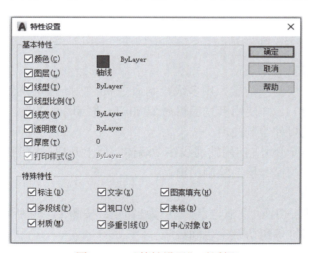

图 11-52　"特性设置"对话框

### 11.5.7　图层应用练习举例

下面以绘制图 11-57 所示的厨房及卫生间平面图为例，介绍图层的应用（并综合应用前面介绍的相关知识技能）。

（1）设置图层

| 层名 | 颜色 | 线型 | 线宽 | 用途 |
|---|---|---|---|---|
| 轴线 | 红色 | ACAD_ISO4W100 | 0.18 mm | 绘制轴线 |
| 墙体 | 白色／黑色 | Continuous | 0.7 mm | 绘制墙线 |
| 门窗 | 绿色 | Continuous | 0.18 mm | 绘制门、窗 |
| 设施与家具 | 紫色 | Continuous | 0.18 mm | 绘制室内家具、厨具、洁具等 |
| 地面 | 灰色（9 号色） | Continuous | 0.18 mm | 绘制地面分隔、图案等 |

（2）绘制轴线

设置"轴线"层为当前层，按图 11-53 所示尺寸在"轴线"层上绘制轴线（无须标注尺寸）。如果图线超出绘图区外，可用 Zoom 命令全部显示。

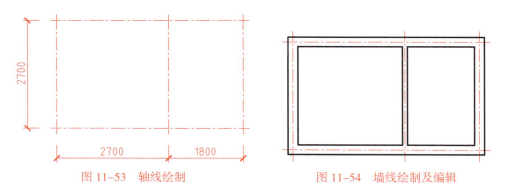

图 11-53　轴线绘制　　　　　　　图 11-54　墙线绘制及编辑

（3）绘制并编辑墙体

设置"墙体"层为当前层，用多线绘制命令 ml 在"墙体"层上绘制墙体（外墙宽 240，隔墙宽 120），并使用多线编辑命令 Mledit 进行墙线修改，如图 11-54 所示。

（4）开门窗洞口并绘制门窗

按图 11-55 所示尺寸，使用辅助线在"墙体"层上开启门窗洞口，然后设"门窗"层为当前层，在"门窗"层上绘制门窗。

（5）绘制设施

关闭"轴线"层，切换"设施与家具"层为当前层，按图 11-56 所示在"设施与家具"层上绘制灶台、浴缸等厨房及卫生间设施。

（6）绘制地砖

设"地面"层为当前层，在"地面"层上按 300×300 大小绘制地砖（用偏移和修剪命令），最终效果如图 11-57 所示。

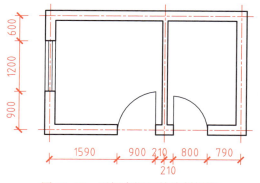

图 11-55　开门窗洞口并绘制门窗

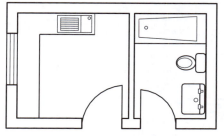

图 11-56　设施及家具绘制

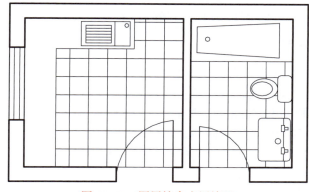

图 11-57　图层综合应用练习

## 11.6　文字标注与编辑

　　工程图样中的文字表达了图形不能表达的信息，如技术要求、设计说明、标题栏等，是工程图的必要组成部分。标注文字时，应首先设置文字样式，使之符合制图国家标准。

### 11.6.1　设置文字样式

　　文字样式包括字体、字高、字宽、倾斜角等项目。

　　键入 Style（st）或选择菜单"格式→文字样式"，弹出"文字样式"对话框（图 11-58）。对话框各项功能及操作如下：

　　（1）"样式"下拉列表框可选择已有的文字样式为当前样式，默认样式名为 Standard。

　　●"新建"按钮用于设置新的文字样式，单击该按钮，弹出"新建文字样式"对话框（图 11-59）。用户在该对话框中输入新的文字样式名后，单击"确定"按钮，返回"文字样式"对话框。

　　●"删除"按钮用于清除无用的文字样式。

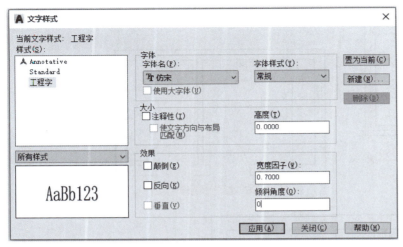

图 11-58　"文字样式"对话框

图 11-59　"新建文字样式"对话框

（2）"字体"栏用于设置有关字体的常用参数。

● 在"字体名"下拉列表中可以选择字体文件，它包括 Windows 的 True Type 字体（图标显示为 **Tr**）和 AutoCAD 特有的 shx 类型文件字体（图标显示为 ），图 11-60 是其中几种字体的示例。根据技术制图标准的规定，汉字用长仿宋体，可选择"仿宋"（字宽比例 0.7）；字母和数字可写成斜体和直体，可选择"gbeitc.shx""isocp. shx"等字体。

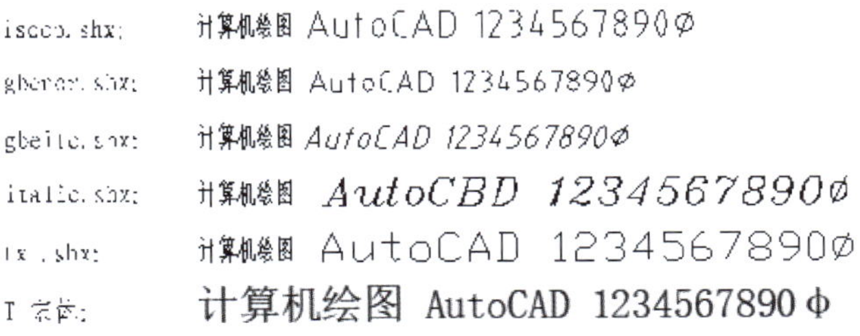

isocp.shx:　　计算机绘图 AutoCAD 1234567890∅

gbcenor.shx:　　计算机绘图 AutoCAD 1234567890∅

gbeitc.shx:　　计算机绘图 AutoCAD 1234567890∅

italic.shx:　　计算机绘图 *AutoCBD 1234567890∅*

tx.shx:　　计算机绘图 AutoCAD 1234567890∅

T 宋体：　　**计算机绘图 AutoCAD 1234567890 Φ**

图 11-60　几种字体示例

在"字体名"下拉列表中，只有选中后缀为 .shx 的形文件字体时，"使用大字体"复选框才能被激活，选择该项后，原"字体样式"下拉列表框变为"大字体"下拉列表框，在该框中只有选择了 gbcbig.shx 或其他已安装的汉字形文件，在图中才能输入汉字。

在"字体名"下拉列表中，所有以 @ 开头的汉字字体在屏幕上均按正常字体翻转 90°显示。

● 在"字体样式"下拉列表中选择字体样式（正常体、斜体、粗体）。

●"高度"框用于设置字体高度，如果这里的默认值设为 0，则用户在输入文字时，再根据提示给定字高，使用比较灵活方便；如果这里设置了大于 0 的高度值，则 AutoCAD 始终将此值用于这种样式，在标注文字时字高不能改变，适合于字高不变的大规模标注。

（3）"效果"栏用于设置字体的各种特殊效果，其中包括文字倒置、反向、垂直、倾斜角度和宽度因子（即字宽比例）等。

（4）在"预览"框中可以很方便地查看所设置的文字效果。

**说明：**

（1）各项目设置完毕后，单击"应用"按钮完成设置。如不再设置其他样式，可在"样式名"下拉列表直接选择已有的一种样式作为当前样式。

（2）在定义新的文字样式时应特别注意"样式名"与"字体名"之间的关系，样式名只是为了操作方便给选用的字体所定义的代号，而在"字体名"下拉列表中所选择的则是一种具体的字体。

## 11.6.2  文字标注

### 1. 单行文字标注

可在图形中连续地标注一行或多行文字，每一行文字都将是一个独立的对象。

键入 Text 或单击功能区默认"注释"面板上的"文字→单行文字"或选择菜单"绘图→文字→单行文字"后，系统提示及操作如下：

当前文字样式："工程字"  文字高度：100  注释性：否  对正：左

指定文字的起点或 [ 对正(J)/ 样式(S)]：  输入文字行的起点（默认为左下角点）

指定高度 <2.5000>：  输入字高

指定文字的旋转角度 <0>：  输入文字行的旋转角度

输入文字或移动光标换位置或按回车键换行，再按回车键则结束命令。

在第二行提示中有两个操作选项，即：

● 样式（S）：键入 S 可选择新的文字样式用于当前标注。如果对已有的文件样式不是很清楚，可通过"？"进行查询。

● 对正（J）：键入 J 可选择文字的对齐方式（AutoCAD 默认设置为左对齐方式）。选择此项后，系统提示：

输入选项 [ 左（L）/ 居中（C）/ 右（R）/ 对齐（A）/ 中间（M）/ 布满（F）/ 左上（TL）/ 中上（TC）/ 右上（TR）/ 左中（ML）/ 正中（MC）/ 右中（MR）/ 左下（BL）/ 中下（BC）/ 右下（BR）]：

这些子选项的含义及操作如下：

● 对齐（A）：键入 A，指定文字行基线（图 11-62）的起点和终点，系统按字体样式所设定的字宽比例自动调整字高、字宽和角度，使文字均匀分布在两点之间，如图 11-61a 所示。

● 布满（F）：键入 F，指定文字行基线的起点和终点，系统自动调整字宽和角度，使文字均匀分布在两点之间，而字高按设定的高度保持不变，如图 11-61b 所示。

● 其余选项的对齐方式如图 11-62 所示。其操作方法是先选择一种对齐方式，再指定定位点，然后再输入字高、旋转角度和要标注的文字。

(a)"对齐"选项的效果    (b)"布满"选项的效果

图 11-61　文字对齐方式中的"对齐"和"调整"选项的效果

顶线　TL　　　　　TC　　　　　　TR
中线　ML　　　　　MC　　　　　　MR
　　　　　　　　　　M·
基线　　　　　　　·C　　　　　　R
底线　BL　　　　　BC　　　　　　BR

图 11-62　文字的对齐方式

### 2. 多行文字标注

可一次标注一行或多行文字，同时还具有文字的编辑功能。一次输入的一行或多行文字是一个独立对象。

键入 Mtext（t，mt）或单击功能区默认"注释"面板上的"文字→多行文字"或选择菜单"绘图→文字→多行文字"后系统提示及操作如下：

当前文字样式："工程字"　文字高度：100　注释性：否

指定第一角点：　在图中欲标注文字处给定第一个角点

指定对角点或 [ 高度（H）/ 对正（J）/ 行距（L）/ 旋转（R）/ 样式（S）/ 宽度（W）/ 栏（C）]：　可用拖动方式指定对角点

两对角点间 $X$ 坐标方向的距离即为文本行宽度。确定对角点后系统在功能区弹出"文字编辑器"（图 11-63）。用户可在文字编辑器中输入、粘贴和编辑文字、符号，最后按"关闭"按钮，在编辑器中输入的文字将以块的形式标注在图中指定位置。文字编辑器包含"样式、格式、段落、插入"工具面板、文本输入窗口等。

在"文字编辑器"中可以确定字体、字高、颜色、字体格式（粗体、斜体、下划线）、字符堆叠、插入特殊字符、查找和替换等，如图 11-63 所示。其中：

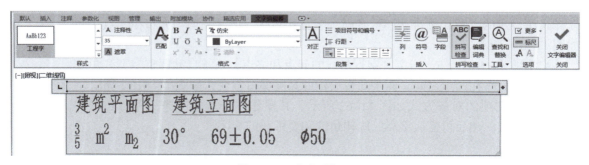

图 11-63　文字编辑器

- 字符堆叠按钮：用于标注堆叠字符，如分数、指数（上标）、下标等，例如：

要标注 $\frac{3}{5}$，可先输入 3/5，然后选中 3/5，再单击 ⓫，就生成 $\frac{3}{5}$。

要标注 m²，可先输入 m2，然后选中 2，再单击 X²，就生成 m²。

要标注 m₂，可先输入 m2，然后选中 2，再单击 X₂，就生成 m₂

- "符号"选项用于插入特殊字符，单击它会弹出下拉列表，表中包括"度数""正/负""直径""不间断空格"和"其它"项。其中度数用 %%d、正/负用 %%p、直径用 %%c 表示，在编辑器中直接输入这些字符，就会生成相应的"°"、"±"、"ϕ"符号。例如：

30%%d → 30°　　69%%p0.05 → 69±0.05　　%%C50 → ϕ50

应注意：当字体和特殊字符（包括汉字）不兼容时，会显示出若干"？"来替代输入的字符，此时更改字体可以显示正确的结果。

- "查找和替换"选项用于查找或替换图中文字。其操作方法与 Word 字处理软件中的查找/替换类似。

输入 Mtext 命令时，命令行中其余选项 [ 高度（H）/ 对正（J）/ 行距（L）/ 旋转（R）/ 样式（S）/ 宽度（W）/ 栏（C）] 的含义分别是：字符高度 / 文字行对齐方式 / 文字行间距 / 文字行旋转角度 / 文字样式 / 文字行宽度 / 设置栏数。这些内容可在指定对角点之前在命令行中设置。

### 11.6.3　文字编辑

和任何其他图形对象一样，文字也可以移动、旋转、缩放、删除、复制和镜像等，可参照 11.4 节进行。镜像文字时，应用 Mirrtext 命令设置系统变量值，变量值为 0，文字不反向；变量值为 1，文字反向显示。本节主要介绍文字内容和特性的修改编辑。

**1. 修改文字内容**

键入 Textedit（ed）或选择菜单"修改→对象→文字→编辑"后，系统提示及操作如下：

当前设置：编辑模式 = Multiple　　该模式允许用户在命令持续时间内编辑多个文字对象。

选择注释对象或 [ 放弃（U）/ 模式 ]：　　选择要修改的文字

- 如果选择的文字是用 Text 命令标注的，则直接修改，然后按回车键即可。
- 如果选择的文字是用 Mtext 命令标注的，则弹出如图 11-63 所示的"文字编辑器"对话框，并将选择的文字显示在对话框中，修改后单击"关闭"即可。

退出上述对话框后，AutoCAD 继续提示：

选择注释对象或 [ 放弃（U）]：

可继续选择文字进行修改，或键入 U 放弃最后一次修改，按回车键则结束命令。

**2. 修改文字对象的大小**

即使选定的文字对象具有不同的标注样式和不同的插入点，使用 Scaletext 命令可以改变所有选定文字对象的大小而不改变其插入点的位置，缩放效果对比如图 11-64 所示。比用 Scale 命令逐个缩放文字比例节省大量时间。

键入 Scaletext↙ 或选择菜单"修改→对象→文字→比例"后，系统提示及用户操作如下：

选择对象：　选择要修改的文字对象

选择对象：↙　按回车键结束选择

输入缩放的基点选项

[现有（E）/ 左对齐（L）/ 居中（C）/ 中间（M）/ 右对齐（R）/ 左上（TL）/ 中上（TC）/ 右上（TR）/ 左中（ML）/ 正中（MC）/ 右中（MR）/ 左下（BL）/ 中下（BC）/ 右下（BR）] < 现有 >：e↙　默认现有基点

指定新高度或 [ 匹配对象（M）/ 缩放比例（S）] <2.5>：s↙　选择缩放比例选项

指定缩放比例或 [ 参照（R）] <1>：1.4↙

| Q235 | GB/T 5783-2000 |
|------|---------------|
| HT200 | |
| Q235 | GB/T 97.2-1985 |
| Q235 | GB/T 91-2000 |
| HT200 | |
| 材　料 | 备　注 |

| Q235 | GB/T 5783-2000 |
|------|---------------|
| HT200 | |
| Q235 | GB/T 97.2-1985 |
| Q235 | GB/T 91-2000 |
| HT200 | |
| 材　料 | 备　注 |

(a)缩放前　　　　　　　　　　　　　(b)缩放后

图 11-64　用 Scaletext 命令缩放文字

### 3. 修改文字对象特性

文字特性的修改与其他图形对象的特性修改相似，可以先选择要修改的文字，再键入 Properties（props）或单击▤，则弹出相应的文字"特性"对话框。在"特性"对话框中可以更改文字内容、插入点、样式、对齐方式、字高和其他特性（颜色、图层等），可参照"11.5.5 修改对象特性"进行。

## 11.7　尺寸标注与编辑

工程图中的尺寸用来表明工程物体各部分的实际大小和相对位置关系，是加工或施工的重要依据。因此，工程图中的尺寸标注必须符合相应的制图国家标准。AutoCAD 提供了强大的尺寸标注功能和尺寸编辑功能，但其标注样式还不完全符合我国制图标准，必须根据我国制图标准对其作适当的设置和修改后才能使用。设置了尺寸标注样式后，就能很容易地进行尺寸标注。例如，要标注一矩形的长度，只需拾取该矩形的长边，再指定尺寸线的位置即可完成标注。由于标注时 AutoCAD 会自动测量对象的尺寸大小，并注出相应的尺寸数字，因此要求用户在标注前，必须准确地绘制图形。

### 11.7.1　设置尺寸标注样式

#### 1. 尺寸标注的构成要素

尺寸标注通常由尺寸数字、尺寸线、尺寸界线和尺寸起止符号四要素构成。尺寸标注样式控制尺寸标注要素的形式、大小及其相对位置等，如图 11-65 所示。

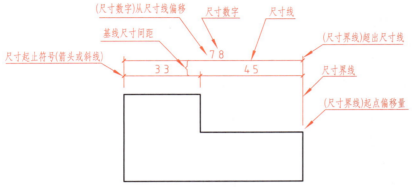

图 11-65　尺寸标注的构成要素

#### 2. 设置新标注样式的步骤

在标注尺寸前，应使用尺寸标注样式命令设置符合国家标准的尺寸标注样式。设置新标注样式的操作步骤如下：

（1）键入 Dimstyle（d）或单击默认功能区中的注释图标 ▧ 或选择"标注→标注样式"后，弹出"标注样式管理器"对话框（图 11-66）。

（2）单击"标注样式管理器"对话框中的"新建"按钮,弹出"创建新标注样式"对话框（图 11-67）。

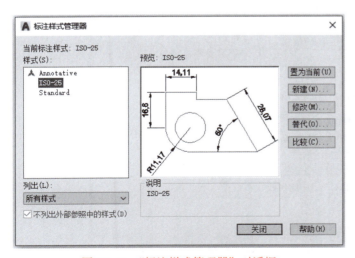

图 11-66　"标注样式管理器"对话框

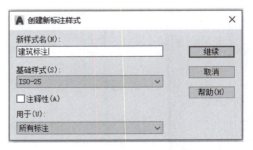

图 11-67　"创建新标注样式"对话框

（3）在"新样式名"框中输入新标注样式的名称（如"建筑标注"）。在"基础样式"列表中选择一种已有的相近样式作为新样式的基础（如选择基础样式中的

"ISO–25"，新样式可以继承它的所有属性，用户只需根据需要修改与它不同的属性，而不必所有的样式属性都要自己设置）。

（4）在"用于"下拉列表中指定所设式样的使用范围。默认设置为"所有标注"，如果指定其他标注类型，如"角度标注"，则"角度标注"是所选基础样式的子样式。新样式名自动变为"角度"，并在"标注样式管理器"中显示在它的基础样式名的下边。

（5）单击"继续"按钮，弹出"新建标注样式"对话框（图 11–68）。在"新建标注样式"对话框中，根据需要选择有关选项进行新样式的标注设置（具体设置稍后介绍）。

（6）在"新建标注样式"对话框中设置各项参数后，单击"确定"按钮返回"标注样式管理器"对话框（图 11–66），新建的标注样式名将直接显示在"样式"列表框中，选择新建的标注样式名，再单击"置为当前"按钮，则新建的标注样式就成为当前样式。

**说明**：标注尺寸前，可根据工程图样的类型设置一种主标注样式，再以主标注样式为基础，为不同类型的尺寸标注设置子样式，设置子样式时只需修改与主标注样式不同的部分。

### 3. "新建标注样式"对话框中各选项的含义及设置

"新建标注样式"对话框中有 7 个选项卡，分别控制尺寸标注的相应部分。每个选项卡都有一个预览框，可以观察当前设置下的尺寸标注的外观。下面介绍各选项卡中有关选项的含义及设置。

（1）"线"选项卡

该选项卡如图 11–68 所示，用来设置尺寸线、尺寸界线的样式。

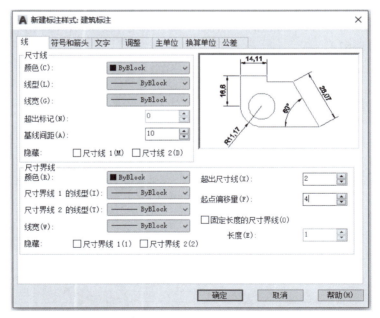

图 11–68　"新建标注样式"对话框中的"线"选项卡

① "尺寸线"区：

● "颜色"下拉列表：用于设置尺寸线的颜色，一般设为"ByBlock（随块）"。

- "线宽"下拉列表：用于设置尺寸线的线宽，一般设为"ByBlock（随块）"。
- "超出标记"框：用于设置尺寸线超出尺寸界线的长度，一般设为 0。
- "基线间距"框：用于设置基线标注中平行尺寸线之间的距离（图 11-65），建议设为 7 ~ 10 mm。
- "隐藏"复选框：用于设置是否隐藏半截尺寸线（含尺寸起止符号），如图 11-69 所示。主要用于半剖面图的尺寸标注。

② "尺寸界线"区：
- "颜色"下拉列表：用于设置尺寸界线的颜色，一般设为"ByBlock（随块）"。
- "线宽"下拉列表：用于设置尺寸界线的线宽，一般设为"ByBlock（随块）"。
- "超出尺寸线"框：用于设置尺寸界线超出尺寸线的长度（图 11-65），设为 2~3 mm。
- "起点偏移量"框：用于设置尺寸界线起点与尺寸定义点的偏移距离（图 11-65），尺寸定义点是在进行尺寸标注时用对象捕捉方式指定的点。机械图可设置为 0，建筑图设为 2 mm 以上。
- "隐藏"复选框：用于设置是否隐藏第一条或第二条尺寸界线，如图 11-70 所示。该复选框与"尺寸线"区的"隐藏"复选框结合使用，可用于半剖面图的尺寸标注。

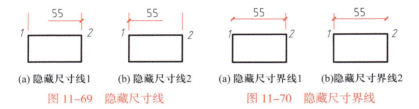

图 11-69 隐藏尺寸线   图 11-70 隐藏尺寸界线

（2）"符号和箭头"选项卡

该选项卡如图 11-71 所示，用于设置箭头或尺寸起止符号等的样式及大小。

图 11-71 "新建标注样式"对话框中的"符号和箭头"选项卡

①"箭头"（即尺寸起止符号）区：

● "第一个"和"第二个"下拉列表：分别设置尺寸线两端箭头或尺寸起止符号的样式。建筑图中的线性尺寸标注设为"▨建筑标记"，直径、半径和角度标注设为"▶实心闭合"；机械图中的尺寸线两端设置为"▶实心闭合"，必要时也可设置为"◆小点"或"▨倾斜"。

● "引线"下拉列表：用于设置引线端点的箭头或符号的样式。

● "箭头大小"框：用于设置箭头或尺寸起止符号的长度或大小，箭头长度设为3~4 mm，45°斜线长度设置为 2~3 mm。

②"圆心标记""折断标注"等默认系统设置。

（3）"文字"选项卡

该选项卡如图 11-72 所示，用于设置尺寸数字的格式、位置及对齐方式等。

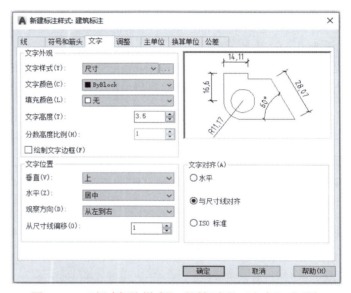

图 11-72　"新建标注样式"对话框中的"文字"选项卡

①"文字外观"区：

● "文字样式"下拉列表：设置尺寸的文字样式，直接从下拉列表中选择一个适合于尺寸标注的文字样式即可，若要创建新的或修改尺寸的文字样式，可单击其右边带三个小黑点的按钮，打开"文字样式"对话框（图 11-58）。

● "文字颜色"下拉列表：设置尺寸数字的颜色，一般设为"ByBlock（随块）"。

● "文字高度"下拉列表：设置尺寸数字的字高，一般设为 3.5 mm。

● "分数高度比例"框：设置尺寸数字中分数数字的高度比例，较少用到。

● "绘制文字边框"复选框：确定是否给尺寸数字加边框。如果选择它，则在尺寸数字周围加一个边框，如 90（较少用）。

②"文字位置"区：

● "垂直"下拉列表：控制尺寸数字沿尺寸线的垂直方向的位置。该下拉列表中有"居中""上""外部""JIS"和"下"5 个选项，前 3 项的效果如图 11-73 所示。

一般选择"上"选项，使尺寸数字在尺寸线的上方，竖向尺寸数字在尺寸线左方。

- "水平"下拉列表框：控制尺寸数字沿尺寸线方向的位置。宜选择"居中"选项，使尺寸界线内的尺寸数字居中放置。
- "观察方向"下拉列表：控制尺寸数字的观察方向。宜选择"从左到右"选项，使尺寸数字的字头朝上朝左。
- "从尺寸线偏移"框：用于设置尺寸数字底边与尺寸线的间隙（图 11-65），可设为 0.5~1 mm。

③"文字对齐"区：

- "水平"选项：若选择此项，则所有的尺寸数字始终保持水平标注，常用于引出标注和角度尺寸标注。
- "与尺寸线对齐"选项：选择此项，则尺寸数字与尺寸线始终保持平行，常用于直线尺寸标注。
- "ISO 标准"：选择此项，尺寸数字在尺寸界线内时，尺寸文字行与尺寸线平行；在尺寸界线外时，字头始终朝上。可用于圆和圆弧尺寸标注。

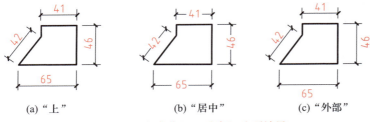

(a)"上"　　　　(b)"居中"　　　　(c)"外部"

图 11-73　文字位置"垂直"选项效果

（4）"调整"选项卡

该选项卡如图 11-74 所示，用于设置当尺寸界线之间的空间受到限制时，AutoCAD 如何调整尺寸数字、箭头、引出线及尺寸线的位置。

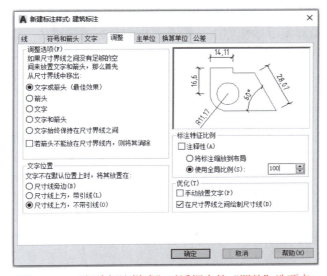

图 11-74　"新建标注样式"对话框中的"调整"选项卡

①"调整选项"区：

● "文字或箭头（最佳效果）"选项：选择此项，如果空间够用，则将文字和箭头都放在尺寸界线内；如果空间不够，则 AutoCAD 尽量将其中一个放在尺寸界线内，如果两者之一都放不下，则将两者都放在尺寸界线外。

● "箭头"选项：如果空间不够，首先将箭头放在尺寸界线外。

● "文字"选项：如果空间不够，首先将文字放在尺寸界线外。

● "文字和箭头"：如果空间不够，则将文字和箭头都放在尺寸界线外。

● "文字始终保持在尺寸界线之间"选项：任何情况下都将尺寸数字放在尺寸界线之间。

● "若箭头不能放在尺寸界线内,则将其消除"复选框:如果空间不够,就省略箭头。

②"文字位置"区：

● "尺寸线旁边"选项：当尺寸数字不在默认位置时，在第二条尺寸界线旁放置尺寸数字，如图 11-75a 所示。

● "尺寸线上方，带引线"选项：当尺寸数字不在默认位置时，自动加一引线将尺寸数字与尺寸线连接起来，如图 11-75b 所示。

● "尺寸线上方，不带引线"选项：当尺寸数字不在默认位置时，不加引线，如图 11-75c 所示。

(a)"尺寸线旁边"　　(b)"尺寸线上方，带引线"　　(c)"尺寸线上方，不带引线"

图 11-75　尺寸数字不在默认位置时各选项的效果

③"标注特征比例"区：

● "使用全局比例"选项：设置尺寸标注的全局比例系数。AutoCAD 将尺寸字体、尺寸起止符号、偏移量等数值型变量乘上该比例系数进行缩放。该比例系数不影响尺寸数字的测量值。

● "将标注缩放到布局"选项：根据当前模型视口和布局之间的比例确定一个比例系数。

④"优化"区：

● "手动放置文字"复选框：该选项用于手工控制文字位置的标注，如在圆内标注直径尺寸。

● "在尺寸界线之间绘制尺寸线"复选框：选择此项，即使箭头和文字在外面，也始终在尺寸界线之间绘制尺寸线。

（5）"主单位"选项卡

该选项卡如图 11-76 所示，主要用于设置基本尺寸单位的格式和精度等。

①"线性标注"区：

● "单位格式"下拉列表:设置线性基本尺寸的单位格式，有"科学""小数""工程""建筑""分数"等单位,一般选择"小数",即十进制。

- "精度"下拉列表:设置基本尺寸数值的小数位数,若选择 0,则不带小数。

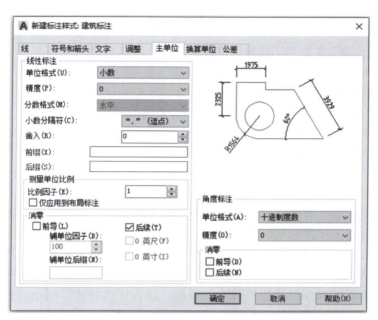

图 11-76 "新建标注样式"对话框中的"主单位"选项卡

- "分数格式"下拉列表:设置分数单位的格式,包括对角、水平和非堆叠。
- "小数分隔符"下拉列表:设置小数分隔符号,如句点(.)、逗点(,)或空格( )。应选择句点(.)。
- "舍入"框:将线性尺寸的测量值舍入到指定的值。一般用默认设置"0",不舍入。
- "前缀"框:指定尺寸数字的前缀(如"M")。在此设置的前缀将自动替换任何默认前缀(如 AutoCAD 自动为半径和直径尺寸添加的前缀"R"和"φ")。
- "后缀"框:指定尺寸数字的后缀(如"cm")。
- "比例因子"框:设置线性尺寸测量值的缩放系数,该系数与线性尺寸测量值(即图形上的线段长度)的乘积即为尺寸标注值。例如,如果将比例因子设置为 100,AutoCAD 就将 2 mm 的线段标注为 200。采用不同的比例绘图时,可输入相应的"比例因子"来标注物体的真实大小。
- "仅应用到布局标注"复选框:仅将线性比例因子应用到布局的标注中。
- "前导"复选框:选择它则使小数点前的 0 不显示,如 0.50 显示为 .50。
- "后续"复选框:选择它则使小数末尾的 0 不显示,如 0.50 显示为 0.5。

②"角度标注"区:

- "单位格式"下拉列表:设置角度尺寸的单位格式,包括"十进制度数""度 / 分 / 秒""百分度"和"弧度",一般选择"十进制度数"。
- "精度"下拉列表:设置角度尺寸的小数位数,选择 0,则不带小数。

(6)"换算单位"选项卡

"换算单位"选项卡主要用于设置换算单位的格式和精度等。换算单位转换通常是公制－英制之间的转换。在尺寸标注文字中，换算单位显示在主单位旁边的方括号 [ ] 中。"换算单位"在特殊情况下才用。此选项卡中的选项与"主单位"选项卡的选项基本相同，不再叙述。

（7）"公差"选项卡

"公差"选项卡主要用于机械图中设置尺寸公差的格式及大小。

### 4. 尺寸标注样式的修改

如果要修改某标注样式，可单击默认功能区中的注释图标，在弹出的"标注样式管理器"对话框的"样式"列表框中选择要修改的样式名，再单击"修改"按钮，在弹出的"修改标注样式"对话框中进行修改即可。"修改标注样式"对话框的选项及操作与"新建标注样式"对话框完全相同，故不详述。修改后，所有使用该样式进行标注的尺寸都将会自动更新。

### 5. 尺寸标注样式的替代

当个别尺寸与已有的标注样式相近但不完全相同时，若直接修改相近的标注样式，会使所有以该样式标注的尺寸都发生改变，如果不想再创建新的标注样式，这时可为个别尺寸设置标注样式替代，即设置一个临时的标注样式来替代相近的标注样式，这样就不会改变相近标注样式的设置。例如对一些画不下箭头的连续线性小尺寸，可用相近的线性尺寸标注样式为基础，设置样式替代，用小点替代箭头，而其他尺寸不变。

设置标注样式替代的步骤是：

（1）单击默认功能区中的注释图标，弹出"标注样式管理器"对话框。

（2）在"标注样式管理器"对话框的"样式"列表框中选择相近的标注样式，单击"替代"按钮，弹出"替代当前样式"对话框。

（3）在"替代当前样式"对话框中，进行所需的修改（该对话框的选项及操作与"新建标注样式"对话框完全相同）。

（4）单击"确定"按钮，返回"标注样式管理器"对话框，AutoCAD 在所选样式名下显示"＜样式替代＞"，并自动设置为当前标注样式。

（5）单击"关闭"按钮，完成设置。即可在"＜样式替代＞"方式下进行标注。

创建标注样式替代后，还可以继续修改它，可将它与其他标注样式进行比较，或者删除或重命名替代。

## 11.7.2　尺寸标注的操作

### 1. 尺寸标注的操作步骤

（1）首先将用于存放尺寸标注的图层（如果没有，应事先设置）置为当前层。

（2）将要用的尺寸标注样式置为当前样式，其方法是：在"标注样式管理器"中选择一种样式，然后单击"置为当前"按钮；或从功能区中的注释下拉列表框选择一个标注样式，选中的标注样式自动成为当前样式。

（3）设置常用的对象捕捉方式，以便快速而准确地拾取对象。

（4）输入相应的尺寸标注命令，进行相应的尺寸标注。

（5）对某些尺寸进行必要的编辑。

在 AutoCAD 中，通过命令行、"标注"工具栏、菜单栏和功能区输入命令均可实现尺寸的标注。而使用"标注"工具栏输入标注尺寸的命令，则更加简便、直观。"标注"工具栏的打开，可在菜单栏中选取"工具→工具栏→AutoCAD"选项，在弹出的工具栏列表中，选择"标注"项，此时"标注"工具栏就显示在屏幕上，如图 11–77 所示。

图 11–78 是建筑图的尺寸标注示例。该图中包含了线性尺寸标注、半径尺寸标注、直径尺寸标注、角度尺寸标注、基线尺寸标注、连续尺寸标注等几种常见的尺寸标注类型。

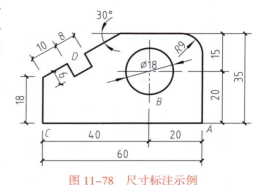

图 11–77　"标注"工具栏　　　　　　　图 11–78　尺寸标注示例

现以图 11–78 为例，介绍尺寸标注的操作方法。

### 2. 线性尺寸标注（Dimlinear）

Dimlinear 命令用于标注水平尺寸、垂直尺寸和指定角度的倾斜尺寸。操作如下：

键入 Dimlinear（dli）或单击 □ 或选择菜单"标注→线性"后，系统提示及用户操作为：

指定第一条尺寸界线原点或＜选择对象＞：

捕捉第一条尺寸界线起点（如图 11–78 中的 A 点）

指定第二条尺寸界线原点：　捕捉第二条尺寸界线起点（如图 11–78 中的 B 点）

指定尺寸线位置或 [ 多行文字（M）/ 文字（T）/ 角度（A）/ 水平（H）/ 垂直（V）/ 旋转（R）]：

此时移动光标，确定尺寸线位置，系统自动注出尺寸（如图 11–78 中的 20），尺寸值为系统测量值。在确定尺寸线位置之前，也可选择括号中的选项，各项功能如下：

● 多行文字（M）：选择该选项时，弹出如图 11–63 所示的"文字编辑器"，需要注意的是，编辑器窗口中将会出现 1 个尺寸数字，它表示系统的测量值，用户可将它去掉另外输入特殊的尺寸数字（如 φ35H8/f8）代替系统的测量值。

● 文字（T）：选择此项，则出现提示：输入标注文字〈测量值〉：用户可在命令行中输入要标注的尺寸数字代替系统的测量值。

● 角度（A）：该选项用于确定尺寸数字与尺寸线的夹角，一般不用。

● 水平（H）/ 垂直（V）：标注水平或垂直尺寸。AutoCAD 能根据尺寸线位置自动判断水平尺寸和垂直尺寸，故该选项一般不用。

● 旋转（R）：标注指定角度的尺寸。选择该选项，则出现提示：指定尺寸线的角度〈0〉：输入尺寸线及尺寸界线的旋转角度。

说明：

（1）在指定第一条尺寸界线原点或＜选择对象＞的提示下，如果直接按回车键，则出现提示：

选择标注对象：　选择要标注的对象

指定尺寸线位置或 [ 多行文字（M）/ 文字（T）/ 角度（A）/ 水平（H）/ 垂直（V）/ 旋转（R）]：

各选项的功能及用户操作同前。

（2）为了使标注准确，选择尺寸界线的起点时，应使用目标捕捉功能。

### 3. 对齐尺寸标注（Dimaligned）

Dimaligned 命令用于标注尺寸线与被注对象平行的线性尺寸，一般是标注倾斜线段的尺寸，如图 11-78 中的尺寸 10。操作如下：

键入 Dimaligned（dal）或单击 或选择菜单"标注→对齐"后，系统提示及用户操作为：

指定第一条尺寸界线原点或 < 选择对象 >：　（按回车键默认 < 选择对象 >）

选择标注对象：　选择要标注的倾斜线段

指定尺寸线位置或 [ 多行文字（M）/ 文字（T）/ 角度（A）]：　此时移动光标，确定尺寸线位置，系统自动注出尺寸（10）

说明：括号中各选项功能与线性尺寸标注中对应选项相同。

### 4. 基线尺寸标注（Dimbaseline）

Dimbaseline 命令用于标注有一条尺寸界线重合的几个相互平行的尺寸。重合的尺寸界线即为尺寸基线。

现以图 11-79 中的尺寸标注为例，先用 Dimlinear 命令注出一个基准尺寸（15），然后再接着用 Dimbaseline 命令进行基线尺寸标注。Dimbaseline 命令的操作如下：

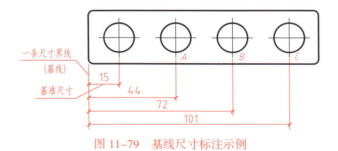

图 11-79　基线尺寸标注示例

键入 Dimbaseline（dba）或单击 或选择菜单"标注→基线"后，系统提示及用户操作为：

指定第二条尺寸界线原点或 [ 选择（S）/ 放弃（U）]< 选择 >：　捕捉点 A，系统自动注出尺寸（44）

指定第二条尺寸界线原点或 [ 选择（S）/ 放弃（U）]< 选择 >：　捕捉点 B，系统自动注出尺寸（72）

指定第二条尺寸界线原点或 [ 选择（S）/ 放弃（U）]< 选择 >：　捕捉点 C，系统自动注出尺寸（101）

指定第二条尺寸界线原点或 [ 选择（S）/ 放弃（U）]< 选择 >：　按回车键结束该基线标注

选择基准标注：　可再选择另一尺寸基线进行基线尺寸标注，若按回车键则结

束命令

**说明：**

（1）在提示中若选"放弃（U）"选项，则取消前一基线尺寸；若选"选择（S）"选项，则可另外指定尺寸基线。

（2）平行尺寸间距在尺寸标注样式中设置（基线距离）。

（3）Dimbaseline 命令也适用于标注角度和坐标。

（4）要进行基线尺寸标注，必须先注出或选择一个线性（角度或坐标）尺寸作为基准。

### 5. 连续尺寸标注（Dimcontinue）

Dimcontinue 命令用于标注尺寸线共线且首尾相连的若干个连续尺寸。前一尺寸的第二条尺寸界线是后一尺寸的第一条尺寸界线。

现以图 11-80 中的尺寸标注为例，先用 Dimlinear 命令注出一个基准尺寸（15），然后再接着用 Dimcontinue 命令进行连续尺寸标注。Dimcontinue 命令的操作如下：

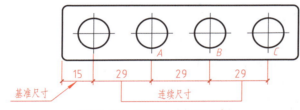

图 11-80　连续尺寸标注示例

键入 Dimcontinue（dco）或单击▦或选择菜单"标注→连续"后，系统提示及用户操作为：

指定第二条尺寸界线原点或 [ 选择（S）/ 放弃（U）]< 选择 >：　捕捉点 $A$，系统自动注出尺寸（29）

指定第二条尺寸界线原点或 [ 选择（S）/ 放弃（U）]< 选择 >：　捕捉点 $B$，系统自动注出尺寸（29）

指定第二条尺寸界线原点或 [ 选择（S）/ 放弃（U））]< 选择 >：　捕捉点 $C$，系统自动注出尺寸（29）

指定第二条尺寸界线原点或 [ 放弃（U）/ 选择（S）]< 选择 >：↙　按回车键结束该连续标注

选择连续标注：　可再选择另一基准尺寸进行连续尺寸标注，若按回车键则结束命令

**说明：**

（1）在提示中若选"放弃（U）"选项，则取消前一连续尺寸；若选"选择（S）"选项，则可另外指定连续尺寸的第一条尺寸界线。

（2）Dimcontinue 命令也适用于标注角度和坐标。

（3）要进行连续尺寸标注，必须先注出或选择一个线性（角度或坐标）尺寸作为基准。

### 6. 直径尺寸标注（Dimdiameter）

Dimdiameter 命令用于标注圆或圆弧的直径尺寸。例如标注图 11-78 中的直径尺寸 $\phi18$，操作如下：

键入 Dimdiameter（ddi）或单击⊘或选择菜单"标注→直径"后，系统提示及用户操作为：

选择圆弧或圆：　用鼠标拾取要标注的圆

标注文字 =18　（AutoCAD 测量的直径值）

指定尺寸线位置或 [ 多行文字（M）/ 文字（T）/ 角度（A）]：　用鼠标确定尺寸线位置，系统自动注出尺寸（$\phi18$），尺寸值为系统测量值

如果不使用系统测量值，可用 T 或 M 选项输入字符和数值。

图 11-81 是常见直径尺寸标注示例。应注意直径尺寸标注样式的设置。

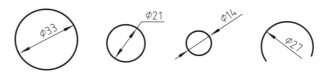

图 11-81　常见直径尺寸标注示例

### 7. 半径尺寸标注（Dimradius）

Dimradius 命令用于标注圆弧的半径尺寸，如图 11-82 所示。半径尺寸标注的操作方法与直径尺寸标注相同，键入 Dimradius( dra )或单击↖或选择菜单"标注→半径"后，根据系统提示进行操作，不再赘述。

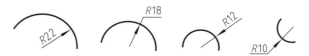

图 11-82　常见半径尺寸标注示例

### 8. 角度尺寸标注（Dimangular）

Dimangular 命令用于标注两直线间的夹角或圆弧中心角以及圆上某段圆弧的中心角。例如标注图 11-78 中角度尺寸 30°，操作如下：

键入 Dimangular（dan）或单击△或选择菜单"标注→角度"后，系统提示及用户操作为：

选择圆弧、圆、直线或 < 指定顶点 >：　拾取图中倾斜线（图 11-78）

选择第二条直线：　拾取图中顶部水平线（图 11-78）

指定标注弧线位置或 [ 多行文字（M）/ 文字（T）/ 角度（A）/ 象限点（Q）]：　移动鼠标确定尺寸线位置，系统自动注出角度尺寸（30°），尺寸值为系统测量值。

如果不使用系统测量值，可用 T 或 M 选项输入字符和数值。

说明：在第一个提示中，如果拾取圆弧，则可标注圆弧的中心角，如图 11-83a 所示；如果拾取圆，则拾取点作为圆弧的一个端点，再拾取圆上第二点，可标注出圆上两点间的圆弧的中心角如图 11-83b 所示；如果直接按回车键，则可指定三点标注角度，第一点为顶点，另两点为两个边上的点，如图 11-83c 所示。角度数字应在

标注样式中设置为"水平"。

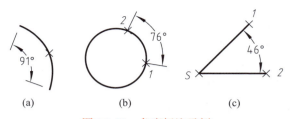

图 11-83　角度标注示例

### 9. 快速标注（Qdim）

用 Qdim 命令可一次性快速地注出一系列基线尺寸、连续尺寸以及一次性标注多个圆和圆弧直径或半径尺寸、坐标尺寸等。例如，标注图 11-84 所示的尺寸，操作如下：

键入 Qdim 或单击 或选择菜单"标注→快速标注"后，系统提示及用户操作为：

选择要标注的几何图形：　选择要标注的多个图形元素（可用 W 窗口一次性选择）

选择要标注的几何图形：　继续选择或按回车键结束选择

指定尺寸线位置或 [ 连续（C）/ 并列（S）/ 基线（B）/ 坐标（O）/ 半径（R）/ 直径（D）/ 基准点（P）/ 编辑（E）/ 设置（T）] < 连续 >：　移动鼠标确定尺寸线位置，系统自动按默认选项"连续"注出一系列连续尺寸（如图 11-84 所示）

在确定尺寸线位置之前，可根据要标注的对象选择括号中相应的选项，其中"连续（C）""并列（S）""基线（B）""坐标（O）""半径（R）""直径（D）"选项可分别生成一系列连续尺寸、并列尺寸、基线尺寸、坐标尺寸、半径尺寸和直径尺寸。

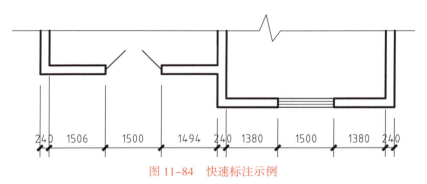

图 11-84　快速标注示例

说明：快速标注的结果有些尺寸数字的位置不够理想，如图 11-84 中的 3 个 240 压线，应进行调整，调整的方法见 11.7.3 中的"2. 调整尺寸数字的位置"。

## 11.7.3　尺寸标注的编辑

尺寸标注后如果不理想或不合适，可用多种方法对其进行编辑（修改）。

### 1. 编辑标注（Dimedit）

Dimedit 命令用于更新尺寸数字、调整尺寸数字到默认位置、旋转尺寸数字和使尺寸界线倾斜。

键入 Dimedit（ded）或单击 后，系统提示：

输入标注编辑类型 [ 默认（H）/ 新建（N）/ 旋转（R）/ 倾斜（O）] ＜默认＞：　选择选项

各选项的含义及操作如下：

●"默认"选项：该选项将所选的尺寸数字返回默认位置，默认位置是在尺寸标注样式中设置的尺寸数字位置。在系统提示后直接按回车键，系统接着提示：

选择对象：　选择需要返回默认位置的尺寸数字并按回车键

●"新建"选项：该选项可将所选的尺寸数字进行更新。选择此项后，弹出"文字编辑器"，在"文字编辑器"中进行必要的更新后，单击"关闭"按钮关闭"文字编辑器"，同时系统提示：

选择对象：　选择需要更新的尺寸数字并按回车键

修改尺寸数值的一种简便方法是直接双击该尺寸数字，在原位修改后单击左键并按回车键。

●"旋转"选项：该选项可将所选的尺寸数字进行旋转。选择此项后系统提示：

指定标注文字的角度：　输入尺寸数字的旋转角度

选择对象：　选择需要旋转的尺寸数字并按回车键

●"倾斜"选项：该选项用于调整线性尺寸标注中尺寸界线的倾斜角，如图11-85 所示。选择此项后系统提示：

选择对象：　选择需要倾斜的尺寸并按回车键

输入倾斜角度（按回车键表示无）：　输入倾斜角度

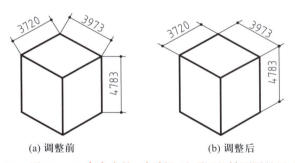

(a) 调整前　　　　　(b) 调整后

图 11-85　用 Dimedit 命令中的"倾斜"选项调整轴测图的尺寸标注

### 2. 调整尺寸数字的位置（Dimtedit）

Dimtedit 命令用于调整尺寸数字的位置和角度。例如，图 11-86a 中的尺寸可用该命令调整为如图 11-86b 所示。

键入 Dimtedit 或单击后，系统提示及用户操作为：

选择标注：　选择要调整位置的尺寸数字

指定标注文字的新位置或

[ 左（L）/ 右（R）/ 中心（C）/ 默认（H）/ 角度（A）]：　移动光标改变尺寸数字的位置或选项编辑

各选项含义如下：

●"左"选项：将尺寸数字定位在靠近尺寸线的左端。

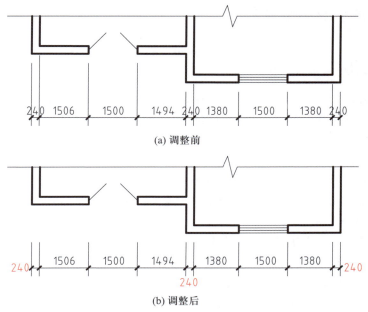

(a) 调整前

(b) 调整后

图 11-86 调整尺寸数字位置示例

- "中心"选项：将尺寸数字定位在尺寸线的正中。
- "右"选项：将尺寸数字定位在靠近尺寸线的右端。
- "默认"选项：将尺寸数字返回由标注样式定义的位置（即默认位置）。
- "角度"选项：提示输入一个角度来旋转尺寸数字。

**说明**：一种更简单的调整尺寸数字位置的方法是直接单击标注的尺寸数字，然后通过夹点改变其位置。图 11-86b 中间位置的 240 就是用这种方法调整的。使用夹点或拉伸命令还可以调整尺寸线、尺寸界线和起止符号的位置。

### 3. 更新尺寸的标注样式（Dimstyle）

Dimstyle 命令可将已有的尺寸的标注样式更新为当前的标注样式。

键入 Dimstyle 或单击 ⌸ 或选择菜单"标注→更新"后，系统提示及用户操作为：

**当前标注样式：**（AutoCAD 在此显示当前的标注样式名）

**输入尺寸样式选项**

**[注释性（AN）/保存（S）/恢复（R）/状态（ST）/变量（V）/应用（A）/？]**

**<恢复>：a⤶**（选择"应用"选项）

**选择对象：** 选择要更新样式的尺寸（可用窗口选择若干个尺寸）

**选择对象：** 继续选择或按回车键结束命令

### 4. 修改尺寸特性（Properties）

键入 Properties（mo）或单击 ⊞，打开"特性"对话框，可以非常方便地修改所选尺寸各组成要素的多个特性，包括基本特性（颜色、图层、线型）、直线和箭头、文字、单位、公差以及各组成要素的位置关系等，还可以重新选择比例和标注样式。操作同前。

## 11.8 图块及图案填充

### 11.8.1 定义块

图块简称块，是各种图形元素构成的一个整体图形单元。用户可以将经常使用的图形对象定义成块，需要时可随时将已定义的图块以不同的比例和转角插入所需要的图中任意位置。这样可以避免许多重复性的工作，提高绘图速度和质量，而且便于修改和节省存储空间。

将选定的图形定义为图块的操作如下：

键入 Dlock（b）或单击 或选择菜单"绘图→块→创建"后，系统打开"块定义"对话框（图 11–87）。

（1）在"名称"框中输入图块名称。

（2）单击"拾取点"按钮，对话框将暂时关闭，用鼠标指定块的插入基点。指定基点后按回车键，重新显示对话框。

（3）单击"选择对象"按钮，对话框将暂时关闭，用鼠标选择要定义成块的对象。选择完成后按回车键，重新显示对话框。

（4）单击"确定"按钮，完成块定义。块定义保存在当前图形中。

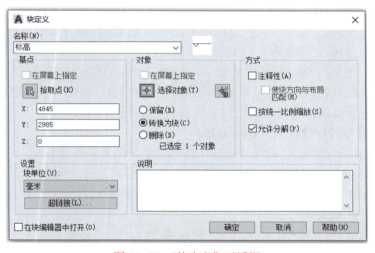

图 11–87 "块定义"对话框

"块定义"对话框中其他常用选项的含义如下：

- "保留"：在当前图形中保留选定对象及其原始状态。
- "转换为块"：将选定的对象转换为块。
- "删除"：在定义块后删除选定的对象。
- "允许分解"：指定块参照是否可以被分解。
- "块单位"下拉列表：用于选择块插入时的单位。
- "说明"编辑框：用于输入与块有关的说明文字，这样有助于迅速检索块。

### 11.8.2 块存盘

用 Block 命令所建立的图块称之为内部块，它只能保存在当前的图形文件中，为当前文件所用，这样就使图块的使用受到很大束缚，为使建立的图块能够为其他图形文件所共享，必须将图块以文件的形式存储，为此 AutoCAD 系统提供了块存盘命令 Wblock。事实上，块存盘就是将选择的图形对象存储为一个图形文件（.dwg），反之，任何 .dwg 图形文件都可以作为块插入其他图形文件中。

键入 Wblock（w）命令，弹出"写块"对话框（图 11-88），操作如下：

（1）在对话框"源"区，指定要保存为图形文件的块或对象。

● "块"：将已有的图块转换为图形文件形式存盘。指定"块"时，系统要求在其后的下拉列表中选择具体的图块名称，此时"基点"和"对象"区不能用。

● "整个图形"：将当前的整个图形作为一个块存盘。选择此项时"基点"和"对象"区不能用。

● "对象"：将选定的图形对象作为块存盘。其操作方法与定义图块的方法相似。即选择此项后，接着在"基点"区单击"拾取点"按钮，指定块的插入基点；在"对象"区单击"选择对象"按钮，为块存盘选择图形对象。

（2）在"目标"区指定块存盘的图形文件名称、保存位置和插入单位。

● 在"文件名和路径"框中输入块存盘文件的保存位置和文件名称，也可以单击按钮■，在弹出的"浏览文件夹"对话框中指定块存盘文件的保存位置。

● 在"插入单位"下拉列表中选择块插入时的单位。

（3）单击"确定"按钮，此时，块定义保存为图形文件。

说明："写块"对话框的其他选项设置与"块定义"对话框相应选项相同。

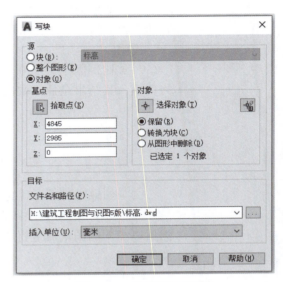

图 11-88 "写块"对话框

### 11.8.3 插入块

将已经定义的图块或图形文件以不同的比例或转角插入当前图形文件中。

键入 Insert（i）或单击■或选择菜单"插入→块选项板"，弹出"插入"对话框（图 11-89），操作如下：

（1）在"插入块选项板"对话框中选择所要插入的图块名，或是通过单击"..."按钮在弹出的"选择图形文件"对话框中指定图形文件。

（2）在"插入选项"区中勾选"插入点""统一比例""旋转""重复放置"单击"关闭"按钮关闭对话框，

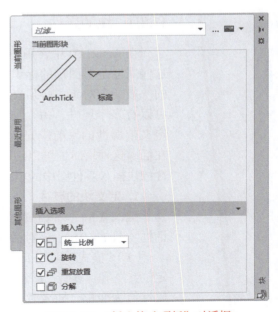

图 11-89 "插入块选项板"对话框

同时命令窗口中出现提示：

指定插入点或 [ 基点（B）/ 比例（S）/ 旋转（R）]：　指定插入点

指定比例因子 <1>：　键入比例因子或拖动指定（默认值为 1）

指定旋转角度 <0>：　键入图块相对于插入点的旋转角度或拖动指定（默认值为 0）

系统重复上述提示，可重复插入，按【Esc】键结束。

（3）如果在"插入选项"区中没有勾选"插入点""统一比例""旋转""重复放置"，则可在对话框中以参数形式指定而且只能插入一次。

（4）如果选择"分解"，则将所插入的图块分解为若干个单独的图形元素，这样有利于图形的编辑，但同时也丧失了图块的所有特性。

说明：

（1）比例因子大于 0，小于 1 将缩小图块；大于 1 将放大图块。比例因子也可为负值，其结果是插入块的镜像图，如图 11-90 所示。

比例因子=1　　　　比例因子=-1

图 11-90　用正、负值比例因子插入图块的效果

（2）如果要对插入后的图块进行局部编辑应先用 Explode 命令分解图块。

（3）如果要修改图中多个同名图块的相同内容，可先修改同名图块中的一个，然后以相同的图块名进行重新定义，完成后图形中所有同名的图块都将自动更新为新的内容。

（4）插入图块时，该图块 0 层上的对象将被赋予当前层的颜色和线型等特性；而处于非 0 层上的对象仍保持其原先所在层的特性。

### 11.8.4　块的属性

在 AutoCAD 中，用户可以为块加入与图形相关的文字信息，即为块定义属性。这些属性是对图形的标识或文字说明，是块的组成部分。但块的属性又不同于块中的一般文字对象，必须事先进行定义。一个属性包括属性标记和属性值，一个图块可以有多个属性，每个属性只能有一个标记，属性值可以是常量，也可以是变量。定义带属性的块前应先定义属性，然后将属性和要定义成块的图形一起定义成块。在插入这种块时，可以用同一个块名插入不同的文字（属性值）。例如，可以用带属性的块插入零件图中的粗糙度、立面图中的标高等。

#### 1. 定义块的属性

键入 Attdef（att）或选择菜单"绘图→块→定义属性"后，弹出"属性定义"对话框（图 11-91）。该对话框中各选项的含义及操作方法如下：

（1）"模式"区用于设置属性的模式,共有"不可见""固定""验证""预设""锁定位置"和"多行"6 个选项。前 5 个选项一般不选,不选则依次表示为属性值可见、属性值为变量、插入时不验证属性值、插入时输入属性值、不锁定属性位置。如果选择"多行"选项，则属性值可以包含多行文字。

（2）"属性"区用于定义属性的标记、提示及默认值，其中：

● 在"标记"框中输入属性标记，如"bg"。

● 在"提示"框中输入属性提示，如"请输入标高值"。

● 在"默认"框中输入属性默认值，如"0.000"。

（3）"插入点"区用于确定属性标志及属性值的起始点位置。勾选"在屏幕上指定"，可以直接在图形中指定属性标志及属性值的起始点位置。

（4）"文字设置"区用于设置与属性文字有关的选项，其中：

● 在"对正"下拉列表中选择文字对齐方式（详见 11.6 节）。

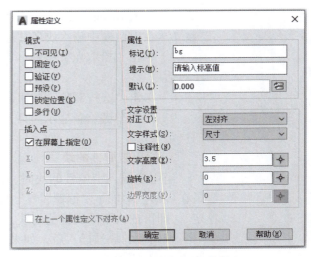

图 11-91  "属性定义"对话框

● 在"文字样式"下拉列表中选择属性文字的样式（详见 11.6 节）。

● 在"文字高度"框中输入属性文字的高度。

● 在"旋转"框中输入属性文字的旋转角度。

（5）"在上一个属性定义下对齐"复选框用于确定是否在前面所定义的属性下面直接放置新的属性标记。

上述各选项设置完毕后，单击"确定"按钮，并在屏幕图形中指定插入点，该属性标记就出现在图形中。若要定义多个属性可重复上述有关操作。

**2. 定义带属性的块**

定义带属性的块的步骤是：先给要定义成块的图形（符号）定义属性，然后再用前面介绍的方法将该图形（符号）和属性一起定义成同一个块。

**例 11.3**  定义一个带属性的标高符号图块，如图 11-92 所示，以便在图中插入不同的标高值。

(a) 标高符号          (b) 定义属性          (c) 插入带属性的块

图 11-92  带属性的块示例

**解**：操作如下：

1）先画出一个标高符号，如图 11-92a 所示。

2）输入 Attdef 命令，弹出"属性定义"对话框，如图 11-91 所示。

3）参照图 11-91 设置各个选项，单击"确定"按钮，关闭对话框。

4）在屏幕图形上拾取如图 11-92a 中的 $P$ 点，完成属性定义，结果如图 11-92b 所示。

5）输入 Block 命令，弹出"块定义"对话框（图 11-87）。

6）在对话框中输入块名"标高"。

7）单击"拾取点"按钮，在图 11-92b 中捕捉 $M$ 点作为块的插入基点。重新显示对话框。

8）单击"选择对象"按钮，用鼠标同时选择属性和标高符号。

9）按回车键重新显示对话框。单击"确定"按钮，输入属性值，即完成带属性的块定义。

### 3. 插入带属性的块

当用户插入带属性的块时，前面的提示与操作方法跟插入一般块完全相同，只是在屏幕上增加了"编辑属性"对话框，在此对话框中输入不同的属性值，并单击"确定"，即可插入不同属性值的块，如图 11-92c 所示。

带属性的块被插入后，如果用 Explode 命令分解它，则属性值变为属性标记，如图 11-92b 所示。

### 4. 编辑快的属性

属性块插入后，若发现属性值及其位置、字型、字高等不妥，可用通过图块属性修改命令进行单独或全局修改。

1）单个修改：单击默认功能区→"编辑属性→单个"图标，选择一个块，弹出"增强属性编辑器"对话框可修改属性值、文字选项及特性。

2）通过命令行进行多个修改：键入 Attedit（atte）或单击默认功能区→"编辑属性→多个"图标或选择菜单"修改→对象→属性→全局"后，系统提示：

是否一次编辑一个属性？［是（Y）/ 否（N）］<Y>：✓　默认每次编辑一个属性

输入块名定义 <*>：✓　可输入块名来限定要修改的属性，"*"号表示不限制

输入属性标记定义 <*>：✓　可输入属性标记来限定要修改的属性，"*"号表示不受限制

输入属性值定义 <*>：✓　可输入属性值来限定要修改的属性，"*"号表示不限制

选择属性：　选择要修改的属性（可一次拾取多个属性，然后依次修改）

选择属性：✓　按回车键结束选择

输入选项［值（V）/ 位置（P）/ 高度（H）/ 角度（A）/ 样式（S）/ 图层（L）/ 颜色（C）/ 下一个（N）］< 下一个 >：h✓　选择选项进行编辑，若选择高度选项，则提示：

指定新高度 <0>：　输入属性文字的高度

输入选项［值（V）/ 位置（P）/ 高度（H）/ 角度（A）/ 样式（S）/ 图层（L）/ 颜色（C）/ 下一个（N）］< 下一个 >：　继续选择选项进行编辑，或按回车键编辑下一个属性或按【Esc】键结束编辑。

3）通过"块属性管理器"对话框修改：键入 Battman 或选择菜单"修改→对象→属性→块属性管理器"后，弹出"块属性管理器"对话框（图 11-93）。"块属性管理器"使修改块定义中的属性并更新指定的块变得更容易。单击该管理器中"编辑"按钮，弹出"编辑属性"对话框（图 11-94），在该对话框中可修改块的属性、

文字选项和特性等。所作的修改将会使指定的同名块的属性立即得到更新。

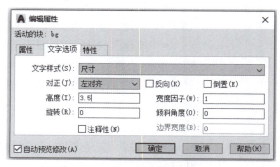

图 11-93 "块属性管理器"对话框      图 11-94 "编辑属性"对话框

### 11.8.5 图案填充

使用图案填充命令可在指定的封闭区域内填充指定的图案（如剖面线）。进行图案填充时，首先要确定填充的封闭边界，组成边界的对象可以是直线、圆弧、圆、椭圆、二维多义线、样条曲线、块等，并且组成边界的每个对象在当前屏幕上至少应部分可见。

**1. 图案填充的操作**

键入 Bhatch（bh）或单击▨或选择菜单"绘图→图案填充"后，在功能区显示"图案填充创建"选项卡（图 11-95），在该选项卡中设置比例、角度、颜色等相关选项，并选择要填充的图案，同时命令行提示及用户操作如下：

拾取内部点或 [选择对象（S）/放弃（U）/设置（T）]：依次单击要填充的部位，即可显示填充的图案，如果比例不合适，可返回"图案填充创建"选项卡中修改比例。按回车键结束命令。

命令行中的"选择对象"是用于通过选择边界对象的方式来确定填充边界。"设置"选项用于调出"图案填充和渐变色"对话框，其选项功能与功能区中显示的"图案填充创建"选项卡基本相同。下面主要介绍"图案填充创建"选项卡中的常用选项：

图 11-95 "图案填充创建"选项卡

- "拾取点"图标用于通过拾取边界内部一点的方式来确定填充边界。
- "选择"图标用于通过选择边界对象的方式来确定填充边界。
- "图案"面板用于选取图案，如画剖面线，就选取 ANSI31。也可单击右边的三角形按钮来预览全部图案，从中选取适当的图案。
- "图案"下拉列表用于选取图案类型。
- "图案填充颜色"下拉列表用于选取图案颜色，一般选随层 Bylayer。

- "背景色"下拉列表用于选取图案背景颜色,一般选无。
- "角度"框用于选取或输入适当的角度值,将填充图案旋转一定角度。例如 ANSI31 本身是 45° 斜线,再输入"90",就变成 135° 斜线,与原来的方向相反。
- "比例"下拉列表用于选取或输入适当的比例系数。数值越小,填充的点线符号就越密;数值越大,填充的点线符号就越稀。
- "设定原点"控制填充图案生成的起始位置。某些图案填充(例如砖块图案)需要与图案填充边界上的一点对齐。默认情况下,所有图案填充原点都对应于当前的 UCS 原点。
- 关联"填充图案与它们的边界相关联,如果修改边界则填充图案将自动更新并继续保持关联,如图 11-96a 所示。不关联则填充图案与它们的边界各自独立互不关联,修改边界时填充图案不发生变化,如图 11-96b 所示。

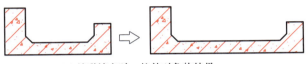

(a) 关联填充时,拉伸对象的结果

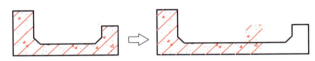

(b) 不关联填充时,拉伸对象的结果

图 11-96    关联与不关联的比较

- "特性匹配"图标可以在图中选择已填充的图案来填充指定的区域。方法是单击"特性匹配"图标,在图中选择一个已填充的图案,然后拖动光标到需要填充的区域内单击即可。

### 2. 图案填充的实例

**例 11.4**    绘制基础断面图中的材料图例,如图 11-97 所示。

**解**:断面图中的材料图例可用图案填充来绘制,操作步骤如下:

(1)键入 Bhatch(h)或单击▨或选择菜单"绘图→图案填充",在功能区弹出"图案填充创建"选项卡(图 11-95)。

(2)在"图案填充创建"选项卡的"特性"面板中的"图案填充类型"下拉列表中选取"图案",在"图案填充比例"框中输入比例值(本例为 30),在"图案"面板中选取 ANSI31 图案。在"边界"面板单击"拾取点"图标。

(3)用光标在图中需要填充的 *1*、*2* 区域(图 11-97a)内各点取一点,完成该处的填充,如果不合适,可修改填充比例值。

用同样的方法,完成其余各处的填充。无封闭填充边界的图案可先画出封闭边界,填充图案后再删除多余边界。钢筋混凝土图例可用"ANSI31"和"AR-CONC"两种图案填充而成。

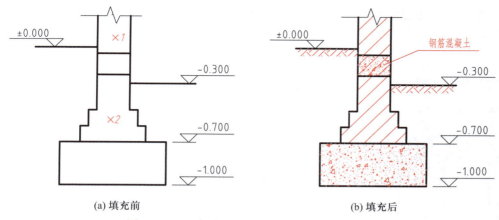

图 11-97　图案填充实例——画断面线材料图例

**说明：**

1）图案填充的比例值不当时会造成填充的点线符号太密或太稀，甚至会导致无填充结果，此时可调整比例值，直到合适为止。为避免填充过密而耽搁太多的时间（甚至造成死机），在无法确定填充比例时，建议先选择较大的比例，然后逐渐减小。

2）在选择填充边界时，如果选错了，可键入 U 取消。

**3. 图案填充编辑**

修改已经填充的图案或更换新图案。

键入 Hatchedit（he）或选择菜单"修改→对象→图案填充"后系统提示：

选择图案填充对象：

选择图中要修改的填充图案后弹出"图案填充编辑"对话框，该对话框与"图案填充和渐变色"对话框相同，只是有些选项不能用。在该对话框中，可对已填充的图案进行修改，如更换新图案，改变填充比例和旋转角度，删除关联性，继承其他已填充的图案的特性等。在修改过程中也可以进行预览，如果不满意，单击或按【Esc】键返回对话框修改；满意后单击右键接受图案填充。

也可以直接双击要修改的填充图案进行修改。

## 11.9　综合应用实例

前面介绍了许多 AutoCAD 绘图、标注和编辑命令，现在我们可以综合绘制一张建筑施工图。总的来说，绘制一幅新图的步骤为：

（1）启动 AutoCAD 进入绘图编辑状态。

（2）设置绘图环境。

（3）绘制图形。

（4）标注尺寸和文字。

（5）存盘退出和打印出图。

下面以某住宅的建筑平面图、立面图和剖面图（图 11-98）为例，介绍其绘制

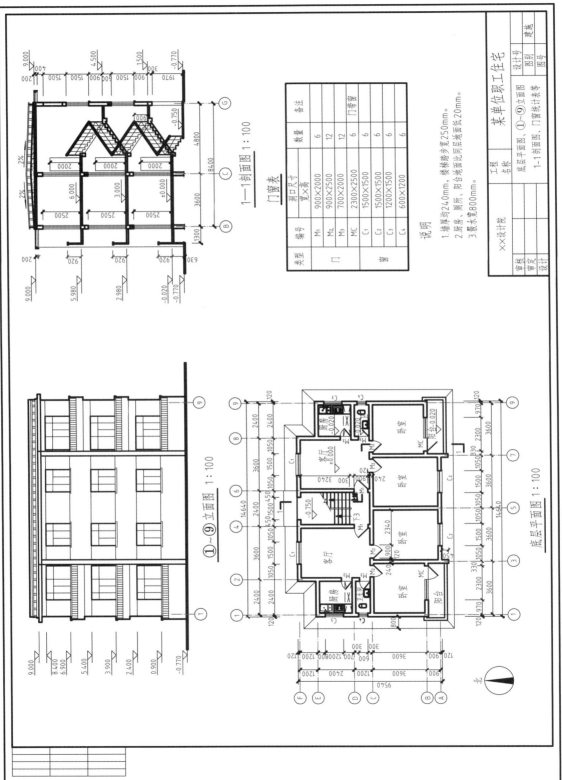

图 11-98 某住宅的建筑平面图、立面图和剖面图

方法步骤。

### 1. 启动 AutoCAD 进入绘图编辑状态

启动 AutoCAD，调出必要的工具栏，如目标捕捉工具栏、尺寸标注工具栏等，并调整好 AutoCAD 的工作界面，使绘图区足够宽敞，具体操作见 11.1 节。

### 2. 设置绘图环境

在绘制一幅新图之前，应考虑图形的比例，确定图纸的尺寸，设置绘图环境，具体设置如下：

（1）设置图形界限

本例图形的绘图比例为 1∶100，在屏幕上采用 1∶1 绘制，出图时，用 A2 图纸（420×594），设打印比例 1∶100。用 Limits 命令设置图形界限，可设置左下角为（0，0），右上角为（59 400×42 000）；用 Zoom 命令中的 All 选项将定义的界限全屏显示。

（2）设置长度单位和角度单位

用 Units(UN)命令，建议长度单位用"小数"，精度为 0；角度单位用"十进制度数"，精度为 0，即不带小数。

（3）建立图层，设置线型、颜色和线宽

为了使图形更加清晰醒目，便于修改。建议图层的设置安排如表 11-1 所示。

**表 11-1　图层设置安排**

| 层名 | 颜色 | 线型 | 线宽 | 功能 |
|------|------|------|------|------|
| 墙体 | 白／黑色（White） | 连续线（Continuous） | 0.7 | 画墙体，粗实线 |
| 门 | 蓝色（Blue） | 连续线（Continuous） | 0.35 | 画门，中粗线 |
| 窗 | 绿色（Green） | 连续线（Continuous） | 默认 | 画窗，细实线 |
| 设备 | 黄色（Yellow） | 连续线（Continuous） | 默认 | 画设备，细实线 |
| 其他粗线 | 白／黑色（White） | 连续线（Continuous） | 0 7 | 画其他粗实线 |
| 其他细线 | 绿色（Green） | 连续线（Continuous） | 默认 | 画其他细实线 |
| 轴线 | 红色（Red） | 中心线（Center） | 默认 | 画轴线，细点划线 |
| 虚线 | 黄色（Yellow） | 虚线（Hidden） | 默认 | 画吊柜 |
| 文字 | 紫色（Magenta） | 连续线（Continuous） | 默认 | 标注文字 |
| 尺寸 | 紫色（Magenta） | 连续线（Continuous） | 默认 | 标注尺寸 |

注：默认线宽设为 0.18 mm。

（4）设置线型比例

用 Ltscale 命令设置全局线型比例，可根据图幅的大小来调整线型比例因子，系统的默认值为 1，本例设置为 100。如果对个别图线感到不合适，可用 Properties 命令单个修改。

（5）设置文字样式

详见 11.6 节。

（6）设置尺寸标注样式

详见 11.7 节，全局比例为 100。

（7）绘制图框和标题栏（扩大 100 倍画出）

设"其他粗线"层为当前层，调用矩形命令 Rectang 或直线 Line 命令绘制图框线和标题栏框线；换"其他细线"层为当前层，用 Line 命令和偏移 Offset 等命令绘制标题栏分格线和图纸边界线。

用 Saveas 命令指定路径保存该图形文件，文件名为"某住宅建筑施工图"。

### 3. 绘制图形

在屏幕上绘图，一般按实际尺寸 1 ：1 绘制。绘图前应先分析图形，本例中的平面图和立面图左右对称，可只画出其中的一半，再用镜像命令复制出另一半。立面图和剖面图所表达的各楼层内容相同（一层的架空地面也与楼层相同），可画出一层后再复制出二、三楼层。

绘制建筑施工时，一般按平面图—立面图—剖面图—详图—门窗表的顺序分别画出各图，但应注意各图之间的对应关系，如尺寸关系、投影关系等，并充分利用这些关系作图。

本例各图形的绘制步骤和图层、命令的调用建议如下：

（1）设 0 层为当前层，用 Line 命令和偏移 Offset 命令画出轴线定位线和作图基准线（如室外地坪线及楼地面、屋面、窗洞等的位置线）。

（2）换"墙体"层为当前层，用多线 Mline 命令画出平面图、立面图、剖面图的墙体双线，多线的比例（间距）设置为 240（墙厚），用"Z"对正方式，并用 Mledit 命令修剪墙体轮廓。剖面图中的楼面板和屋面板（板厚 100）的平行线也可用多线命令画出。

（3）用 Line 命令画出墙体的其余轮廓线，再用多线编辑 Mledit 命令或修剪 Trim 命令修剪出门洞、窗洞。

（4）换"轴线"层为当前层，用 Line 命令画出定位轴线。

（5）在"门"层上用 Line 或矩形 Rectang 命令画出门。

（6）在"窗"层上用 Line 或矩形 Rectang 命令画出窗、窗台。

（7）在"设备"层上画出厨房卫生设备、阳台、屋面架空隔热板及其砖墩、雨篷、室外散水等。

（8）在"虚线"层上画出吊柜。

（9）在立面图和剖面图中，用复制 Copy 命令将一层的有关内容复制到二、三层。

（10）用镜像 Mirror 命令复制出平面图和立面图的另一半。

（11）在"设备"层上用 Line、Copy 命令和偏移 Offset 等命令画出楼梯、门窗格等。

（12）在"其他粗线"层上用 Pline 命令画出室外地坪线、图名下划线、剖切符号等。

（13）关闭 0 层或用删除 Erase 命令删除所有基准线和辅助线。

（14）在"其他细线"层上，用图案填充 Bhatch 命令（选择 SOLID 图案）填充楼板、屋面板、阳台、门窗洞上方过梁的断面及楼梯断面；用 Bhatch 命令（选择 AR–CONC 图案）填充屋面材料找坡断面。

（15）在"其他细线"层上用 Line 命令画出标高符号位置线、标高符号、用圆

Circle 命令画出定位轴线编号细实线圆（该圆在图纸上直径为 8 mm）和指北针符号（该圆在图纸上直径为 24 mm，箭头可用 Pline 命令画出）。

（16）在"其他细线"层上用偏移命令或表格命令 Table 画出门窗表并修剪。

在绘图过程中，应采用相应的精确绘图工具（如对象捕捉、追踪），准确定位，并采用相应的图形编辑命令，如修剪、复制、镜像、阵列、移动等，对图形对象进行修改和调整。如果用错了图层、线型、颜色等，可用特性匹配修正。对于出现较多的门窗、卫生设备、标高、定位轴线编号等可用图块的形式插入。

#### 4. 标注尺寸和文字

（1）设"尺寸"层为当前层，在该层上用所设置的标注样式和尺寸标注命令注出图中所有尺寸。

（2）在"尺寸"层上标注标高。标高可定义为带属性的"块"，插入块时应注意块的大小和方向以及相应的属性值（本例为标高值）。除了以属性的方式表示标高数值外，本例标高也可先绘制出两个符号，待复制到标注位置后，再用 Text 命令注写标高数值。

（3）换"文字"层为当前层，在该层上用所设置的文字样式和 Text 命令注出图中所有文字，填写门窗表和标题栏。输入文字时，应注意字高要求。如标题栏中的字高有 5 mm 和 7 mm 两种。由于本例出图打印比例为 1:100，所以字高也应相应地扩大 100 倍。

#### 5. 整理图形，存盘退出

图形绘制完毕（结果如图 11-98 所示），检查无误后，使用 Purge（pu）命令清理图形文件中的无用项目（如多余的样式、图层、图块等），并保存文件，退出 AutoCAD。为了防止意外，如停电、误操作及机器故障等遭受损失，在绘图过程中，也应经常保存图形。

# 第 12 章

## 天正建筑软件绘图

天正建筑软件是北京天正软件公司 1994 年开始在 AutoCAD 平台上开发的建筑 CAD 专业软件。多年来，该建筑 CAD 软件在全国范围内取得了极大的成功，可以说天正建筑软件已成为国内建筑 CAD 的行业规范。其中 T20 天正建筑 V7.0 版本支持 AutoCAD2000–2020 多个图形平台的安装和运行，具有使用方便、通用性强的特点。例如各种墙体构件具有完整的几何和材质特征，可以像 AutoCAD 的普通图形对象一样进行操作，用夹点随意拉伸改变几何形状，也可以双击对象进行墙体厚度、高度等参数的修改，并且与门窗按相互关系智能联动，显著提高编辑效率；同时上述修改在三维视图中也可以直观地体现出来，真正实现了二、三维一体化。

本章通过典型实例，介绍使用 T20 天正建筑 V7.0 来绘制建筑施工图的方法步骤。由于篇幅和学时的限制，本章不一一介绍 T20 天正建筑 V7.0 的每一个命令的响应方法以及每个对话框的内容，而是通过实例介绍怎样使用这些命令功能来完成给定的设计目标，从而帮助读者了解天正建筑软件的常用功能，并掌握其使用方法，绘制出符合国家制图标准的建筑工程图样。

## 12.1　T20 天正建筑 V7.0 基础

### 12.1.1　T20 天正建筑 V7.0 的安装和启动

T20 天正建筑 V7.0 软件完全兼容于 AutoCAD 2000–2020，在安装 T20 天正建筑 V7.0 之前，应首先确认计算机上已安装 AutoCAD 2000–2020 其中的一个版本，并能正常运行。安装 T20 天正建筑 V7.0 时，运行天正建筑软件的 Setup.exe 文件，即可按提示进行安装，"目标文件夹"是天正建筑软件的安装位置，用户可以选择任意位置安装，单击"下一个"开始拷贝安装文件，根据用户计算机的配置情况，需要 4~15 分钟可以安装完毕。

　　安装完毕后，在 Windows 桌面上出现 T20 天正建筑 V7.0 快捷图标，双击该图标，即可启动 T20 天正建筑 V7.0。

### 12.1.2　T20 天正建筑 V7.0 的用户界面

　　T20 天正建筑 V7.0 的界面如图 12-1 所示，它保留了 AutoCAD 的所有下拉菜单、功能区选项卡、图标工具栏和状态栏，从而保持 AutoCAD 的原有界面体系。在此基础上，天正软件建立自己的菜单系统（包括屏幕菜单和右键菜单）、工具栏和选项板。

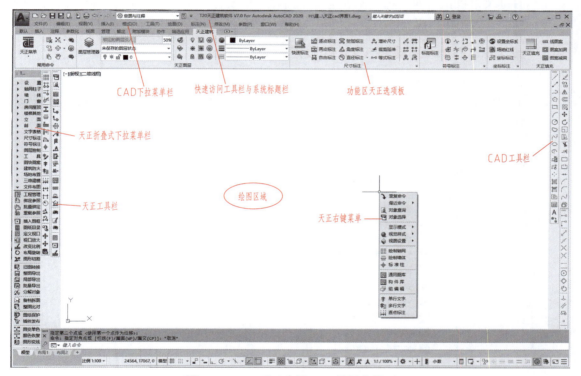

图 12-1　T20 天正建筑 V7.0 的用户界面

### 12.1.3　T20 天正建筑 V7.0 的选项板

　　T20 天正建筑 V7.0 的选项板（包括常用命令、天正图层、尺寸标注、符号标注等）呈现在绘图区的上方（即 CAD 功能区的位置），使功能和特性更容易被使用者发现和应用。用户可在选项板上直接点击按钮激活相关命令，无需反复点选多级菜单寻找命令，力争通过最少的点击，访问最常用的操作命令，更方便快捷地完成工程图纸的绘制工作。

### 12.1.4 T20 天正建筑 V7.0 的屏幕菜单

屏幕菜单位于绘图区左边，T20 天正建筑 V7.0 的主要功能都列在"折叠式"三级结构的屏幕菜单上，上一级菜单可以单击展开下一级菜单，同级菜单互相关联，展开另外一个同级菜单时，原来展开的菜单自动合拢。二到三级菜单项是天正建筑的可执行命令或者开关项，全部菜单项都提供 256 色图标，以方便用户增强记忆，更快地确定菜单项的位置。

如果屏幕菜单被关闭，可使用功能键"Ctrl 和 +"或命令 Tmnload 打开。

### 12.1.5 T20 天正建筑 V7.0 的右键菜单

右键菜单又称快捷菜单，在 AutoCAD 绘图区，单击鼠标右键（简称右击）弹出。右键菜单根据当前预选对象确定菜单内容，当没有任何预选对象时，弹出最常用的功能，否则根据所选的对象列出相关的命令。

### 12.1.6 T20 天正建筑 V7.0 的设定

点取屏幕菜单"设置→天正选项"，弹出"天正选项"对话框，如图 12-2 所示。分别单击"基本设定"和"加粗填充"选项卡，根据工程设计要求，进行参数设定，或采用默认值。

图 12-2 "天正选项"对话框

使用天正命令绘图，可自动建立图层和使用图层、颜色与线型；用 T20 天正建筑 V7.0 完成的平面图，包含有三维模型信息，随时可以显示三维图形；可由平面图生成立面图、剖面图和三维图形。

下面以某职工住宅施工图（图 12-3~ 图 12-6）为例，介绍使用 T20 天正建筑

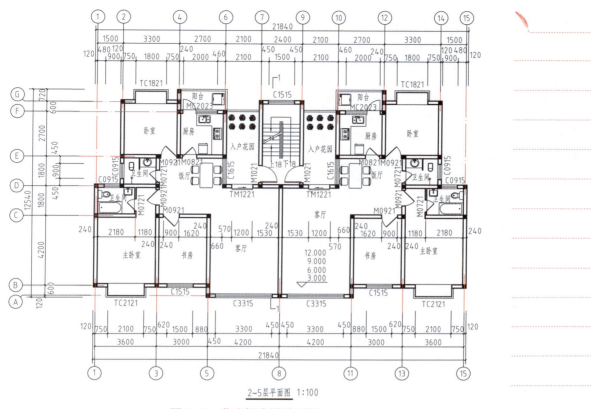

2~5层平面图 1:100

图 12-3　住宅标准层平面图

⑮~①立面图 1:100

图 12-4　住宅⑮-①立面图

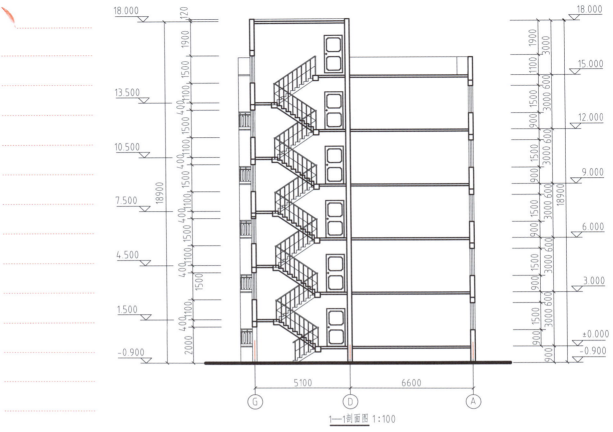

图 12-5 住宅 1-1 剖面图

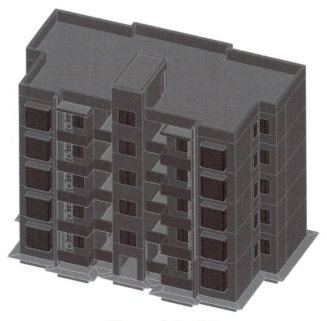

图 12-6 住宅三维图

V7.0 绘制建筑平面图、立面图、剖面图以及三维图的方法步骤。

## 12.2　绘制建筑平面图

用 T20 天正建筑 V7.0 绘制建筑平面图的步骤大致是：轴线网→墙体（柱）→门窗→室内外设施→文字、尺寸与符号标注→图案填充→插入图框及调整图面。

### 12.2.1　建立轴线网

轴线是指定位轴线，是设计中建筑物各组成部位的依据，绘制墙体、楼梯、门窗等均以定位轴线为基准，以确定其平面位置与尺寸。轴线网又称轴网，是由轴线组成的平面网格，有直线轴网、弧线轴网和圆形轴网。轴网将建筑平面划分为若干个开间和进深。

开间：一般指一间房间的宽度，即左右墙体的轴线间距。

进深：指院子或房间的深度，即前后墙体的轴线间距。

下开间：平面图下边的轴线间距。

上开间：平面图上边的轴线间距。

左进深：平面图左边的轴线间距。

右进深：平面图右边的轴线间距。

#### 1. 建立直线轴网

点取屏幕菜单"轴网柱子→绘制轴网"，在弹出的"绘制轴网"对话框（图 12-7）中依次输入本例图 12-3 的轴线尺寸数值：

下开间：（从左到右）3 600、3 000、4 200、4 200、3 000、3 600

上开间：（从左到右）1 500、3 300、2 700、2 100、2 400、2 100、2 700、3 300、1 500

左进深：（从下到上）600、4 200、1 800、1 800、2 700、600

首先，从左至右依次输入下开间尺寸，其方法是：在右边的尺寸列表框中单击某尺寸值即可输入该尺寸，例如要输入 3 600，单击"3 600"即可。如果不是常用的尺寸值，就用键盘在"间距"框中输入即可。如果要同时输入几个相同的尺寸，可在"个数"框中输入个数。还可在下方的键入框中键入所需尺寸数值并按回车键，此数值立即加入"间距"框中。在"间距"或键入框中可删除或替换尺寸数值。

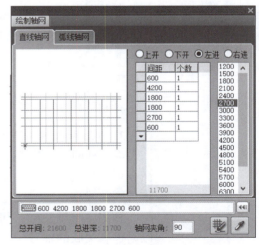

图 12-7　"绘制直线轴网"对话框

然后，点取"上开"按钮，输入上开间尺寸，方法与下开间相同。如果上下开间尺寸相同，则只需输入下开间尺寸。

开间尺寸输入完成后，接着输入进深尺寸。点取"左进"按钮，从下到上输入左进深尺寸。由于该建筑左、右进深是一样的，所以只需输入左进深尺寸即可。

在输入尺寸的过程中，对话框的预览区和屏幕上显示轴网（图 12-7），并随输入数据的改变而改变。所有尺寸输完并核对无误后，在屏幕左下角点取轴网的插入位置，按回车键结束。并用 Zoom 命令全屏显示，则轴网全部显示在屏幕上（图12-8 ）。

**2. 对轴网进行轴号与尺寸标注**

先标注开间尺寸和轴号。

点取屏幕菜单"轴网柱子→轴网标注"，进入"轴网标注"对话框（图 12-9）。选择标注选项，如果上下开间尺寸和轴号都需标注，就选择"双侧标注"，如果第一根轴线编号不为"1"，则可在"起始轴号"处键入所需的新轴号。同时命令要求选择轴网需标注的起始轴线，再点取终止轴线和不需要标注的轴线，确认后按回车键，程序即按要求标注出所选轴线的轴号及尺寸。用同样的方法标注进深尺寸和轴号。注意起始轴线在最下边，终止轴线在最上边。结果如图 12-10 所示。

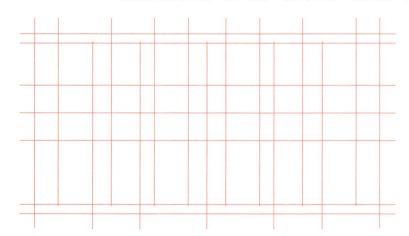

图 12-8　直线轴网

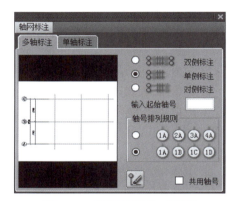

图 12-9　"轴网标注"对话框

**3. 对轴网及轴号进行编辑和修改**

在"轴网"菜单或选择轴网对象后单击右键弹出的右键菜单中，点取"添加轴线"命令可以在指定位置增加新轴线和轴号；点取"轴改线型"命令可以改变轴线的线型，将轴网的线型在连续线与点画线之间切换。

利用"单轴变号"和"重排轴号"命令可以改变轴线编号；"添补轴号"命令可以增加有关联的轴号；"删除轴号"命令可以删除多余轴号，其余轴号自动排序。

### 12.2.2　绘制墙体

**1. 墙体绘制**

墙体可直接绘制，或由单线转换。不论使用哪一种，墙体的底标高为当前标高（Elevation），墙高为楼层层高。

点取屏幕菜单"墙体→绘制墙体"，显示"墙体"对话框（图 12-11），可在其中设定墙体参数，墙体"左宽"与"右宽"是相对于墙体基线画线方向而言，墙体

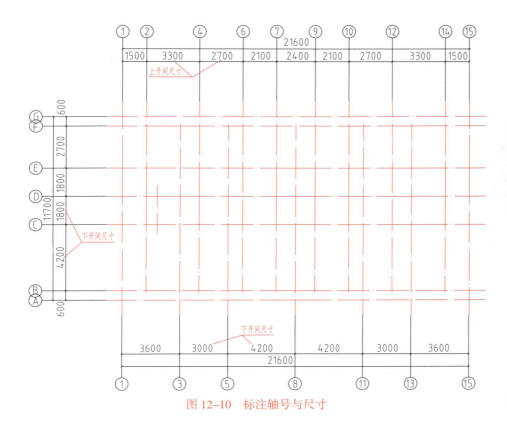

图 12-10 标注轴号与尺寸

图 12-11 "墙体"对话框

基线通常与定位轴线重合，墙体"总宽"="左宽"+"右宽"，墙体"高度"为楼层层高。设定墙体参数后可不必关闭对话框，即可点取其下方工具栏上的图标，直接绘制直墙、弧墙和用矩形方法绘制墙体，墙线相交处自动处理，墙宽、墙高可随时改变，墙线端点有误可以回退。

绘制直墙时命令行提示：

起点或 { 参考点 [R]}< 退出 >：　点击墙线起点

直墙下一点或 { 弧墙 [A]/ 矩形画墙 [R]/ 闭合 [C]/ 回退 [U]}< 另一段 >：

画直墙的操作类似于多线命令，可连续点击直墙下一点，或以空按回车键结束绘制。拖动橡皮筋时，屏幕会出现距离方向提示，墙体相交处会自动修剪。

键入"A"或"R"切换到画弧墙或矩形画墙方式。

键入"U"回退到上一段墙体。

键入"C"闭合，指当前点与起点闭合形成封闭墙体,同时连续墙体绘制过程结束。

本例住宅标准层平面图是左右对称的一梯两户的户型，所以可只画一户的墙体，如图 12-12 所示。待把这户的门窗、阳台画好以及把室内家具和洁具布置好后，再用 AutoCAD 的镜像命令完成对称另一户的建筑平面图。

### 2. 墙体编辑

在天正系统中可以使用 AutoCAD 的夹点、通用编辑命令、系统提供的专用编辑命令对墙体进行编辑。

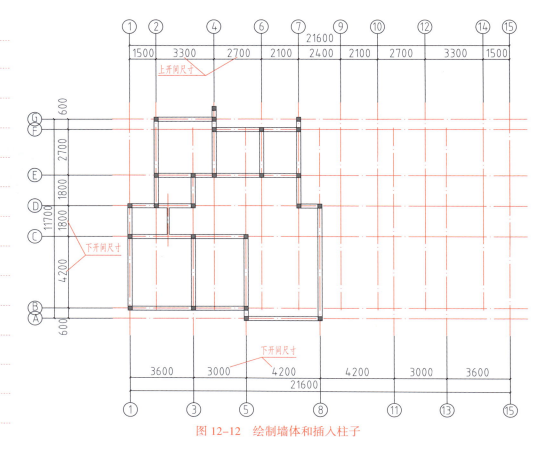

图 12-12　绘制墙体和插入柱子

（1）使用 AutoCAD 命令编辑墙体

Erase 命令：可删除单段或多段墙体。墙体删除后，与该墙体相连的其他墙体会自动更新。墙体上的门窗自动删除。

Copy、Move、Mirror 命令：可复制、移动、镜像单段或多段墙体，被操作墙体上的门窗自动参与操作，不管用户是否选中。

Break、Extend 命令：可裁剪、打断墙体和延伸墙体到指定边界。

Offset 命令：可按偏移距离和方向生成新的墙体。

（2）墙体对象编辑

选择要编辑的墙体，按鼠标右键，点取右键菜单中"对象编辑"命令，弹出"墙体"对话框（图 12-11），修改相应参数可改变墙体两侧宽度（在平面图中选中的墙体左侧边线用绿色显示，右侧边线用粉红色显示）、墙高、墙底标高；点取"材料"可修改墙体材料。修改完毕点取"关闭"结束编辑，墙体根据修改后的参数更新。

### 12.2.3　插入柱子

可在轴线的交点或任何位置插入矩形柱、圆柱或正多边形柱。

点取屏幕菜单"轴网柱子→标准柱"后，打开"标准柱"对话框，如图 12-13 所示。在对话框中设置参数，选择"点选插入"按钮，命令行提示：

点取位置或 [ 转 90 度（A）/ 左右翻（S）/ 上下翻（D）/ 对齐（F）/ 改转角（R）/ 改基点（T）/ 参考点（G）]< 退出 >：　点取轴线交点，即可放置柱子

如果选择括号中的选项，则可改变柱子的方向、角度和插入基点。

如果想看到柱子填充效果，可点击屏幕菜单"设置"打开"天正选项"对话框的"加粗填充"选项卡，勾选"对墙柱进行图案填充"。布置柱子并填充后的效果如图 12-12 所示。

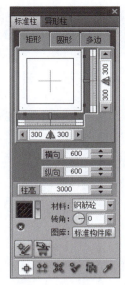

图 12-13　"标准柱"对话框

### 12.2.4　插入门窗

门窗在平面图中按规定的图例符号表示。

#### 1. 插入普通门

在墙上插入普通门，包括平开门、推拉门等类型。

点取屏幕菜单"门窗→门窗"，弹出"门"对话框（图 12-14），对话框中部为参数输入区，其左侧为平面样式设定框，右侧为三维样式设定框，对话框下部为插入方式图标和转换功能图标。参数输入区中的参数在调用本命令过程中可随时改变。

单击左侧的平面样式设定框，弹出"天正图库管理系统"平面样式对话框（图 12-15）。选取任一门样式，并单击"OK"，该样式成为当前门样式，如不修改，插入门时，在平面图中均采用该样式。

图 12-14　用"门"对话框插入门（M1021）

门窗参数对话框左下方提供了 11 种插入门窗方式的图标，各图标功能从左到右依次说明如下：

（1）自由插入：在墙段的任意位置插入，速度快但不易准确定位，命令行提示：

点取门窗插入位置（Shift- 左右开）< 退出 >：　点取要插入门窗的墙线，按【Shift】键可控制门窗左右开启方向

（2）沿墙顺序插入：以墙段的起点为基点，按给定距离插入选定门窗，命令行提示：

点取墙体 < 退出 >：　点取要插入门窗的墙线

输入从基点到门窗侧边的距离 < 退出 >0：　键入该距离，即插入门或窗

输入从基点到门窗侧边的距离或 { 左右翻转 [S]/ 内外翻转 [D]}< 退出 >：　继续键入距离插入门窗或键入 S 或 D 翻转门窗

（3）轴线等分插入：将一个或多个门窗等分插入两根轴线间的墙段等分线中间，如果墙段内没有轴线，则该侧按墙段基线等分插入。支持批量在多个墙体插入门窗的功能。命令行提示：

点取门窗大致的位置和开向（Shift－左右开）或 [ 多墙插入（Q）]＜退出＞：　在插入门窗的墙段上任取一点，该点相邻的轴线亮显，可输入 Q 则切换为多墙插入

指定参考轴线 [S]/ 门窗个数（1–3）＜1＞：　输入插入门窗的个数，括号中给出输入个数的范围

如果亮显的轴线不是用户期望的，用户可以键入 S，然后系统提示用户指定等分所需要的两根轴线，再提示输入门窗个数。

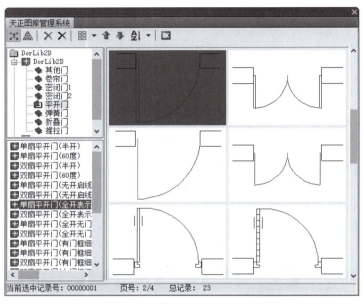

图 12–15　"天正图库管理系统"门平面样式对话框

（4）墙段等分插入：在插入点处按墙段长度等分插入，使用规则同自由插入。单击本方式图标后，命令行提示：

点取门窗大致的位置和开向（Shift－左右开）或 [ 多墙插入（Q）]＜退出＞：　在插入门窗的墙段上点取一点，可按 Shiftl 键改变开向，可输入 Q 切换为多墙插入

门窗 \ 门窗组个数（1~3）＜1＞：　键入插入门窗的个数，括号中为按当前墙段与门窗宽度计算可用个数的范围

（5）垛宽定距插入：系统选取距点取位置最近的墙边线顶点作为参考点，按指定垛宽距离插入门窗。本命令特别适合插室内门，以下实例设置垛宽 120，在靠近墙角左侧插入门，命令行提示：

点取门窗大致的位置和开向（Shift－ 左右开）＜退出＞：　点取参考垛宽一侧的墙段插入门窗

（6）轴线定距插入：与垛宽定距插入相似，系统自动搜索距离点取位置最近的轴线与墙体的交点，将该点作为参考位置按预定距离插入门窗。

（7）按角度插入弧墙上的门窗：本命令专用于弧墙插入门窗，按给定角度在弧墙上插入直线型门窗。命令行提示：

点取弧墙＜退出＞：　点取弧线墙

门窗中心的角度＜退出＞：　键入需插入门窗的角度值

（8）智能插入：根据鼠标位置居中或定距插入门窗，可适用于直墙与弧墙。

（9）充满墙段插入门窗：在门窗宽度方向上完全充满一段墙，使用这种方式时，门、窗宽度参数由系统自动确定，使用本方式时命令行提示：

点取门窗大致的位置和开向（Shift- 左右开）＜退出＞：　在插入门、窗的墙段上单击一点

（10）插入上层门窗：在同一个墙体已有的门窗上方再加一个宽度相同、高度不同的窗，这种情况常常出现在高大的厂房或大礼堂外墙中。先单击"插入上层门窗"图标，然后输入上层窗的编号、窗高和上下层窗间距离。使用本方式时，注意尺寸参数中上层窗的顶标高不能超过墙顶高。

（11）在已有洞口插入多个门窗：在同一个墙体已有的门窗洞口内再插入其他样式的门窗，常用于防火门、密闭门和户门、车库门中。先单击"在已有洞口内插入多个门窗"图标，选择插入的门窗样式和参数，在命令行提示下选取已有洞口中的门窗，命令即可在该门窗洞口处增加新门窗。

用以上方式可插入各种位置的门窗。本例的门用垛宽定距插入。

在门或窗的对话框下边左段还排列了 7 个插入门窗类型的图标，分别是：门、窗、门连窗、子母门、弧窗、凸窗和洞，便于用户切换门窗类型。

### 2. 插入普通窗

在墙上插入普通窗，包括平开窗、推拉窗等类型。

点取屏幕菜单"门窗→门窗"，弹出门窗参数对话框，点取该对话框下边的插窗图标 ，切换为窗样式和参数设定对话框（图 12-16），插入普通窗的参数输入与操作方法及命令行提示与普通门相同。

图 12-16　用窗样式和参数设定对话框插入窗（C1515）

因为大多数窗是居中布置的，所以插窗通常采用在两轴线间等分插入和在点取的墙段间等分插入，如图 12-17 所示。对于不居中的窗，可用轴线定距插入方式插入。

### 3. 插入特殊门窗

用门窗参数对话框右下部的转换功能图标，除了插入普通门窗外，还可插入门联窗、子母门、弧窗、凸窗、矩形洞等，根据对话框和命令行提示操作，方法与普通门窗大同小异。

T20 天正建筑 V7.0 还可插入带型窗、转角窗和异形洞，点取菜单命令后，直接根据命令行提示操作。

### 4. 门窗的编辑

插入的门窗方向可以调整，点取"门窗→左右翻转"可调整门窗左右开启方向，

"门窗→内外翻转"可调整门窗内外开启方向。用 Move 命令可移动门窗。移动时墙洞随门窗一起移动。用 Erase 命令可删除门窗，门窗删除时墙线自动把门窗洞修补好。

在选中门窗时右击鼠标，即可弹出与门窗操作相关的右键菜单（图 12-18），可对门窗进行更多的操作，单击其中的"对象编辑"项，弹出相应的门窗编辑对话框，图 12-19 为凸窗编辑对话框。门窗编辑对话框与门窗参数对话框类似，只是没有插入方式和功能切换的一排图标，并增加了"单侧改宽"的选项。

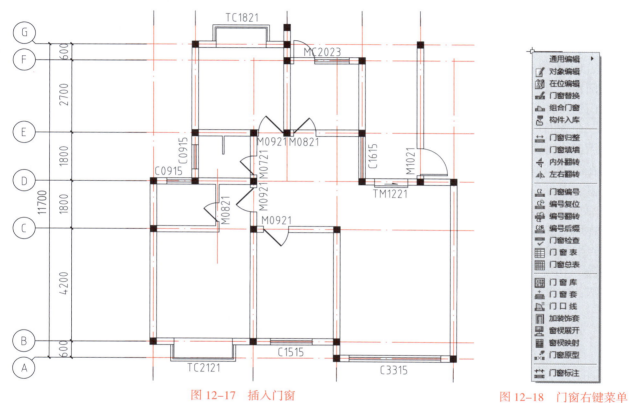

图 12-17　插入门窗

图 12-18　门窗右键菜单

在门窗编辑对话框中可修改门窗参数、编号和样式等，单击"确定"后，命令行提示用户：

还有其他 X 个相同编号的门窗也同时参与修改？（Y/N）[Y]：

如果要所有相同门窗都一起修改，则键入 Y，否则键入 N。

### 5. 门窗替换

单击门窗参数对话框下方的替换图标，可批量修改门窗参数及在门、窗之间转换，用对话框内的参数作为目标参数，替换图中已经插入的门窗。使用本方式前应先将"替换"按钮按下，参数对话框右侧出现参数过滤开关，如图 12-20 所示，在替换中如不改变某一参数，可点取清除该参数开关，对话框中该参数按原图保持不变。例如，将门改为窗，宽度不变，应将宽度开关置空。使用本方式时命令行提示：

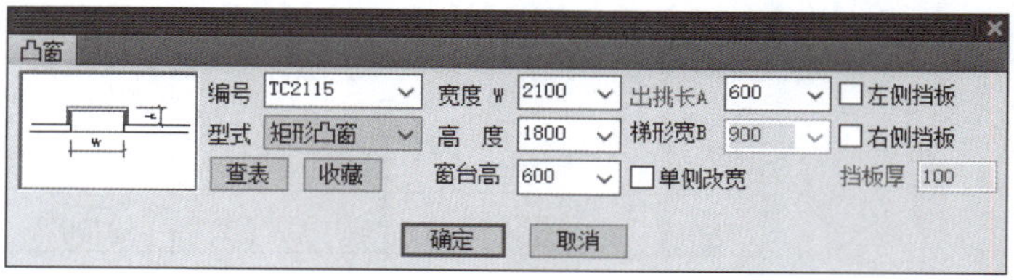

图 12-19　凸窗编辑对话框

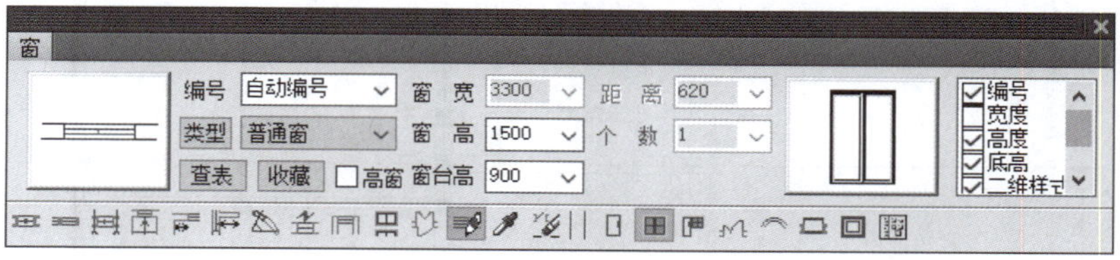

图 12-20　替换门窗参数

**选择被替换的门窗：** 点取或窗选要替换的门、窗，按回车键结束，所选门、窗被替换

### 12.2.5　室内外设施

#### 1. 绘制阳台

以任意方式绘制阳台或把预先绘制好的 Pline 线（阳台外边线）转成阳台。

（1）任意绘制

点取屏幕菜单"楼梯其它→阳台"，屏幕弹出"绘制阳台"对话框，如图 12-21 所示，在该对话框中输入或修改阳台有关数据，并单击"任意绘制"按钮，然后根据命令行提示操作：

**起点＜退出＞：** 点取阳台起点

**直段下一点或 [ 弧段（A）/ 回退（U）]＜结束＞：** 点取下一点

命令行连续提示点取直段下一点，直至按回车键结束点取，命令行继续提示：

**请选择邻接的墙（或门窗）和柱：** 选取与阳台连接的墙、柱、门窗

**请点取接墙的边：** 点取接墙的边或默认，即生成阳台（图 12-22）

（2）利用 Pline 线

首先绘制要生成阳台的 Pline 线，Pline 线可以是任意曲线，包括直线段、弧线段。

点取屏幕菜单"楼梯其它→阳台"，屏幕弹出"绘制阳台"对话框（图 12-21），在该对话框中输入修改阳台有关数据，并点击"选取已有路径生成"按钮，然后根据命令行提示操作：

**选择一曲线（LINE/ARC/PLINE）：** 选取已有的要生成阳台的线段

**请选择邻接的墙（或门窗）和柱：** 选取与阳台连接的墙、柱、门窗

**请点取连接墙的边：** 点取接墙的边默认，即生成阳台

#### 2. 绘制雨篷

如果阳台的挡板高度足够小或为 0，则阳台就变成了雨

图 12-21　"绘制阳台"对话框

篷，因此可用绘制阳台的命令和方法来绘制雨篷，只是要注意挡板高度的设置。

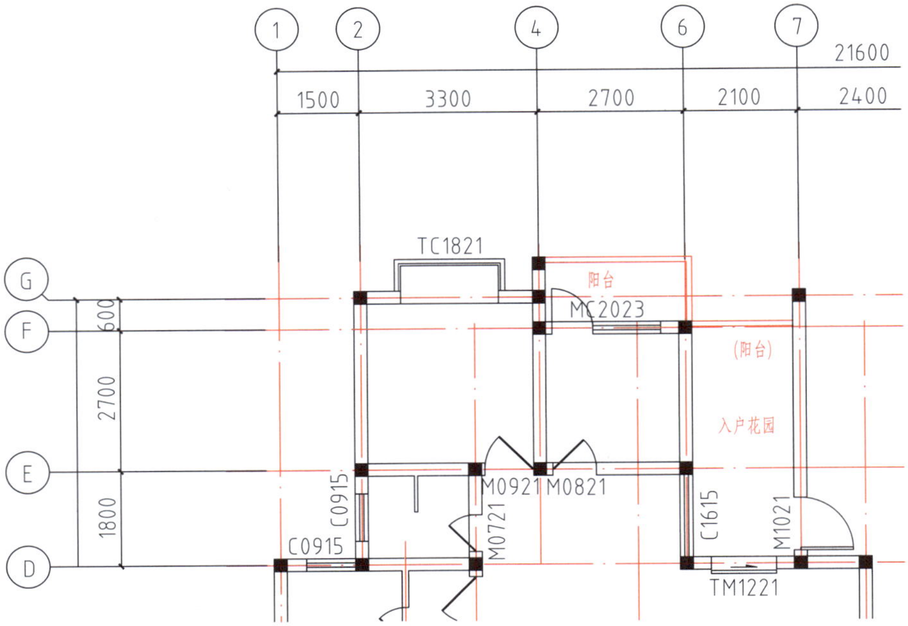

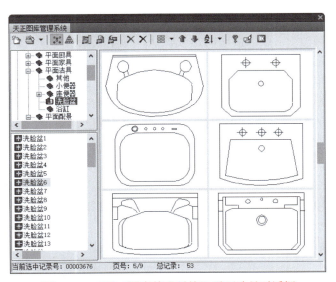

图 12-22  绘制阳台

### 3. 布置卫生洁具和家具

在天正建筑中，可将卫生洁具和家具以图块的形式插入平面图中。点取屏幕菜单"图块图案→通用图库"，弹出"天正图库管理系统"对话框（图 12-23）。用户可在对话框左上角窗口的树形目录中选择图块类别，如"平面洁具 – 洗脸盆"，在左下方显示当前类别下的图块名及编号，在右边预览区显示当前类别下的图块图形样式，双击所需要的图块，然后命令行提示：

图 12-23  "天正图库管理系统"平面洁具对话框

**点取插入点 { 转 90[A]/ 左右 [S]/ 上下 [D]/ 对齐 [F]/ 外框 [E]/ 转角 [R]/ 基点 [T]/ 更换 [C]}＜退出＞**：用鼠标确定图块的插入位置，或选择其中的选项改变图块方向、位置、大小、转角、插入基点等

卫生洁具和家具插入完毕后如图 12-24 所示。

洁具也可点取屏幕菜单"房间屋顶→房间布置→布置洁具"来完成布置。可一次连续插入多个相同的洁具，还可布置隔断和隔板，适用于公共卫生间的布置。

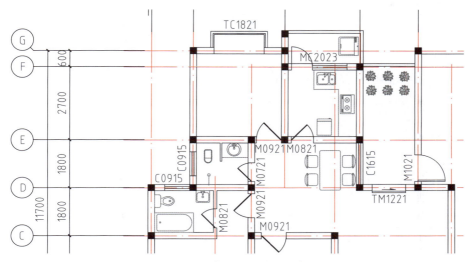

图 12-24　布置卫生洁具和家具

### 4. 镜像复制

完成一户的平面布置后，用 Mirror 命令镜像复制出对称的另一户，并补画出楼梯间的一段外墙和窗，注意楼梯间窗台高的设置。结果如图 12-25 所示。

### 5. 绘制楼梯

楼梯是楼层间的交通通道，由楼梯段、休息平台、栏杆扶手等构件组合而成。楼梯的型式很多，天正建筑提供了由自定义对象建立的基本梯段对象，包括直线、圆弧与任意梯段，由梯段组成了常用的双跑楼梯、多跑楼梯。天正楼梯的组成构件，都是天正自定义的构件对象，分别具备二维视图和三维视图。

（1）设置楼梯的参数：本例为双跑楼梯。点取屏幕菜单"楼梯及其他→双跑楼梯"后，屏幕弹出如图 12-26 所示的"双跑楼梯"对话框，在对话框中输入楼梯的参数，可根据右侧的动态显示窗口，确定楼梯参数是否符合要求。现就对话框中的部分选项说明如下：

楼梯高度：双跑楼梯的总高（＝楼层高）。

一跑步数：上行第一个梯段的步数。以高度值和一跑步数最终决定总步数及二跑步数。

踏步高度：即踢面高度（＝楼梯高度÷踏步总数）。

踏步宽度：即踏面宽度。

梯间宽：楼梯间的净宽度。该项为按钮选项，点取该按钮后在图中点取两点确

定该值。

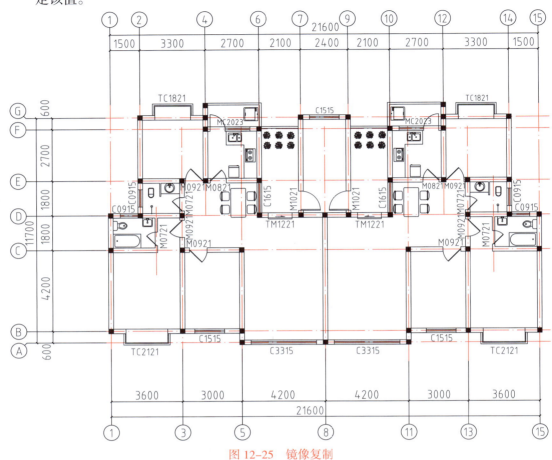

图 12-25　镜像复制

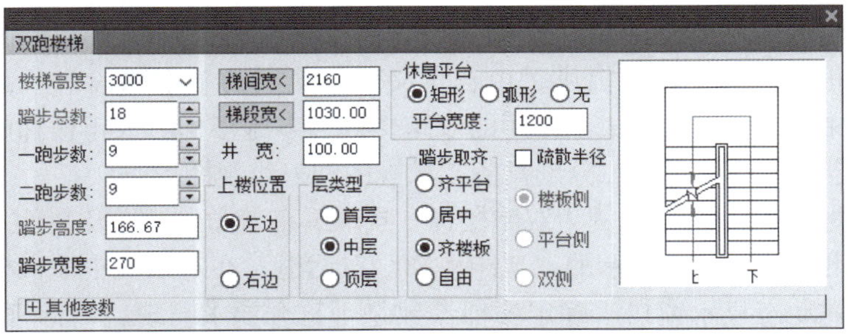

图 12-26　"双跑楼梯"对话框

梯段宽：梯段宽度，应小于 1/2 梯间宽。

井宽：楼梯段水平投影的间距。

平台宽度：休息平台的宽度，一般应大于梯段宽度，在非矩形和弧形休息平台时，可选择"无"平台选项，以便自己用平板功能设计休息平台。

踏步取齐：当一跑与二跑步数不等时，两梯段的长度不一样，因此有两梯段的对齐问题。

扶手边距：扶手水平投影到梯段边的距离，在 1 ： 100 平面图上一般取 0，在 1 ： 50 详图上应取实际值。如要设置扶手参数和上下箭头，可单击"其他参数"展开对话框。

（2）插入楼梯：在"双跑楼梯"对话框中，各参数和选项设置好后，根据命令行提示：

**点取位置或 { 转 90 度 [A]/ 左右翻 [S]/ 上下翻 [D]/ 对齐 [F]/ 改转角 [R]/ 改基点 [T]}< 退出 >：** 点取楼梯插入位置点或键入相应字母进行操作，其中键入 A，将楼梯旋转 90° 插入，连续键入 A，可旋转 180° 、270° 、360° 等。

操作完毕即在平面图中指定位置插入双跑楼梯，并自带上下箭头，如图 12-27 所示。

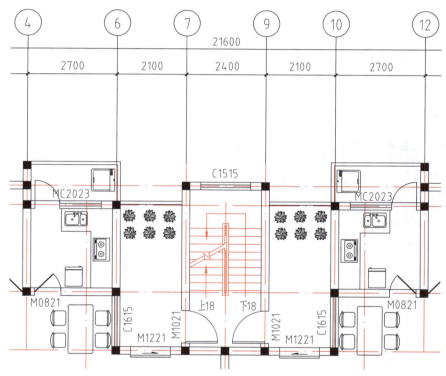

图 12-27　在平面图中指定位置插入双跑楼梯

（3）楼梯编辑：双跑楼梯作为天正定义的构件对象，与其他天正对象一样，支持对象编辑和夹点编辑。对象编辑的对话框与创建双跑楼梯的对话框一样，不再重述。使用双跑楼梯的夹点功能，可以改梯段宽度、改楼梯间宽度、改休息平台尺寸和移动楼梯。还可用特性栏修改楼梯更多的内容。

（4）绘制楼梯上下箭头：如果插入的楼梯没有自带上下箭头，可点取屏幕菜单"符号标注→箭头引注"，显示如图 12-28 所示的"箭头引注"对话框，键入"上××"或"下××"文字，并在图中单击箭头的起点、下一点，按回车键即可完成箭头和上下步数的标注，如图 12-27 所示。

图 12-28　"箭头引注"对话框

### 12.2.6　标注文字

#### 1. 设置文字样式

点取屏幕菜单"文字表格→文字样式",弹出"文字样式"对话框(图 12-29),在其中新建或选择一个样式名;如果标注汉字,选择"Windows 字体";宽高比设为 0.7;"中文字体"选用"仿宋"。单击"确定"完成文字样式设置。

#### 2. 注写单行文字

点取屏幕菜单"文字表格→单行文字",弹出"单行文字"对话框(图 12-30),在其中选择文字样式、对齐方式、输入字高,在文字输入框中输入文字,在图中用鼠标点取文字的插入位置。结果如图 12-31 所示,如"客厅"等。

图 12-29　"文字样式"对话框

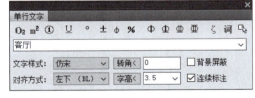

图 12-30　"单行文字"对话框

#### 3. 标注图名

点取屏幕菜单"符号标注→图名标注",弹出"图名标注"对话框,在对话框中输入"图名、比例",选择"文字样式"和"国标",在图中指定标注位置,即标出带比例数值和下划线的图名,如图 12-31 中的"2-5 层平面图"。

### 12.2.7　标注尺寸与标高

前面,在建立轴线网时,已经标注了两道尺寸,即:轴线尺寸和轴线间总尺寸。现在用天正命令标注门窗尺寸和其他一些必要的尺寸。

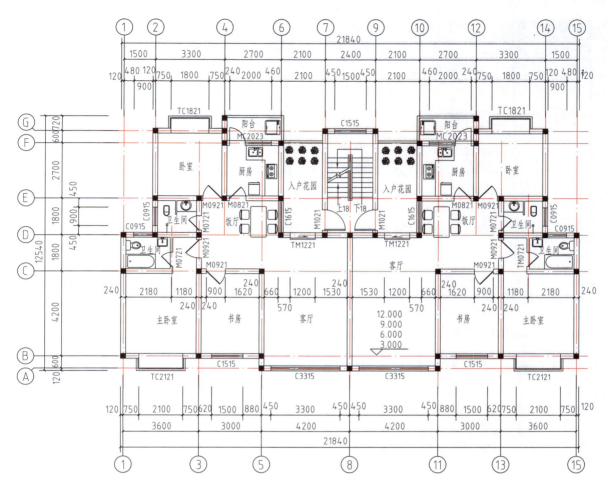

2~5层平面图 1:100

图 12-31 标注文字、尺寸和标高

**1. 标注外墙门窗尺寸**

自动标注平面图中外墙的门窗尺寸，生成第三道尺寸线，考虑了通过该段墙的正交轴线。

点取屏幕菜单"尺寸标注→门窗标注"后，命令行提示：

请用线（点取两点）选一二道尺寸线及墙体！

起点＜退出＞：在第一道尺寸线的外边点取一点

终点＜退出＞：在门窗所在的墙线里面点取第二点，即可注出第三道尺寸

请选择其它墙体：这时还可以选取与所选取的墙体平行的其他相邻墙体，即可沿同一条尺寸线继续对所选择的墙体及门窗进行标注，如图 12-31 所示。

**2. 标注其他尺寸**

除了轴网标注和门窗标注外，天正软件还提供了墙厚标注、墙中标注、两点标注、逐点标注、半径标注、角度标注等标注功能。其中：

点取屏幕菜单"尺寸标注→墙厚标注"后，在需要标注墙厚的一道或多道墙的

图 12-32　逐点标注对话框

两侧点取两点后，就在这两点连线所经过的全部墙上标出墙厚尺寸。

"逐点标注"功能可为所点取的若干个点沿指定方向标注尺寸。该命令最常用。

在天正建筑选项板中尺寸标注点取"逐点标注"后，弹出"逐点标注"对话框（图 12-32），选择标注样式和标注方向，同时命令行提示：

起点或 { 参考点 [R]} ＜退出＞：　点取第一个标注点作为起始点

第二点＜退出＞：　点取第二个标注点

请点取尺寸线位置或 [ 更正尺寸线方向（D）]＜退出＞：　拖动尺寸线定点，使尺寸线就位

请输入其他标注点或 [ 撤消上一标注点（U）]＜退出＞：　逐点给出标注点

请输入其他标注点或 [ 撤消上一标注点（U）]＜退出＞：　重复提示，按回车键结束

本例内部尺寸 2180、1180 等可用"逐点标注"注出，如图 12-31 所示。

### 3. 尺寸编辑

由于天正标注采用了专用标注对象，可使用尺寸标注编辑命令或者直接对其夹点进行拖动修改。

（1）尺寸标注编辑命令包括：剪裁延伸、尺寸转化、取消尺寸、连接尺寸、增补尺寸、文字复位、文字复值、更改文字。其中：

"剪裁延伸"是在尺寸线的某一端，按指定点剪裁或延伸该尺寸线。在天正建筑选项板尺寸标注中点取"剪裁延伸"后命令行提示：

要剪裁或延伸的尺寸线＜退出＞：　点取要作剪裁或延伸的尺寸线

请给出裁剪延伸的基准点　点取尺寸线要延伸到的位置基准点

点取尺寸线要延伸到的位置基准点后，所点取的尺寸线的点取一端即作相应的剪裁或延伸，同时尺寸数字也随之改变。

例如用此命令，将本例中的总尺寸线从轴线位置两端分别延伸到与墙边平齐，尺寸数字也由 21 600 变为 21 840，如图 12-31 所示。

（2）直接对尺寸夹点进行拖动可以很方便地移动尺寸文字、移动尺寸线、更改标注点和尺寸开间。

### 4. 标注标高

在天正建筑选项板符号标注中点取"标高标注"后，显示如图 12-33 所示的"标高标注"对话框，在对话框中选择选项并输入标高数字后，根据命令行提示在图中点取标注点和标高方向即可。

标注并编辑后的尺寸和标高如图 12-31 所示。

图 12-33　"标高标注"对话框

### 12.2.8　装入图框及调整图面

点取屏幕菜单"文件布图→插入图框"，可以插入图框、标题栏，或者直接绘制。

利用计算机绘图，在出图之前，都要对图面进行调整、布置，以使图面清晰、美观、协调。例如轴线多余的部分可用"轴线裁剪"命令进行裁剪。需要显示墙（柱）粗线和柱子断面填充时，在状态栏中点取"加粗"和"填充"按钮即可。

标准层平面图绘制完毕后（本例为 2–5 层，见图 12–3），保存为标准层平面图"zzp2~5"。

### 12.2.9　其他平面图的绘制

其他平面图的绘制方法与标准层平面图相同，如果其他层平面图的内容与标准层平面图差别不大，可在标准层平面图的基础上进行修改，并另存为其他层平面图。

#### 1. 底层平面图的绘制

打开标准层平面图，将其另存为底层平面图"zzp1"。

（1）改图名：单击图名"2–5 层平面图"，用右键菜单中的"对象编辑"，在弹出的"单行文字"对话框中将图名修改为"底层平面图"。

（2）改楼梯：单击楼梯，用右键菜单中的"对象编辑"，在弹出的"双跑楼梯"对话框（见图 12–26）中将"中间"楼梯修改为"首层"楼梯，其他参数不变。注意：在底层平面图中，首层楼梯只给出上行第一跑的下剖断。底层 ±0.000 以下的一段梯段，可用"楼梯其他→直线楼梯"命令插入，其参数设定（图 12–34）与操作方法与双跑楼梯相似。

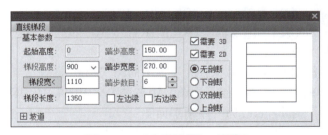

图 12–34　"直线楼梯"对话框

（3）替换门窗：点取屏幕菜单"门窗→门窗"，弹出门窗参数对话框，点取该对话框下边的插矩形洞图标▣，切换为"洞口"对话框（图 12–35），在"洞口"对话框中输入空门洞参数，单击"替换"按钮，将楼梯间的 C1515 窗替换为空门洞。

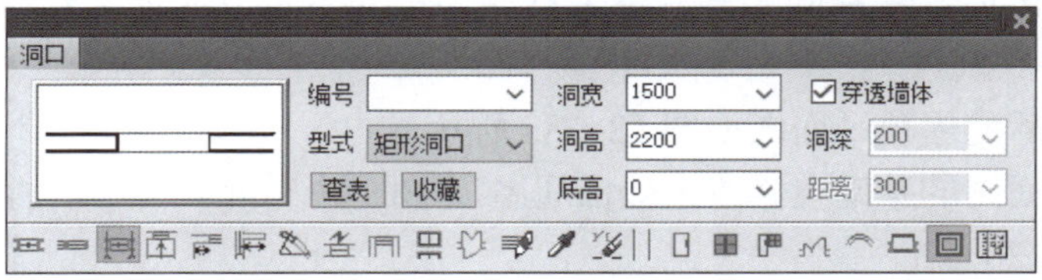

图 12–35　"洞口"对话框

（4）修改室内地面和楼梯间地面标高。

（5）改墙高：本例住宅层高为 3 000 mm，室内外高差为 900 mm，因此底层墙高应为 3 900 mm。为了后面准确生成立面图、剖面图和三维图起见，应将底层墙高改为 3 900 mm。操作如下：

点取屏幕菜单"墙体→墙体工具→改高度"后，命令行提示：

请选择墙体、柱子或墙体造型：

新的高度 <3000.0000>：3 900 ↙  输入墙体新高度

新的标高 <0.0000>：–900 ↙  输入墙体底部新标高

是否维持窗墙底部间距不变？（Y/N）[N]：N ↙  键入 N 不改变门窗底标高

注意：楼梯间门洞底标高应改为 –900。

（6）绘制散水：点取屏幕菜单"楼梯其它→散水"，弹出"散水"对话框，如图 12-36 所示，在该对话框中设置散水有关数据，然后根据命令行提示：

请选择构成一完整建筑物的所有墙体（或门窗、阳台）：  框选建筑物的所有墙体、柱、门窗、阳台后，右击生成散水

图 12-36 "散水"对话框

（7）根据需要，补充绘制其他内容和符号，如剖切符号、指北针等，命令可从天正选项板中点取。

修改完毕后的底层平面图如图 12-37 所示。

### 2. 屋顶平面图的绘制

打开标准层平面图，将其另保存为屋顶平面图"zzp6"。

（1）改图名  单击图名"2-5 层平面图"，用右键菜单中的"对象编辑"，在弹出的"单行文字"对话框中将图名修改为"屋顶平面图"。

（2）改楼梯  单击楼梯，选取右键菜单中的"对象编辑"，在弹出的"双跑楼梯"对话框（图 12-26）中将"中间"楼梯修改为"顶层"楼梯，其他参数不变。

（3）保留外墙、楼梯间、阳台、轴线与轴线尺寸，删除其余的内容及尺寸。

（4）将外墙改为女儿墙，墙高 1 100 mm，楼梯间墙高仍为 3 000 mm。将阳台改为雨篷，栏板高（檐高）为 120 mm。

（5）注出屋面和楼梯间平台标高；标注楼梯间下行方向箭头和屋面排水方向和坡度。

修改完毕后的屋顶平面图如图 12-38a 所示。

在屋顶平面图的基础上修改出楼梯间屋顶平面图，如图 12-38b 所示，方法同前。墙高（檐高）120 mm。

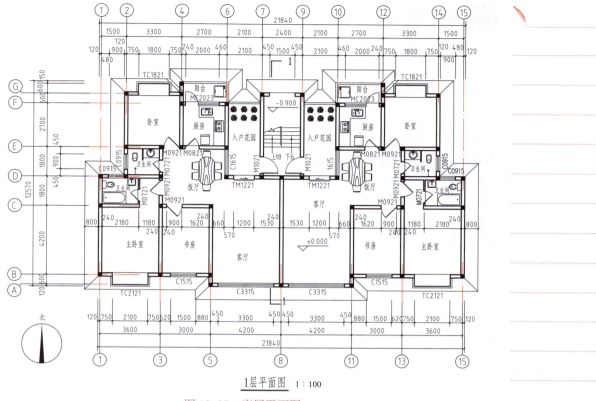

1层平面图 1:100

图 12-37 底层平面图

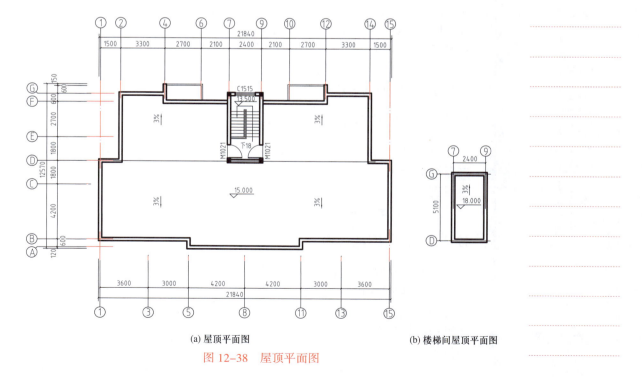

(a) 屋顶平面图　　　　　　　　　　　(b) 楼梯间屋顶平面图

图 12-38 屋顶平面图

## 12.3 绘制建筑立面图

建筑立面图可用天正的立面生成功能生成立面草图再进行修改补充。

### 12.3.1 工程管理与楼层表

建筑立面图、剖面图、三维图生成是由"工程管理"功能实现的,在"工程管理"界面上(图 12-39),通过"新建工程"的"楼层"栏中建立平面图与立面楼层之间的关系,T20 天正建筑 V7.0 支持两种楼层定义方式:

(1)每层平面图作为一个独立的 dwg 文件集中放置于同一个文件夹中,并确定每个标准层都有共同的对齐点,默认的对齐点在原点(0,0,0)的位置,用户可以修改,建议使用开间与进深方向的第一轴线交点。事实上,对齐点就是 dwg 文件作为图块插入的基点,用 AutoCAD 的 Base 命令可以改变基点。

(2)允许多个平面图绘制到一个 dwg 文件中,然后在楼层栏的电子表格中分别为各自然层在 dwg 文件中指定相应的平面图,同时也允许部分平面图通过其他 DWG 文件指定,提高了工程管理的灵活性。

作多层立面生成之前,点取屏幕菜单"文件布图"→"工程管理"弹出"工程管理"界面(图 12-39),点击下拉列表中的"新建工程",弹出"另存为"对话框,保存工程文件如 zz.tpr,在"工程管理"界面上的"楼层"栏中建立楼层表,定义本工程中各平面与楼层之间的关系。

建立楼层表的方法是:在"层号"列中输入自然层层号,中间各层相同时,层号用 ~ 连接,如 2 至 5 层填为"2~5";在"层高"列中输入层高;在"文件"列中填写该层平面图 dwg 文件名,或选择该层平面图 dwg 文件。输入完毕,检查无误后,单击下拉列表中的"保存工程"完成。

系统在生成建筑物的立、剖面图和三维模型及统计全楼门窗总表等时均以楼层表为依据进行操作。

### 12.3.2 立面生成的条件

(1)要绘制好各层平面图,绘制平面图时应正确设置各层的墙高(标准层墙高等于层高)、墙底标高、门窗高、门槛高(一般为 0),窗台高、阳台栏板高等。

(2)在工程管理中新建工程和楼层表(图 12-39)。

### 12.3.3 立面图的生成

首先打开底层或标准层平面图,并打开工程文件如 zz.tpr。

点取屏幕菜单"立面→建筑立面",在当前工程管理为空的情况下,会出现警告:请打开或新建一个工程管理项目,并在工程数据库中建立楼层表!如果当前工程管理界面中新建或打开了工程项目并有正确的楼层定义,则命令行提示:

请输入立面方向或 { 正立面 [F]/ 背立面 [B]/ 左立面 [L]/ 右立面 [R]}

图 12-39 在"工程管理"
中建立"楼层表"

**＜退出＞**： 键入字母或按视线方向给出两点指出生成建筑立面的方向

**请选择要出现在立面图上的轴线：** 一般选择两边的轴线

按回车键后屏幕出现"立面生成设置"对话框（图12-40）。选择标注形式、设置内外高差及出图比例等参数后，单击"生成立面"按钮，显示保存文件对话框，用户输入立面图的图形文件名，保存文件后，程序自动打开这个图形文件，作为当前图，随即显示新生成的立面图如图12-41所示。

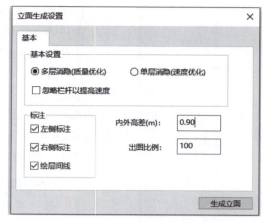

图 12-40 "立面生成设置"对话框

图 12-41 自动生成的立面图

### 12.3.4 立面图的修改

自动生成的立面图还存在一些问题，需要进一步修改完善。

可用 AutoCAD 命令编辑图形，如删除、修剪和添加线条。用天正命令替换立面门窗、阳台，加窗套，绘制屋顶、雨水管、加粗立面轮廓、外墙立面装饰标注等。其中：

替换立面门窗：点取屏幕菜单"立面→立面门窗"，屏幕弹出"天正图库管理系统"立面门窗对话框（图12-42）。在该对话框中选择门窗类型和样式，单击"替换"图标，命令行提示：

**选择图中将要被替换的图块！** 可在立面图中选择门或窗进行替换
也可以单击 "OK" 图标，选择用 AutoCAD 图块的方式插入门窗。

替换立面阳台：方法与替换立面门窗相同。

立面轮廓：用 "立面→立面轮廓" 命令可在建筑立面外轮廓上加一圈粗实线，
但不包括地坪线在内。在复杂的情况下搜索轮廓线会失败，无法生成轮廓线，此时
可用 Pline 直接画出加粗。

外墙立面装饰标注：可用 "符号标注→引出标注" 命令完成。

最后，调整尺寸和标高，标注图名和比例。修改后的立面图如图 12-43 所示。

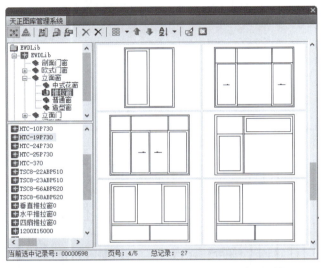

图 12-42 "天正图库管理系统" 立面门窗对话框

图 12-43 修改后的立面图

## 12.4 绘制建筑剖面图

建筑剖面图可用天正的剖面生成功能由平面图生成剖面草图，再进行修改完善。

### 12.4.1 剖面图生成的条件及绘制剖切符号

剖面图生成的条件与立面图相同，即首先要绘制好各层平面图，并且各层有共同的对齐点，建立楼层表。这些条件在生成立面图时已经建立，现在不用再建立。但是，还应在首层（底层，也就是1层）平面图上先绘制剖切符号，方法如下：

打开底层平面图。

在天正建筑选项板符号标注中点取"剖切符号"图标，显示如图12-44所示的剖切符号对话框，在对话框中选择剖切方式并输入编号，同时命令行提示及用户操作如下：

图12-44 剖切符号对话框

点取第一个剖切点＜退出＞： 在外墙边位置点取第一点

点取第二个剖切点＜退出＞： 拖动橡皮筋线到另一外墙边取第二点

点取下一个剖切点＜结束＞： 按回车键结束取点

点取剖视方向＜当前＞： 拖动，向剖视方向点取一点

取点结束，在图中指定位置注上剖面剖切符号，如图12-37所示。

若需转折剖切，则在点取第二点（即第1个转折点）后拖动橡皮线到第2个转折点处点取第三点，再提示下一点时拖动橡皮线到第四点，点击即生成转折剖切线。

### 12.4.2 剖面图的生成

打开底层平面图，并打开工程文件如zz.tpr。

点取屏幕菜单"剖面→建筑剖面"后命令行提示：

请点取一剖切线以生成剖视图： 在底层平面图中点取需生成剖面图的剖切线

请选择要出现在剖面图上的轴线： 在底层平面图中点取需要的轴线

点取轴线并按回车键后，屏幕出现"剖面生成设置"对话框（图12-45）。该对话框包括基本设置和标注选项。可以设置标注的形式，如在图形的哪一侧标注剖面尺寸和标高；设定首层平面的室内外高差、出图比例、各层的层间线。

设置完毕单击"生成剖面"后，出现保存图形文件的对话框，输入生成剖面图的文件名并"保存"后，自

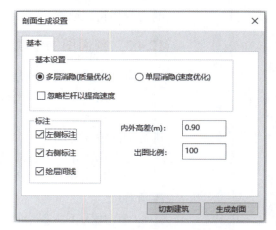

图12-45 "剖面生成设置"对话框

动生成剖面图，如图 12-46 所示。

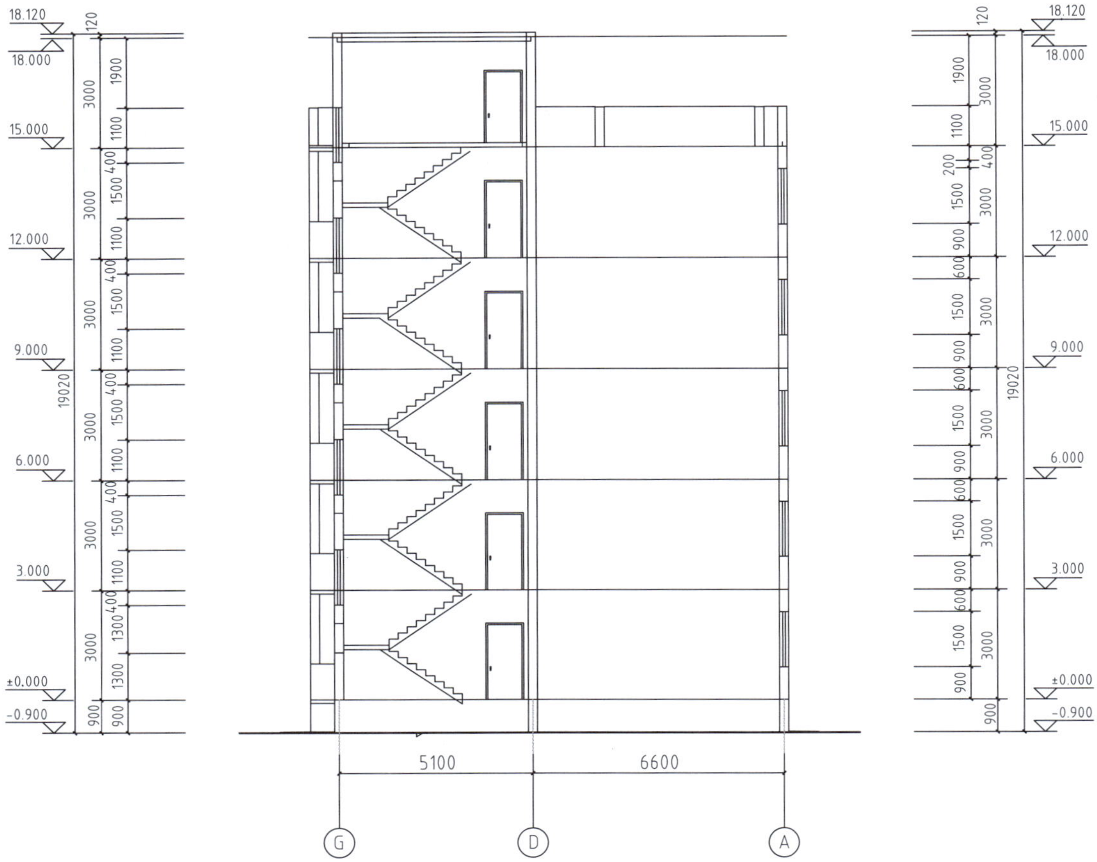

图 12-46　自动生成的剖面图

由于在平面图中一般不表示楼板，而在剖面图中楼板是必需的，天正建筑可以自动在各个楼层间添加层间线。由于在剖面图中剖切到的墙、柱、梁、楼板不再是专业对象，所以在剖面图中可使用通用 AutoCAD 编辑命令进行修改，或者使用专门的命令加粗或填充。

### 12.4.3　剖面图的修改

自动生成的剖面图是个草图，还存在一些问题，需要进一步修改完善。

（1）用 AutoCAD 命令编辑图形，如删除、修剪和添加线条。

（2）用天正"剖面"菜单命令绘制"双线楼板"，加粗剖面墙线、加剖断梁，并进行剖面填充等。

（3）用天正"剖面"菜单命令替换剖面门窗、加门窗过梁等。

（4）用天正"立面"菜单命令替换剖面图中的立面门窗、阳台，加窗套，绘制屋顶等。

（5）用天正命令绘制楼梯栏杆扶手。

各楼层梯段在剖面图中自动生成，如图 12-46 所示。底层 900 高的一段梯段没生成，可用天正"剖面"菜单"参数楼梯"命令设置绘出。楼梯栏杆扶手需要绘制。

① 参数栏杆：点取屏幕菜单"剖面→参数栏杆"后，屏幕弹出"剖面楼梯栏杆参数"对话框，如图 12-47 所示。对话框中部分选项说明如下：

"楼梯栏杆形式"：在栏杆列表框中列出已有的栏杆形式。

"入库"：用来扩充栏杆库。

"删除"：用来删除栏杆库中由用户添加的某一栏杆形式。

"步长数"：指栏杆基本单元所跨越楼梯的踏步数。

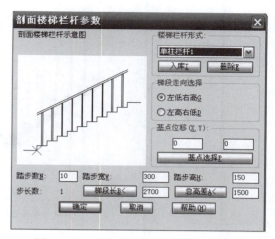

图 12-47 "剖面楼梯栏杆参数"对话框

选择栏杆形式、梯段走向、基点位置及设置楼梯参数后，单击确"确定"并在剖面图中指定与基点对应的插入点，即插入一段楼梯栏杆和扶手。

② 楼梯栏杆：根据常用的直栏杆设计。"楼梯栏杆"命令能识别在双跑楼梯中剖切到的梯段与可见的梯段，自动处理遮挡关系。

点取屏幕菜单"剖面→楼梯栏杆"后，命令行提示：

请输入楼梯扶手的高度 <1000>：　本例为 900

是否要打断遮挡线（Yes/No）？ <Yes>：　按回车键

输入楼梯扶手的起始点 <退出>：

结束点 <退出>：

在梯段上指定起始点和结束点后，插入一段栏杆和扶手，命令行继续提示：

再输入楼梯扶手的起始点 <退出>：

结束点 <退出>：

直到插入完毕或按回车键退出。

③ 扶手接头：对楼梯扶手的接头位置作细部处理。

点取屏幕菜单"剖面→扶手接头"后，命令行提示：

请输入扶手伸出距离 <0>：　150↙

请选择是否增加栏杆 [ 增加栏杆（Y）/ 不增加栏杆（N）]< 增加栏杆（Y）>：Y↙

请指定两点来确定需要连接的一对扶手！ 选择第一个角点 <取消>：

另一个角点 <取消>：

框选楼梯扶手的两组接头线后，即把楼梯扶手的接头自动处理好，如图 12-48 所示。

注意：本命令与剖面楼梯配合使用时，请先在状态行中单击"编组"按钮，解除剖面楼梯的编组，否则命令执行失败，提示：选择扶手不匹配。

（6）调整尺寸和标高，标注图名和比例。修改后的剖面图如图 12-49 所示。

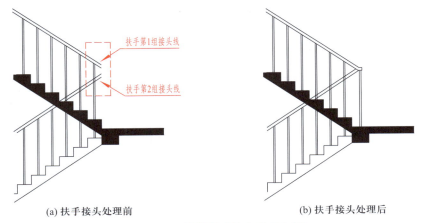

(a) 扶手接头处理前            (b) 扶手接头处理后

图 12-48 楼梯扶手接头处理实例

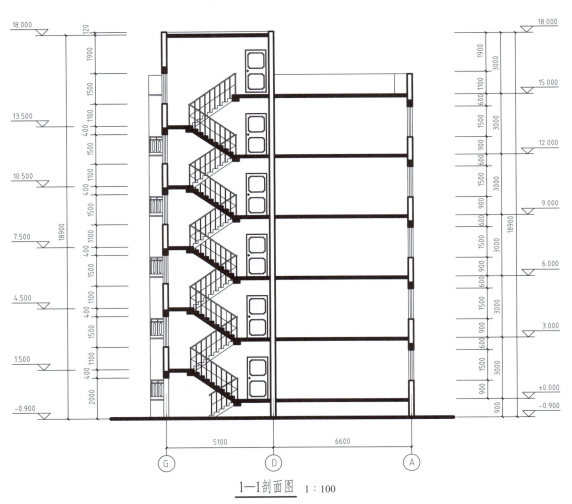

1—1剖面图 1 : 100

图 12-49 修改后的剖面图

## 12.5 建筑三维图形

使用天正命令绘制的平面图，墙、柱、门窗、楼梯、阳台等包含三维模型信息，随时可以显示三维；可由平面图显示该层的三维图形，由各层平面图生成多层建筑物模型三维图。

### 12.5.1 由平面图直接显示三维图形

打开如图 12-31 所示的标准层平面图，关闭轴线层和家具层，在图中单击鼠标右键，在弹出的右键菜单中选择："显示模式→自动确定"；"视图设置→东南轴测图"；"视觉样式→真实"，则显示三维图形效果如图 12-50 所示。

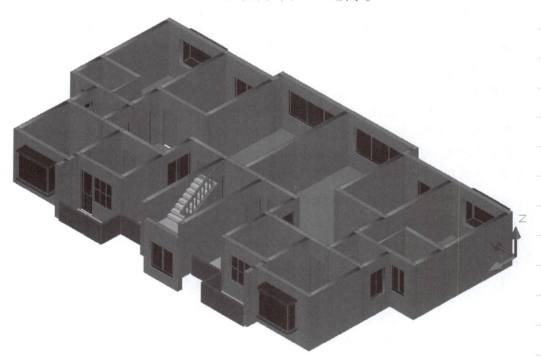

图 12-50　标准层三维图形

在三维图旁边单击鼠标右键，在弹出的右键菜单中选择"视图设置→平面图"，则切换到平面图。

### 12.5.2 由各层平面图生成多层建筑物模型三维图

生成多层建筑物模型三维图的条件与立面图相同。此外，还应先封屋面板。

#### 1. 封屋面板

可用"搜索房间"和"平板"命令生成楼地面、屋面板。

（1）打开如图 12-38 所示的屋顶平面图。

点取屏幕菜单"房间屋顶→搜索房间"后，命令行提示：

请选择构成一套房子的所有墙体（或门窗）：选择围成屋面板（楼板）的墙体

与门窗

该命令功能是计算所选择墙体（门窗）所围成的面积，并生成楼地面、屋面板。

（2）点取屏幕菜单"三维建模→造型对象→平板"后，命令行提示：

选择一多段线或圆＜退出＞：选取要生成楼板的封闭多段线（在执行本命令之前，应先绘制要作为楼板的 Pline 线，或用屏幕菜单"房间屋顶→房间轮廓"命令生成）

请点取不可见的边＜结束＞：点取一边或多个不可见边

选择作为板内洞口的封闭的多段线或圆：选取需要留洞口（如楼梯间）的封闭多段线（在执行本命令之前，应先绘制要作为板内洞口的 Pline 线），没有洞口则按回车键

板厚（负值表示向下生成）＜200＞：键入新值或按回车键接受默认值

输入板厚后，程序即生成指定参数的屋面平板。同样，可绘制楼梯间屋顶平板。如果需要，楼板、楼梯休息平台板、地面架空板等也可同样绘制。

### 2. 楼层组合

打开工程文件如 zz.tpr，点取屏幕菜单"三维建模→三维组合"后，弹出"楼层组合"对话框（图 12-51）。选择"分解成实体模型"选项，以便使用相关的命令进行编辑；如果不需显示内墙，选择"排除内墙"选项，可加快三维图生成速度。按"确定"后，出现保存图形文件的对话框，输入生成三维图的文件名并"保存"后，自动生成多楼层建筑模型三维线框图，如图 12-52 所示。

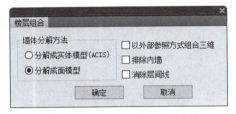

图 12-51　"楼层组合"对话框

在三维线框图形旁边单击鼠标右键，在弹出的右键菜单中选择"视觉样式→真实"；"视图设置→西南轴测图或东北轴测图"，则显示三维图形效果如图 12-53 或图 12-54 所示。

### 3. 动态观察

键入命令 3dorbit（3do），或在右键菜单中选择"视图设置 →动态观察"或点取 CAD 下拉菜单"视图→动态观察"，可以从不同的角度对三维图形进行动态观察。可以通过拖动鼠标来控制三维对象的视图，以便获得理想的观察角度和效果，如图 12-55 所示。

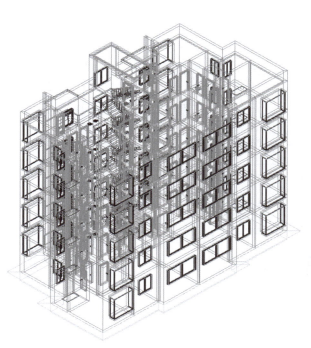

图 12-52　生成的三维线框图

图 12-53　西南轴测图

图 12-54　东北轴测图

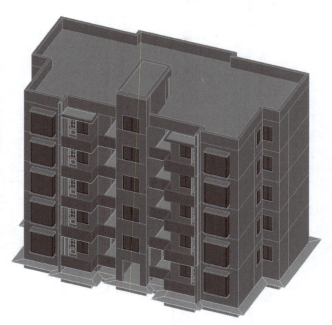

图 12-55　通过"动态观察"改变观察角度

# 附　　录

## 附录一　构造及配件图例

附表 1　构造及配件图例

| 序号 | 名称 | | 图例 | 说明 |
|---|---|---|---|---|
| 1 | 楼梯 | 顶层 | 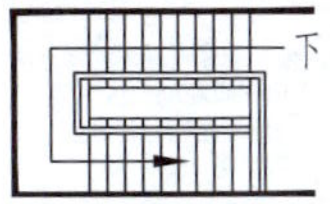 | 楼梯及栏杆扶手的形式和梯段踏步数应按实际情况绘制<br>需设置靠墙扶手和中间扶手时应在图中表示 |
| | | 中间层 | 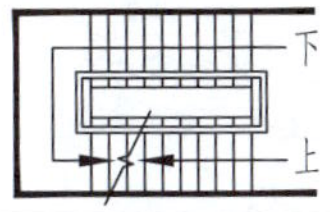 | |
| | | 底层 | 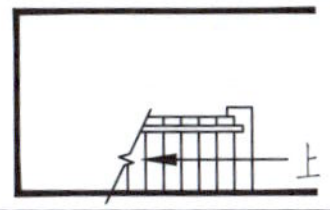 | |
| 2 | 孔洞 | | 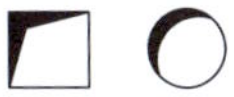 | 阴影部分可以涂色代替 |
| 3 | 坑槽 | | 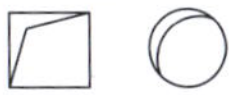 | |
| 4 | 墙预留洞、槽 | | 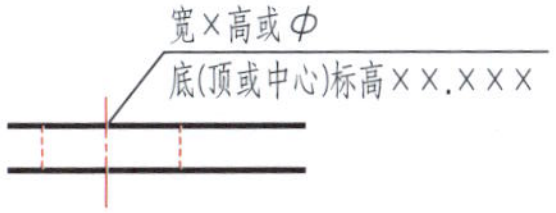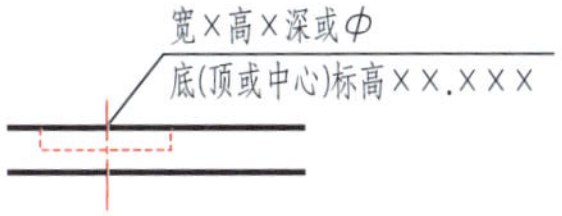 | 1. 上图为预留洞，下图为预留槽<br>2. 平面图以洞（槽）中心定位<br>3. 宜以涂色区别墙体的预留洞（槽） |

| 序号 | 名称 | 图例 | 说明 |
|---|---|---|---|
| 5 | 烟道 | 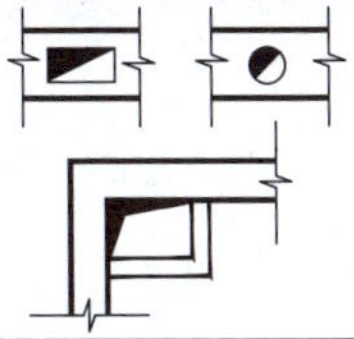 | 1. 阴影部分可以涂色代替<br>2. 烟道、风道与墙体为同一材料，其相接处墙身线应连通<br>3. 烟道、风道根据需要增加不同材料的内衬 |
| 6 | 通风道 | 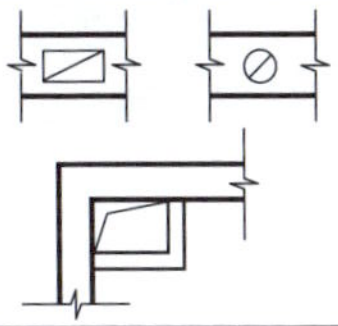 | |
| 7 | 单扇门（包括平开或单面弹簧） | 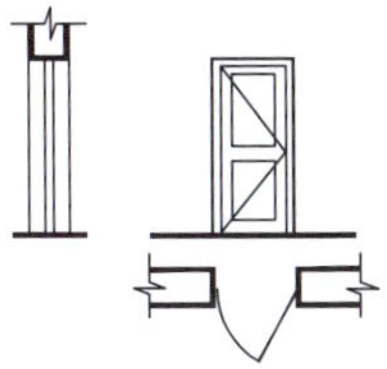 | 1. 门的名称代号用 M 表示<br>2. 平面图中下为外、上为内。门开启线为 90°、60° 或 45°，开启弧线宜绘出<br>3. 立面图上开启方向线实线为外开、虚线为内开，开启线交角的一侧为安装合页的一侧，开启线在建筑立面图中可不表示，在立面大样图中可根据需要绘出<br>4. 剖面图左为外、右为内<br>5. 附加纱扇应以文字说明，在平、立、剖面图中可不表示<br>6. 立面形式应按实际情况绘制 |
| 8 | 双扇门（包括平开或单面弹簧） | 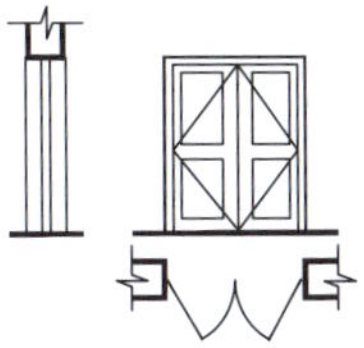 | |

续表

| 序号 | 名称 | 图例 | 说明 |
|---|---|---|---|
| 13 | 单扇双面弹簧门 | | 1. 门的名称代号用M表示<br>2. 平面图中下为外,上为内。门开启线为90°、60°或45°,开启弧线宜绘出<br>3. 立面图上开启方向线交角的一侧为安装合页一侧,开启线实线为外开,虚线为内开。开启线在建筑立面图中可不表示,在立面大样图中需绘出<br>4. 剖面图左为外,右为内<br>5. 附加纱扇应以文字说明,在平、立、剖面图中可不表示<br>6. 立面形式应按实际情况绘制 |
| 14 | 双扇双面弹簧门 | 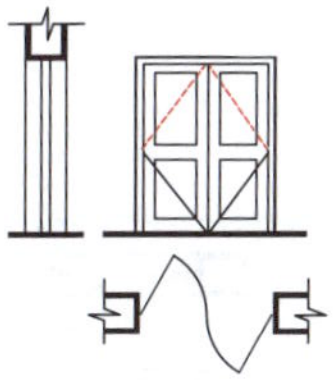 | |
| 15 | 单扇内外开双层门 | 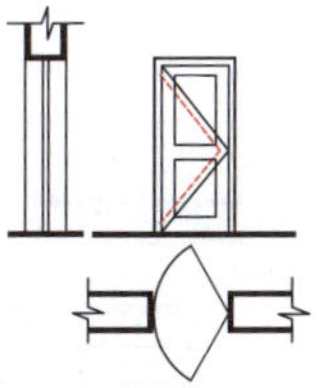 | |
| 16 | 双扇内外开双层门 | 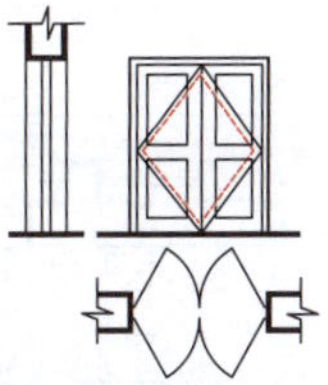 | |

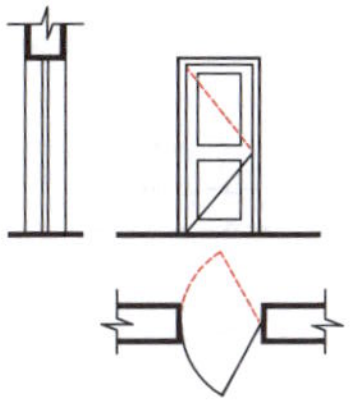

| 序号 | 名称 | 图例 | 说明 |
|---|---|---|---|
| 9 | 墙中单扇推拉门 | | 1. 门的名称代号用M表示<br>2. 图例中的剖面图左为外、右为内,平面图下为外、上为内<br>3. 立面形式应按实际情况绘制 |
| 10 | 墙外单扇推拉门 | 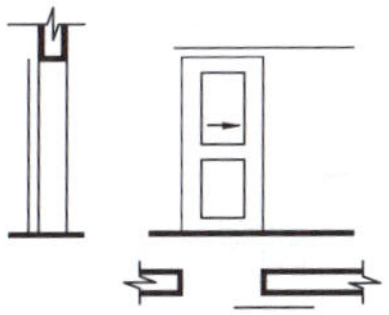 | |
| 11 | 墙中双扇推拉门 | 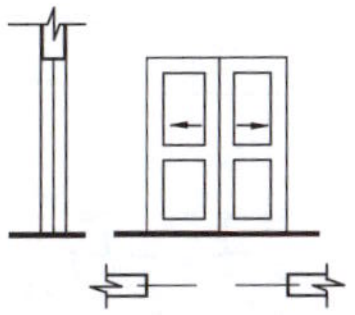 | |
| 12 | 墙外双扇推拉门 | 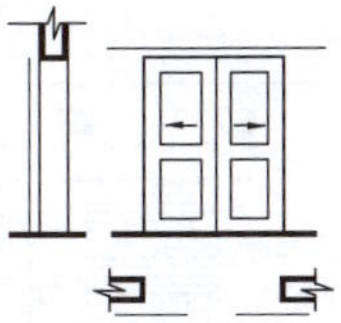 | |

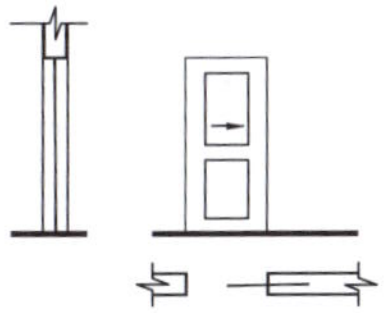

续表

| 序号 | 名　称 | 图　例 | 说　明 |
| --- | --- | --- | --- |
| 17 | 竖向卷帘门 | 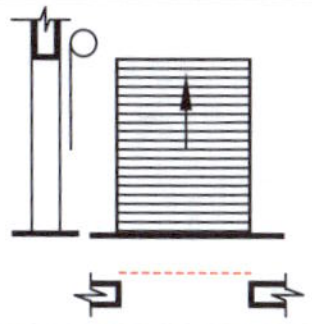 | |
| 18 | 单层固定窗 | 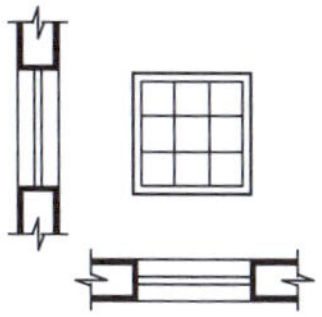 | 1. 窗的名称代号用C表示<br>2. 图例中的剖面图左为外、右为内，平面图下为外、上为内<br>3. 立面形式应按实际情况绘制 |
| 19 | 单层外开上悬窗 | 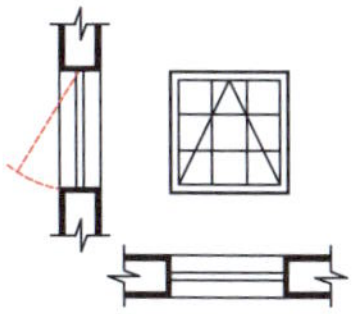 | 1. 窗的名称代号用C表示<br>2. 平面图中下为外、上为内。<br>3. 立面图上开启方向线实线为外开、虚线为内开，开启线交角的一侧为安装合页的一侧，开启线在建筑立面图中可不表示，在立面大样图中可根据需要绘出<br>4. 剖面图左为外、右为内虚线仅表示开启方向，项目实际不表示<br>5. 附加纱窗应以文字说明，在平、立、剖面图中可不表示<br>6. 立面形式应按实际情况绘制 |
| 20 | 单层中悬窗 | 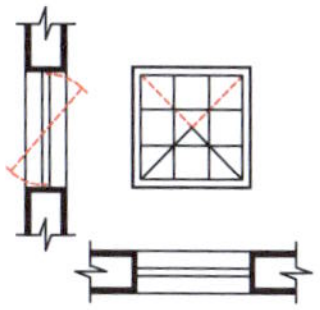 | |
| 21 | 单层外开平开窗 | 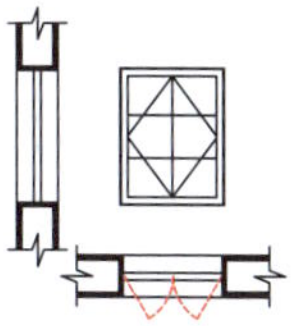 | |

| 序号 | 名　称 | 图　例 | 说　明 |
| --- | --- | --- | --- |
| 22 | 双层内外开平开窗 | 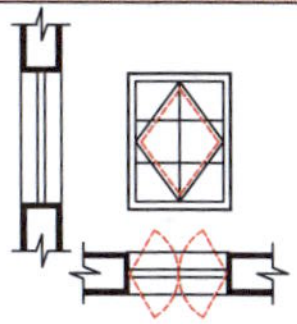 | 说明同序号 19 ~ 21 |
| 23 | 单层推拉窗 | 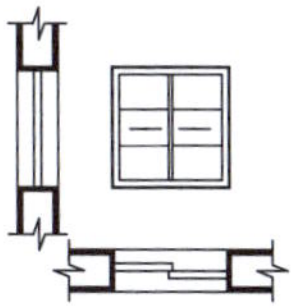 | 1. 窗的名称代号用C表示<br>2. 窗的立面形式应按实际情况绘制 |
| 24 | 百叶窗 | 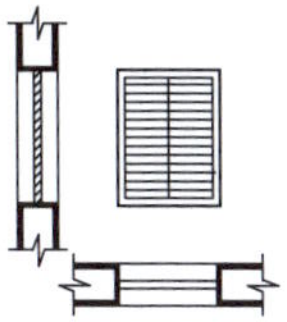 | |
| 25 | 高窗 | 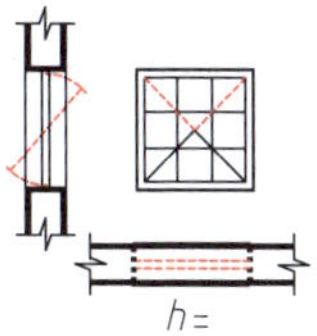 | 1. 窗的名称代号用C表示<br>2. 立面图上开启方向线实线为外开、虚线为内开，开启线交角的一侧为安装合页的一侧，开启线在建筑立面图中可不表示，在立面大样图中可根据需要绘出<br>3. 剖面图左为外、右为内<br>4. 立面形式应按实际情况绘制<br>5. $h$ 为窗洞下口距本层楼地面的高度<br>6. 高窗开启方式可参照其他窗型 |

附表 2　常用电动梯

| 序号 | 名称 | 图　例 | 说　明 |
|---|---|---|---|
| 1 | 电梯 | | 1. 电梯应注明类型,并按实际绘出门和平衡锤或导轨的位置<br>2. 其他类型的电梯应参照本图例按实际情况绘制 |
| 2 | 自动扶梯 | 下<br>上　上 | 箭头方向为设计运行方向 |
| 3 | 自动人行道 | | |
| 4 | 自动人行坡道 | 上 | |

# 附录二　某住宅施工图

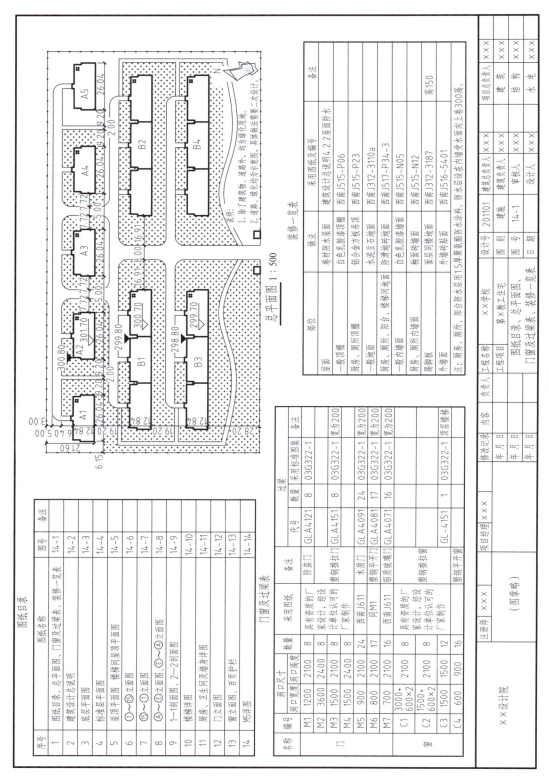

**图纸目录**

| 序号 | 图纸名称 | 图号 |
|---|---|---|
| 1 | 图纸目录、总平面图、门窗及过梁表、装修一览表 | 14-1 |
| 2 | 建筑设计总说明 | 14-2 |
| 3 | 底层平面图 | 14-3 |
| 4 | 标准层平面图 | 14-4 |
| 5 | 屋顶平面图、楼梯间屋顶平面图 | 14-5 |
| 6 | ①～⑮立面图 | 14-6 |
| 7 | ⑮～①立面图 | 14-7 |
| 8 | Ⓐ～Ⓔ立面图、Ⓔ～Ⓐ立面图 | 14-8 |
| 9 | 1—1剖面图、2—2剖面图 | 14-9 |
| 10 | 楼梯详图 | 14-10 |
| 11 | 厨房、卫生间及墙身详图 | 14-11 |
| 12 | 门立面图 | 14-12 |
| 13 | 窗立面图、百页护栏 | 14-13 |
| 14 | M5详图 | 14-14 |

**门窗及过梁表**

| 名称 | 编号 | 洞口尺寸 洞口宽度 | 洞口高度 | 数量 | 采用图纸 | 备注 |
|---|---|---|---|---|---|---|
| 门 | M1 | 1200 | 2100 | 8 | | 防盗门 |
| | M2 | 3600 | 2400 | 8 | 具有资质的厂家设计，经设计单位认可时可由厂家制作 | 塑钢推拉门 |
| | M3 | 1500 | 2100 | 8 | | |
| | M4 | 1500 | 2400 | 8 | | 塑钢推拉门 |
| | M5 | 900 | 2100 | 24 | 西南J611 | 木质门 |
| | M6 | 800 | 2100 | 17 | 同M1 | 塑钢平开门 |
| | M7 | 700 | 2100 | 16 | 西南J611 | 铝合金推拉门 |
| 窗 | C1 | 3000+600×2 | 2100 | 8 | 具有资质的厂家设计，经设计单位认可时可由厂家制作 | 塑钢推拉窗 |
| | C2 | 1500+600×2 | 2100 | 8 | | |
| | C3 | 1500 | 1500 | 12 | | |
| | C4 | 600 | 900 | 16 | | 塑钢平开窗 |

**过梁**

| 代号 | 数量 | 采用标准图集 | 备注 |
|---|---|---|---|
| GLA4121 | 8 | 03G322-1 | |
| GLA4151 | 8 | 03G322-1 | 宽为200 |
| GLA4091 | 24 | 03G322-1 | 宽为200 |
| GLA4081 | 17 | 03G322-1 | 宽为200 |
| GLA4071 | 16 | 03G322-1 | 宽为200 |
| GL-4151 | 1 | 03G322-1 | 顶层楼梯 |

**总平面图　1：500**

说明：
1. 除了建筑物、道路外，均为绿化用地。
2. 道路、绿化均为示意图，具体做法详要二次设计。

**装修一览表**

| 部位 | 做法 | 采用图纸及编号 | 备注 |
|---|---|---|---|
| 屋面 | 卷材防水屋面 | 建筑设计总说明4.2.2屋面防水 | |
| 一般顶棚 | 白色乳胶漆顶棚 | 西南J515-P06 | |
| 厨房、厕所顶棚 | 铝合金方板吊顶 | 西南J515-P23 | |
| 一般地面 | 水泥豆石地面 | 西南J312-3110a | |
| 厨房、厕所、阳台、楼梯间地面 | 防滑地砖地面 | 西南J517-P34-3 | |
| 一般内墙面 | 白色乳胶漆墙面 | 西南J515-N05 | |
| 厨房、厕所内墙面 | 釉面砖墙面 | 西南J515-N12 | |
| 踢脚板 | 面层同楼地面 | 西南J312-3187 | |
| 外墙面 | 外墙砖贴面 | 西南J516-5401 | 高150 |

注：卫生间、厨房、厕所、阳台处地面层用15厚聚氨酯防水涂料防水层，防水层应在内墙处木面向上卷300高。

| 负责人 | | 工程名称 | | | | | 设计号 | 201101 | | 建筑总负责人 | ××× | 项目总责人 | ××× |
|---|---|---|---|---|---|---|---|---|---|---|---|---|---|
| 项目经理 | ××× | 工程项目 | 第×栋工住宅 | | | | 图别 | 建施 | | 建筑负责人 | ××× | 建筑 | ××× |
| 注册师 | ××× | | 图纸目录、总平面图、 | | | | 图号 | 14-1 | | 审核人 | ××× | 结构 | ××× |
| | | | 门窗及过梁、装修一览表 | | | | 日期 | | | 设计人 | ××× | 水电 | ××× |
| （图章略） | | 修改记录 | | 内容 | | | | | | | | | |
| | | | 年 月 日 | | | | | | | | | | |
| ××设计院 | | | 年 月 日 | | | | | | | | | | |
| | | | 年 月 日 | | | | | | | | | | |

附图1

## 建筑设计总说明

### 1. 设计依据

1.1 ××学校(以下简称甲方)与××工程技术股份有限公司(以下简称乙方)签订的设计合同及甲方提出的设计委托书。

1.2 ××学校建设投资评估部提供的该建设地块1/500的地形图。

1.3 乙方编制的该工程《××学校教工住宅楼初步设计》(设计号:201101)。

1.4 由建设方提供的《××学校教工住宅初步评审会议纪要》、《教工住宅施工图设计有关问题的函件》等。

1.5 ××市住房城乡建设委员会对该工程初步设计批文。

1.6 ××市公安局消防局对该工程消防审核意见书。

1.7 ××市园林管理局有关于该工程初步设计配套绿地的函复意见。

1.8 《宿舍建筑设计规范》(JGJ 36—2005)。

1.9 《建筑设计防火规范》(GB 50016—2006)。

1.10 《屋面工程技术规范》(GB 50345—2004)。

1.11 《××市居住建筑节能设计标准》。

1.12 国家和××市现行有关规范、规定、条例。

### 2. 建筑等级

2.1 建筑物合理使用年限:根据《民用建筑设计通则》,本工程建筑类别为3类,设计使用年限为50年。

2.2 抗震设防烈度:根据《中国地震烈度区划图》,本地区基本地震烈度设防为6度。

2.3 建筑防火分类:根据《建筑设计防火规范》,本工程防火分类为二级,建筑物耐火等级为一级。

2.4 建筑屋面防水等级:根据《屋面工程技术规范》,本工程屋面防水级为Ⅲ级,防水层合理使用年限为10年。

### 3. 建筑概述

3.1 本工程建筑层数为4层,总建筑面积为( )。

3.2 该建筑采用薄壁框架结构,屋顶为坡屋面。

3.3 本楼建筑的设计标高±0.000相当于绝对标高301.700m。室内外高差为0.900m。

### 4. 设计说明

#### 4.1 墙体:

4.1.1 本工程内墙均采用200厚烧结页岩空心砖。页岩空心砖的块体平均干容重为8.0kN/m³,用M5砂浆砌筑。

4.1.2 空心砖施工应按照通用图集《烧结空心砖墙构造》西南G70施行。

4.1.3 页岩空心砖与钢筋混凝土柱相接,应在砖墙混凝土柱内留筋,拉筋2φ6@600设沿墙,拉筋长度700,且不小于墙长的1/5。

4.1.4 外墙、楼梯间及共用墙用MU10页岩砖,M5混合砂浆砌筑。混凝土柱内按2φ6@500设墙筋,拉筋长度700。

4.1.15 页岩空心砖与钢筋混凝土墙交接处应在墙体处加300mm宽,厚0.8厚9x25镀锌钢丝网。踢脚线部位应用通用砖留缝三。门窗洞顶过梁应用通用砖留缝三,窗台下一匹。

4.1.16 砌筑体在低于各室内楼坪标高0.060m处做防潮层,做法为20厚1:2水泥砂浆内掺5%防水剂。

4.1.17 墙身阴角用1:2水泥砂浆防护角,阳角做R=50小圆角。

4.1.18 凡空心砖砌墙长度大于5000时,应设置构造柱,长为240,墙厚,主筋4φ12通长,箍筋φ6@200,C20混凝土浇筑,并与墙体拉结。

4.1.19 砌立楼款底或梁底顶离用斜砖砌顶斜砌梁。

#### 4.2 屋面:

4.2.1 屋面排水:屋面排水为有组织排水,排水管采用白色φ100 UPVC管材,详见水施。

4.2.2 屋面防水:为一道防水,防水材料为3厚BAC自粘复合防水卷材。

a. 普通楼坪找平层
b. 3厚BAC复合防水卷材防水层
c. 15厚1:3水泥砂浆找平层
d. 抗裂砂浆层(保温层供货厂家提供)
e. 40厚酚醛盐速硬保温隔热板(供货厂家提供)
f. 15厚1:3水泥砂浆找平层
g. 30～150厚水泥陶粒找坡层 (i=2%)
h. 15厚1:3水泥砂浆找平层
i. 结构层(详见结构施工图)

4.3 楼地面(详见结构施工图)

4.4 内墙面及顶棚详见内墙面及顶面需做修饰修造表。

4.5 外墙面(详见修一览表)。

4.6 踢脚线(详见修一览表)。

4.7 室外吊顶:宽度为800,做法参考西南J812 ⑥⑥

4.8 门窗:

4.8.1 木门窗木龙验:采用白色(微黄)调合漆,刷合漆。

4.8.2 窗采用新型现浇白塑钢窗,5+6+5双玻透明玻璃,其形式及构造做法由厂家确定,并经设计认可后,方可施工。

4.8.3 门窗安装于安装时,应在上顶留窗洞结构以现浇过梁。

4.8.4 所有木门立面安装居中设置,所有内门立樘均与内墙面平齐。

4.8.5 门窗制作安装应与现场实际尺寸核对无误后方可施工。

4.9 楼梯:

4.9.1 楼梯间地面装修一览表、栏杆、扶手见楼梯详图施工。涂料刷墙面1道,面漆为黑色刷合漆2道。

4.9.2 楼梯具尺寸应按照本施工图详细。

#### 5. 消防

5.1 防火疏散及消防补救均按设消消防部门审批以现浇设计。每层均为一个防火分区。

防火分区:
5.2 消防分区:

5.3 消防系统:

5.3.1 各层平面均设有消火栓,详见给排水施工图。

5.3.2 根据《建筑灭火器配置设计规范》,本建筑各层均设有磷酸盐干粉型灭火器,灭火器的位置详见各层平面图。

#### 6. 其他

6.1 外墙材料及色彩先经先定样品,待设计认可后,方可施工。

6.2 管道安装等详见设备施工图,待管道施工完后,浇C20细石混凝土将管道进行封闭。

6.3 未尽事宜,均参照国家有关建筑装饰及施工工程验收规范进行施工。

| | | | | 项目总负责人 | ××× | 建施 | ××× |
| | | | | | | 结构 | ××× |
| | | | | 建筑总负责人 | ××× | 给水 | ××× |
| | | | | 建筑负责人 | ××× | 电 | ××× |
| 设计号 | 201101 | 建施 | 审核人 | ××× | | | |
| 图别 | 建施 | | 审定人 | ××× | | | |
| 图号 | 14-2 | | 设计人 | ××× | | | |
| 日期 | | | | | | | |

| | | | | ××学校 | X第X教工住宅 | |
| 注册师 | ××× | 修改记录 | 内容 | 工程名称 | | |
| | | 年 月 日 | 负责人 | 工程项目 | 第X教工住宅 | |
| | (图章略) | 年 月 日 | | | 建筑设计总说明 | |
| | | 年 月 日 | | | | |
| 项目经理 | ××× | | | | | |
| ××设计院 | | | | | | |

附图 2

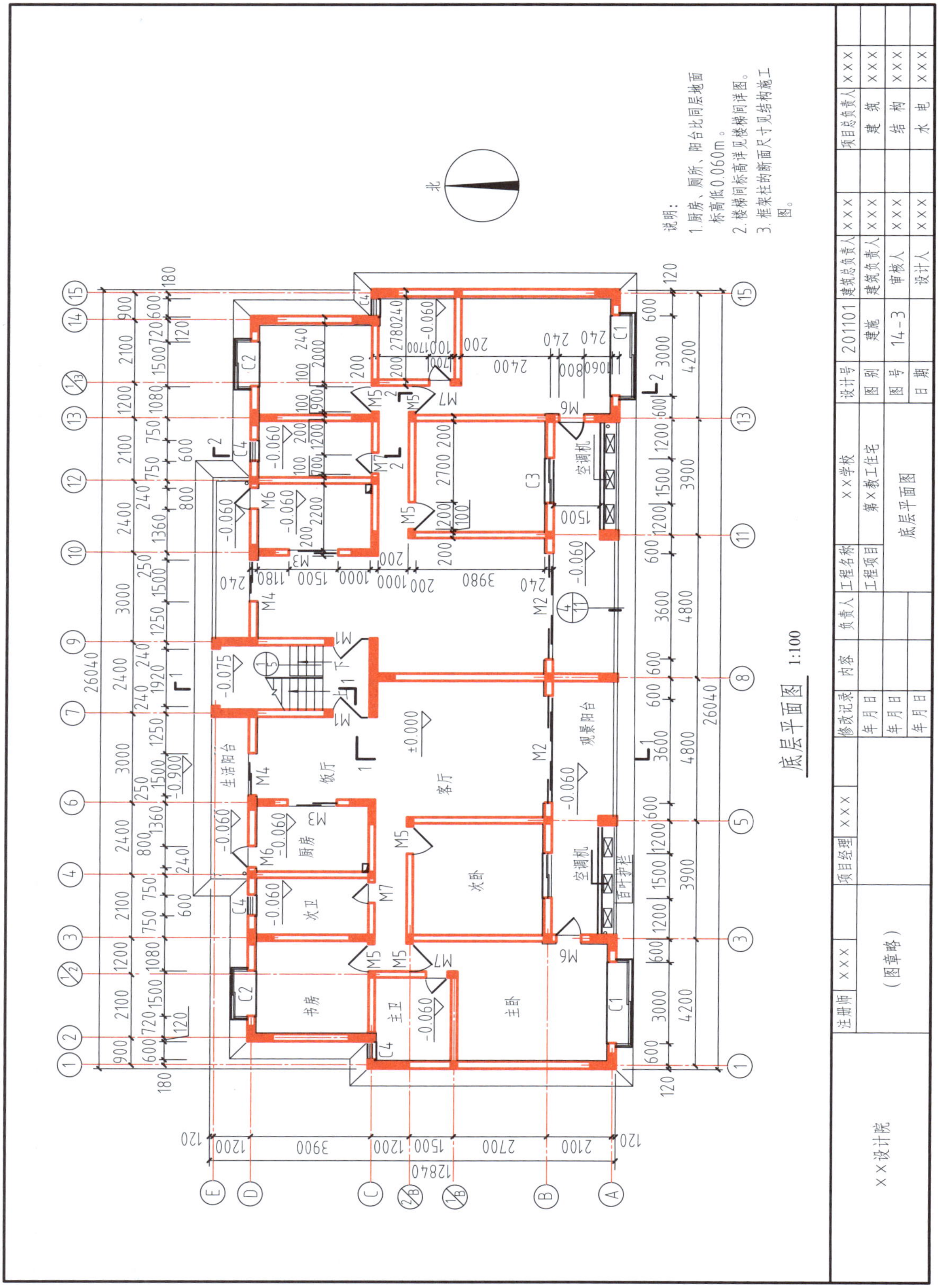
底层平面图 1:100
说明：
1.厨房、厕所、阳台比同层地面标高低0.060m。
2.楼梯间标高详见楼梯间详图。
3.框架柱的断面尺寸见结构施工图。
北
客厅
饭厅
厨房
次卫
次卧
主卧
主卫
书房
生活阳台
观景阳台
空调机
百叶护栏
×× 设计院
（图章略）
××学校
第×教工住宅
底层平面图
设计号 201101
图别 建施
图号 14-3
日期

附图 3

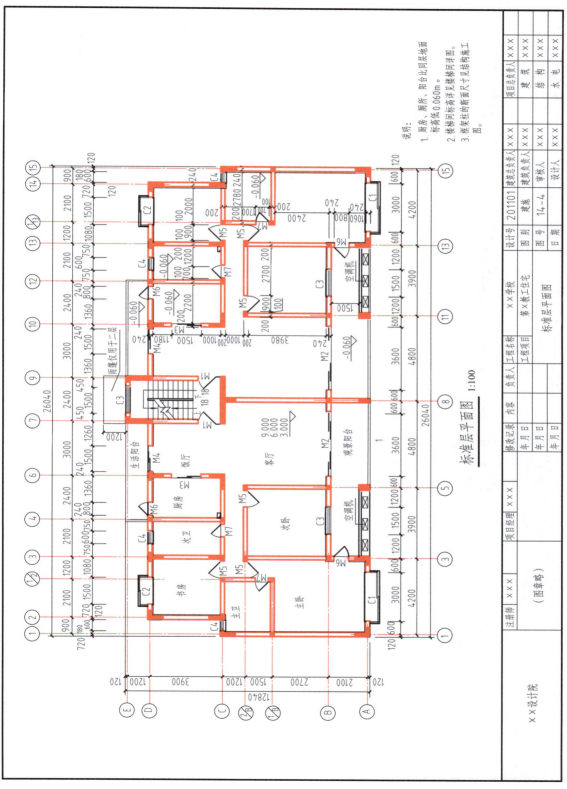

标准层平面图 1:100

附图 4

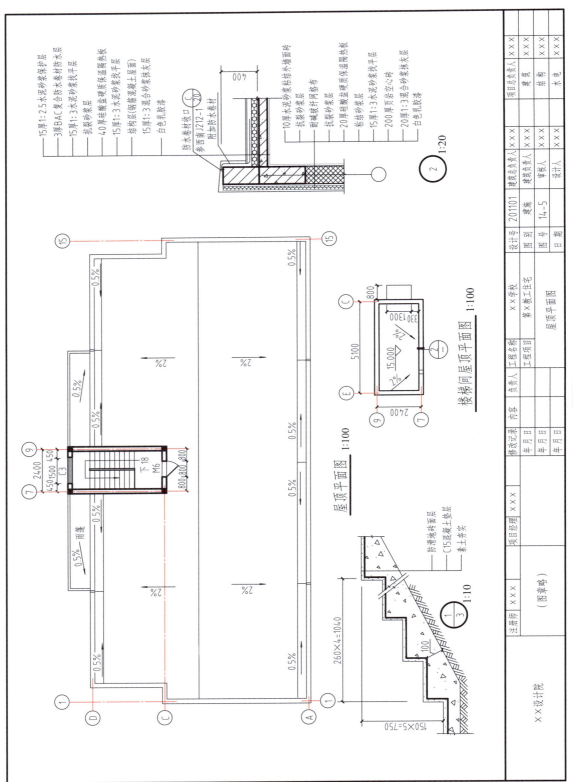

屋顶平面图 1:100

楼梯间屋顶平面图 1:100

15厚1:2.5水泥砂浆保护层
3厚BAC复合防水卷材防水层
15厚1:3水泥砂浆找平层
抗裂砂浆层
4.0厚硅酸盐硬质保温隔热板
15厚1:3水泥砂浆找平层
结构层（钢筋混凝土屋面）
15厚1:3混合砂浆抹灰层
白色乳胶漆

防水卷材收口
参西南J212-1
附加防水卷材

10厚水泥砂浆粘结外墙面砖
抗裂砂浆层
耐碱玻纤网格布
抗裂砂浆层
20厚硅酸盐硬质保温隔热板
粘结砂浆层
15厚1:3水泥砂浆找平层
200厚页岩空心砖
20厚1:3混合砂浆抹灰层
白色乳胶漆

防滑瓷砖面层
C15混凝土垫层
素土夯实

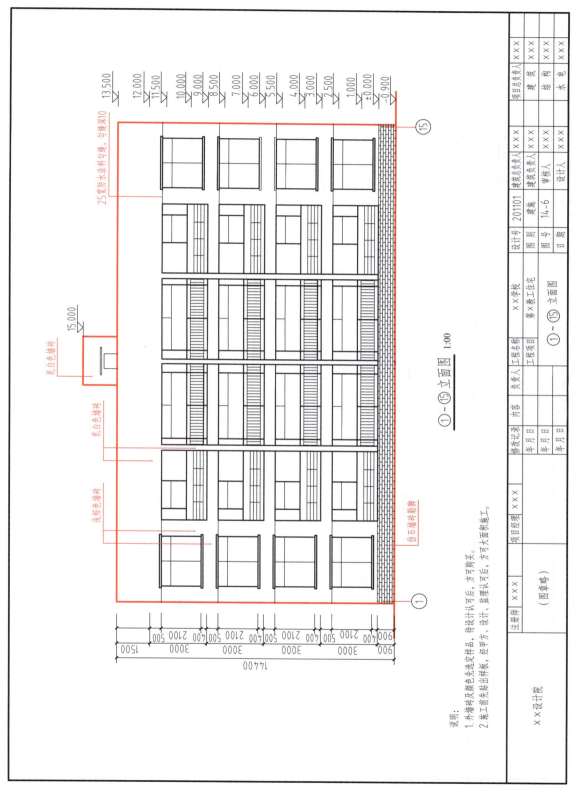

① ～ ⑮ 立面图 1:00

附图 6

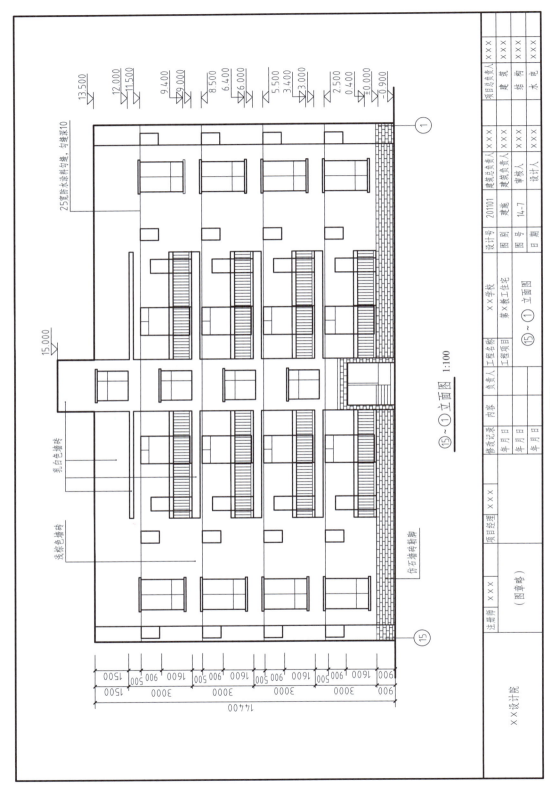

⑮～① 立面图  1:100

附图 7

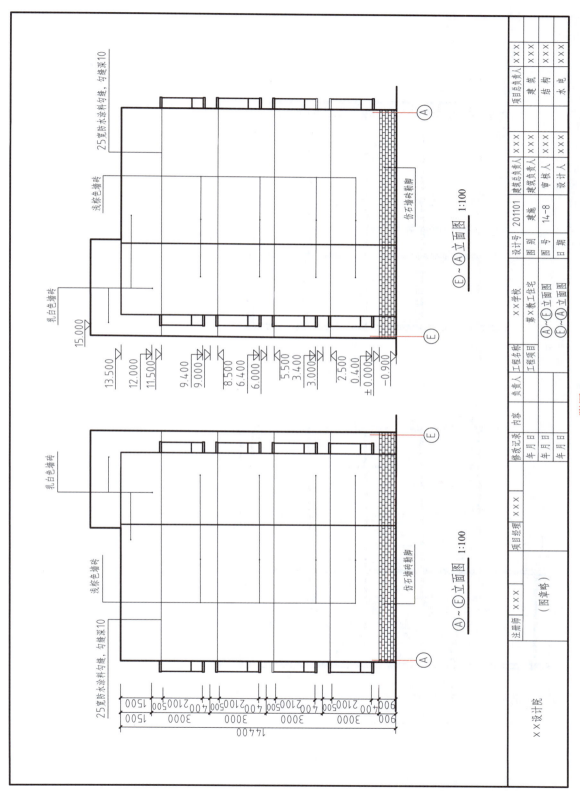

附图 8

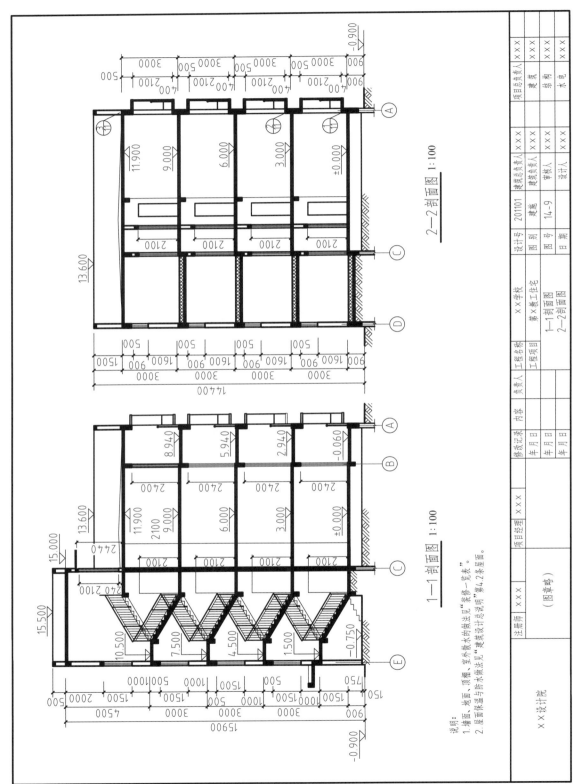

附图 9

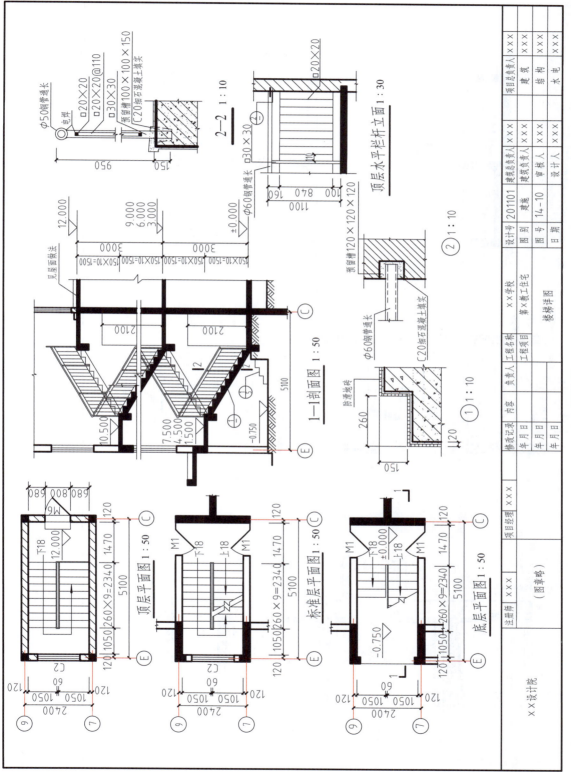

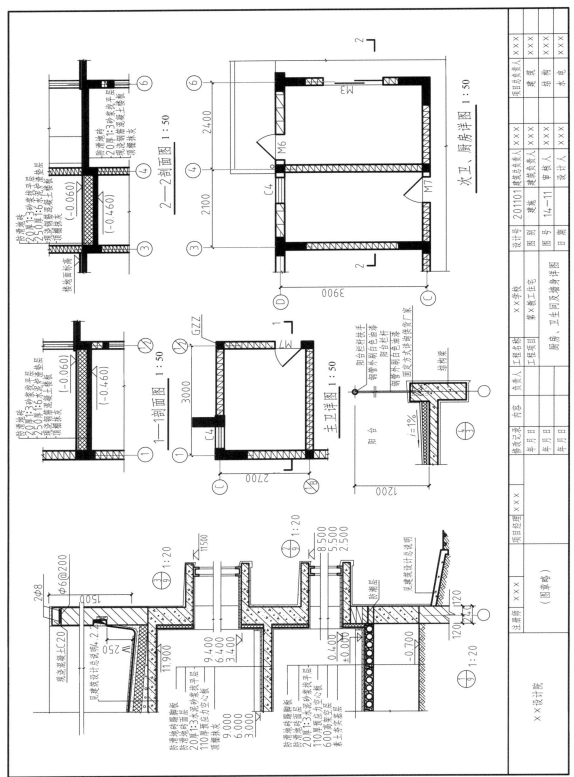

附图 11

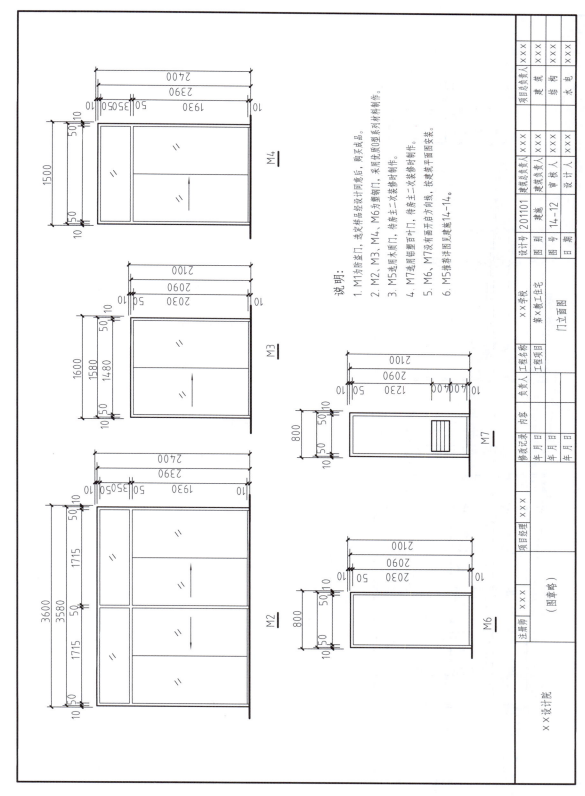

附图 12

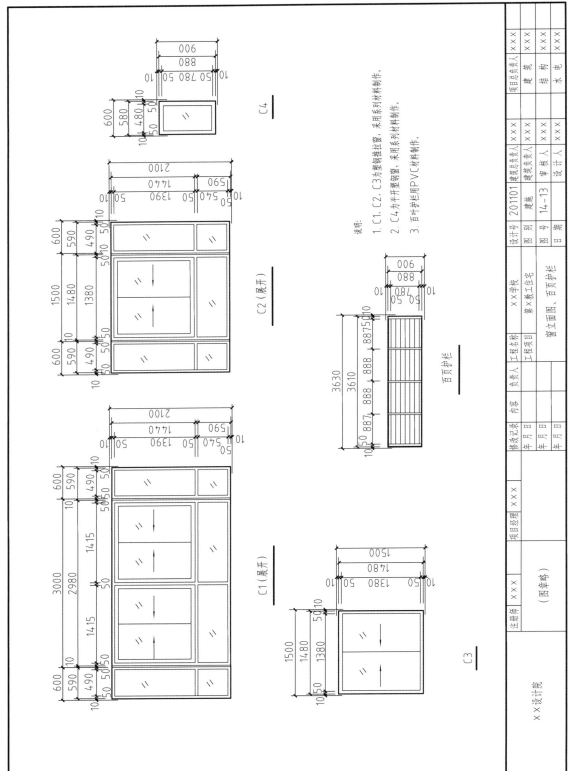

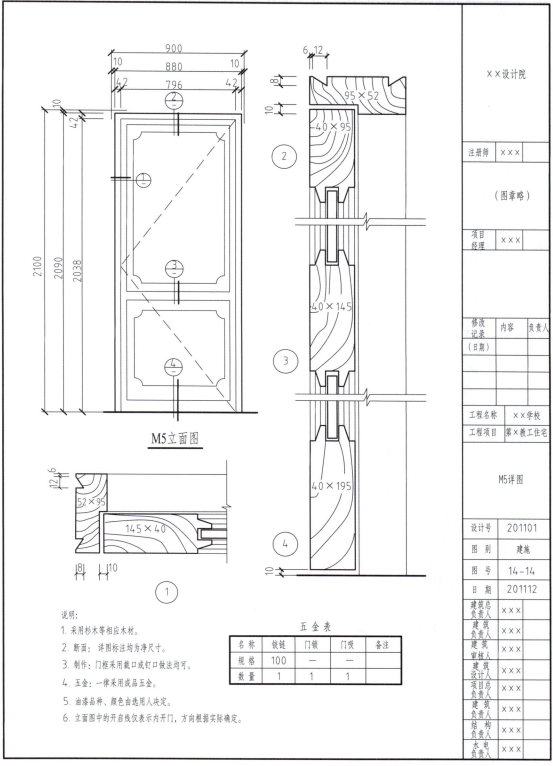

M5立面图

五金表

| 名称 | 铰链 | 门锁 | 门吸 | 备注 |
|------|------|------|------|------|
| 规格 | 100 | — | — | |
| 数量 | 1 | 1 | 1 | |

说明:
1. 采用杉木等相应木材。
2. 断面:详图标注均为净尺寸。
3. 制作:门框采用截口或钉口做法均可。
4. 五金:一律采用成品五金。
5. 油漆品种、颜色由选用人决定。
6. 立面图中的开启线仅表示内开门,方向根据实际确定。

××设计院

| 注册师 | ××× | |

(图章略)

| 项目 经理 | ××× | |

| 修改 记录 (日期) | 内容 | 负责人 |
|------|------|--------|
| | | |
| | | |
| | | |

| 工程名称 | ××学校 |
| 工程项目 | 第×教工住宅 |

M5详图

| 设计号 | 201101 |
| 图 别 | 建施 |
| 图 号 | 14-14 |
| 日 期 | 201112 |

| 建筑总 负责人 | ××× | |
| 建筑 负责人 | ××× | |
| 建筑 审核人 | ××× | |
| 建筑 设计人 | ××× | |
| 项目总 负责人 | ××× | |
| 建筑 负责人 | ××× | |
| 结构 负责人 | ××× | |
| 水电 负责人 | ××× | |

附图 14

# 结构施工图

## 预制构件统计表

| 构件名称 | 代 号 | 数 量 | 所在图集（纸） | 备 注 |
|---|---|---|---|---|
| 预应力钢筋混凝土空心板 | Y-KB4261 | 18 | 西南04G231 | |
| | Y-KB4261b | 2 | 西南04G231 | |
| | Y-KB4251 | 12 | 西南04G231 | |
| | Y-KB3961 | | 西南04G231 | |
| | Y-KB3951 | | 西南04G231 | |
| | Y-KB3361 | | 西南04G231 | |
| | Y-KB3361b | | 西南04G231 | |
| | Y-KB3061 | | 西南04G231 | |
| | Y-KB3061a | | 西南04G231 | |
| | Y-KB2161 | | 西南04G231 | |
| | Y-KB2151 | | 西南04G231 | |
| 预制钢筋混凝土平板 | YB1 YB1' | | 结施13-11 | |
| | YB2 | | 结施13-11 | |

## 图 纸 目 录

| 序号 | 图 纸 名 称 | 图号 | 备注 |
|---|---|---|---|
| 1 | 图纸目录、预制构件统计表 | 15-1 | |
| 2 | 结构设计总说明 | 15-2 | |
| 3 | 基础平面图 | 15-3 | |
| 4 | 基础设计说明 | 15-4 | |
| 5 | 基础详图 | 15-5 | |
| 6 | 架空层结构布置层平面图 | 15-6 | |
| 7 | 框架柱布置图，KZ7，KZ8详图 | 15-7 | |
| 8 | KZ1~KZ6，Q1详图 | 15-8 | |
| 9 | 标准层梁布置及配筋图 | 15-9 | |
| 10 | 标准层楼板配筋图 | 15-10 | |
| 11 | 厨卫、遮阳及YB板配筋图 | 15-11 | |
| 12 | 屋面板配筋图 | 15-12 | |
| 13 | 楼梯详图 | 15-13 | |
| 14 | 框架梁配筋构造图 | 15-14 | |
| 15 | 剪力墙配筋构造图 | 15-15 | |

| 注册师 | ×××　　　　　（图章略） | 项目经理 | ××× | 修改记录 | 内容 | 责任人 | 工程名称 | ××学校 | 设计号 | 201101 | 结构总责人 | ××× | 项目总责人 | ××× |
|---|---|---|---|---|---|---|---|---|---|---|---|---|---|---|
| | | | | 年 月 日 | | | 工程项目 | 第×教工住宅 | 图别 | 结施 | 结构负责人 | ××× | 建筑负责人 | ××× |
| ××设计院 | | | | 年 月 日 | 图纸目录 预制构件统计表 | | | | 图号 | 15-1 | 结构审核人 | ××× | 结构负责人 | ××× |
| | | | | 年 月 日 | | | | | 日期 | | 结构设计人 | ××× | 水电负责人 | ××× |

# 结构设计总说明

## 1. 总则

1.1 本工程建筑结构安全等级为二级；抗震设防烈度为6度，抗震等级均为四级。

1.2 本工程为薄壁异型柱框架结构体系。

1.3 本工程结构设计合理使用年限为50年。

1.4 工程结构用材，必须符合设计要求，并应按照国家现行规范选取样本，不合格者不得使用。

1.5 工程施工，除应按本说明及施工图施工外，尚应遵照国家现行有关规范及规定标准办理。

1.6 工程结构图（梁、柱、墙）采用图集03G101-1编制，图中未交待的构造均应按03G101图集的要求施工。

## 2. 设计依据

2.1 《建筑结构可靠度统一标准》（GB 50068—2001）

2.2 《建筑结构荷载规范》（GB 50009—2001）

2.3 《混凝土结构设计规范》（GB 50010—2010）

2.4 《建筑地基基础设计规范》（GB 50011—2010）

2.5 《建筑抗震设计规范》（GB 50007—2002）

2.6 《冷轧带肋钢筋混凝土技术规程》（JGJ 115—2006）

2.7 各级行政主管部门批复文件

## 3. 荷载标准值

3.1 楼面活荷载值，施工荷载及使用荷载不得超出以下值：
一般房间 1.5kN/m²。
屋面 0.7kN/m²。
楼梯 2.0kN/m²。

3.2 场地基本风压0.40kN/m²，场地地面粗糙度取B类。

3.3 场地抗震设防烈度为6度，设计地震分组为一组，地震加速度0.05g，丙类建筑抗震设防。

## 4. 材料

4.1 钢筋、型钢、焊条

4.1.1 钢筋：HPB235级用Φ表示；HRB335级用Φ表示；冷扎扭钢筋用Q235B钢。

4.1.2 型钢及钢板均为Q235B钢。

4.1.3 焊条：焊接件之一或全部为HPB235级钢筋时，采用E43焊条；焊接件全部为HRB335级钢筋时，采用E50焊条。

4.2 混凝土强度等级
基础部分见基础施工说明。
上部结构基础顶面~5.960标高范围为C30；其余为C25。

## 5. 上部结构构造

5.1 钢筋混凝土结构构造

5.1.1 主筋净保护层厚度见表1（梁保护层要求详见各分图）。

表1

| 构件类别 | 楼板 | 梁 | 墙 | 柱 |
|---|---|---|---|---|
| 保护层厚度 | 15 | 25 | 15 | 20 |

5.1.2 钢筋的锚固及连接：

(1) 梁、墙主受力钢筋锚入支座，节点或基础锚固的最小锚固长度及搭接长度见通用图集03G101-1，钢筋直径≥22时采用机械连接。

(2) 端入支座或节点的钢筋应尽可能地伸进至支座或边或节点的锚固构造。

(3) 钢筋连接：
a. 受力钢筋的连接接头设置及位置要求在构件受力较小部位。
b. 纵向钢筋连接接头通用图集03G101-1中相邻纵向钢筋连接接头同距不大于5d为宜。
c. 框架梁柱纵向接头搭接区内箍筋直径，且不大于100mm。

5.1.3 板构造：

(1) 板钢筋锚入支座的锚固长度：板底Lₐ≥5d，且板底Lₐ≥30d，且不小于250。

(2) 板筋：端筋置于下层，长筋置于上层。

(3) 板筋：端筋置于上层，长筋置于下层。

(4) 悬臂板：钢筋置于板面上层，分布筋置于下层。

(5) 单向板分布钢均采用Φ6.5@200。

(6) 板钢筋采用通长板筋部位可采用搭接，

(当板面负筋在板中1/3跨至30d搭接板底钢筋在支座内按20d搭接。)

5.1.4 楼梯构造

(1) 当现浇楼板跨度≥450时，在板的两个侧面沿高度置Φ10@间距上向箍筋连接钢筋，间距不大于200。

(2) 梁与梁相交时应将主梁整体布置节点。

(3) 梁底部纵筋置于梁整筋支座内端头，跨中不得作任何对焊接头。

(4) 框架受力钢筋宜优先在支座内无需对焊接头。

(5) 等高梁相交时，将较短跨度梁的整筋优先通长置点，在无点区每侧整整筋。

(6) 主次梁相交时，次梁底部整筋各加3排附加箍筋。

(7) 主次梁相交时，次梁底部整筋应置于主梁整上。

(8) 次梁整筋设置及施工详见楼梯图，预埋钢筋为4Φ12。

(9) 楼梯板按设计要求采用4Φ12，锚入深度400，靠出长度450。

## 5.2 墙体部分构造

5.2.1 填充墙采用页岩空心砖，干重7.5kN/m³，砌块表见墙建图。

5.2.2 墙体间240厚页岩实心砌体强度等级为MU15，砂浆等级M10，施工时沿页面实心砌墙。

配置2Φ6拉结钢筋，并沿墙体全长设置；墙长大于5m时，应在墙中间每设拉结钢筋与墙上构造柱；沿墙截面为240×墙厚，截面筋为4Φ12，砌体筋为Φ6@150。

5.2.3 砌体墙内设Φ6@200。

5.2.4 结构设设留洞

5.2.5 填充墙构造连接及过梁构造见墙建图，结配合顶留筋。

## 6. 其他

6.1 施工时应严格按照有关规定要求施行。

6.2 本工程抗震措施及节点均按规范要求施行。

6.3 填埋管道详见电气施工图。

6.4 施工时，应与建筑设备专业图纸配合进行，发现有管道或洞口与梁、柱、剪力墙、暗柱相碰时，应通知设计单位，另行处理。

---

| 注册师 ××× | | 项目经理 ××× | | 负责人 ××× | | 设计号 | 201101 | 结构总负责人 ××× |
| | | | | | | 图别 | 结施 | 结构负责人 ××× |
| | | | 工程名称 | ××学校 | | 图号 | 15-2 | 结构审核人 ××× |
| | | 内容 | ×× 教工住宅 | | | 日期 | 年 月 日 | 结构设计人 ××× |

（图章略）

××设计院

| 修改记录 | | 项目总负责人 ××× | 建筑负责人 ××× |
| 年 月 日 | | 结构总负责人 ××× | 结构负责人 ××× |
| 年 月 日 | 结构设计总说明 | | 水电负责人 ××× |
| 年 月 日 | | | |

附图16

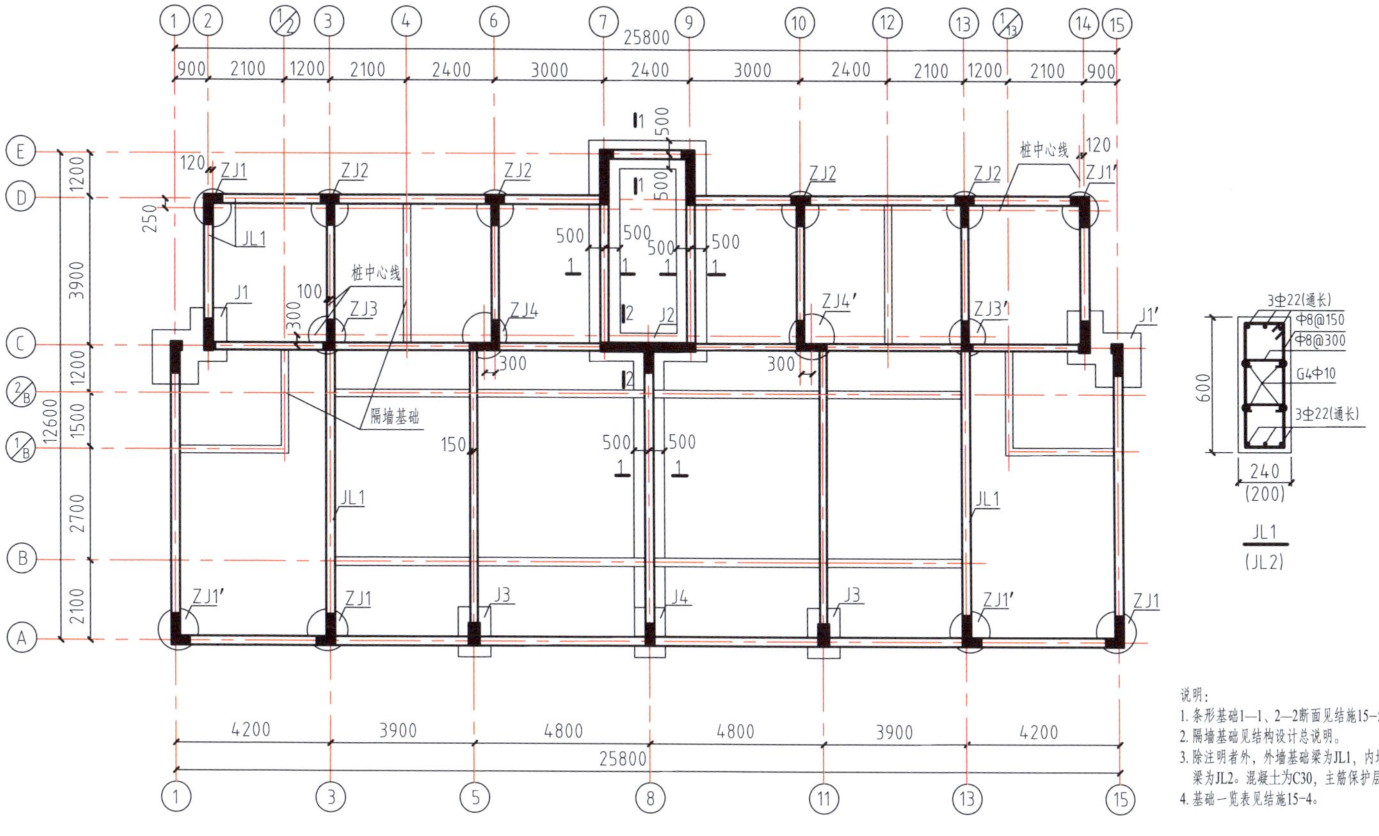


说明：
1. 条形基础1—1、2—2断面见结施15-5。
2. 隔墙基础见结构设计总说明。
3. 除注明者外，外墙基础梁为JL1，内墙基础梁为JL2。混凝土为C30，主筋保护层为35。
4. 基础一览表见结施15-4。

基础平面图 1∶100

| | | | | | | | | | | | | | |
|---|---|---|---|---|---|---|---|---|---|---|---|---|---|
| ××设计院 | 注册师 | ××× | 项目经理 | ××× | 修改记录 | 内容 | 负责人 | 工程名称 | ××学校 | 设计号 | 201101 | 结构总负责人 ××× | 项目总负责人 ××× |
| | （图章略） | | | | 年 月 日 | | | 工程项目 | 第×教工住宅 | 图 别 | 结施 | 结构负责人 ××× | 建筑负责人 ××× |
| | | | | | 年 月 日 | | | 基础平面图 | | 图 号 | 15-3 | 结构审核人 ××× | 结构负责人 ××× |
| | | | | | 年 月 日 | | | | | 日 期 | | 结构设计人 ××× | 水电负责人 ××× |

附图 17

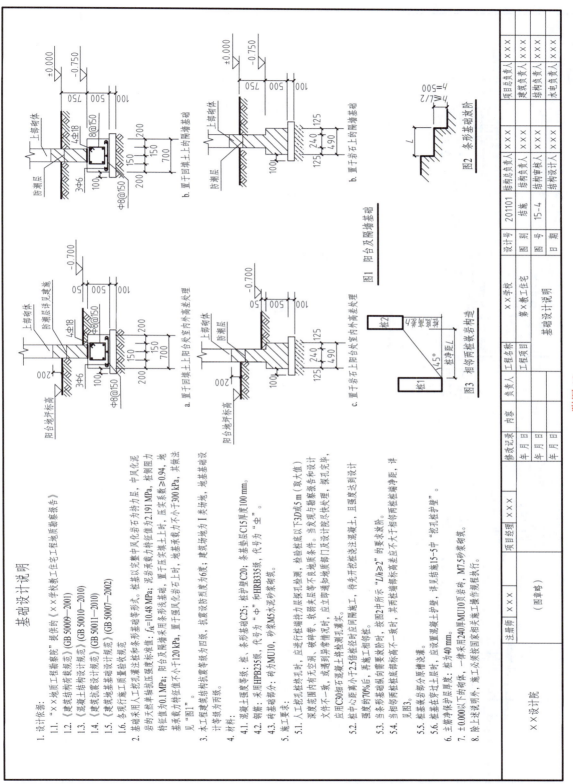

附图 18

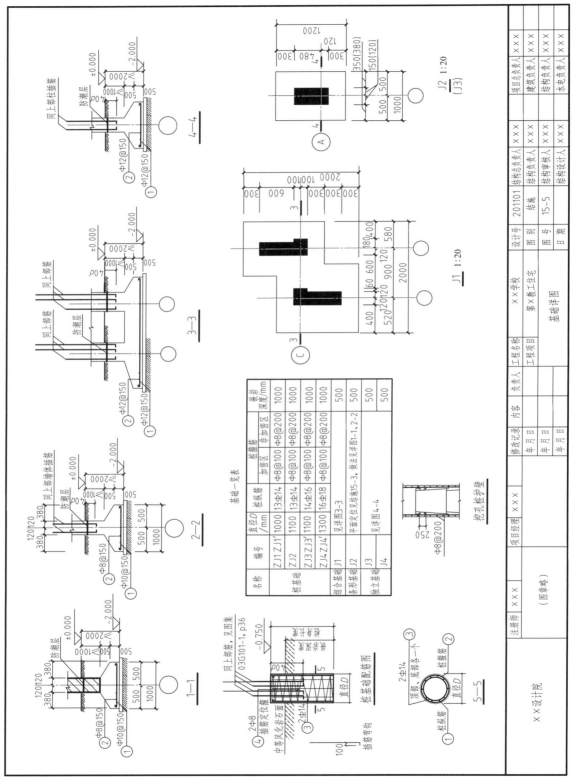

附图 19

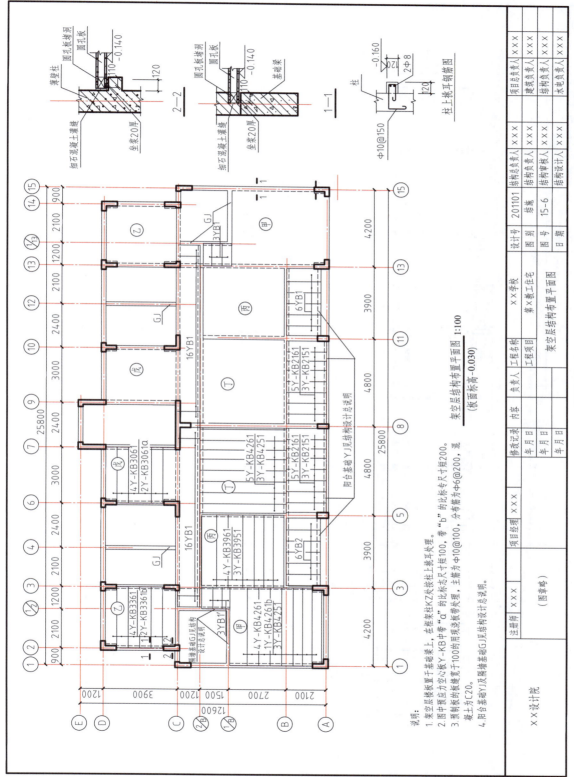

架空层结构布置平面图 附图20

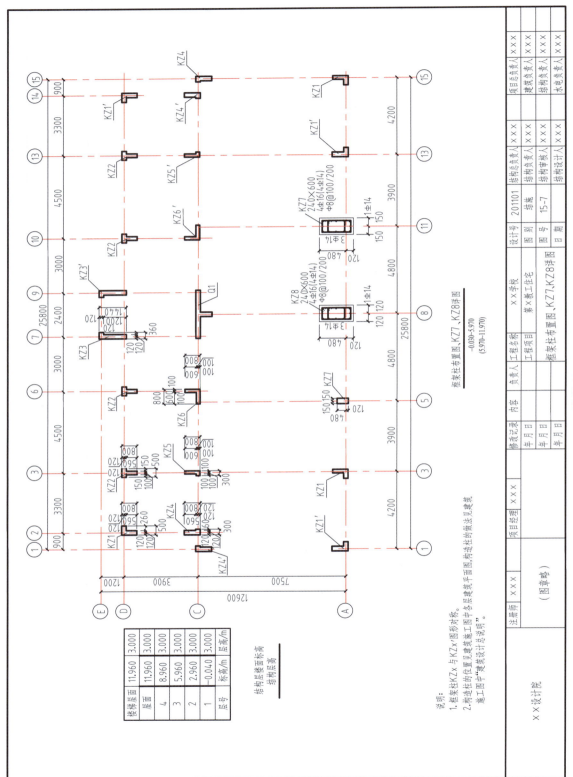

附图 21

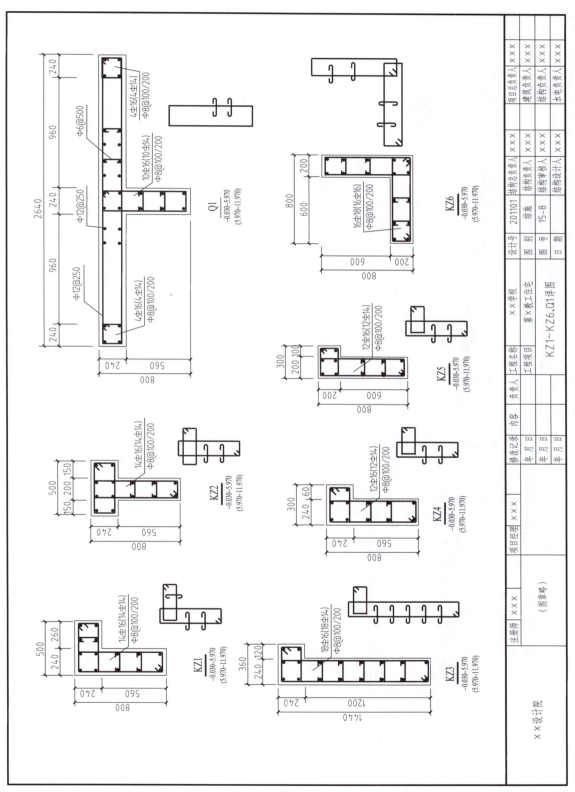

附图 22

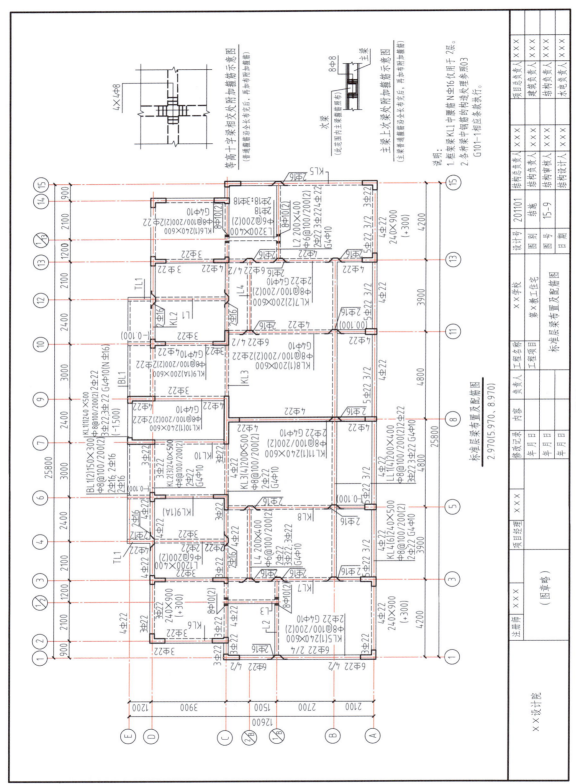

附图 23

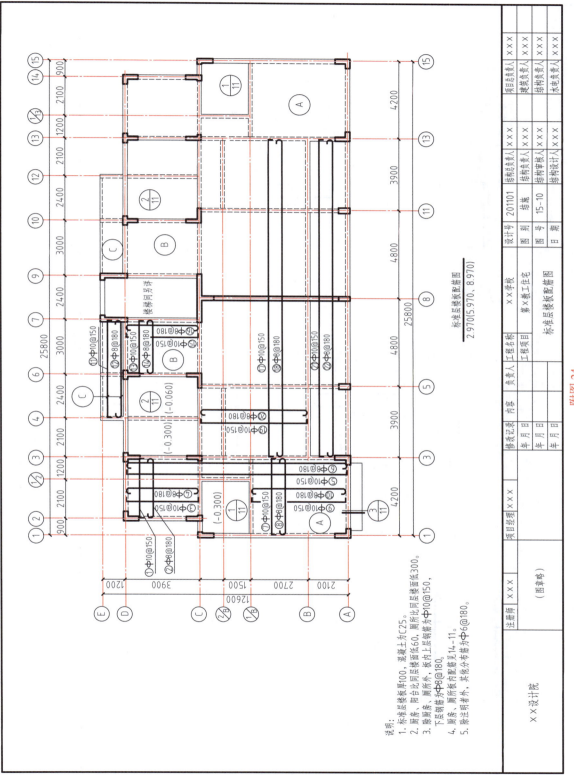

附图 24

说明：
1. 标准层楼板厚100，混凝土为C25。
2. 厨房、阳台比同层楼面低60，厕所比同层楼面低300。
3. 楼梯间、厕所内、厨房内上层钢筋为Φ10@150，
   下层钢筋为Φ8@180。
4. 厨房、厕所内配筋见14~11。
5. 除注明者外，其他分布筋为Φ6@180。

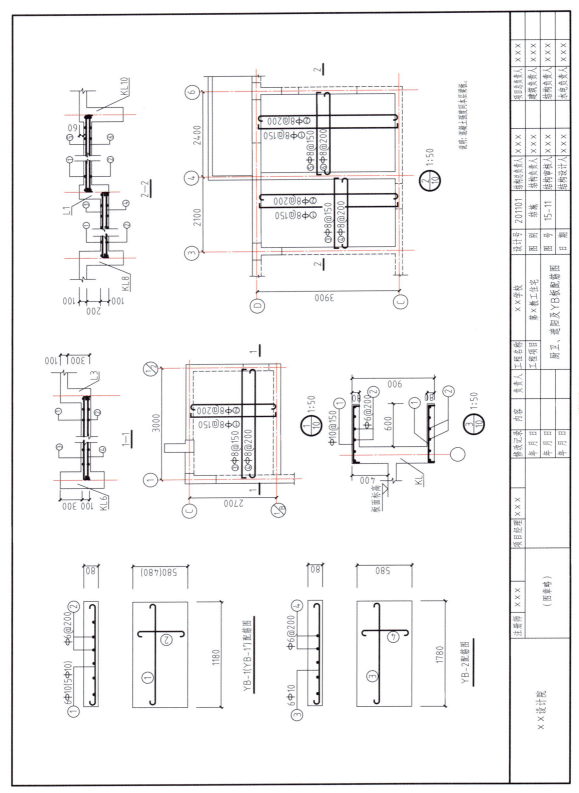

附图25

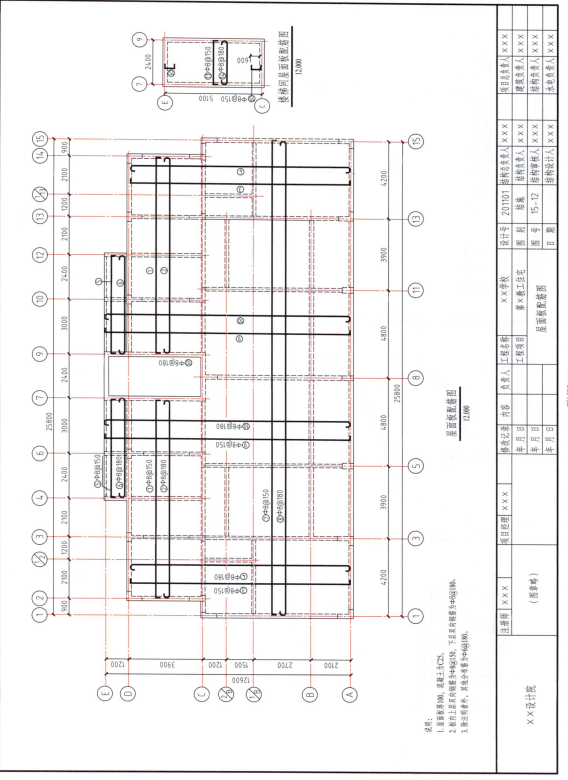

附图 26

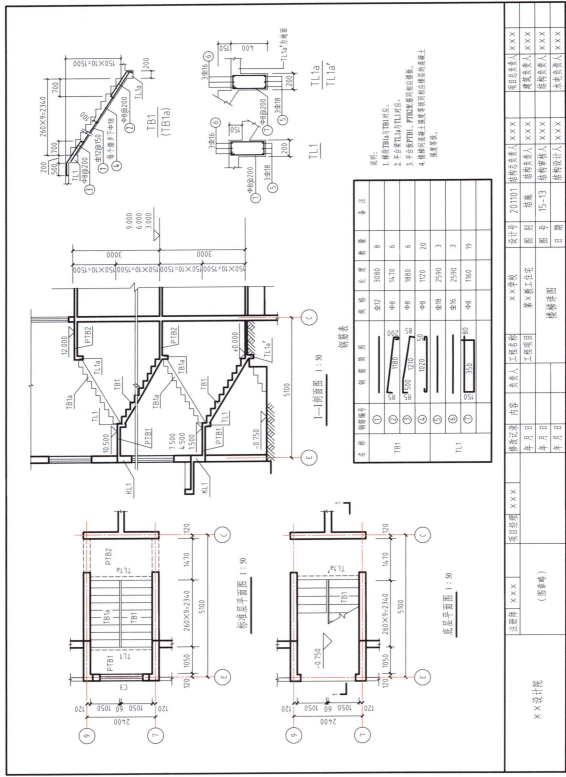

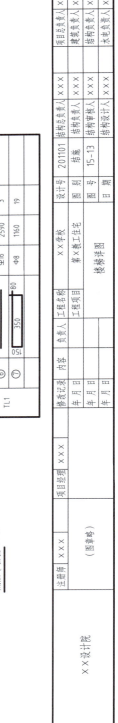

附图 27

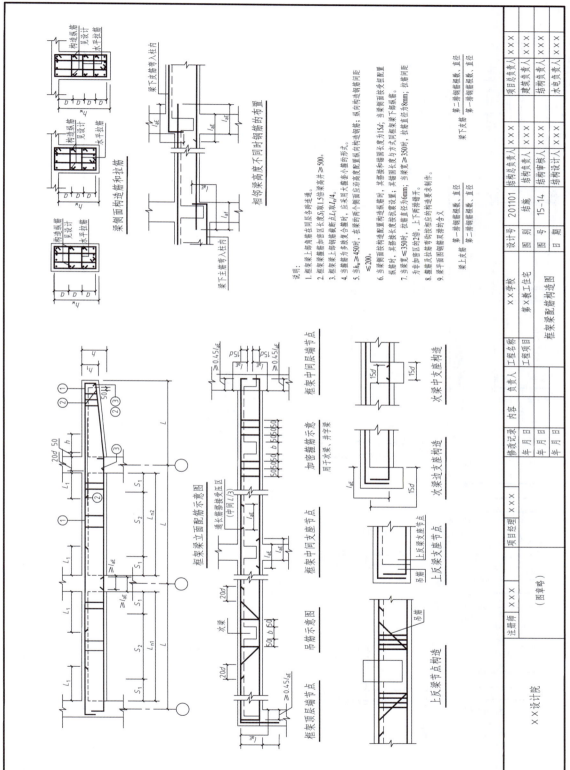

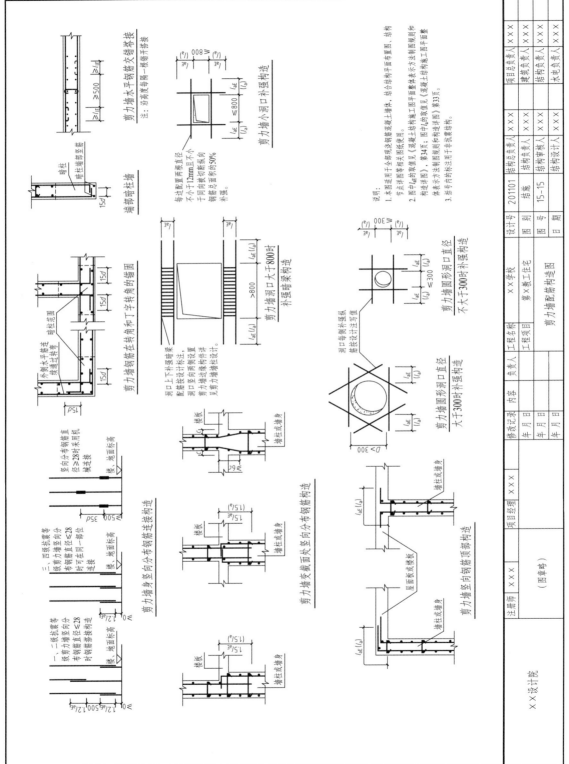

附图 29

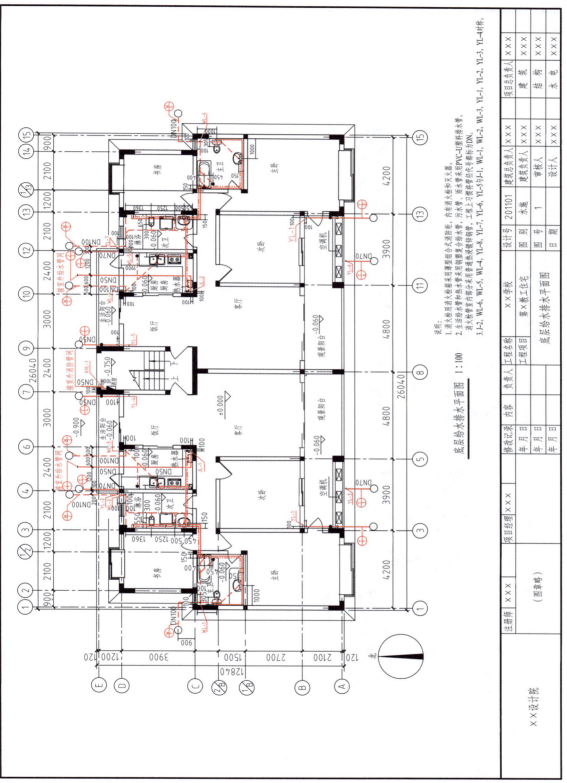

底层给水排水平面图 1:100

附图 30

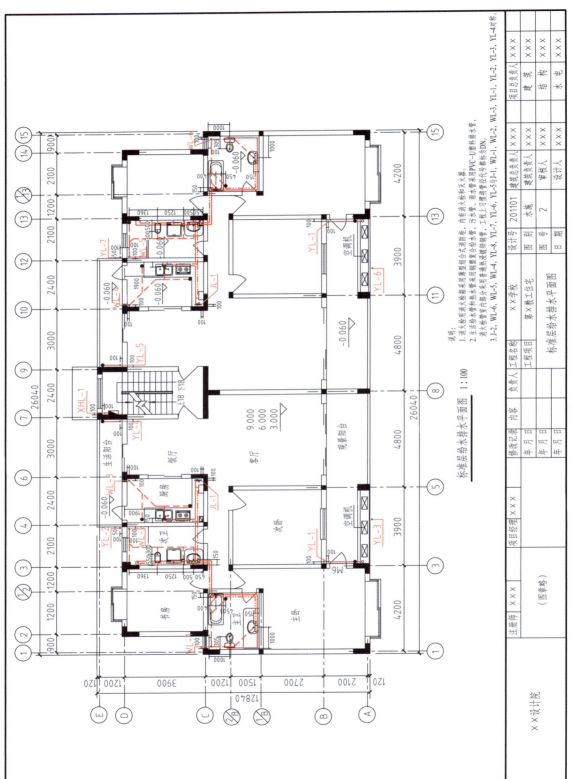

标准层给水排水平面图 1:100

附图 31

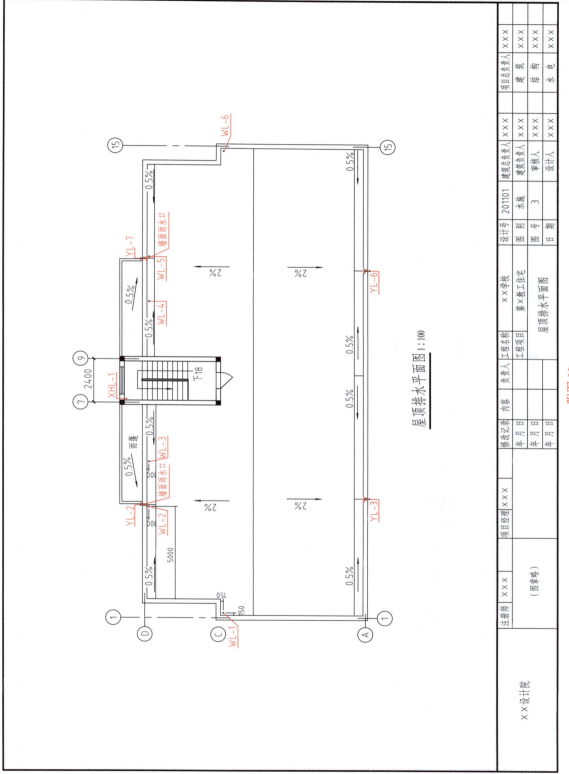

屋顶排水平面图 1:100

附图 32

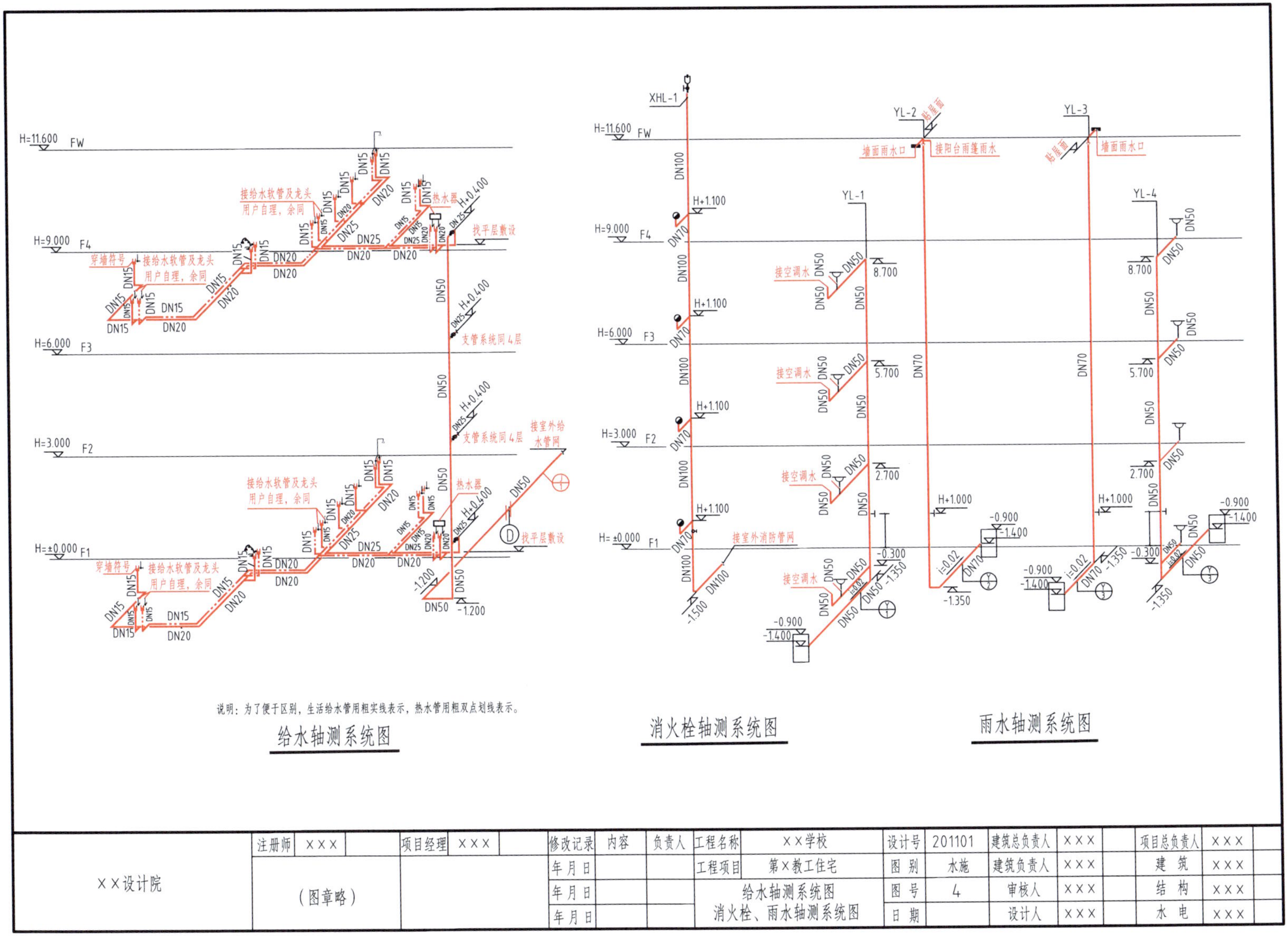
说明：为了便于区别，生活给水管用粗实线表示，热水管用粗双点划线表示。
给水轴测系统图
消火栓轴测系统图
雨水轴测系统图
XX设计院
注册师 XXX
项目经理 XXX
（图章略）
修改记录 内容 负责人
年 月 日
年 月 日
年 月 日
工程名称 XX学校
工程项目 第X教工住宅
给水轴测系统图
消火栓、雨水轴测系统图
设计号 201101
图别 水施
图号 4
日期
建筑总负责人 XXX
建筑负责人 XXX
审核人 XXX
设计人 XXX
项目总负责人 XXX
建筑 XXX
结构 XXX
水电 XXX

附图 33

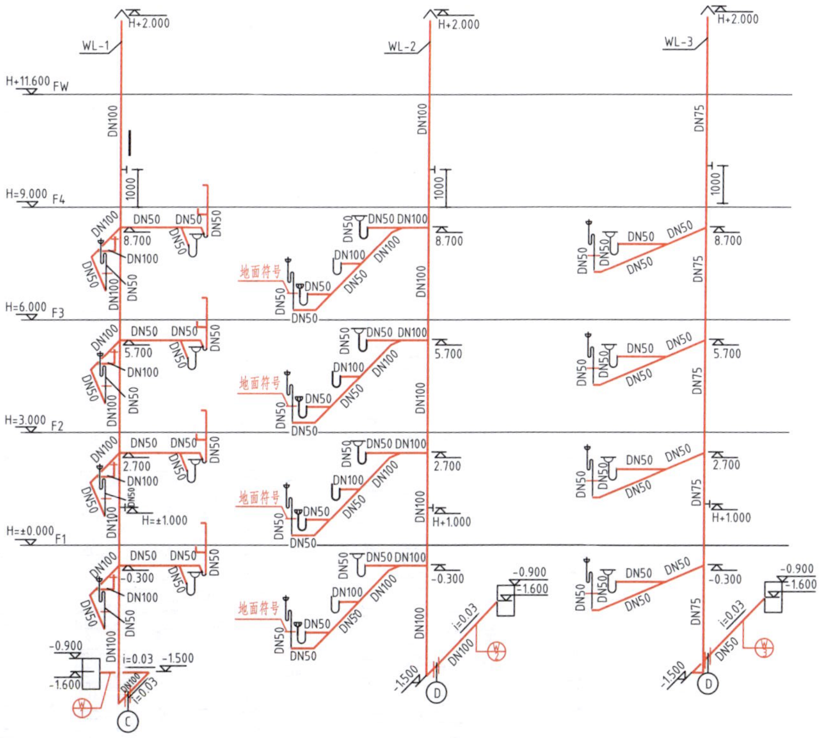


排水轴测系统图

| | | | | | | | | | | | | | | |
|---|---|---|---|---|---|---|---|---|---|---|---|---|---|---|
| ××设计院 | 注册师 | ××× | 项目经理 | ××× | 修改记录 | 内容 | 负责人 | 工程名称 | ××学校 | 设计号 | 201101 | 建筑总负责人 | ××× | 项目总负责人 | ××× |
| | （图章略） | | | | 年 月 日 | | | 工程项目 | 第×教工住宅 | 图 别 | 水施 | 建筑负责人 | ××× | 建 筑 | ××× |
| | | | | | 年 月 日 | | | 排水轴测系统图 | | 图 号 | 5 | 审核人 | ××× | 结 构 | ××× |
| | | | | | 年 月 日 | | | | | 日 期 | | 设计人 | ××× | 水 电 | ××× |

附图 34

# 参考文献

[1] 何铭新，郎宝敏，陈星铭 . 建筑工程制图 [M].5 版 . 北京：高等教育出版社，2013.

[2] 朱育万 . 画法几何及土木工程制图 [M].5 版 . 北京：高等教育出版社，2015.

[3] 何斌，陈锦昌，王枫红 . 建筑制图 [M].8 版 . 北京：高等教育出版社，2020.

[4] 莫章金，等 . 建筑工程制图 [M]. 北京：中国建筑工业出版社，2004.

[5] 莫章金，周跃生 .AutoCAD 2007 工程绘图与训练 [M]. 北京：高等教育出版社，2008.

[6] 何培斌 . 工程制图与计算机绘图 [M]. 北京：中国电力出版社，2011.

[7] 中华人民共和国住房和城乡建设部 .GB/T 50001—2017 房屋建筑制图统一标准 [S]. 北京：中国计划出版社，2017.

[8] 中华人民共和国住房和城乡建设部 .GB/T 50103—2010 总图制图标准 [S]. 北京：中国计划出版社，2010.

[9] 中华人民共和国住房和城乡建设部 .GB/T 50104—2010 建筑制图标准 [S]. 北京：中国计划出版社，2010.

[10] 中华人民共和国住房和城乡建设部 .GB/T 50105—2010 建筑结构制图标准 [S]. 北京：中国计划出版社，2010.

[11] 中华人民共和国住房和城乡建设部 .GB/T 50106—2010 建筑给水排水制图标准 [S]. 北京：中国计划出版社，2010.

[12] 中华人民共和国住房和城乡建设部 .16G101 混凝土结构施工图平面整体表示方法制图规则和构造详图 [S]. 北京：中国建筑标准设计研究院，2016.

**郑重声明**

高等教育出版社依法对本书享有专有出版权。任何未经许可的复制、销售行为均违反《中华人民共和国著作权法》，其行为人将承担相应的民事责任和行政责任；构成犯罪的，将被依法追究刑事责任。为了维护市场秩序，保护读者的合法权益，避免读者误用盗版书造成不良后果，我社将配合行政执法部门和司法机关对违法犯罪的单位和个人进行严厉打击。社会各界人士如发现上述侵权行为，希望及时举报，本社将奖励举报有功人员。

**反盗版举报电话** (010)58581999　58582371　58582488

**反盗版举报传真** (010)82086060

**反盗版举报邮箱** dd@hep.com.cn

**通信地址** 北京市西城区德外大街 4 号
　　　　　高等教育出版社法律事务与版权管理部

**邮政编码** 100120